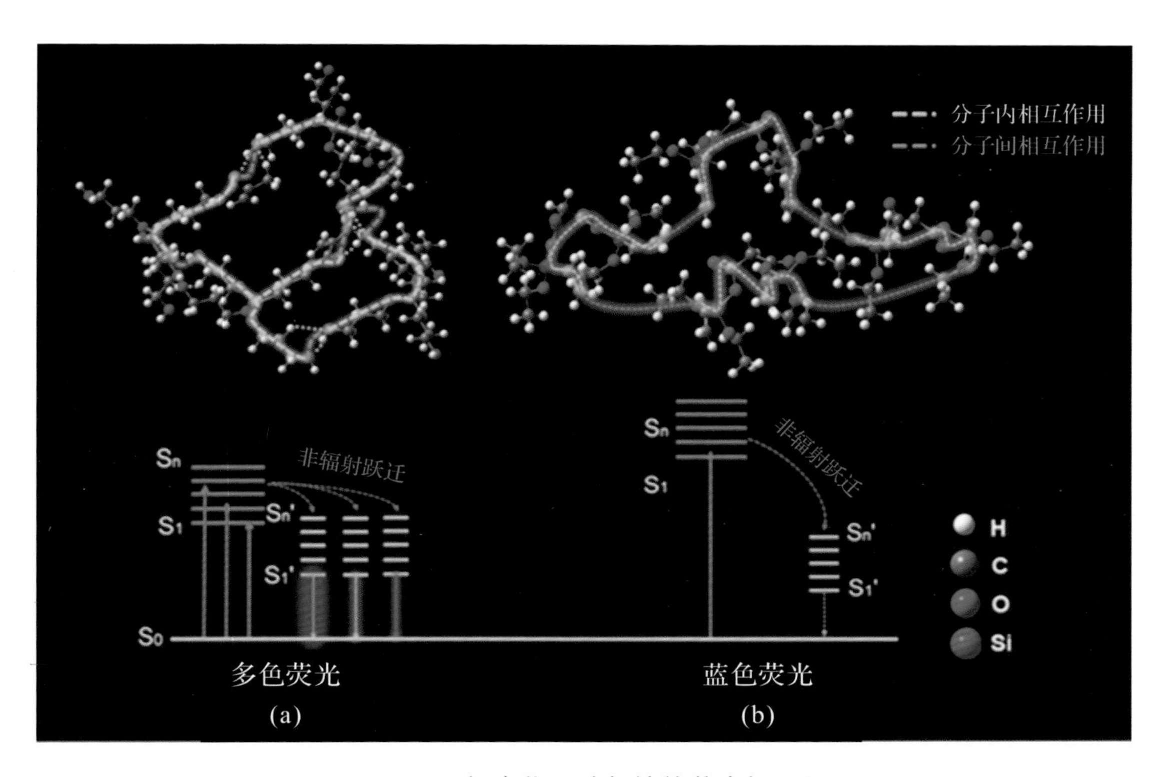

图 4.24　超支化聚硅氧烷的荧光机理图

（a）四个一代的P4分子的聚集态和多环诱导多色荧光的示意图；

（b）单独空间共轭环诱导蓝色荧光的示意图

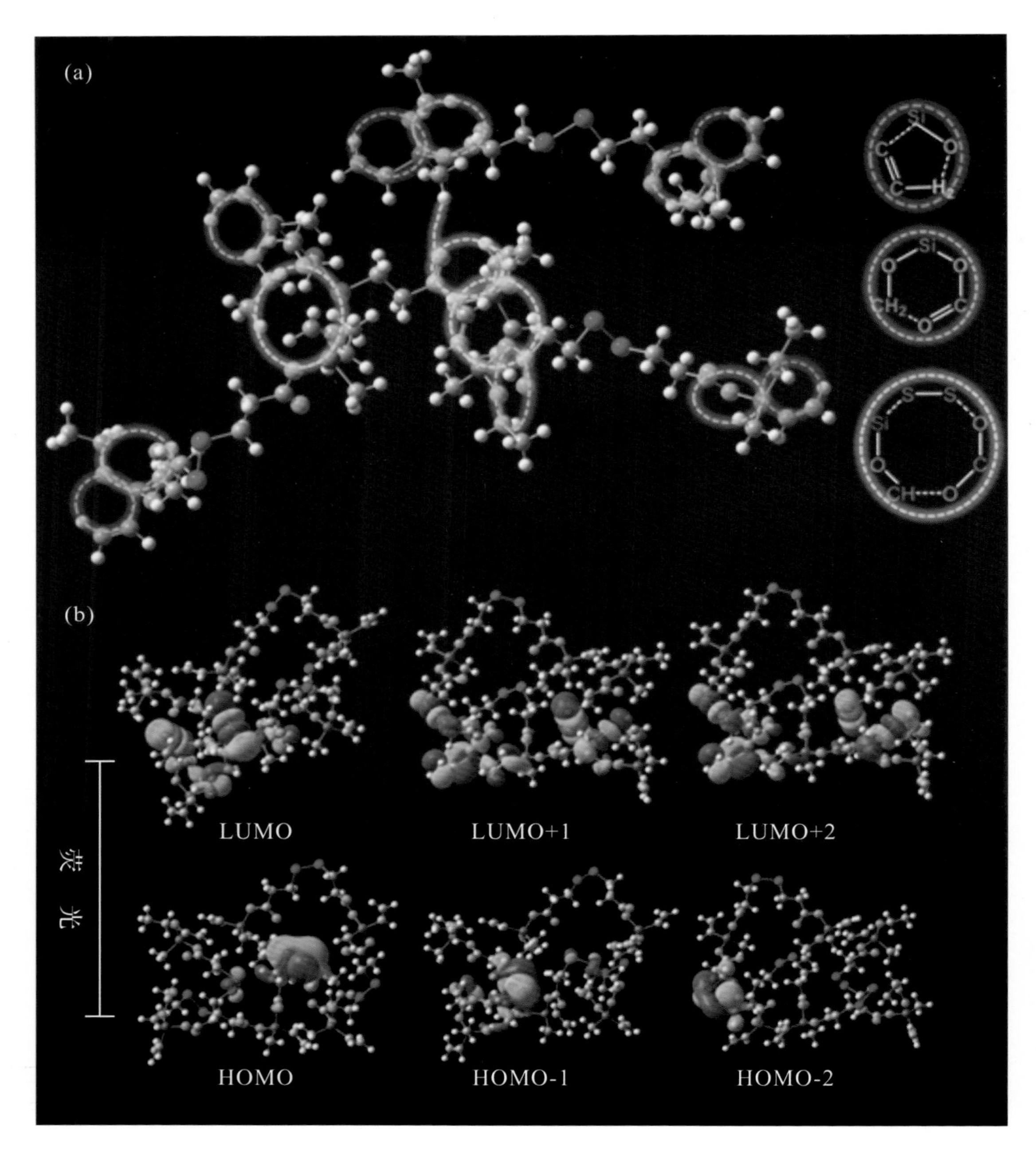

图 4.33 含 S—S 的超支化聚硅氧烷的 DFT 计算结果

（a）两个聚合度为1的 L1 分子聚集体通过Si-O和S-S为桥形成的多个空间共轭环；
（b）聚合度为4的1个L1分子的前线分子轨道

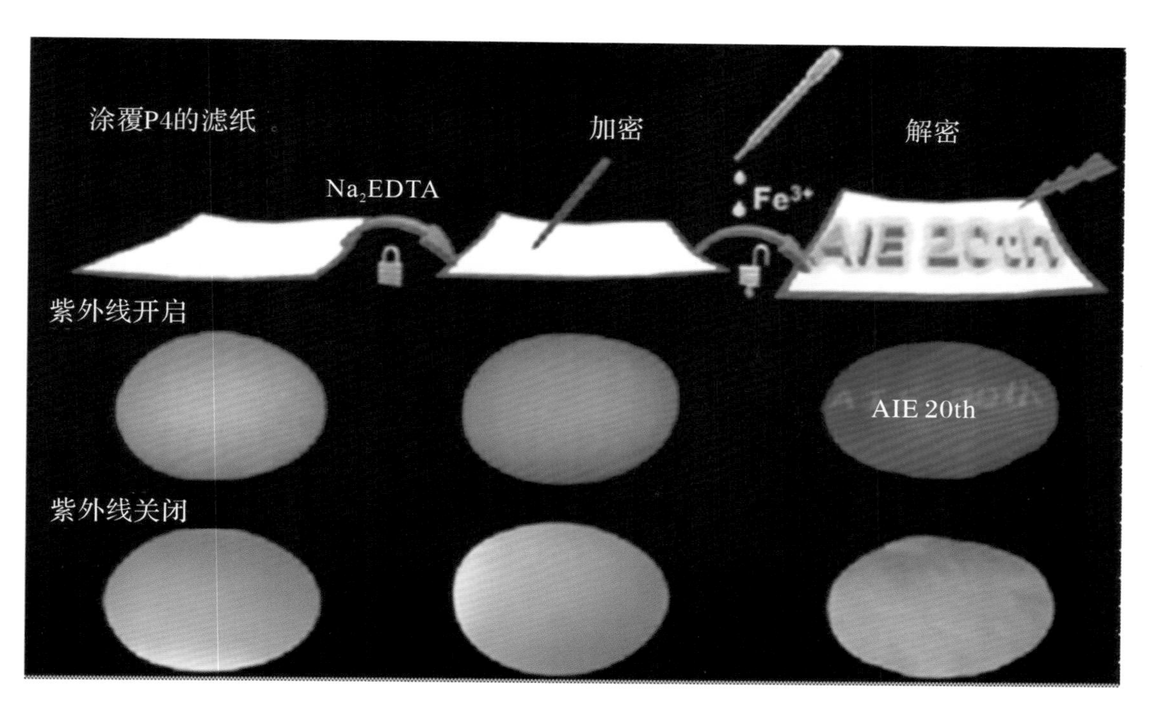

图 4.54　超支化聚硅氧烷的防伪显色流程图

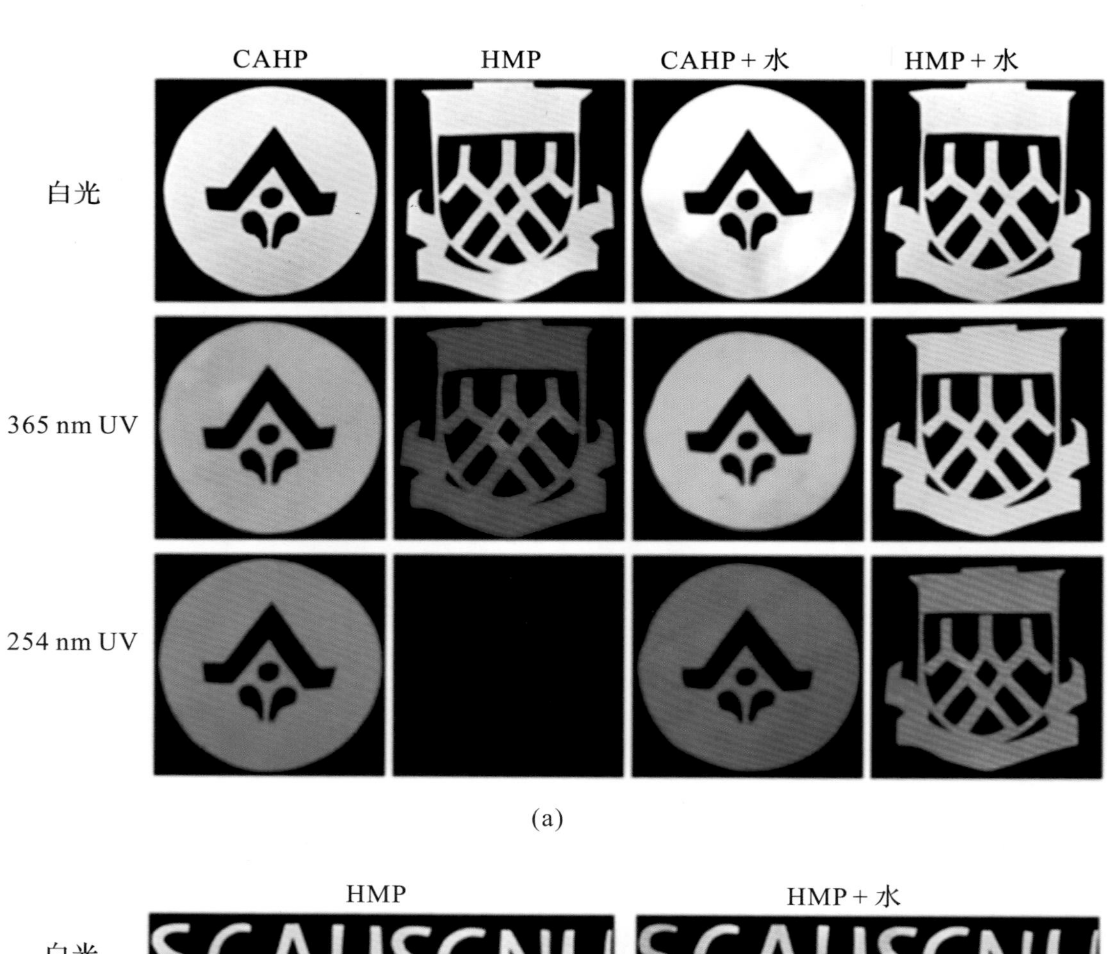

(a)

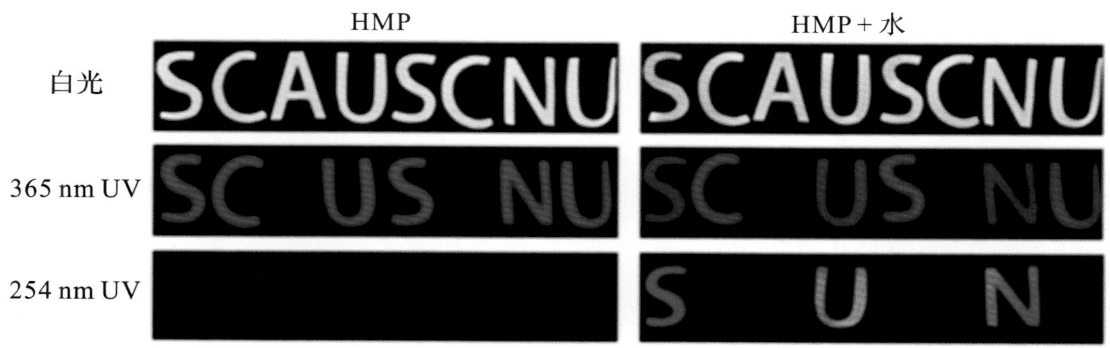

(b)

图 7.23　荧光加密实际应用

高等学校规划教材

发光材料研究进展

颜红侠　冯维旭　赵　艳　编著

西北工業大學出版社

西　安

【内容简介】 本书在总结发光材料发光原理和测试研究方法的基础上，重点论述了聚集诱导发光材料的研究进展、发光性能、发光机理及其应用，包括含芳香环的共轭发光材料、不含芳香环的非传统的聚合物（如超支化聚硅氧烷、超支化聚酰胺-胺、超支化聚氨基酯、超支化聚醚酰胺、超支化聚碳酸酯等）、金属有机发光材料、碳点发光材料等。此外，本书还介绍了发光材料在发光器件、生物成像、离子检测、药物控释、荧光墨水、信息加密等不同领域可能的应用。

本书不仅可以用作高等学校发光材料及相关专业的教材和教学参考书，同时也可供相关企业、科研院所的生产和科研人员借鉴和参考。

图书在版编目(CIP)数据

发光材料研究进展 / 颜红侠，冯维旭，赵艳编著
. — 西安：西北工业大学出版社，2023.3
ISBN 978-7-5612-8651-7

Ⅰ. ①发… Ⅱ. ①颜… ②冯… ③赵… Ⅲ. ①发光材料-研究 Ⅳ. ①TB34

中国国家版本馆 CIP 数据核字(2023)第 049290 号

FAGUANG CAILIAO YANJIU JINZHAN
发 光 材 料 研 究 进 展
颜红侠 冯维旭 赵艳 编著

责任编辑：曹 江　　**策划编辑**：杨 军
责任校对：胡莉巾　　**装帧设计**：李 飞
出版发行：西北工业大学出版社
通信地址：西安市友谊西路 127 号　　邮编：710072
电 话：(029)88491757，88493844
网 址：www.nwpup.com
印 刷 者：陕西奇彩印务有限责任公司
开 本：787 mm×1 092 mm　　1/16
印 张：15.25　　彩插：2
字 数：400 千字
版 次：2023 年 3 月第 1 版　　2023 年 3 月第 1 次印刷
书 号：ISBN 978-7-5612-8651-7
定 价：69.00 元

前　言

发光现象的迷人之处与发光材料的重要性是不言而喻的。近20年来，发光材料得到了长足的发展：从传统的芳香族聚集诱导猝灭的发光材料，到典型的聚集诱导发光的芳香族发光材料，再到不含芳香结构的超支化聚合发光材料、有机-无机杂化的发光材料、碳点发光材料。特别是作为IUPAC推选的2020年十大新兴材料之一的聚集诱导发光材料，自唐本忠院士2001年提出聚集诱导发光（Aggregation Induced Emission，AIE）概念以来，AIE已成为发光学领域的一个重要分支，良好的发光性能和生物兼容性使其在发光器件、生物成像、离子检测、荧光墨水以及信息加密等领域具有重要的应用前景。在此背景下，国内外研究人员在AIE发光材料的合成、表征、构效、应用等方面进行了大量研究，取得了一系列重要的研究成果。然而，目前缺乏能全面、系统地论述此类发光材料的教材，即使有相应的专著在陆续出版，但仅仅局限于单一的一类发光材料的研究进展的汇编，缺乏系统性、深入性和理论性。本书总结近年来聚集诱导发光领域的研究进展并介绍笔者在发光领域的研究成果和特色：一方面，希望对聚集诱导发光材料在合成、性质调控以及应用等方面的最新进展、面临的问题和挑战以及未来的发展趋势进行梳理和总结。另一方面，希望解决目前教学过程中缺乏系统的能够反映目前学科发展前沿的教材的困境，促进学生对该领域的认识和理解，推进发光材料研究的持续发展和不断进步。本书主要特点如下：

(1)内容新颖科学，反映时代特征。本书紧紧围绕发光材料领域近20年来取得的重大进展，特别是聚集诱导发光材料的研究进展，使学生掌握聚集诱导发光材料的发光原理、设计原则、制备方法及应用领域，以培养科技强国的创新型人才；同时，将思政建设内容贯穿全书，在传授知识的同时，实现立德树人的教育功能。

(2)结构系统完整，体现教材的理论深度。由于发光材料涉及化学、物理、材料、生物学以及生命科学等多种交叉学科，目前关于交叉学科的理论研究较少，在同类书籍中有关理论的阐述很少，因此在编写上依据“制备方法—发光性能—发光机理—应用领域”这样的主线，组织每一章(除第1章)的内容，特别强调结构与发光性能的关系、发光机理的论述，将基础理论知识与学科研究和发展的新动态结合起来，既反映了该学科的新进展、新知识，又体现了教材的系统性和理论深度。

(3)融入新工科的教育理念。发光材料是应用性和实践性很强的一门学科，不仅要求学生掌握基础理论知识，更强调运用基础理论激发学生的创新能力和解决实际问题的能力，在内容的组织上，引导学生基于基础理论，能够依据需求背景和特性来设计、制备材料，体现新工科的教育理念。本书在第4章——聚硅氧烷发光材料，结合笔者课题组发现超支化聚硅氧烷聚集诱导发光现象的偶然过程及取得的科研成果，诠释酯化反应与科研创新的关系，提出“传统孕育创新”的理念，激发学生学习基础知识的激情和热情，进而培养其自主学习能力和创新能力；同时，在每一章之后设计了具有引导性和归纳性，可以激发学生创新思维的思考题。

本书共7章，由西北工业大学颜红侠组织编写。第1章和第2章由赵艳编写，第4章和第5章由颜红侠编写，第3章和第6章由冯维旭编写，第7章由郭留龙、张运生编写。全书由何嫣赟、杨鹏飞统稿。

在编写本书的过程中，笔者参考了相关文献资料，在此对其作者一并表示感谢。

由于笔者水平有限，书中不足之处在所难免，恳请读者批评指正。

编著者

2022年12月

目　录

第1章　发光材料的基础理论

1.1　发光材料导论

1.1.1　发光现象

光是人类生产和生活必不可缺的一种资源。远古时代，太阳光是唯一的自然光，但太阳光的辐射时间有限，不能满足生产和生活需求，于是就出现了模拟太阳光的行为。最早的人造光是利用火获得的，随后发展为加热。迄今为止，最成功的模拟是白炽灯，即现在应用最为广泛的光源。

与太阳的热辐射相比，白炽灯不需要加热即可发出可见光。这类发光材料的发光中心吸收能量后，即可发出所需光谱范围内的光。能够被发光材料吸收的能量包括电子束、电场、高能粒子等。经过长期的发展，发光材料在照明、光电显示、医疗卫生、公共安全等领域得到了广泛的应用，遍布我们日常生活的各个角落。

为了更好地理解发光现象，首先介绍一些基本概念。激发：以某种方式把能量交给物质使电子升到一定高能态的过程。物质受到激发后处于激发态。光谱：电磁辐射按照波长或频率的有序排列，每个辐射波长都有相应的辐射强度。“发光”是一个专业名词，它具有特殊的含义，它是指物质吸收一定的能量后，电子从基态跃迁到激发态，若在返回基态的过程中有光辐射，这种现象就称为发光。发光就是把激发能转化为光辐射的过程。由于这种发光只在少数发光中心产生，不会使物质的温度发生改变，因此也称为“冷光”。通过发光建立起来的对物质成分、含量、相互作用等过程的分析方法，称为分子光谱分析法。

根据分类方式的不同，发光可以分为不同的类型。根据激发方式的不同，发光可分为光致发光(Photoluminescence)、化学发光(Chemiluminescence)、生物发光(Bioluminescence)、电致发光(Electroluminescence)等。根据发光寿命的不同，发光可分为荧光(Fluorescence)、磷光(Phosphorescence)、延迟荧光(Delayed Fluorescence)等。根据发光动力学的不同，发光可分为自发光、受迫发光等。自发光是指已经被激发的粒子受粒子内部电场的作用回到基态的发光过程，光致发光都是自发光。受迫发光是指在外界因素的影响下通过光辐射方式回到基态的发光过程。比如，半导体材料中会产生俘获态的电子-空穴对，这种电子-空穴对不稳定，处于亚稳态能级，光可以使导带中的电子脱离俘获态，与价带中的空穴复合，发生激子重组，通过光辐射的形式将多余的能量释放出来，这种发光过程即受迫发光。根据激发能量的不同，发光可分为白热光、辐射发光、摩擦发光、热致发光、声致发光等。白热光(Incandescence)是指光从热能中产生。通常处于较高温度的物体都能够发出明显的可见光。例如，加热的铁块通常看不到其发射光，但能够感受到其辐射的热量，当铁块的温度升高至 500 ℃左右时，它开始呈现暗红色的光辐射，且随着温度的升高光辐射逐渐增强，颜色变为橙红色。辐射发光（Radioluminescence）是指由核辐射引起的发光。摩擦发光（Triboluminescence）是指由机械运动或机械运动产生的电流激发的电化学发光，例如燧石快速击打等产生的发光。热致发光（Thermoluminescence）是指处于较高温度的物体，当温度达到某个临界点时发光的现象。

发光过程有多种表征方式，本书主要关注的内容包括：①发光光谱（Spectrum），包括中心波长或频率、形状和精细结构、半宽度、积分面积等；②发光强度（Intensity）或光子计数，量子产率；③光的衰减（Decay）或发光寿命；④光的偏振（Polarization）和各向异性（Anisotropy）；⑤光的散射（Scattering），包括瑞利（Rayleigh）或拉曼（Raman）散射。

与吸收相比，发射光谱分析法的灵敏度通常更高，这是由于吸收光谱分析是建立在光源背景下的，即测量的是入射光的减少量，对于极稀的溶液，吸光度很小，甚至接近于零，因此吸收光谱法通常灵敏度较低。发射光谱法中应用最广泛的是荧光分析法。荧光分析法直接测量的是暗背景下的发光，原则上只要仪器的检测器具有足够高的灵敏度，甚至可以检测单分子的发光。同时，荧光发射的强度还可以通过改变入射光电压、狭缝宽度等进行调节。更重要的是，荧光分析法还具有更好的选择性，能够吸收紫外-可见光的物质很多，但能够在特定激发下发出特定波长光的物质则极为有限，且荧光分析法的可选择因素更多，如激发波长、发射波长等。

发光是一项极为伟大的发现，它的出现颠覆了依靠太阳光生产、生活的历史，也为各项前沿技术的发展奠定了基础。

1.1.2 发光材料发展简史

由 1.1.1 节可知，发光是一个很广泛的概念，本书中主要关注光致发光的相关内容，下面以荧光和磷光为例，简单介绍发光材料的发展历史。

我国关于发光（磷光）的记载非常早。《史记》有类似夜明珠的记载，晋有“囊萤映雪”的故事。王充在《论衡·论死篇》对“燐”有如下描述：“人之兵死也，世言其血为燐。血者，生时之精气也。人夜行见燐，不象人形，浑沌积聚，若火光之状。燐，死人之血也，其形不类生人之血也。”古人将这种现象称为鬼火，或燐光。直到近代化学的诞生才对此现象作出科学的解释，并将“燐”正式写作“磷”。

1565 年，西班牙内科医生 Nicholas Monardes 发现，在一种产于墨西哥的紫檀木的木杯中泡制过的水，会发出一种蓝色的光。后来，这种光被称为荧光。近年来，Acuña 等对这种浸泡液展开了仔细的研究，发现这一发光现象是由荧光分子 Eysenhardtia polystachia 引起的。这种物质并不存在于植物中，而是由树黄酮类化合物的自氧化引起的。这是西方学者认为的最早的有关荧光的记载。

1602 年，V. Cascariolo（鞋匠、炼金士）发现了一种叫作 Bolognian stone 的物质，即一种天然的意大利重晶石（$BaSO_4$），其炼烧产物可以在夜间发出明显的光。这是第一个有关磷光的记录。这可能是由于重晶石煅烧产生的 BaS 中掺杂有 Bi 或 Mn 等元素。

1819 年，剑桥大学矿物学家 Edward D. Clarke 教授报道了一系列含氟晶体，它在不同的条件下具有不同的颜色。

1822 年，法国矿物学家 R. J. Haily 发现了著名的萤石。当时人们认为这是一种蛋白石发光，如今人们认为这是由于萤石中含有 Sm 和 Eu 两种杂质。

1833 年，D. Brewster 发现，叶绿素乙醇萃取液为绿色，而置于阳光下能够在瓶侧观察到红色。由于这种光与萤石的蓝光具有相似性，因此在当时也归为了蛋白石发光。

1842 年，法国物理学家 Edmond Becquerel 在紫外段阳光的照射下，研究了硫化钙的磷光发射，并指出发射光的波长比入射光的波长更长。

1845 年，Sir John Frederick William Herschel 首次观察到奎宁溶液在 450 nm 处发射出的明亮蓝色荧光。

1852 年，George Stokes 在研究奎宁溶液和叶绿素溶液时发现，它们的发射光的波长比入射光的波长更长。图 1.1 为 Stokes 观察荧光的实验设备示意图及 Stokes 先生的肖像。Stokes 首次阐明，这是由于物质吸收了光后重新发出了不同的光，称之为荧光。相比于 Becquerel 在 1842 年提出的发射光的波长长于入射光的波长的结论，Stokes 描述的是荧光，而 Becquerel 研究的是磷光。不过这二者都属于光致发光，没有实质性的差异。此外，Stokes 还发现发射光的强度与物质的浓度成正比，并对荧光的猝灭及自猝灭现象作了研究，提出使用荧光进行定量分析的可能。

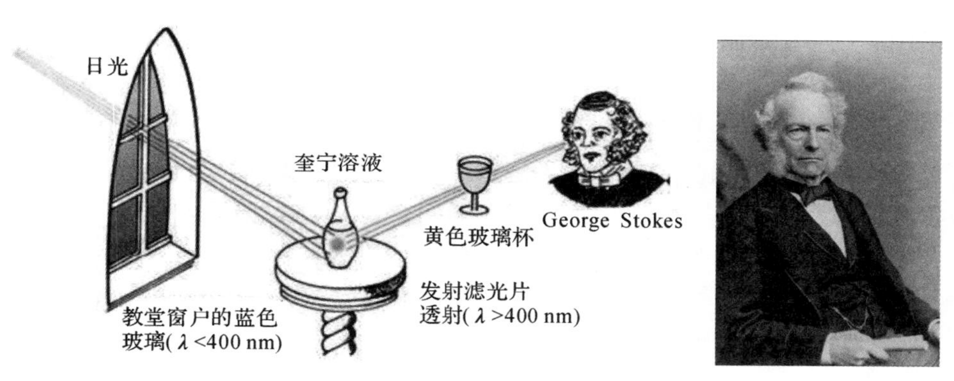

图 1.1　Stokes 观察荧光的实验设备示意图及 Stokes 先生的肖像

1868 年，F. Goppelsroder 利用 Al^{3+} 与桑色素的配位作用使荧光颜色发生了改变，并首次实现了物质的定量分析，如图 1.2 所示。

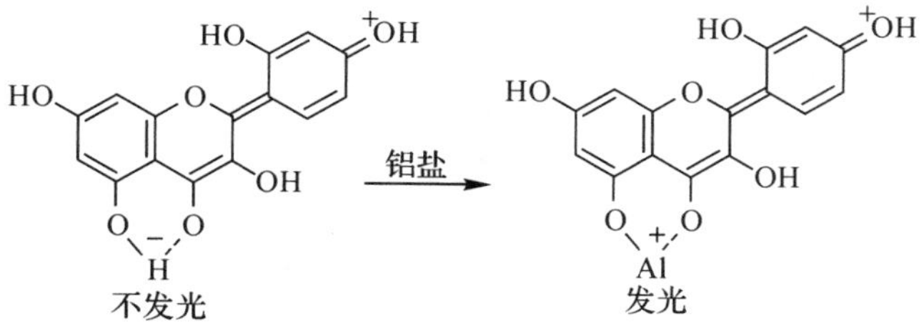

铝盐

不发光　　　　发光

图 1.2　桑色素与铝离子配位的原理示意图

1944 年，G. N. Lewis 与学生 M. Kasha 证实了磷光的本质是源于三线态跃迁。在此之前，人们推测磷光是源于亚稳态电子能级的辐射跃迁，而 Lewis 与 Kasha 证明了磷光是来源于一个实际存在的本征电子能级。

1948 年，Th. Förster 提出偶极-偶极能量转移(Dipole-Dipole Energy Transfer) 的理论，即 Förster 共振能量转移(Förster Resonance Energy Transfer，FRET)理论。FRET 理论后来逐渐发展成为测量分子间距离的有效工具。

1950 年，Michael Kasha (Florida State University)提出，对于多重态的分子，光辐射仅能由最低激发态发射。这就是著名的 Kasha 规则。

2006 年，Joseph R. Lakowicz 教授的 *Principles of Fluorescence Spectroscopy*（《荧光光谱原理》）第 3 版出版，对荧光的原理、测量方法、应用等展开了详细的论述。

2008 年，日本科学家下村修（Osamu Shimomura）、美国科学家马丁・查尔菲（Martin Chalfie）和钱永健（Roger Y. Tsien）因在发现和改造荧光蛋白等方面作出的突出贡献获得了 2008 年度诺贝尔化学奖。如今，荧光蛋白作为一类重要的荧光生物探针已被广泛应用。

2014 年，荧光显纳镜，即超分辨荧光显微镜的出现，突破了传统荧光显微镜的光学极限，3 位科学家因此荣获该年度诺贝尔化学奖。这基于两项独立的技术，第一项是 Stefan Hell 于 2000 年研制受激发射亏蚀（Stimulated Emission Depletion，STED）技术，该技术采用了两束激光，一束负责荧光分子的激发，另一束负责抵消大部分荧光，只留下纳米尺寸的区域。使用该技术扫描样品，能够得到突破 Abbe 显微分辨率极限的图像。另外两位获奖者 Eric Betzig 和 William Moerner 的独立研究则为第二项技术——单分子显微技术奠定了基础。通过对同一区域多次“绘图”，每次仅让极少量的分散分子发光，将所得图像叠加即生成了纳米尺寸的超分辨率荧光图像。

1.1.3 国内外研究现状和发展趋势

发光材料的多样性使其在日常生产、生活中得到了广泛的应用。根据分子组成的差异，发光材料大致可分为有机发光材料和无机发光材料两大类。无机发光材料多是包含稀土金属离子的化合物，这些材料颜色丰富、量子产率高、发光寿命长，在长余辉照明、显示器件、电子信息等领域具有广泛的应用。然而无机发光材料的制备通常需要高温、高压设备，且结晶过程的条件较为苛刻，工艺复杂，制备成本高。相较于成熟的无机发光材料，有机发光材料的研究和应用尚处于攻关阶段，但是由于其分子结构设计灵活、可调性好、色彩丰富、色纯度高等优势，其逐步得到业界的认可，已发展成为材料学、化学、物理学和电子学等领域共同关注的研究热点。从结构上讲，有机发光材料多带有平面型的共轭杂环及各种生色团，且易通过引入烯键、苯环等不饱和基团来改变其共轭长度，从而调控其光电性质。然而这些平面型共轭结构使其在稀溶液或掺杂量低时具有很强的发光强度，但在高浓度溶液或固态等聚集状态下发光减弱甚至完全消失，即发生斯托克斯和福斯特等人定义的浓度猝灭效应（又称聚集导致猝灭），限制了有机发光材料在光电材料、化学传感、生物成像等领域的应用。

2001 年，唐本忠院士在大量实验研究和总结的基础上，提出了聚集诱导发光（Aggregation-Induced Emission，AIE）的新概念。AIE 是指发光分子在稀溶液中不发光，在浓溶液或聚集状态下发光显著增强的现象。AIE 的提出极大地解决了聚集导致猝灭的难题，一经提出便引起了世界范围的广泛关注。经过 20 余年的发展，AIE 材料的发光机理已趋于完善，并且在诸多领域得到了长足的研究和发展，如线粒体成像、生化分析、光动力治疗、爆炸物检测、液晶等。

目前，AIE 材料虽然具有极大的优势，但还面临一些问题和挑战：

1）在提高 AIE 材料的光学性能的同时，须降低其合成/制备难度；

2）其生物相容性和体内降解、清除等有待提高；

3）非共轭型 AIE 材料的品类仍有待丰富；

4）AIE 聚合物的构效关系和功能有待研究；

5）应用于超分辨成像和荧光寿命成像的 AIE 分子有待开发；

6）需要化学工程等领域的大力投入，以推进 AIE 材料在相关领域的产品化及市场化。

1.2　光物理基础知识

1.2.1　基本概念

1.2.1.1　分子轨道理论

分子轨道理论认为，在形成分子的过程中，分子中的电子运动受到原子核势场的影响，不再局限于各原子的原子轨道上，而是在整个分子的空间范围内运动。其中，每个电子的运动状态可以用波函数 ψ 来描述，单电子的波函数 ψ 就是分子轨道。

分子轨道是由分子中各原子的原子轨道线性组合而成的。例如，两个原子轨道 ψ_1 和 ψ_2 通过线性组合成为两个分子轨道 ψ_a 和 ψ_b，表示为

$$\left.\begin{aligned}\psi_a=c_1\psi_1+c_2\psi_2\\ \psi_b=c_1\psi_1-c_2\psi_2\end{aligned}\right\} \tag{1-1}$$

式中：c_1 和 c_2 为常数。组合前后，分子轨道与前原子轨道具有相同的数量，但是能量不同。其中，分子轨道 ψ_a 由原子轨道的波函数相加而得，其能量低于前原子轨道，被称为成键分子轨道（简称“成键轨道”），常用 ψ 表示。成键轨道中电子出现在核间区域概率密度大，对两个核产生强烈的吸引作用，形成的键强度大。而分子轨道 ψ_b 由原子轨道的波函数相减得到，其能量高于前原子轨道，因此被称为反键分子轨道（简称“反键轨道”），常用符号 ψ^* 表示。反键轨道在两原子核之间出现节面，电子出现在核间区域的概率密度小，从而不利于成键。不同类型的原子轨道以不同的方式进行重叠，形成了多种类型的分子轨道。分子光化学中主要涉及五种类型的分子轨道：未成键电子 n 轨道、成键电子 σ 和 π 轨道、反键电子 σ^* 和 π^* 轨道。

（1）n 轨道

在分子中，杂原子的未共用电子对在未成键轨道中，称为 n 轨道，这种轨道不参与分子的成键体系。

（2）σ 轨道和 σ^* 轨道

两个原子的 s 轨道可以线性组合为成键分子轨道 σ_{ns} 和反键分子轨道 σ_{ns}^*，它们都绕键轴呈对称状，区别在于成键分子轨道在两核间没有节面，如图 1.3 所示。

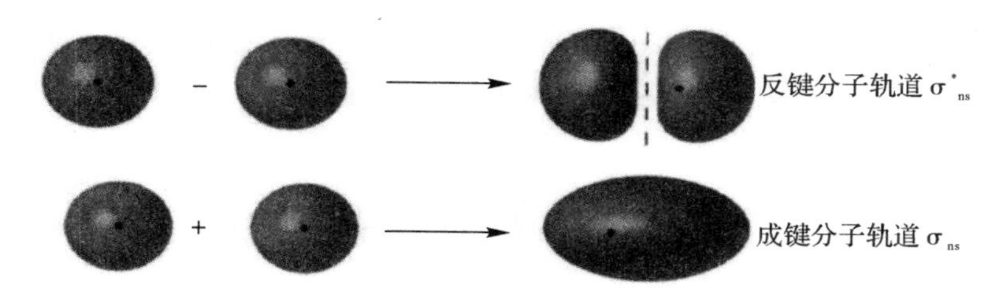

图 1.3　s-s 轨道重叠形成反键分子轨道 σ_{ns}^* 和成键分子轨道 σ_{ns}

（3）π 轨道和 π^* 轨道

p 轨道呈哑铃状，两个原子的 p 轨道间有两种组合方式：“头碰头”和“肩并肩”。若采用“头碰头”的方式重叠，将产生一个成键分子轨道 σ_p 和一个反键分子轨道 σ_p^*。而若采用“肩并

肩”的方式重叠，将形成 π 分子轨道，包括成键轨道π_p 和反键轨道 π_p^*，如图 1.4 所示。

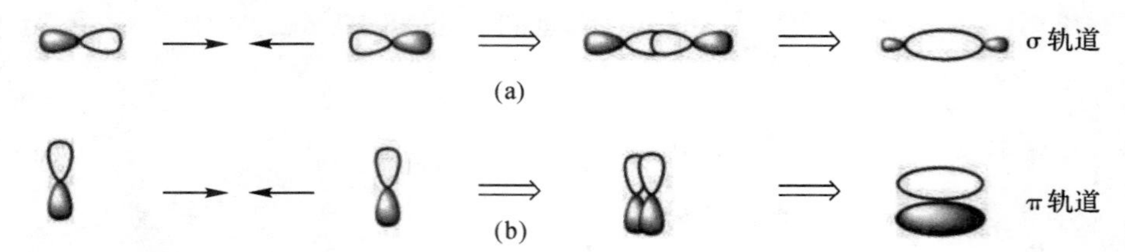

图 1.4 p 轨道的两种组合方式

(a)p-p 轨道“头碰头”的方式重叠形成 σ 轨道；(b)p-p 轨道“肩并肩”的方式重叠形成 π 轨道

(4)δ 轨道和 δ^* 轨道

两个 d 轨道以“面对面”的方式组合，能够形成包括成键轨道 δ 和反键轨道 δ^* 在内的 δ 型分子轨道。它们的区别在于有无垂直于键轴的节面。

原子轨道进行线性组合时，通常需要遵守三个基本原则，即成键三原则：能量相近原则、对称性匹配原则以及轨道最大重叠原则。

1)能量相近原则。只有那些能量相近的原子轨道才有可能组合成有效的分子轨道，通常能级差要小于 15 eV。能量相近原则是选择不同类型的原子轨道进行组合的关键。

2)对称性匹配原则。只有对称性相同的原子轨道才能组合成分子轨道，即原子轨道之间要有净的同号重叠或异号重叠。这是原子轨道形成分子轨道的前提，若原子轨道间对称性不匹配，则原子轨道既不能形成成键分子轨道，也不能形成交替分子轨道，而基本保留原子轨道的性质。不过，由于这种原子轨道已经是分子中的轨道，因此通常成为非键分子轨道。

3)轨道最大重叠原则。轨道最大重叠原则指出，在满足对称性匹配原则的前提下，原子轨道重叠程度愈大，形成的共价键愈稳定。

1.2.1.2 前线轨道理论

前线轨道理论是由日本量子化学家福井谦一创立的分子轨道理论中的一个分支。分子中的电子填充的能量最高轨道称为最高占据分子轨道(Highest Occupied Molecular Orbital, HOMO)，空轨道中能量最低的轨道称为最低未占分子轨道(Lowest Unoccupied Molecular Orbital, LUMO)，二者合称为前线轨道，是决定一个体系发生反应的关键。若 HOMO 是半占据分子轨道(Single Occupied Molecular Orbital, SOMO)，则它既能充当 HOMO，又能充当 LUMO。福井谦一认为，分子间反应时，电子从一个分子的 HOMO 转移到另一个分子的 LUMO。反应的条件和方式取决于前线轨道的对称性。

分子间 HOMO 与 LUMO 要发生相互作用，通常需要满足三个要求：

1)对称性匹配原则。参与反应的两分子互相接近时，一个分子的 HOMO 与另一个分子的 LUMO 需要对称性匹配。按轨道相位正与正、负与负叠加的方式相互接近，形成的过渡态活化能较低，称为对称性允许状态。

2)能级相近原则。相互作用的 HOMO 与 LUMO 能级差一般在 6 eV 以内。

3)两分子的 HOMO 与 LUMO 发生叠加时，电子从一个分子的 HOMO 向另一个分子的 LUMO 转移，但电子转移的方向应当有利于旧键的削弱。

1.2.1.3 分子轨道能级图

分子轨道能级图是按照分子轨道能量由低到高排列的示意图。图 1.5 所示为 O_2 分子轨道能级与电子排布示意图。

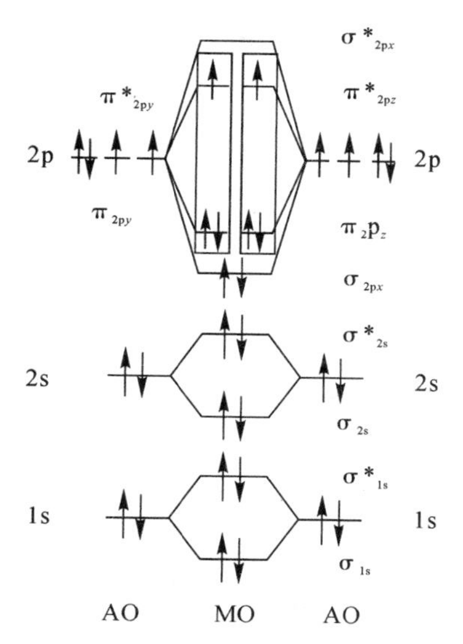

图 1.5　O_2 分子轨道能级与电子排布示意图

1.2.1.4　自旋多重度和单线态、三线态

有机分子中的电子通常总是自旋配对地占据不同的轨道。根据泡利不相容原理，在一个轨道中的两个电子，其自旋方向必然相反，总自旋等于零，这种状态叫单线态或单重态(Singlet Sate)。如果基态分子轨道中的一个电子在跃迁时自旋方向不改变而到达激发态，这时该分子所处的电子能级就叫激发单线态。若电子跃迁时自旋反转而到达激发态，或由激发单线态通过自旋反转而得，则这个激发态是三线态或三重态(Triplet State)。三重态即其能级是三重简并的。

多重度是指分子或原子在适当强度的磁场影响下，化合物在原子或分子吸收和发射光谱中谱线的数目，谱线数为$(2S+1)$，也可表示为电子自旋可能的取向数。自旋多重度的定义为

$$M = \text{谱线数} = 2\sum S_i + 1 \tag{1-2}$$

式中：S_i 表示第 i 个自旋电子的自旋量子数。

图 1.6 所示为单线态和三线态的电子自旋状态。电子全部自旋配对的有机分子中，$M=1$，电子能级为单线态；若激发态的电子自旋不发生变化，则 $M=1$，分子处于激发单线态；若电子跃迁过程涉及电子自旋的反转，则 $M=3$，分子处于激发三线态；有机单电子或三电子稳定的自由基，$M=2$ 或 4，为两重态或四重态。

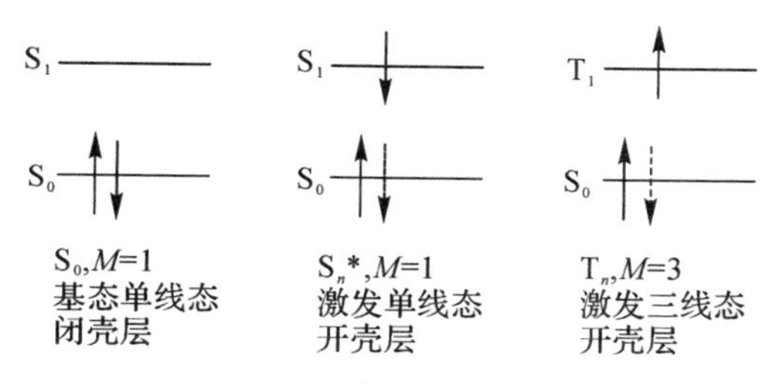

图 1.6　单线态和三线态能级示意图

1.2.2 激发态的产生

1.2.2.1 基态与激发态

现代量子物理学认为，原子核外电子的状态可能并不是连续的，同时各状态下所对应的能量也不具有连续性，这些能量值就是能级。在光物理学中，基态(Ground State)是指一个分子中所有电子的排布完全遵守构造原理时的状态，即能量处于最低状态时的分子稳定态，此时电子在离核最近的轨道上运动。这些构造原理如下。

(1)泡利不相容原理(Pauli Exclusion Principle)

在同一个原子中，不存在 4 个量子数完全相同的两个电子同时出现的情况。若有两个电子处在同一轨道中，则它们的自旋磁量子数一定不同，即处于同一轨道的两电子自旋方向必定相反。

(2)能量最低原理(Lowest Energy Principle)

在不违背泡利不相容原理的前提下，电子的分布遵从能量最低原理，即电子在分子中排布时，总是优先占据能量较低的轨道，再依次填充在较高能级，使体系能量处于最低状态。

(3)最大多重性原理(Principle of Maximum Multiplicity)/洪德规则(Hund Rule)

电子在能量相同的等价轨道上排布时，总是优先以相同的自旋方向分别占据不同轨道，以使得体系能量处于最低状态。

当有机分子处于比系统所能具有的最低能量更高能量的量子态，即分子的电子结构发生改变时，电子由低能轨道向高能轨道跃迁，分子中的电子排布并非完全遵守构造原理，此时称分子处于激发态(Excited State)。通常情况下只有分子轨道中能量最高的一个或两个轨道电子受激发后参与跃迁。

1.2.2.2 激发态的产生与光的吸收

激发态的产生需要吸收一定的能量，通常有以下三种途径。

1)放电，如高压汞灯等。高压汞灯在工作时，电流透过高压汞蒸气，使分子受到电离而激发，电子、原子以及离子在放电管中碰撞导致发光。

2)化学激活，如某些放热化学反应可能使分子被激发，从而发生化学发光。

3)光激发，分子吸收光能量从而产生激发态的方式也是光化学中最常用的激发方式。光是一种电子辐射，可以用波长或频率进行表征，两者的关系是

$$\nu = \frac{c}{\lambda} \tag{1-3}$$

式中：ν 为频率；λ 为波长；c 为光速，$c \approx 3\times10^8$ m/s。

光具有波粒二象性，不同波长或频率的光都具有最小的能量微粒，称为光量子。当光照射到物体时，若出现部分或完全吸收的情况，则认为发生了光能量向物质分子的转移。光的能量以光子为单位，一个光子的能量可用下式表示：

$$E = h\nu = \frac{hc}{\lambda} \tag{1-4}$$

式中：E 是能量；h 为普朗克常量，$h \approx 6.63 \times 10^{-34}$ J · s。

通常用 Lambert-Beer 定律来描述物质的光吸收与浓度间的关系：

$$A = -\lg T = -\lg \frac{I}{I_0} = \varepsilon c l \tag{1-5}$$

式中：I 为透射光强度；I_0 为入射光强度；c 为试样浓度；l 为通过样品的光程长度；ε 为摩尔消光系数，即样品在一定波长下，浓度为 1 mol/L、光程长度为 1 cm 时的吸光度。物质对光的吸收程度可以用透光率 $T(T = \frac{I}{I_0})$ 以及光密度 $D(D = \lg \frac{I}{T})$ 来表示。

分子中对光敏感、能吸收紫外和可见光的基团被称为发色团。若介质对光的吸收程度与波长无关，则称为一般吸收；若介质对光的吸收程度与波长具有选择性，即对某些波长范围内的光吸收较强，而对其他波长下的光吸收较弱，则称为选择吸收。

此外，吸收强度的量还可用振子强度 f 表示：

$$f = 4.315 \times 10^{-9} \int \varepsilon \, \mathrm{d}\gamma \tag{1-6}$$

1.2.2.3　选择规则

振子强度与消光系数的主要差别在于，振子强度测量的是整个吸收范围的积分强度，而后者是单一波长的吸收强度。

在分子吸收能量后，可引起内部电子结构发生改变，外层电子可以从低能态跃迁至高能态。图 1.7 所示为各种电子跃迁类型。

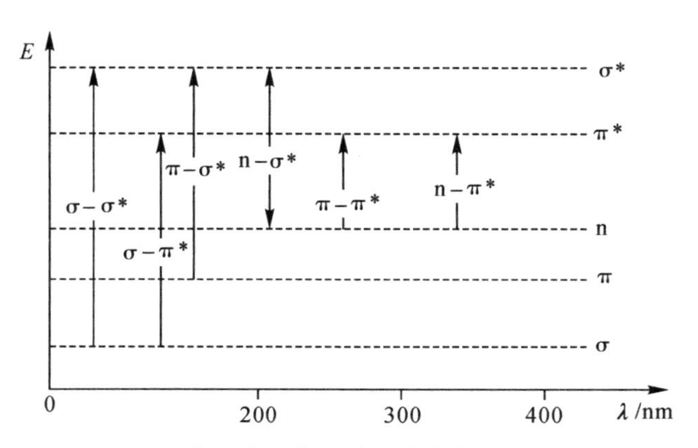

图 1.7　有机分子中各种可能的电子跃迁类型

我们可以用分子轨道的概念来说明电子跃迁。根据分子轨道理论，当两个原子结合成分子时，参与成键的两个电子并不是定域于各自的原子上，而是在原子轨道线性组合成的分子轨道上运动。一般情况下，分子中的电子总是填充在 n 轨道以下的各轨道中，当受到外来辐射激发时，低能级的电子就会跃迁至高能级的轨道中。

分子轨道间电子能否发生跃迁以及发生跃迁的概率用电子跃迁强度来表示。电子跃迁强度与跃迁矩(Transition Moment)的二次方成正比。若跃迁矩不为零，则称该跃迁为允许跃迁，若跃迁矩为零，则表示不会发生该跃迁，称为禁阻跃迁。

根据伯恩-奥本海默(Born-Oppenheimer,BO)近似,分子运动波函数可分解为核运动、电子轨道运动以及电子自旋运动三个波函数的乘积,即跃迁矩可分解为三个独立积分的乘积,该三项积分任一为零,则跃迁矩为零,见下式:

$$跃迁矩=\int\theta_i\theta_f\mathrm{d}\tau_N\int s_is_f\mathrm{d}\tau_S\int\varphi_i\mu\varphi_f\mathrm{d}\tau_e \tag{1-7}$$

对于式(1-7)近似结果的精密计算,需要指出的是,所谓的禁阻跃迁也包含了发生跃迁可能性较小或者电子跃迁强度很弱的跃迁。而通常情况下,我们无须通过计算跃迁矩来判断跃迁能否发生,而是通过一些选择规则来判断。满足选择规则的跃迁为允许跃迁,反之为禁阻跃迁。式(1-7)中,第一项积分为核振动波函数重叠积分。无论是基态还是激发态都有一系列的量子化的振动能级,在位能曲线上用一组平行线来表示,通常基态分子的电子处于最低振动能级,吸收能量后发生跃迁升至高能级的任意振动能级。对于理想分子,根据 Franck-Condon 原理,分子受到激发过程中,激发态分子与基态分子有同样的平衡核间距,此时最大可能是发生基态的最低振动能级向激发态最低振动能级的跃迁(即 0-0 跃迁)。根据计算结果,核振动波函数重叠积分 $\int\theta_i\theta_f\mathrm{d}\tau_N$ 取得最大值。

Franck-Condon 原理由 Franck 于 1925 年提出,并于 1928 年经 Condon 通过量子力学加以说明。他们认为,原子或原子核的直径通常为 0.2~1 nm,因此光波通过原子核的时间大约为 10^{-17} s。分子中键的振动周期大约为 10^{-14} s,也就是说当光波通过原子核时,分子只经历了一个振动周期的 1/1 000。电子跃迁的过程非常之快,在跃迁的一瞬间,尽管电子态有所改变,但我们依然可以认为在势能面上的跃迁是垂直发生的,核的运动在短时间内完全跟不上,保持着原有的核间距和振动速度,分子的构型也保持不变。该原理可用图 1.8 表示。

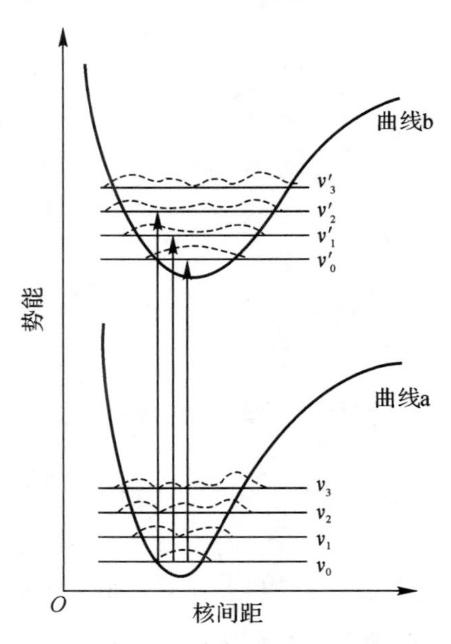

图 1.8 Franck-Condon 原理示意图

ψ_0 代表基态,ν 为基态的振动能级;ψ_a 代表激发态、ν' 代表激发态的振动能级。当发生跃迁时,处于基态的最低振动态的分子垂直跃迁至其上方的激发态,由于激发态势能面与基态势能面通常存在位移，而达到激发态的最高振动能级（$\nu'=4$），跃迁时始态与终态的分子构型及动量保持不变，用量子力学语言来表述就是要求两个态的波函数尽可能有较多重叠。如图1.8所示，从基态的最低振动能级开始跃迁，将与激发态的最高振动能级（$\nu'=3$）发生最大重叠，这个振动带将是光谱中的最高峰。

然而，对于实际的分子，激发态的形状会发生一定程度的变化，核间距 r_{xy} 会变长。若核间距变化不大，则基态的最低振动能级向激发态最低振动能级的跃迁仍然最强；若核间距变化较大，此时最大可能的跃迁不一定是 0－0 跃迁，而可能是 0－1 跃迁。

第二项为电子自旋运动重叠积分，S 为电子的自旋；电子自旋对电子跃迁的影响可分为三种情况：

1）单线态-单线态跃迁。此时电子自旋未发生改变，是一种允许跃迁，电子自旋运动重叠积分等于 1。

2）三线态-三线态跃迁。若发生该类型电子跃迁，电子自旋状况仍然未发生改变，仍为允许跃迁。

3）单线态-三线态跃迁。发生该类型电子跃迁时，电子自旋状况发生改变，因为自旋方向相反的两个电子自旋波函数正交，因此电子自旋运动重叠积分值为零，根据计算结果，这种跃迁是强烈禁阻的。

第三项为电子轨道运动重叠积分，轨道空间对称性与重叠相关积分用 φ 表示，电子偶极矩算符用 μ 表示。这表明电子跃迁的发生与电子跃迁始态与终态的空间轨道间对称性和重叠程度有关。

综上所述，选择规则如下：

1）当自旋与轨道作用可略去时，$\Delta S=0$。这主要是由于自旋角动量基本不与入射光波的电场发生作用。

2）$\Delta L=0,\pm1$（但从 $L=0$ 到 $L=0$ 禁阻。单电子原子基态为单重态，$L=0$，对于它们来说，如果跃迁是 $\Delta L=0$，就只能从 $L=0$ 到 $L=0$，而且是禁阻的，所有只有 $\Delta L=1$）。

3）$\Delta J=0,\pm1$（但从 $J=0$ 到 $J=0$ 禁阻）。

4）$\Delta M_J=0,\pm1$（但当 $\Delta J=0$ 时，从 $M_J=0$ 到 $M_J=0$ 禁阻）。

5）跃迁还要受到 Laporte 定则的限制，即电子偶极矩跃迁只能发生在宇称不同的态之间。若通过对称中心，分子波函数的符号是相反的，则这种波函数称为反对称（用符号 μ 表示）；若不改变符号，则是对称的（用符号 g 表示）。通过积分可认为，$\mu\rightarrow g$ 以及 $g\rightarrow\mu$ 的跃迁是允许的，而 $\mu\rightarrow\mu$ 及 $g\rightarrow g$ 的跃迁是禁阻的。

在某些情况下，可能出现偏离选择性规则的现象。

（1）分子运动

分子的运动使得化学键可能发生弯曲、伸缩或者振动，最终导致分子轨道的重叠以及对称性发生改变。

（2）自旋-轨道耦合

电子是有电荷的，并且不断自旋，这样它不仅有自旋角动量，而且还有磁矩。同时电子沿着轨道运动，形成磁场。磁场与磁矩相互作用使得自旋角动量发生变化，即电子轨道运动产生磁场和磁矩，对电子自旋的相位产生影响，使得纯的三线态或单线态的波函数会发生一定程度的混合，形成了一种中间状态，即以单线态为主，其中具有一些三线态特征，或者以三线态为主的同时，混有一些单线态特征，结果使得由单线态向三线态跃迁时，电子自旋重叠积分不等于零，即使得理想状态下禁阻的单线态-三线态跃迁成为可能。若该分子含有原子序数较大的原子，这一作用还会变得更为显著。

(3)自旋-自旋耦合

分子内其他自旋运动产生的磁矩对电子自旋的相位产生影响。

1.2.2.4 电子跃迁

(1)$\sigma \rightarrow \sigma^*$跃迁

成键σ电子跃迁至σ^*轨道是所有存在σ键的有机化合物都可能发生的跃迁方式，这种跃迁所需能量较大，σ电子只有吸收远紫外光的能量才能发生跃迁。因而饱和烷烃的分子吸收光谱通常出现在远紫外区，吸收波长处于10～200 nm之间，例如甲烷的最大吸收波长为125 nm。

(2)$n \rightarrow \sigma^*$跃迁

当饱和烷烃分子中的氢被氧、硫、氮以及卤素等杂原子取代时，由于此时有n电子的存在，相较于σ电子，n电子更容易受到激发，因而易发生非键轨道向σ^*轨道的跃迁。同样地，这类跃迁所需能量较大，吸收波长在150～250 nm之间。例如一氯甲烷的最大吸收波长为173 nm。

(3)$\pi \rightarrow \pi^*$跃迁

含有孤立双键的烯烃或者共轭双键的烯烃由于含有π电子，在吸收能量后，π电子跃迁至反键π^*轨道能够产生$\pi \rightarrow \pi^*$跃迁。这类跃迁所需能量小于$\sigma \rightarrow \sigma^*$跃迁。

电子跃迁情况通常能在紫外吸收光谱中观察到，紫外吸收峰的波长、位置和强度都与分子的电子结构有关。例如，如图1.9所示，乙烯含有孤立双键，可吸收137.5～200 nm的光子而发生$\pi \rightarrow \pi^*$跃迁，π电子跃迁至反键π^*轨道形成$\pi\pi^*$激发态。而对于丁二烯这种含有共轭双键的化合物，π轨道与π^*轨道重新组合，HOMO和LUMO能隙缩小，跃迁能量降低。根据分子轨道理论计算，分子中共轭双键数越多，HOMO和LUMO间的能隙越小。

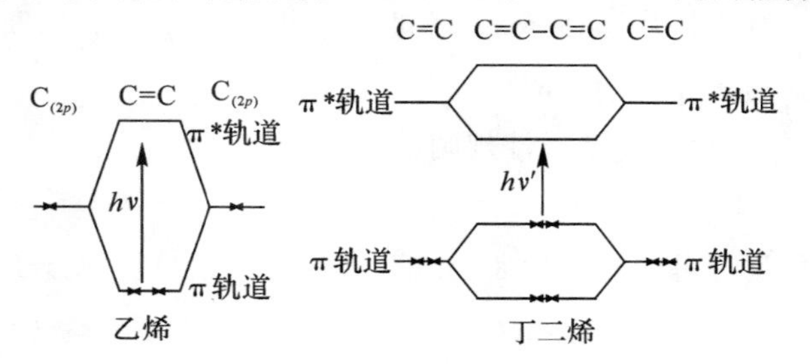

图1.9 乙烯和丁二烯的分子轨道能量

(4)n→π^*跃迁

含双键的杂原子发色团,如C=O、C=N、C=S、N=N及N=O等,这类化合物易发生n→π^*跃迁,所需能量更低。如甲醛能够吸收波长为280 nm的光子发生n→π^*跃迁,形成nπ^*激发态。表1.1为nπ^*激发态与$\pi\pi^*$激发态的对比。

表1.1　nπ^*激发态与$\pi\pi^*$激发态比较

	nπ^*激发态	$\pi\pi^*$激发态
最大吸收波长/nm	270～350	>180
消光系数	<200(小)	>1 000(大)
重原子效应	无	增加系间窜越的概率
取代基效应	给电子取代基,吸收蓝移	给电子取代基,吸收红移
吸收光谱形状	宽	窄
激发单线态平均寿命	长	短
激发三线态平均寿命	短	长
溶剂效应	溶剂极性增加,吸收蓝移	溶剂极性增加,吸收蓝移

在电子跃迁到高能量的轨道后,激发态的自旋状态有可能与基态不同。大多数有机分子在基态时,根据泡利不相容原理,每个轨道上最多只有两个自旋方向相反的电子,而在激发态中,两电子处于不同的轨道上,此时电子的自旋方向可能会发生改变。若分子被激发时,电子自旋方向并未发生改变,则激发态分子总自旋仍为0,分子仍处于单线态,则称为激发单线态,不同能级的激发单线态可根据能量的高低用S_1、S_2及S_3表示(数字越大则能级越高)。若受激发的分子中,跃迁的电子发生了自旋方向的变化,则分子中的总自旋$S=1$,分子多重性为$2S+1=3$,此时的激发态称为激发三线态。同理,不同能级的激发三线态也可用T_1、T_2及T_3表示。由洪特规则可知,处于分立轨道上的非成对电子,平行自旋比成对自旋稳定,因此三重态能级总比相应的单重态能级能量低。根据电子跃迁的选择规则,要求自旋力保持守恒,因而容易发生基态单线态向激发单线态的跃迁,而由基态单线态向激发三线态的跃迁则无法直接发生,即激发三线态要经过激发单线态转变方能形成。

分子由基态进入激发态后,由于电子构型发生变化,分子的一些静态性质,如几何结构、偶极矩以及酸碱性等会发生一定程度的变化。例如,甲醛分子处于基态时,其结构为平面型,如图1.10所示。当其受到激发进入nπ^*激发态时,由于nπ^*激发态中两个电子在C=O键的π成键轨道上,使碳氧键变弱且拉长,其长度介于C—O键与C=O键之间,分子无法保持平面结构,而成为了具有一定角度的锥型结构,如图1.10所示。

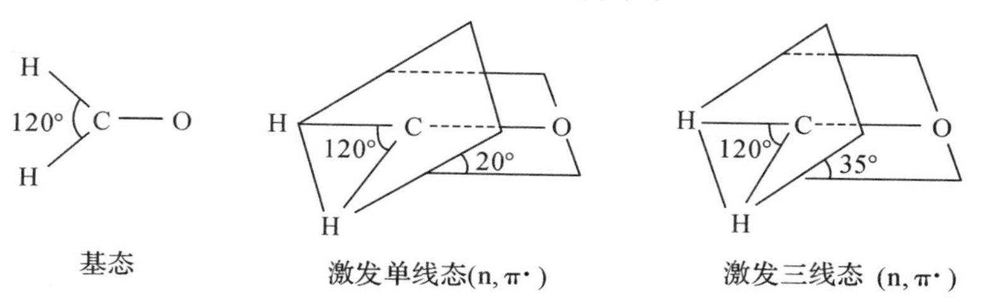

图1.10　从左至右分别为甲醛分子处于基态、激发单线态和激发三线态时的几何结构

1.2.2.5 基态与激发态的比较

分子中一个电子的轨道跃迁，可以引起分子性质多方面的改变，即同一分子的基态与激发态在物理和化学性质上有很大差异，这种差异具体表现在以下方面。

(1)能量

激发态分子的产生伴随着基态分子吸收能量的过程，因此激发态分子的能量要高于基态，其能量差一般可达几百千焦每摩尔。正是这种高内能使激发态分子的化学性质更为活泼，可以发生基态分子无法进行的多种化学反应。激发态与基态的能量差越大，则激发该分子所需要的辐射能量也就越大。

(2)键长和键能

分子受到激发时，激发部位会有至少一个电子从成键轨道或非键轨道进入反键轨道，因此会造成激发处化学键键长的增加，通常键长可增加 15%甚至更多。随着键长的增加，键能和键序会相应地降低，这也将导致激发态分子比其基态更容易发生化学反应。

(3)键角与分子平面性

基态分子受激发变为激发态，除了键长与键能改变外，键角也会受到一定的影响。例如，甲醛分子的 4 个原子在基态时处于同一平面内，而在第一激发单重态时，两个氢原子偏离原来平面 25°；在第一激发三重态时，氢原子的偏离程度加剧。

(4)电子构型

分子受到激发后，碳原子化学键的杂化性质可能发生改变。同时，杂化性质的改变，也会导致键长、键角及化学性质发生变化。

(5)分子极性

分子受到激发后，其电荷分布发生变化，自然也会导致分子极性和偶极矩的改变。多数有机化合物在发生 $\pi\rightarrow\pi^*$ 跃迁后极性增大，而发生 $n\rightarrow\pi^*$ 跃迁后极性减小。这也解释了 $n\rightarrow\pi^*$ 跃迁化合物吸收光谱的最大摩尔消光系数随溶剂的极性增加蓝移，而 $\pi\rightarrow\pi^*$ 跃迁化合物吸收光谱的最大摩尔消光系数随溶剂的极性增加而红移的现象。

(6)pK 值

pK 值是分子酸碱性的数字化表述。分子受到激发后，由于其电荷分布发生变化，会间接造成分子酸碱性的改变。根据分子轨道理论，酸是以空轨道参与反应的化合物，碱是以有电子的占有轨道参与反应的化合物。由于激发态的占有轨道和非占有轨道的电子分布情况都发生了变化，因此，表示激发态酸碱性的 pK 值必然会随之改变。当分子的酸性基团是电子给体时，通常基态分子的 pK 值大于激发态分子的 pK 值，激发态是比基态更强的酸或更弱的碱。若分子的酸性基团是电子受体时，通常基态分子的 pK 值小于激发态分子的 pK 值，激发态是比基态更弱的酸或更强的碱。

(7)氧化还原电位

氧化还原电位是表示化合物氧化还原能力的参数。分子的激发态与基态的氧化还原能力有很大的不同。例如，碱性亚甲蓝(Me)分子不能氧化二价铁离子(Fe^{2+})，但 Me 受到光激发后，可将 Fe^{2+} 氧化为 Fe^{3+}，同时自身还原(MeH_2)褪色。一旦移除光源，Me 分子又可重新恢复蓝色，同时 Fe^{3+} 被还原为 Fe^{2+}。

(8)电离势和电子亲和能

电离势与电子亲和能对物质的化学反应有重要的影响。相比于基态，激发态分子的电离势较小，而电子亲和能较大，即激发态分子更容易失去电子，也更容易获得电子。

(9)前线轨道能级及其对称性

分子受到激发后，其HOMO和LUMO发生了改变，即基态时的LUMO变为有一个电子的最高占据轨道，而基态时的HOMO则成为只有一个电子的半空轨道。激发后新形成的前线轨道都只有一个电子，既可以给出电子，也可以填充电子。分子被激发后，新形成的HOMO和LUMO的对称性可能会与原有的前线轨道有所不同。

1.2.2.6　激基缔合物和激基复合物

由前面的内容可知，分子具有基态和激发态两种状态，处于基态的分子吸收能量后可进入激发态。但实验发现，荧光分子吸收或发射光子并不一定是由单个分子产生的，可能是两个甚至多个分子组成的分子复合体共同参与，常见的复合体通常由两个分子组成。若两个分子共同作用发出一个光子时，称这种复合体为激基复合物。若参与光物理过程的两个分子为同种分子，则该复合物又可称为激基缔合物。

激基缔合物发射的能量比单个激发态分子辐射跃迁时释放的能量要小，同时引起谱线的红移，导致出现与单体发射完全不同的发射峰。此外，激基缔合物回到基态时，其基态的位能仍然很高，因此稳定性相对较差，不像一般的基态，能分清各精密的振动能级，其发射光谱为一个宽峰。

激基缔合物的形成会受到浓度的影响。在低浓度时，分子密度低，发生碰撞的概率也比较小，因此较难观察到激基缔合物的荧光发射。在浓度较高的情况下，发生碰撞生成激基缔合物的概率明显增大。此外，不同于分子激发态，温度也会在一定程度上影响激基缔合物的荧光强度。在温度较高时，激基缔合物容易发生热解离，因此激基缔合物的数量减少，其荧光强度相应下降。

1.2.3　激发态的衰变

激发态分子是极其不稳定的。通常情况下，处于激发态的分子会通过一系列方式失去能量，重新回到基态，这一过程称为激发态的衰变或失活，包括分子内失活和分子外失活两种过程。激发态的激发能有三种可能的转化方式：一是发生光化学反应，也可称为化学失活；二是以发射光的形式释放能量；三是通过其他方式释放能量，如转化成热能。

1.2.3.1　激发态的衰变途径

激发能的耗散遵循Jablonski能级图，如图1.11所示。

处于基态的分子在吸收能量后迅速发生电子跃迁，通常情况下发生的并非0－0跃迁，而是其他能级间的跃迁。如图1.11所示，分子吸收能量后可跃迁至S_2的第二振动能级。随后激发态分子与周围分子碰撞，以热的方式失去振动能量，先降低至同一电子能级的最低振动能级。将多余能量以热的形式耗散掉的过程称为激发态的振动弛豫(Vibrational Relaxation，VR)。振动弛豫的过程非常快，为$10^{-12}\sim10^{-14}$ s。

振动弛豫后，再通过无辐射跃迁耗散能量，降至低电子能级S_1的最低振动能级，这一过程称为内转换(Internal Conbersion，IC)，内转换过程的速率很大程度上取决于涉及此过程的两个能级之间的能量差，如果两个电子能级相互靠近到它们的振动能级有重叠时，就极其容易发生内转换。如图 1.11 所示，激发态 S_2 的较低振动能级，与激发态 S_1 的较高振动能级位能相近，易发生内转换。内转换过程与振动弛豫过程均为振动松弛过程的一部分，它们进行的速度非常快，通常在 10^{-13}～10^{-14} s 之间。随后，处于 S_1 激发态的分子仍可能通过分子间碰撞，无辐射跃迁至基态，这一过程同样被称为 IC。内转换过程受到多种因素的影响：①分子结构的影响，分子的刚性越大，分子的振动受到的阻碍越大，内转换速率越小；②温度的影响，温度越高，分子内运动越剧烈，内转换速率越快；③能隙的影响，内转换速率常数随能隙的增加呈指数级下降；④重氢同位素的影响，重氢原子取代的有机物，由于分子内振动减弱，其内转换速率降低；⑤激发态电子组态的影响，$n\pi^*$ 激发态的内转换速率常数比 $\pi\pi^*$ 激发态的内转换速率常数小。

除此之外，处于 S_1 激发态的分子也可能通过发光的方式回到基态，即发出荧光。还有一部分 S_1 激发态的分子能够通过无辐射跃迁的方式到达自选多重度不同的较低能级，即向三线态 T_1 转变，发生系间窜越（Intersystem Conversion，ISC）。通常情况下，涉及电子自旋状态改变的跃迁是禁阻的，但如果两个电子能态的振动能级之间有较大的重叠，则可通过自旋-轨道耦合等作用发生 S_1 至 T_1 的转变。由于这一过程涉及电子自旋方向的改变，因此需要的时间较长，约需 10^{-4} s。处于 T_1 态的分子回到基态有三种方式：一是经 T_1 态 $\rightarrow S_0$ 态 的方式发生 ISC；二是辐射跃迁；三是热耗散。

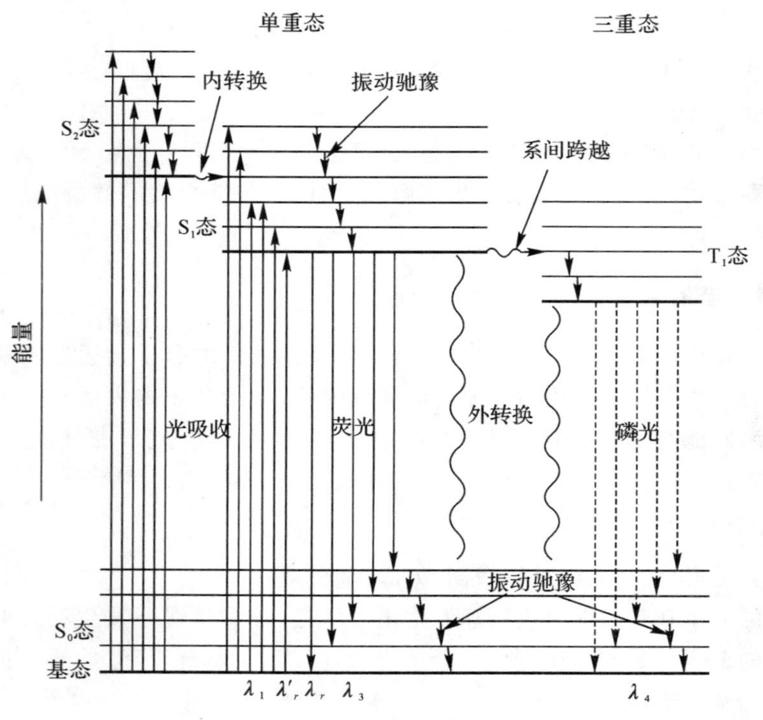

图 1.11 Jablonski 能级图

辐射跃迁是指通过释放光子从高能激发态回到基态的过程，它是光吸收的逆过程。与光吸收一样，辐射跃迁过程也伴随着分子中电子的运动，区别在于：光的吸收过程导致分子中的电子轨道节面上升，即能量增加；辐射跃迁导致分子中的电子轨道节面降低，即能量降低。吸收和辐射过程都遵循 Franck-Condon 原理。

荧光猝灭是一个同荧光发射相互竞争的过程，它是指利用猝灭剂加速激发态分子衰变到低能态或者基态，使光物质激发态寿命缩短的过程，通常表现为荧光强度下降等。常见的猝灭剂包括脂肪胺、芳香胺、氧气等。

根据激发态猝灭的方式不同，可以将猝灭分为两类。一类是动态猝灭，指通过发色团与猝灭剂相互碰撞，从而引起猝灭的过程。动态猝灭过程可用 Stern-Volmer 方程来描述，即

$$\frac{F_0}{F}=1+k_q\tau_0[Q]=1+k_D[Q] \tag{1-8}$$

式中：F_0 为没有猝灭剂时的荧光强度；F 为有猝灭剂时的荧光强度；k_q 为双分子猝灭常数；τ_0 为没有猝灭剂时的发色团寿命；$[Q]$ 为猝灭剂常数；k_D 为 Stern-Volmer 猝灭常数；k_D^{-1} 为当猝灭一半荧光强度时的猝灭剂浓度。

另一类是静态猝灭，是指通过发色团与猝灭剂形成不发射荧光的基态复合物，避免发色团以辐射跃迁的方式发射荧光。

由图 1.12 可以明显看出两类猝灭过程的区别。

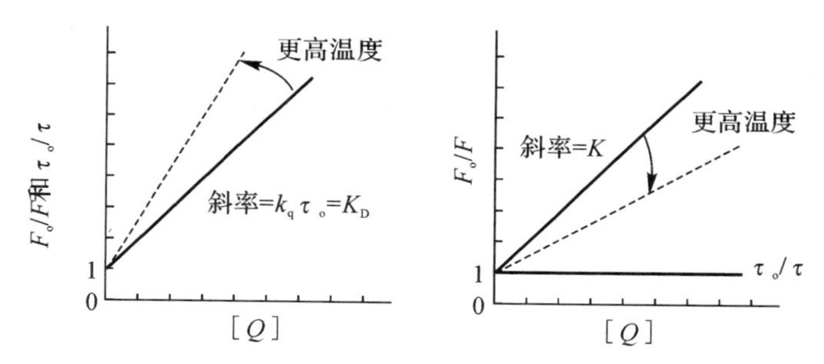

图 1.12　碰撞动态猝灭(左)与静态猝灭(右)过程中 $\frac{F_0}{F}$ 与 $\frac{\tau_0}{\tau}$ 与猝灭剂浓度的关系以及温度对猝灭效果的影响

由图 1.13 可明显看出，在碰撞猝灭过程中，$\frac{F_0}{F}$ 与 $\frac{\tau_0}{\tau}$ 的比值随猝灭剂浓度的升高而呈线性增长，而在静态猝灭的过程中，荧光发射寿命几乎不受猝灭剂浓度的影响。此外，这两种机理完全不同的猝灭还表现在对温度依赖性的不同：碰撞猝灭过程中，随着温度升高，碰撞的概率增大，因此荧光寿命及荧光强度猝灭更显著，但对静态猝灭而言，温度的升高易使复合物的稳定性降低，反而使猝灭效果下降。

1.2.3.2　激发态的寿命及量子产率

激发态的寿命有单分子寿命及本征辐射寿命两种定义。激发态分子各种失活速率常数之和的倒数被称为激发态的单分子寿命，它不是指激发态分子存在的时间，而是激发态分子数目失活减少到初始值的 1/e 时所需要的时间。可用下式表示，即

$$\tau=\frac{1}{\sum k_{失活}} \tag{1-9}$$

式中：$k_{失活}$ 为衰减过程的速率常数。激发态分子失活过程不仅包括辐射衰减，还包括内转换、系间窜越等过程，因此式(1-9)中，$\sum k_{失活}=k_f+{}^1k_{ISC}+k_{IC}$。

本征辐射寿命是指处于激发态的分子仅仅通过辐射衰变的方式回到基态时，激发态分子每秒发射光子的次数。这种自发发射过程是随机的，并且服从一级动力学，速率常数等于爱因斯坦系数 $A_{u,1}$。本征辐射寿命 τ_0 的定义如下：

$$\tau_0 = \frac{1}{A_{u,1}} \tag{1-10}$$

严格区分激发态单分子寿命 τ 和本征辐射寿命 τ_0 具有非常重要的意义，两种辐射寿命之间存在着如下关系：

$$\tau = \tau_0 \varphi_r \tag{1-11}$$

式中：φ_r 为辐射过程的量子产率。

此外，我们可以用物质发生某一光物理过程的总能量与吸收能量的比值来定量表示处于激发态的分子发生某一光物理过程的概率，即量子效率，它是光物理过程中光子利用效率的量度，可表示为：

$$\varphi = \frac{\text{发生某一光物理过程的光子数}}{\text{分子吸收的光子数}} \tag{1-12}$$

对大量荧光及磷光发射过程的研究发现，所有发射荧光或磷光的光物理过程都遵循“Kasha 规则”，即一般情况下，光子只能由最低激发态发射，换句话说，我们只能观察到 S_1 激发态发射出的荧光和 T_1 激发态发射出的磷光。只有在气相中，我们才能观察到 S_2、S_3、T_2、T_3 等激发态发射出的荧光或磷光。不过这也存在例外，比如对薁分子及其衍生物可以观察到 370 nm 处 S_2 激发态产生的荧光发射，而最低激发态发射的荧光量子产率较低。

1.2.4 辐射跃迁的分类

在激发态衰变的过程中，除了包括内部转换、系间窜越这类无辐射跃迁过程外，还包括有荧光、磷光以及延迟荧光的辐射跃迁过程。

1.2.4.1 荧光

分子激发后到达电子激发态(S_1)，经过振动弛豫至 S_1 的最低振动态，这也是荧光过程的始态，随后通过发光的形式重新回到基态，这一由 S_1 至 S_0 的发光现象就是荧光，该现象发生迅速，在 10^{-5}～10^{-9} s 之间。若激发单重态处于 S_2 激发态及以上时，由于其内转换速度极快，大部分分子发生辐射跃迁以前首先通过内转换跃迁下降至 S_1 激发态，而 S_1 激发态与基态间的最低振动能级的能量间隔最大，此时内转换速率相对较低，使得荧光现象成为可能，因此通常观察到的是 S_1 激发态最低振动能级的辐射跃迁。

寿命和量子产率是考虑荧光及磷光动力学过程的重要概念。荧光寿命即激发单线态寿命，它是指荧光强度衰减到起始强度 1/e 时所需要的时间，可用 τ_s 表示。此外，对于激发单线态寿命还有一种估算方法，即利用消光系数计算，即

$$t_s = 10^{-4}/\varepsilon_{max} \tag{1-13}$$

式(1-13)表示：若吸收强，则激发单线态寿命短；若吸收弱，则激发单线态寿命长。

荧光光谱具有几个基本特征。

(1)荧光激发光谱的形状与吸收光谱极为形似

吸收光谱是吸光度(Absorbance)或摩尔吸光系数(ε)或振子强度随吸收波长的变化，能够体现分子选择性吸收特定频率或波长光子的能力。

荧光激发光谱是荧光样品的总荧光量随激发波长的变化，它体现的是分子吸收不同频率或波长的激发光后产生荧光的效率。固定发射波长，不断改变激发波长并测量其强度，即可得到激发光谱。

荧光发射光谱通常简称为荧光光谱或发射光谱，它是分子吸收能量后在不同波长处再发射的结果，它表示各发射波长组分的相对强度。固定激发波长，测量一定波长范围内的发光强度，即可得到发射光谱。

就每个物质而言，在第一激发态和基态之间，其吸收光谱多位于可见光区，其吸收光谱与激发光谱对光子的吸收具有一致性，使其形状相似。

(2)荧光发射光谱的形状与激发波长无关

如 Jablonski 能级图所示，根据 Kasha 规则，荧光源自第一电子激发单线态的最低振动能级的衰变，而与分子最初被激发到哪个能级无关，故激发波长只会影响荧光发射的强度，但不会影响发射光谱的形状。

(3)斯托克斯位移

斯托克斯位移(Stokes Shift)是指吸收或激发峰与发射峰的能量之差[以波数(cm^{-1})表示]。它表示激发态分子在通过辐射跃迁返回基态之前，在激发态寿命期间所耗散掉的能量，是振动施豫、内转换、系间窜越、溶剂效应和激发态分子变化的能量总和。

(4)发射光谱与激发光谱呈镜像关系

分子的荧光发射光谱与第一电子激发能级的吸收光谱几乎一致，呈镜像关系。按照跃迁选律和 Franck-Condon 原理，最可几的激发跃迁也是最可几的发射衰败。在辐射衰变过程中，Franck-Condon 因子的作用和吸收过程一样，对光谱的形状具有决定性的作用。

1.2.4.2　磷光

若处于 S_1 激发态的分子同时发生了系间窜越，发生了由单线态向三线态 T_1 的转变，之后处于 T_1 态的分子若直接通过辐射跃迁的方式回到基态，这一发光现象称为磷光。荧光与磷光的温度都低于白灼光，故称为化学冷光。相较与荧光，由于处于 T_1 激发态的分子回到 S_0 是禁阻的，因此该过程还涉及电子自旋方向的改变，因而所需时间更长。磷光的寿命通常为 $10^{-2}\sim10^{-4}$ s，因此在磷光跃迁的过程中，即便是停止入射光照，磷光发射仍可持续一定时间，即具有“后发光”特征。由于磷光过程是自旋禁阻的，通常量子产率较低。为了提高磷光的量子产率，常采用以下几种方法：

1)降低体系温度。通过降低体系的温度可以在一定程度上降低与磷光过程相竞争的无辐射跃迁的速率，从而提高磷光过程的量子产率。

2)在分子中引入 Br、I 等相对分子质量大的原子取代氢原子。这是因为重原子可以增强电子的自旋-轨道耦合，从而提高分子自旋反转的跃迁速率常数。

3)在分子体系中引入顺磁性分子，如 O_2、NO 等，其原理同引入重原子一样。

1.2.4.3　延迟荧光

延迟荧光是一类不同于荧光和磷光的辐射跃迁过程。它是指处于第一激发三重态 T_1 的分子重新回到第一激发单重态 S_1 后再回到基态，而发出长寿命荧光的辐射跃迁过程。延迟荧光的发光寿命与磷光相当，在去除激发光后，同样可以观察到明显的“后发光”现象，但又与磷光有本质的区别。根据转换机制的不同，延迟荧光又可以分为 P 型延迟荧光及 E 型延迟荧光。P型延迟荧光是指两个激发三重态分子通过三重态-三重态湮灭的方式相互碰撞,得到一个基态分子和一个激发单重态分子。该激发单重态分子随后通过辐射跃迁的方式回到基态的过程。P型延迟荧光较为普遍,在此过程中激发三线态分子转变为激发单线态分子,其所需能量来自于另一个激发三线态分子。E型延迟荧光通常是指热活化延迟荧光。对于单重态与三重态能级相差较小的分子,在一定的热扰动下,处于激发三重态的分子很可能发生反系间窜越,从而回到单重激发态,进而辐射跃迁回到基态。

1.2.4.4 聚集诱导发光

有机发光的经典研究通常是在稀溶液状态下进行的,其中发光分子可以近似为孤立的物种而不受发色团的相互作用的干扰。然而,从稀溶液数据中得出的结论通常不能应用在浓溶液中。许多有机发光分子在稀溶液中发光很强,但是在高浓度溶液中或在聚集状态下通常会荧光减弱或猝灭,即发生聚集导致猝灭(Aggregation-caused Quenching, ACQ)。如N,N-二环己烷-1,7-二溴-3,4,9,10-苝四甲酸二酰亚胺(N,N-Dicyclohexyl-1,7-dibromo-3,4,9,10-perylenetetracarboxylic diimide, DDPD)(见图1.13),其在四氢呋喃(THF)稀溶液中荧光强度极高,而加入水后其荧光发射减弱。这是由于DDPD不溶于水,加入水后能够增加DDPD的局部发光团浓度并导致聚集。当含水量增加到40%时,DDPD的发光几乎完全被猝灭。这是由于DDPD分子结构中含有平面圆盘状的二萘嵌苯内核,在DDPD聚集体中,二萘嵌苯内核间具有强烈的π-π堆积作用,能够促使DDPD分子聚集,从而发生ACQ现象。

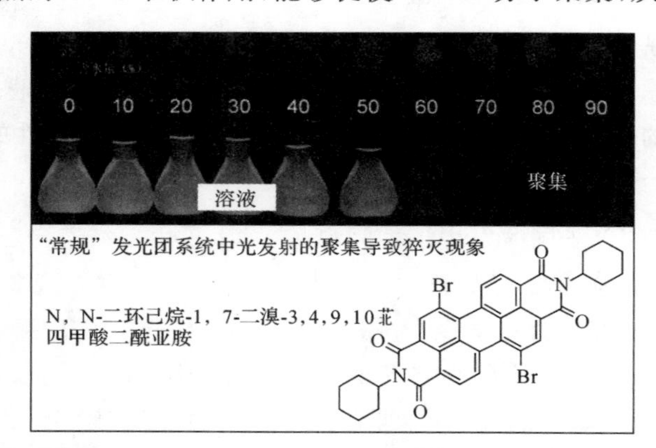

图1.13 DDPD溶液(10 mM①)在不同含水量的THF/水混合物中的荧光照片

正如伯克斯在他的经典光物理学书中总结的那样,ACQ效应在"大多数芳香烃及其衍生物中是常见的"。产生ACQ现象的结构性原因是传统发光分子多是由平面芳环构成的(例如,苝),由于有机分子的发光主要由电子共轭决定的,故绝大多数的分子设计都旨在通过增加芳香环数量提高π共轭体系的长度,因此产生更大的平面圆盘结构。这样的结构虽然在稀溶液中能够显著提高荧光强度,但其ACQ效应则变得更为严重。

ACQ效应对实际应用有着广泛的影响。如ACQ发光体虽然已经被用作生物探针用于传感领域,但其在水溶液中依然容易形成聚集体而影响其发光性能。在有机发光二极管(Organic Light-emitting Diode, OLED)领域中,ACQ也严重影响着高效OLEDs的制造。在

① $1\ M=1\ mol\cdot L^{-1}$。

固体状态下，由于没有溶剂的稀释，发光体的ACQ效应最为严重。

研究者已经采取了许多措施来解决ACQ的难题，如通过化学反应、物理方法或加工过程等手段来阻碍发光体聚集体的形成。但是这些方法通常不能完全解决问题——分子聚集通常只是部分或暂时被抑制，并没有从根本上得到解决。同时，在很多情况下，荧光分子原本优异的光学性能随之显著降低。从物理化学的焓熵角度讲，有机荧光分子的聚集行为是一个熵增过程，其在固体状态下会自然发生，人为抑制分子聚集并不能从根本上解决ACQ问题。

针对这一难题，唐本忠院士于2001年发现了一种罕见的发光体系统，其中分子的聚集极有利于发光，而非破坏其发光状态。这一类分子在稀溶液中时发光微弱或不发光，而在浓溶液或固态时发光显著增强，这一发光过程是由于聚集体的形成而导致的，故将其命名为"聚集诱导发光"(Aggregation-induced Emission, AIE)。AIE现象的发现使研究者可以积极地利用聚集过程，而不是被动地抑制。AIE过程为科学家研究发光聚集体的光物理过程提供了一个很好的研究平台，不仅有助于设计开发高效的发光体，也有助于实现迄今为止被认为不可能的技术创新。

经过多年的系统研究发现，分子内运动受限(Restriction of Intramolecular Motion, RIM)是AIE现象的主要发光机理。由基础物理学可知，任何运动都会消耗能量。而分子运动可由转动和振动组成。AIE的明星分子是四苯基乙烯(Tetraphenylethylene, TPE)，它也是研究最为广泛的一种AIE发光团。在TPE分子中，四个苯环通过单键与乙烯基团相连，在稀溶液中，苯环可以自由地转动或振动，这种分子运动使激发态分子通过非辐射跃迁方式衰减到基态。而在聚集状态下，空间位阻的限制、苯环的转动或振动受到限制而使非辐射跃迁受到阻碍，从而促进了辐射衰变路径。除了RIM之外，聚集体中高度扭曲的分子构象阻碍了分子间强烈的π-π堆积作用，使AIE分子通常具有较高的量子产率。

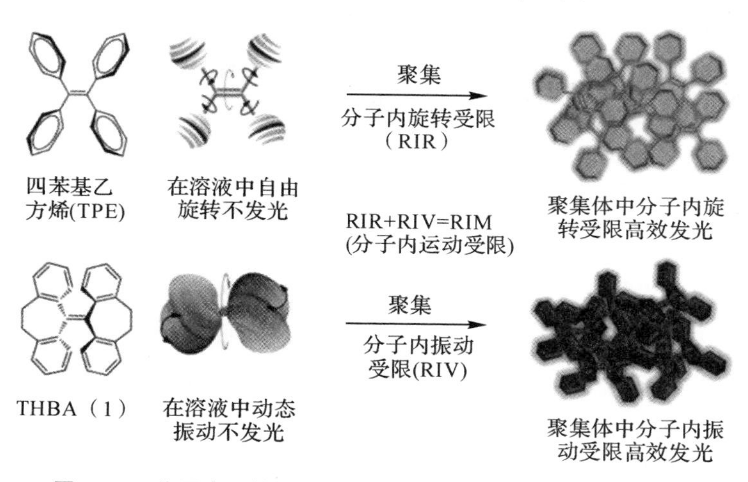

图1.14　分子内旋转受限(RIM)导致荧光增强的原理示意图

经过20余年的发展，研究者已经发展了许多AIE体系，这些AIE荧光团虽然具有不同的分子结构，但都具有至少一个可旋转或振动的单元。常见的AIE分子包括碳氢化合物、含杂原子化合物、金属络合物、聚合物等，常见的分子核心结构包括四苯基乙烯、噻咯(如六苯基噻咯，1,1,2,3,4,5-Hexaphenylsilole)、9,10-二(苯乙烯基)蒽(9,10-Distyryl Anthracene)、有机硼络合物(如Boron Diiminate)、四苯基吡嗪(Tetraphenylpyrazine)、二苯基咪唑(如2-

Phenylimidazole)、二苯基异喹啉盐(Diphenyl Isoquinolinium)等。根据相对分子质量的差异，AIE发光团可大致分为小分子和聚合物两类；根据其分子结构的不同，又可分为共轭型和非共轭型两种。

目前，AIE领域的研究重点主要集中于小分子方面。相比于小分子，聚合物具有良好的成膜性、易加工性和良好的协同放大效应，能够满足多样化的应用需求，从而具有更广阔的应用前景。AIE聚合物最常见的构建方式是将含AIE的基元或非AIE的单体通过聚合反应原位生成。用于制备AIE聚合物的聚合反应主要包括偶联反应、Wittig反应、Mcmurry反应、Hay-Glaser反应、自由基聚合和点击聚合等。

1.2.4.5 簇发光

除了含有AIE共轭基元的AIE聚合物外，一些不含大π共轭结构聚合物也具有AIE特性，如淀粉、纤维素、多肽和蛋白等天然大分子。此外，研究者在一些非芳香的聚合物中也观察到了AIE现象。这类聚合物分子结构中不含苯环等大π共轭基元，只含有胺基、酰胺基、脲基、酯基、酸酐基、羰基、醚、磺酸基、氰基等非共轭的助色团。相比于共轭聚合物，这些非共轭型的AIE聚合物通常具有原料便宜易得、制备简单等特点，构建方式包括巯基-烯点击聚合、Aza-Michael加成反应、自由基聚合、缩合反应等。对于含有大π共轭电子体系芳香族AIE化合物而言，目前其光物理过程和发光机理已经完善，分子内旋转受限是最被普遍接受的发光机理。然而对于不含大量共轭基团，特别是那些不含有芳香环的荧光聚合物，其发光机理仍不清晰，仍存在较大的争议。例如，对于经典的PAMAM体系，虽然叔胺的作用是发光的关键因素，但研究发现，末端基团(—OH、—NH_2、—COOH)、相对分子质量、聚合物结构(线型、超支化、树状)、pH值均对PAMAM的发光有影响。而对于含有N原子的聚乙烯亚胺(Polyethyleneimine)，富含胺的纳米簇的形成和电子-空穴复合过程是发光的原因。2016年，上海交通大学袁望章教授课题组提出了团簇诱导发光的机理，即聚合物在高浓度或固态下，由于非传统生色团的聚集以及电子云的有序重叠，形成空间共轭，导致能隙E_g变窄和分子链刚性增强，抑制了激发态能量的非辐射衰减，因而产生了明亮的荧光。研究发现簇发光机理不仅能很好地解释相关实验结果，对于阐明其他体系的发光机理也同样适用。

2018年，唐本忠院士团队以马来酸酐和乙酸乙烯酯为单体，分别制备了马来酸酐均聚物PMAh和两者的共聚物PVAc(见图1.15)，研究表明，PMAh粉末具有显著的AIE特性，PVAc则不发光。理论计算表明，PMAh酸酐环之间的距离非常近(0.31 nm)，依此推断PMAh的荧光发射源自酸酐环的簇。而在PVAc中，大位阻丁基增加了羰基或酸酐间的距离，使其无法相互作用形成发光“簇”，故不发光。

2019年，唐本忠院士团队联合海内外多个课题组，发表了“簇发光”(Clusterization-Triggered Emission，CTE)的研究进展综述。通过总结大量实验数据及理论计算，他们系统性地提出了簇发光的机理(见图1.16)。空间共轭(Through-Space Conjugation)在簇发光中扮演着重要的角色。这个理论涵盖了包括芳香基团的共轭体系以及不含芳香基团的非共轭体系，而该空间共轭包含$n-\sigma^*$、$n-\pi^*$、$\pi-\pi^*$作用等多种形式。氢键在簇发光中起着重要作用，它不仅能够拉近不同官能团之间的距离，电子也能够通过氢键作用产生空间共轭。同时，对于某些含有极性官能团的簇发光体系而言，分子内的极性官能团可以产生偶极矩，能够起到稳定并增强分子内或分子间作用力的效果，从而产生较强的空间共轭。对于非极性体系，激发产生的瞬间，偶极与偶极矩的作用类似，也能够起到增强分子内或分子间作用力的效果。同时，由于形成的团簇的大小具有不确定性，故这类非共轭型AIE聚合物的发射峰通常随着激发波长的增加而红移。同时，这类荧光分子还具有与传统发光聚合物不一样的发光行为，如其辐射跃迁存在相对分子质量依赖性，即在一定的相对分子质量范围内，其紫外吸收、荧光发射强度会随着相对分子质量的减小而增加，同时发射波长红移。

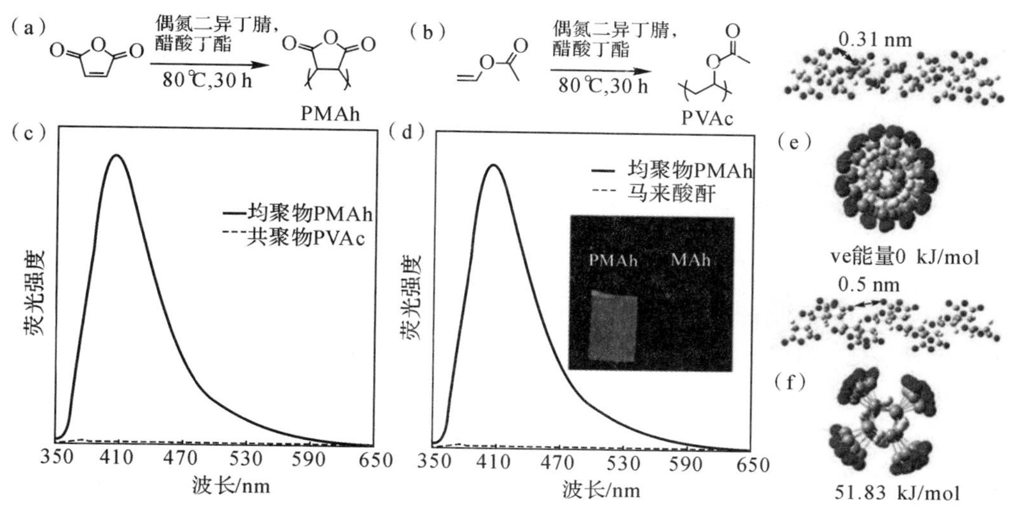

图1.15　PMAh和PVAc的发光性能

(a)PMAh的合成路线；(b)PVAc的合成路线；(c) PMAh和PVAc在四氢呋喃中的光致发光光谱；(d) PMAh和MAh在N-甲基吡咯烷酮/四氢呋喃混合溶液中的光致发光光谱(体积比为19:1)

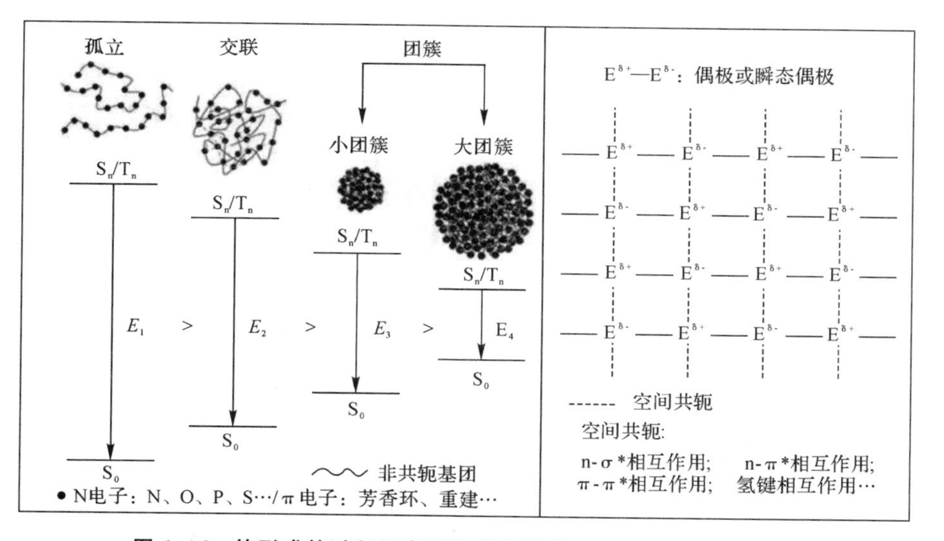

图1.16　簇形成的过程示意图及其发射特性、簇发光原理示意图

1.2.5　激发态能量转移与电子转移

辐射跃迁和非辐射跃迁是激发态分子内失活的过程，能量转移和电子转移则是分子间失活的过程。能量转移和电子转移是两个非常重要的光物理过程，一直以来都是光化学和光物理研究中的重要问题。

1.2.5.1 激发态能量转移的分类

激发态的能量可以在相同或不同的分子之间,或者同一分子内的相同或不同发色团之间发生转移。在能量转移的过程中,必定有给体(Donor,用 D 表示)和受体(Acceptor,用 A 表示)两部分的存在。根据机理的不同,激发态能量转移可以分为辐射能量转移和无辐射能量转移。

(1)辐射能量转移

辐射能量转移认为,处于激发态的给体发射的光被处于基态的受体吸收从而使受体激发。这种能量转移机理概念简单,并不涉及给体和受体的直接接触,受体并不影响给体的发光。但该机理仅适用于稀溶液,其适用范围受限。该机理可用下式表示:

$$\left.\begin{array}{l} D^* \rightarrow D + h\nu \\ A + h\nu \rightarrow A^* \end{array}\right\} \quad (1-14)$$

由式(1-14)可看出,辐射能量转移可以被认为有两步——给体的发光和受体的吸收。因此该能量转移的转移速率的影响因素有:①激发态给体发射的量子效率;②受体吸收光子的能力;③给体发射光谱与受体吸收光谱的重叠;④受体的浓度。而且这四项数值越大,辐射能量转移的速率也就越大。

辐射能量转移的特点有:

1)辐射机制的能量转移可使给体的发射光谱发生改变,也就是随着给体浓度的增加,发射光谱的短波部分会被滤掉,称为内过滤效应。这是因为 D^* 发射光谱的短波部分可被基态分子 D 所吸收,从而使发射光谱的短波部分有时不能被观测到,如图 1.17 所示。

图 1.17 中,四条谱线显示了蒽的浓度逐步增加时,其发射光谱的变化情况。在给体浓度较小时,如图 1.17 所示,发射光谱较为完整。随着给体浓度的增加,短波部分逐步被滤掉,这是因为高能量的短波可被基态吸收,因此无法观测到。

2)辐射能量转移不会造成给体发射寿命的改变。辐射机制的能量转移是辐射跃迁的后续过程,因此在能量转移发生时,给体的辐射寿命只由分子内失活速率常数所决定。

3)辐射机制的能量转移速率常数不依赖于介质的黏度。辐射能量转移可发生在距离较远的分子间,因此分子的运动速度对能量转移没有影响。

4)辐射能量转移过程一般为单重态—单重态能量转移。能量转移的完成和激发态的形成是靠基态分子吸收光子实现的,绝大多数分子的基态是单重态,只有形成激发的单重态才容易发生。

5)辐射能量转移的效率与容器的大小和形状有关。这是因为能量转移是在光子释放的直线方向上发生的,该方向上的受体分子将直接影响能量转移的效率。

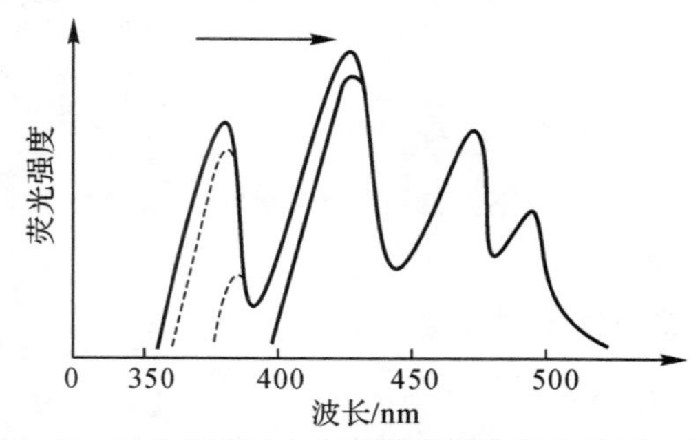

图 1.17 蒽在苯溶液中的发射光谱随浓度改变而变化

(2)无辐射能量转移

无辐射能量转移认为,能量的转移是一步的,给体失去激发能和受体获得能量被激发是同时进行的,且能量完全转移。可以用下式表示:

$$D^* + A \rightarrow D + A^* \tag{1-15}$$

根据给体和受体相互作用本质的不同,有两种能量转移的方式:

第一种是共振能量转移,这一概念于 1848 年由科学家 Förster 首先提出,因此也称 Förster 能量转移(Förster Resonance Energy Transfer, FRET)。该方式认为能量的转移是通过外部电磁场使分子产生诱导偶极实现的,可以解释长距离范围内的能量转移。发生该能量转移的过程不同于相对独立的分子之间光子的吸收和发射过程,由于给、受体间的偶极相互作用,FRET 的发生概率要大得多,并且与给、受体分子间距离相关。Förster 通过实验提出了 Förster 能量转移的速率表达式为

$$K_{ET} = \frac{8.8 \times 10^{-25} K^2 \varphi_D}{n^4 \tau_D R^6} \int_0^\infty \varepsilon_A(\nu) F_D(w) \frac{d\nu}{\nu^4} \tag{1-16}$$

式中:K_{ET} 表示能量转移速率常数;τ_D 为给体激发态 D^* 的自然寿命;R 为给体 D 和受体 A 之间的距离;ν 为光的激发频率;n_0 为体系的介电常数;K^2 表示取向因子,当给体(D)与受体(A)均为无归分布时,K^2 通常取值 2/3;$F_D(\omega)$ 为给体 D 的归一化的发射光谱;$\varepsilon_A(\nu)$ 表示受体(A)在该光激发频率下的消光系数。

第二种是交换能量转移,也称 Dexter 能量转移。该方式认为能量的转移不是靠偶极耦合的方式,而是通过电子云的重叠实现的,重叠范围内的电子是不可分的,因此给体激发态 D^* 的激发电子和空穴可能转移至受体 A 上形成激发电子的交换,形成新的激发态的同时完成能量转移,该方式可以解释短距离范围内的能量转移。

我们也可以用分子轨道法来解释激发态能量转移的两种机理,如图 1.18 所示。

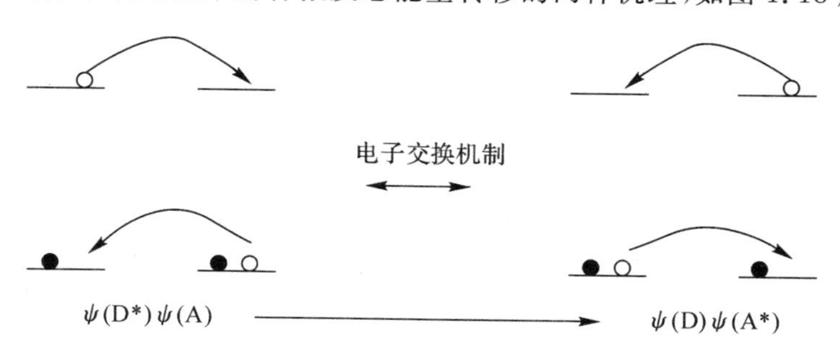

图 1.18　分子轨道法解释交换能量转移示意图

由图 1.18 可以看出,当激发态给体 D^* 与基态受体 A 发生碰撞时,激发态给体 D^* 与基态受体 A 的 LUMO 以及 HOMO 分别相互重叠,在某种情况下,使得给体 D^* 的 LUMO 上的电子完全转移至受体 A 的 LUMO 上,而受体 A 的 HOMO 上一个电子完全转移至给体 D^* 的 HOMO 上,实现能量转移。

如图 1.19 所示,当激发态给体 D^* 的 LUMO 上的电子回到 HOMO 时,通过共振,使得受体 A 的 HOMO 上的一个电子跃迁至 LUMO 上,从而实现了共振能量转移。

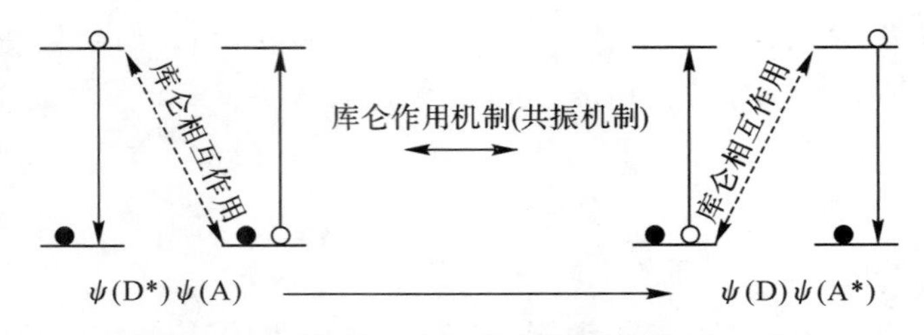

图 1.19　分子轨道法解释共振能量转移示意图

1.2.5.2　激发态能量转移的过程

能量转移的过程包括单线态—单线态的能量转移、三线态—三线态的能量转移，单线态—三线态能量转移、三线态—单线态能量转移四种，其中后两种不符合自旋守恒规则，在此不再叙述。

(1)单线态—单线态的能量转移

无论是发生共振能量转移还是交换能量转移，单线态间的能量转移都是自旋允许的，均可发生下式的能量转移：

$$D^*(S_1)+A(S_0)\rightarrow D(S_0)+A^*(S_1) \quad (1-17)$$

萘-联乙酰体系是发生单线态能量转移的经典例子之一。该体系所处的溶剂由环已烷变为黏度更大的液态石蜡时，能量转移速率常数 K_{ET} 也由 10^{10} 降至 5×10^8，说明对该体系而言，能量转移与分子间的相互接触有关，主要通过交换能量转移进行。而对于 1 -氯蒽-苾体系而言，其 K_{ET} 数值对介质黏度变化的敏感度较低，因此对该体系而言，能量转移多是由共振能量转移导致的，这也是大多数单线态—单线态能量转移依据的机理。

(2)三线态—三线态的能量转移

对于三线态间能量转移，由于库仑力作用是自旋禁阻的，因此只能发生电子交换的能量转移，即

$$D^*(T_1)+A(S_0)\rightarrow D(S_0)+A^*(T_1) \quad (1-18)$$

要发生该能量转移，同时需要满足的条件有：

1)$D^*(S_1)$的能量要小于 $A^*(S_1)$的能量，以避免发生单线态间的能量转移；

2)$D^*(T_1)$的能量要大于 $A^*(T_1)$的能量；

3)要选择一种波长，避免给体 D 被激发的时候，受体 A 也被激发；

4)给体 D 发生系间窜越的概率够高。

例如二苯甲酮-萘体系，二苯甲酮作为给体，其 $E_{S1}=317.36$ kJ/mol，萘作为受体，其 $E_{S1}=385.62$ kJ/mol，二苯甲酮的 $E_{T1}=290.56$ kJ/mol，萘的 $E_{T1}=254.56$ kJ/mol，且作为给体的二苯甲酮具有很高的发生系间窜越的概率，因此当选择只可激发二苯甲酮的光时，该体系满足上述所有条件，萘的浓度不高时，可观察到二苯甲酮的磷光，当萘的浓度升高时，可观察到二苯甲酮的磷光被猝灭，从而观察到萘的磷光。对于聚合物体系，若要在低温下研究三线态间的能量转移体系，则所用溶剂要满足在该温度下能够溶解聚合物，以及液氮下能形成玻璃态两个条件。

光敏和猝灭涉及 $D^*+A\rightarrow D+A^*$ 的能量转移，无论是单线态间能量转移还是三线态间

的能量转移，都可用来敏化A成激发态A^*，同时猝灭D^*。其中，对于那些系间窜越效率低，不容易直接受激发产生三线态的化合物，可以通过能量转移间接产生三线态。三线态光敏剂是可以轻易将三线态能量转移给受体的给体化合物。理想的三线态光敏剂应当具有如下特点：①三线态光敏剂的S_1系间穿越速率要比其失活速率快；②三线态能量E_T要高，才有利于与较多受体产生放热的能量转移过程；③三线态的寿命要足够长才能具有较高的能量转移效率；④要求在其吸收光谱的范围内，受体A的吸收尽量少；⑤化学活性要低，避免同受体A发生化学反应。

1.2.5.3　分子内与分子间能量转移及其影响因素

分子内的能量转移是指同一分子中含有两个及以上的不同生色团时，选择性地激发其中一个生色团，而其余生色团不被激发的时候，被激发的生色团充当给体，另一生色团充当受体，能量在生色团之间发生传递的过程。例如4-苯基二苯甲酮，当使用二苯甲酮的激发波长进行激发时，其发射光谱与二苯甲酮的发射光谱不同，反而与联苯的发射光谱类似，即发生了分子内的能量转移。当分子受到激发时，首先是其中的羰基吸收能量，之后发生系间窜越（$S_1 \to T_1$），接着发生分子内能量转移，联苯基团进入T_1态，再回到基态，发出磷光。该过程可用图1.20表示。

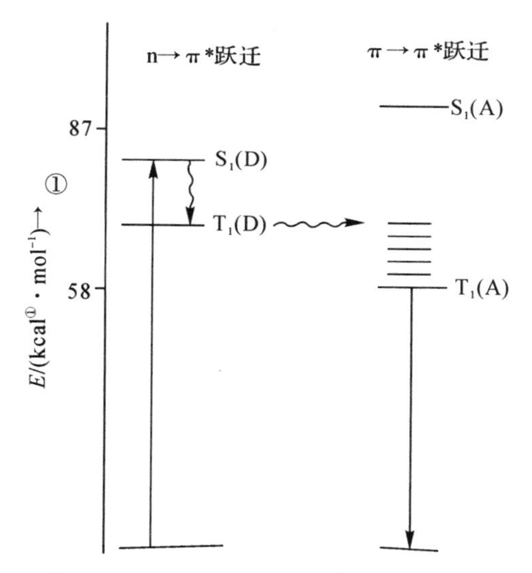

图1.20　4-苯基二苯甲酮分子内的能量转移示意图

①1kcal=4.186 kJ。

除此之外，聚合物分子与小分子间也可发生能量转移。例如在具有光降解性的乙烯-一氧化碳聚合物中混入少量萘分子，萘的能量能够向羰基转移，使其光降解速率增加。若加入少量环己二烯分子，由于羰基的激发能转移给环己二烯分子，则光降解速率降低。

对于聚合物体系而言，能量转移受到多种因素的影响。首先是分子链结构的影响：

1)聚合物比相对应的小分子更容易发生能量转移；

2)具有共轭体系的聚合物更容易发生能量转移；

3)对于高度对称的聚合物晶体而言，所有单元失去了振动能级的独立性，共同作用更有利于发生能量转移；

4)发色团间距分布中,若在分子链中间存在一段"空缺",则该"空缺"对于能量转移是一个位垒,能够限制激发能的转移。

分子量对聚合物体系的能量转移同样有影响。首先,分子量决定了聚合物线团的密度,而线团密度影响着激基缔合物的形成点密度和两个链段扩散到一起的可能性。其次,随着分子链链长的增加,同一分子链中存在多个激发发色团的机会增加,三线态湮灭过程增加。

此外,溶剂也会通过影响聚合物线团的密度改变发色团间的平均距离,从而起到影响聚合物体系能量转移的作用。不良溶剂可以提高聚合物体系中激基缔合物形成的机会,若该激基缔合物是能量陷阱,则会降低能量传递的效率;反之,若交叉链能量传递起主要作用,不良溶剂会提高能量传递效率。

1.2.5.4　分子激发态电子转移

电子转移是最基本也是最重要的化学反应之一,它在物理学、超分子化学、材料科学等领域扮演着十分重要的角色。电子转移是指在激发电子给体后,发生电子给体(D)与电子受体(A)间的电子转移反应,可用下式表示:

$$\left.\begin{aligned} D+A&\rightarrow D^{+}+A^{-}\\ D^{*}+A&\rightarrow D^{+}+A^{-}\\ A^{*}+D&\rightarrow D^{+}+A^{-}\end{aligned}\right\}\tag{1-19}$$

由式(1-19)不难看出,电子转移与能量转移具有很大的不同,其电子能级示意图如图1.21所示。

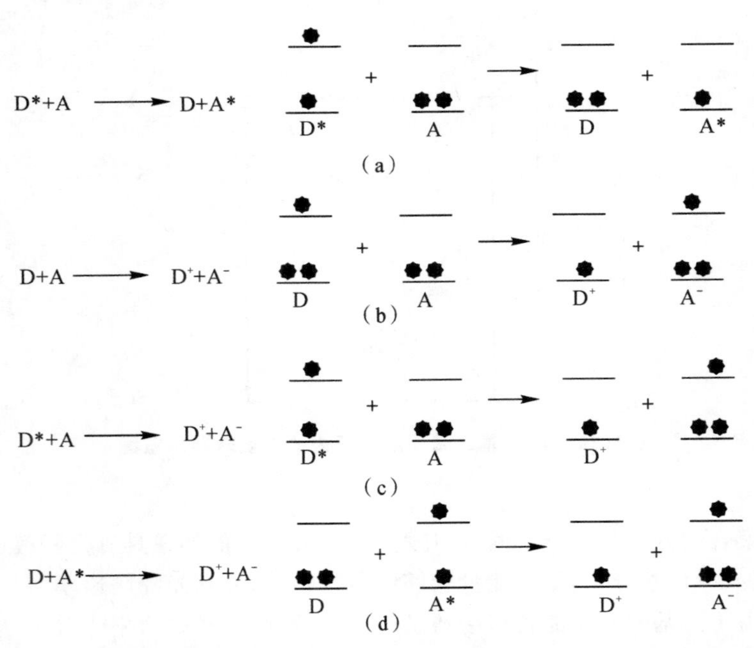

图1.21　前线电子轨道表示能量转移、电子转移以及光致电子转移示意图

(a)能量转移;(b)电子转移;(c)光致电子转移;(d)光致电子转移

对能量转移与电子转移的比较可总结如下:

1)电子转移不一定是激发态作为给体向作为受体的基态间的转移,也可能包括基态与基态间的电子转移，以及基态分子作为给体，向作为受体的激发态分子发生电子转移，其中，激发态分子与基态分子间的电子转移又特称为光致电子转移。相对而言，激发态分子发生电子转移要比基态分子发生电子转移更为容易一些。

2)光致电子转移完成后，激发态分子不再存在，形成基态的正离子与负离子，所以光致电子转移也是激发态分子失活的途径之一，同时也将导致电子给体和受体能量上的变化。光致电子转移的结果是吸收带光能转变为化学能而被分子储存。

3)能量转移过程导致给体和受体分子内的电子运动，电子转移和光致电子转移导致给、受体间的电子运动。

4)能量转移与电子转移都可以发生在分子内，当同一分子内的给、受体间以一合适的“桥”连接时，可能发生分子内的能量传递和电子转移。电子转移以及能量传递的速率、量子产率与给受体的构型、取向以及溶剂的性质有关，一般来说，极性溶剂有利于发生电子转移，非极性溶剂有利于发生能量传递。

5)能量传递过程可以在空间远距离内发生，而电子转移只能在给、受体能够发生相互作用的较近距离内发生。

1.2.5.5　能量转移与电子转移的竞争

实际上，能量转移与电子转移的关系是极为密切的，它们有时并存于同一体系，彼此竞争。在不考虑定域激发态自旋多重度及另一个极性相反的电荷转移态的情况下，电子给、受体间有四种不同的电子状态(见图 1.22)。处于基态的电子给体和电子受体可能发生光致电子转移，即由基态直接发生光学跃迁进入电子转移激发态，形成电荷转移态($D^+ + A^-$)，这可以是一步的过程。

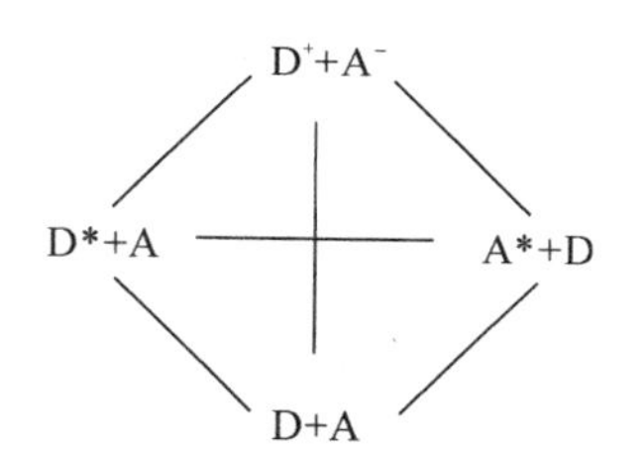

图 1.22　双组分体系的四种电子态

1.3　影响发光光物理过程的因素

通过 1.2 节描述可知，激发态的衰变包括辐射跃迁和内转换等无辐射跃迁。具有较好的光物理特性的分子不仅受到分子结构等内在因素影响(它们影响光子的吸收以及荧光的发射)，而且受到包括激发光波长在内的各种外在因素的影响。

1.3.1　内在因素

由前文可知，对于脂肪烃类化合物，由于 σ 电子跃迁要求的能量高，所以观察到的荧光现象也就相对偏弱。含有孤立双键的烯烃或者共轭双键的烯烃由于含有 π 电子，在吸收能量后，π 电子跃迁至反键 π^* 轨道产生 $\pi \rightarrow \pi^*$ 跃迁。这类跃迁所需能量较 $\sigma \rightarrow \sigma^*$ 跃迁而言偏低，因而

该类 π 电子更容易被激发，也就更容易产生荧光。因此一般来说，芳香族化合物，或含有较大共轭结构的非芳香族化合物，具有较好的发光特性。通常情况下，随着共轭程度的增加，离域 π 电子更容易被激发，荧光强度也相应增强，同时发射波长红移。对于同样共轭环数的芳香族化合物，线性结构的荧光分子的荧光发射波长要大于非线性结构荧光分子的荧光发射波长。例如，分子蒽和分子菲(见图 1.23)相比较，蒽的荧光发射波长为 400 nm，略长于菲的荧光发射波长(350 nm)。

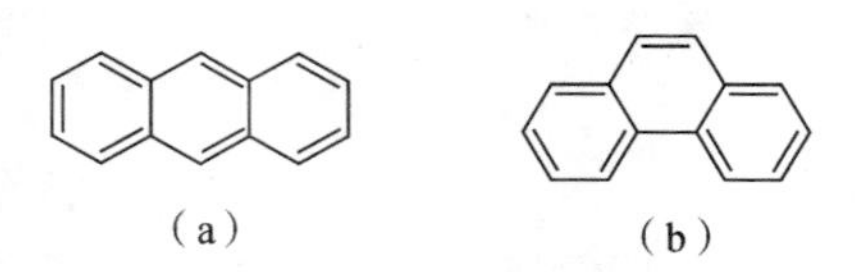

图 1.23　分子蒽和分子菲的分子结构

(a)分子蒽；(b)分子菲

对于芳香族羰基化合物，以及其他含有 N、O、S 等杂原子的芳香族化合物，该类型生色团 S_1 态均属于 n、π^* 型，n→π^* 跃迁属于自旋禁阻的跃迁，其消光系数较低，一般情况下均小于 10^2，因此很少能观察到其荧光发射，反倒是向激发三线态系间窜越的可能性明显增加。那些不含有 N、O、S 等杂原子的芳香族化合物的 S_1 态均属 π、π^* 型，它们可以表现出较好的荧光性能。

此外，具有刚性平面结构的分子通常表现出较好的荧光性能，这主要是由于刚性平面的结构束缚了分子的振动和转动，从而限制了激发态分子的非辐射跃迁，故具有更好的荧光发射能力。例如，杂氮苯分子的刚性强于偶氮苯分子，其分子结构如图 1.24 所示。事实也证明偶氮苯分子不具备荧光性能而杂氮苯分子可发射荧光。

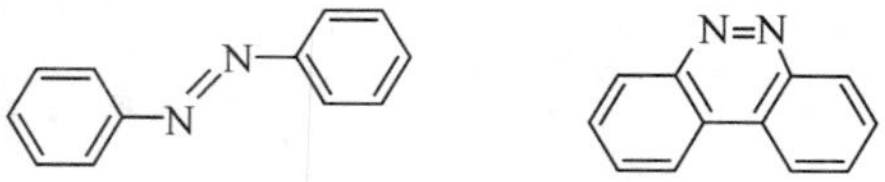

图 1.24　两种苯分子的分子结构

(a)偶氮苯分子；(b)杂氮苯分子

取代基的差异同样会影响荧光分子的发光性能。对于一些具有共轭体系的荧光分子，若在其分子中引入一些如—NR_2、—OH、—OR 等助色团，则可以显著提高其荧光强度。这主要是由于这类荧光分子在激发态下，激发电子通常会由环外的氨基、羟基等基团转移至环上，它们的电子云几乎与芳环的轨道平行，共享共轭电子，从而扩大了其共轭双键的范围，荧光效率明显提高。对于那些含有羰基、硝基以及重氮基团这类吸电子基团的荧光分子，由于它们发生 π→π^* 跃迁是被禁阻的，因此更容易发生系间窜越($S_1 \rightarrow T_1$)，导致其表现出本体荧光发射减弱、磷光发射增强的特点。如果荧光生色团上含有—Cl、—Br、—I 等卤素取代基，由于这些重原子的存在，荧光生色团中电子的自旋-轨道耦合增强，同样系间窜越($S_1 \rightarrow T_1$)的概率会增大，表现出荧光减弱、磷光相应增强的现象。

尽管有些荧光生色团具有相同的取代基，但取代基的位置同样也会影响该分子的荧光性质。通常含有邻、对位取代基(如羟基、氨基、甲氧基)的化合物的荧光性能较强，而含有间位取代基(硝基、羧基)的化合物荧光性能则较差，但氰基(—CN)是个例外，氰基位于间位反而能起到增强荧光的作用。

1.3.2　外在因素

分子发光材料是否能够发光以及发光强度等性能，除了与物质分子本身的结构有关之外，还与许多环境因素有关。溶剂、溶液的pH值、温度、散射光、有序介质、其他溶质等都会影响物质的荧光特性。

(1)溶剂的影响

同一种物质在不同的溶剂中，其荧光光谱的位置和强度也可能明显不同。这是由于溶液中溶剂与溶质分子之间存在着静电相互作用，并且溶质分子的基态与激发态具有不同的电子分布，从而具有不同的极化率与偶极矩，导致基态和激发态与溶剂分子之间的相互作用程度不同，从而使荧光光谱位置和强度发生改变。许多荧光分子，尤其是芳环上含有极性取代基团的荧光分子，它们的荧光光谱极容易受到溶剂的影响。溶剂的影响可分为一般溶剂效应和特殊溶剂效应两类。

一般溶剂效应是指溶剂的折射率和介电常数对荧光光谱的影响，是一种普遍存在的影响。通常采用Lippert方程式来描述一般溶剂效应的影响，即

$$\nu_a - \nu_f \cong \frac{2}{hc}\left(\frac{\varepsilon - 1}{2\varepsilon + 1} - \frac{n^2 - 1}{2n^2 + 1}\right)\frac{(\mu^* - \mu)^2}{a^3} + 常数 \tag{1-20}$$

式中：ν_a 表示吸收光的波数；ν_f 表示发射光的波数；h 为普朗克常量；c 为光速；ε 和 n 分别为溶剂的介电常数和折射率；μ^* 和 μ 表示荧光分子的电子激发态和基态的偶极矩；a 为荧光体居留的腔体半径。

由式(1-20)可看出，随着折射率 n 的增大，能量损失减小。这是由于随着折射率的增大，溶剂分子内部电子的运动使得荧光分子的基态和激发态瞬即稳定，这种电子的重排导致基态和激发态间能量差减小。介电常数值的增加，通常导致Stokes位移的增大。虽然介电常数增加同样会起到稳定基态和激发态的作用，但激发态能量的下降发生于溶剂的偶极重新定向之后，这一过程需要整个溶剂分子发生运动，结果使得与介电常数有关的荧光分子的基态和激发态的稳定作用与时间密切相关，其速率与溶剂的温度及黏度有关。所以在溶剂重新定向的时间范围内，激发态能量降低。

式(1-20)中，$\frac{\varepsilon - 1}{2\varepsilon + 1} - \frac{n^2 - 1}{2n^2 + 1}$ 为定向极化率，其中 $\frac{\varepsilon - 1}{2\varepsilon + 1}$ 表示溶剂偶极的重新定向和溶剂分子中电子重排所导致的光谱移动，$\frac{n^2 - 1}{2n^2 + 1}$ 表示电子重排所导致的光谱移动，二者之差即为溶剂偶极重新定向导致的光谱移动。由此可见，尽管溶剂分子中电子重排作用时间很短，基态与激发态的被稳定程度相差不大，导致Stokes位移较小，但溶剂分子的重排定向则会引起明显的Stokes位移。

对于许多共轭芳香族化合物，其受到激发时，激发态比基态具有更大的极性，随着溶剂极性的增大，溶剂对激发态比对基态产生更大的稳定作用，因此，溶剂的极性越大，荧光光谱越偏向长波方向移动。从Lippert方程的角度可以解释为，溶剂的极性越大，定向极化率的数值越大，使得荧光光谱向长波方向移动。

特殊溶剂效应是指荧光分子与溶剂分子间的特殊化学作用导致荧光光谱发生移动，比如氢键和配合作用等。其中，荧光物质与溶质分子间的氢键作用可分为两种：其一，荧光分子的基态与溶剂分子或其他溶质分子产生氢键配合物，这种情况下，荧光物质的吸收光谱和荧光光

谱都会发生变化;其二,荧光分子的激发态与溶剂分子或其他溶质分子产生氢键配合物,在这种情况下,荧光分子的吸收光谱并不受影响,只有荧光光谱发生变化。

对于发生 $\pi \rightarrow \pi^*$ 跃迁和分子内电荷转移跃迁的分子而言,由于伴随着电子重排导致的较大偶极矩变化,这一类光谱极容易受到溶剂极性的影响,荧光光谱随着溶剂极性的增大向长波方向移动。同时,由于这类分子中含有非键的孤对电子,其光谱的位置很大程度上受到溶剂的氢键形成能力的影响,最低激发单重态与基态之间的能量间隙加大,荧光光谱向短波方向移动。

当激发态分子与溶剂分子或其他溶质分子形成激发态氢键配合物时,往往还会导致荧光物质的荧光量子产率减小。这是由于激发态氢键的形成导致 $S_1 \rightarrow S_0$ 的内转换效率增大,荧光量子产率降低。例如,对于 8-羟基喹啉与 5-羟基喹啉而言,前者的羟基与芳环上 N 原子相近,除了形成分子间氢键外,还可以形成分子内氢键,而 5-羟基喹啉只能形成分子间氢键,从而使得两化合物在同样的溶剂中时,8-羟基喹啉比 5-羟基喹啉的荧光量子产率低得多。

除了一般溶剂效应和特殊溶剂效应之外,由于某些荧光分子具有特殊的化学结构,还可能随着溶剂极性的改变而形成分子内电荷转移(Intramolecular Charge Transfer, ICT)态,甚至在某些情况下,ICT 态的形成需要荧光分子上某些基团发生扭转,形成分子内扭曲电荷转移(Twisted Intramolecular Charge Transfer, TICT)激发态。例如,若分子内同时含有电子供体和电子受体,在激发后,荧光体分子内电荷分离程度可能增加。若溶剂为极性溶剂,这时 ICT 态可能成为产生发射的最低能态;若溶剂为非极性溶剂,则没有电荷分离的型体,因此局部激发态成为发射的最低能态。因此溶剂极性不仅可以通过溶剂效应降低激发态的能量,还可以控制某一种激发态成为产生发射的最低能态。

(2)溶液 pH 值的影响

溶液的 pH 值对荧光分子发光的强度和光谱特性的影响是通过改变非辐射跃迁的性质和速率实现的。

具有酸性或碱性基团的芳香族化合物,若酸性基团发生离解或碱性基团发生质子化作用,都将造成非辐射跃迁过程的变化。例如水杨醛,其最低激发单重态为 n,π^* 态,$S_1 \rightarrow T_1$ 系间窜越强烈,具有较好的磷光性能。若在碱性溶液中离解酚基,或在浓的无机酸溶液中导致羰基质子化,水杨醛将发射荧光而非磷光。这是由于水杨醛处于阳离子或阴离子形式时,最低激发单重态为 π,π^* 态。

此外,质子离解作用或质子化作用均能够使分子的基态与激发态间的能量间隔发生变化,造成光谱的移动。羰基、羧基等吸电子基团,或是氨基等给电子基团发生质子化作用时,将使发射峰向短波方向移动;巯基、羟基等给电子基团或是羧基等吸电子基团发生质子离解作用时,将使发射峰向长波方向移动。

(3)温度的影响

实验温度的不同也会导致荧光分子的荧光强度存在差异。一般情况下,随着实验温度的降低,物质的荧光量子产率与荧光强度将增大,同时荧光发射峰随之蓝移;随着实验温度的上升,物质产生的荧光量子产率与荧光强度均有所降低。物质荧光强度随温度上升而下降的主要原因是分子内部的能量转化作用,温度升高使介质的黏度变小,从而增大了荧光分子与溶剂分子碰撞猝灭的可能,非辐射跃迁概率增加;而随着温度的降低,样品溶液介质的黏度增加,荧光分子与溶剂分子间的碰撞概率减小,无辐射跃迁减弱,从而使得荧光强度增强。

(4)散射光的影响

通常情况下，溶剂的散射光、胶粒的散射光、容器表面的散射光也会影响荧光物质的荧光强度测定。图 1.25 为奎宁硫酸盐溶液的荧光光谱。

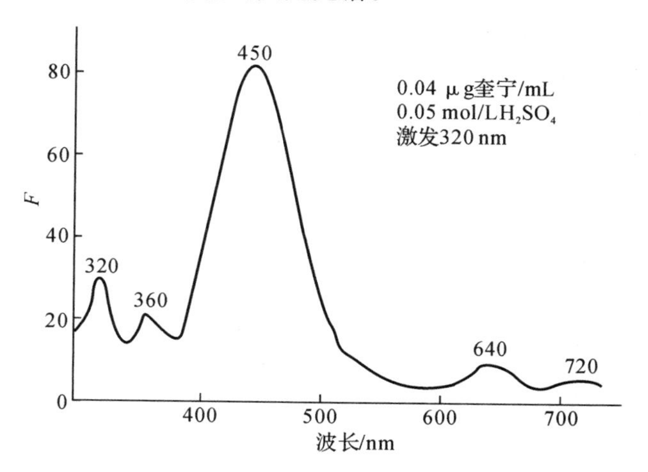

图 1.25　奎宁硫酸盐溶液的荧光光谱

图 1.25 中，450 nm 处的峰为 0.05 mol/L 奎宁硫酸盐在 320 nm 激发波长下的发射峰，而 320 nm 处的峰为瑞利散射和丁达尔散射造成的发射峰，360 nm 处的峰是由溶剂的拉曼散射引起的，640 nm 处的峰是由二级瑞利散射和丁达尔散射共同引起的，而 720 nm 处的峰是由二级拉曼散射造成的，这些散射光造成的发射峰均会在空白试样中出现。

散射光的干扰往往会限制荧光分析的灵敏度。在实际工作中，需要通过选择适当的激发波长和测定波长来降低或排除散射光的影响。待测分子的荧光强度较弱时，通常需要加大狭缝的宽度来获得足够的荧光强度测量值，但这一方法同样扩大了散射光对荧光光谱的影响，影响了荧光分析的灵敏性，因此在实际工作中，需要选择适当的狭缝宽度。

(5)有序介质的影响

环糊精溶液这样的有序介质对荧光分子的荧光强度的影响通常表现为明显的增强作用，因而其在荧光分析中常作为增敏物质。

表面活性剂分子在浓度达到临界胶束浓度时，便会动态缔合成聚集体，即胶束。荧光分子在胶束溶液中时，会分散进入胶束的内核或者栏栅部位，或者被束缚在胶束-水界面中。此时荧光分子的活动自由度受到限制，使荧光分子与溶剂分子或其他溶质分子间发生碰撞等接触的概率降低，减小了非辐射跃迁失活的速率。同时，由于所处微环境黏度的增大，氧对发光的猝灭作用减弱，从而使辐射跃迁的概率及速率增加，提高了发光的量子产率及荧光强度。需要注意的是，这种增敏作用对表面活性剂具有选择性。若发光分子是荷电的，当表面活性剂与发光分子电性相同时，则对该发光分子的增敏作用较差或不增敏。

环糊精类化合物的结构中存在亲水的外缘和疏水的空腔。一些荧光分子对环糊精的疏水空腔表现出很强的亲和力，在分子尺寸合适的条件下，能够进入环糊精的腔体形成包合物。这些包合物是稳定的，可以明显提高荧光分子的荧光强度。

(6)其他溶质的影响

荧光分子与溶液中其他溶质分子发生相互作用同样会影响其荧光特性。例如，荧光配位体与金属离子的配位作用会对荧光强度造成明显影响。这一过程可以看作一种酸碱反应，金属离子作为路易斯酸，配位体作为路易斯碱。芳香族配位体与 Zn^{2+}、Cd^{2+}、Al^{3+} 等非过渡金属离子发生配位作用，在配位体的配位位置上产生正极化作用，由这些金属离子的配位作用产生的光谱移动，类似于配位体在配位位置上的质子化作用产生的光谱移动。

思 考 题

1. 分子受到激发时，电子是如何跃迁的？
2. 电子跃迁有哪几类？哪些是允许的？哪些是禁阻的？
3. 荧光和磷光有什么不同？它们最突出的差异是什么？
4. 什么是聚集诱导发光？它有什么特点？
5. 什么是共振能量转移？这一过程是如何发生的？
6. 溶剂是如何影响光物理过程的？

参 考 文 献

[1] LAKOWICZ J R. Principles of fluorescence spectroscopy. New York: Springer, 2005.

[2] O'HAVER T C. Development of luminescence spectrometry as an analytical tool. J. Chem. Educ., 1978, 55: 423 - 428.

[3] ACUñA A U, AMAT-GUERRI F, MORCILLO P, et al. Structure and formation of the fluorescent compound of lignum nephriticum. Org. Lett., 2009, 11(14): 3020 - 3023.

[4] VALEUR B, BERBERAN-SANTOS M N. A brief history of fluorescence and phosphorescence before the emergence of quantum theory. J. Chem. Educ., 2011, 88: 731 - 738.

[5] 许金钩，王尊本. 荧光分析法. 北京：科学出版社，2006.

[6] LEWIS G N, KASHA M. Phosphorescence and the triplet state. J. Am. Chem. Soc., 1944, 66: 2100-2116.

[7] MASTERS B R. Molecular fluorescence: principles and applications. New York: Wiley - VCH, 2001.

[8] NICKEL B. Pioneers in photophysics: from the perrin diagram to the jablonski diagram. EPA Newsletter, 1996, 58: 9 - 38.

[9] KASHA M. Characterization of electronic transitions in complex molecules. Discuss. Faraday Soc., 1950, 9: 14 - 19.

[10] 吴世康. 具有荧光发射能力有机化合物的光物理和光化学问题研究. 化学进展，2005，17: 15 - 39.

[11] ANDERSON JR A G, STECKLER B M, AZULENE. A study of the visible absorp-

tion spectra and dipole moments of some 1 - and 1,3 - substituted azulenes. J. Am. Chem. Soc., 1959, 81: 4941 - 4946.
[12] TéTREAULT N, MUTHYALA R S, LIU R S H, et al. Control of the photophysical properties of polyatomic molecules by substitution and solvation: the second excited singlet state of azulene. J. Phys. Chem. A, 1999, 103: 2524 - 2531.
[13] YANAGI K, KATAURA H. Breaking Kasha's rule. Nat. Photonics, 2010, 4: 200 - 201.
[14] PANG X, WANG H, WANG W Z, et al. Phosphorescent π - hole⋯π bonding cocrystals of pyrene with halo-perfluorobenzenes (F, Cl, Br, I). Cryst. Growth Des., 2015, 15(10): 4938 - 4945.
[15] VARGHESE S, DAS S. Role of molecular packing in determining solid-state optical properties of π-conjugated materials. J. Phys. Chem. Lett., 2011, 2(8): 863 - 873.
[16] CAI J, LIM E C. Time-resolved emission studies of intermolecular triplet excimer formation in fluid solutions of dibenzopyrrole, dibenzofuran, and dibenzothiophene. J. Chem. Phys., 1993, 26(4): 3892 - 3896.
[17] LIM E C. Molecular triplet excimers. Acc. Chem. Res., 1987, 20(1): 8 - 17.
[18] XU Z C, SINGH N J, LIM J, et al. Unique sandwich stacking of pyrene-adenine-pyrene for selective and ratiometric fluorescent sensing of ATP at physiological pH. J. Am. Chem. Soc., 2009, 131(42): 15528 - 15533.
[19] ZAPATA F, CABALLERO A, MOLINA P, et al. Open bis(triazolium) structural motifs as a benchmark to study combined hydrogen-and halogen-bonding interactions in oxoanion recognition processes. J. Org. Chem., 2014, 79(15): 6959 - 6969.
[20] CAMPIGLIA A D, YU S J, BYSTOL A J, et al. Measuring scatter with a cryogenic probe and an ICCD camera: recording absorption spectra in shpol'skii matrixes and fluorescence quantum yields in glassy solvents. Anal. Chem., 2007, 79(4): 1682 - 1689.
[21] GRYCZYNSKI I, MALAK H, LAKOWICZ J R, et al. Fluorescence spectral properties of troponin C mutant F22W with one-, two-, and three-photon excitation. Biophys. J., 1996, 71(6): 3448 - 3453.
[22] PARKER C A, HATCHARD C G. Triplet-singlet emission in fluid solutions. J. Phys. Chem., 1962, 66: 2506 - 2511.
[23] BERBERAN M N, GARCIA J M M. Unusually strong delayed fluorescence of C_{70}. J. Am. Chem. Soc., 1996, 118: 9391 - 9394.
[24] UOYAMA H, GOUSHI K, SHIZU K, et al. Highly efficient organic light-emitting diodes from delayed fluorescence. Nature, 2012, 492: 234 - 238.
[25] PARKER C A, HATCHARD C G, JOYCE T A. Selective and mutual sensitization of delayed fluorescence. Nature, 1965, 205: 1282 - 1284.
[26] 宋心琦，周福添，刘剑波. 光化学:原理、技术、应用. 北京:高等教育出版社,2001.
[27] ZHAO Y F, GAO G Y, WANG S F, et al. The solvation dynamics and rotational

relaxation of protonated meso-tetrakis(4-sulfonatophenyl)porphyrin in imidazolium-based ionic liquids measured with a streak camera. J. Porphyrins Phthalocyanines, 2013, 17:367 - 375.

[28] CHENG J Y K, CHEUNG K K, CHE C M. Highly luminescent neutral cis-dicyano osmium(ii) complexes. Chem. Commun., 1997, 6:623 - 624.

[29] MARIA C, HODGSON D J, ENRIGHT G D, et al. Iridium luminophore complexes for unimolecular oxygen sensors. J. Am. Chem. Soc., 2004, 126(24): 7619 - 7626.

[30] MEDINA-CASTILLO A L, FERNANDEZ-SANCHEZ J F, KLEIN C, et al. Engineering of efficient phosphorescent iridium cationic complex for developing oxygen-sensitive polymeric and nanostructured films. Analyst, 2007,132: 929 - 936.

[31] HURTUBISE R J. Solid-matrix luminescence analysis: photophysics, physicochemical interactions and applications. Anal. Chim. Acta., 1997, 3561: 1 - 22.

[32] RAMASAMY S M, SENTHILNATHAN V P, HURTUBISE R J. Determination of room-temperature fluorescence and phosphorescence quantum yields for compounds adsorbed on solid surfaces. Anal. Chem., 1986, 58(3): 612 - 616.

[33] BRIDGES J W, MILLER J N. Standards in fluorescence spectrometry. New York: Chapman & Hall, 1981.

[34] PORRES L, HOLLAND A, PALSSON L, et al. Absolute measurements of photoluminescence quantum yields of solutions using an integrating sphere. J. Fluoresc., 2006, 16: 267 - 273.

[35] MAKOWIECKI J, MARTYNSKI T. Absolute photoluminescence quantum yield of perylene dye ultra-thin films. Organic Electronics, 2014, 15(10): 2395 - 2399.

[36] ATSUSHI K, KENGO S, TOSHITADA Y, et al. Absolute measurements of photoluminescence quantum yields of 1 - Halonaphthalenes in 77 K rigid solution using an integrating sphere instrument. Chem. Lett., 2010, 39: 282 - 283.

[37] SUZUKI K, KOBAYASHI A, KANEKO S, et al. Reevaluation of absolute luminescence quantum yields of standard solutions using a spectrometer with an integrating sphere and a back-thinned CCD detector. Phys. Chem. Chem. Phys., 2009, 11: 9850 - 9860.

[38] LI X H, GAO X H, SHI W, et al. Design strategies for water-soluble small molecular chromogenic and fluorogenic probes. Chem. Rev., 2014, 114(1): 590 - 659.

第2章　发光材料的表征方法

2.1　红外光谱

1892年，朱利叶斯最先测定了20多种有机化合物的红外光谱，并发现含有甲基的物质在3.45 μm波段均有红外吸收；1905年，科伯伦茨报道了128种化合物的红外光谱，确定了红外光谱与分子结构的对应关系，为红外光谱学的发展奠定了基础。红外光谱具有鲜明的特征，可以根据红外光谱中吸收谱带的位置、强度、峰形判断分子的结构，以及计算出化学键的键长、键角和力常数。因此，红外光谱被广泛应用于轻工、冶金、化工、医药等众多领域。

受到早期光谱检测水平的限制，经典光谱技术所能达到的灵敏度、分辨率以及分析速度无法满足科学技术发展的要求。直到20世纪60年代，随着高强度、高单色性的激光的出现，傅里叶变换光谱技术以及高灵敏度探测系统和微机处理系统的发展，红外光谱技术焕发了新的生机。

2.1.1　基本原理

红外吸收光谱又称为分子振动转动光谱。任何物质的分子都是由原子经化学键联结起来的，并且这些化学键和原子都是不断运动的。除了原子外层电子跃迁外，还包括分子自身的振动以及原子的振动、转动等。在分子运动的过程中，分子可能吸收外界的能量产生能级的跃迁。由于每一个振动能级通常包含多个转动分能级，因此分子振动能级的跃迁往往伴随着转动能级的跃迁。红外光谱就是由这些分子振动能级的跃迁而产生的。

2.1.1.1　红外光谱的原理

物质能否吸收电磁辐射取决于两个条件：其一，辐射是否刚好满足物质分子跃迁时所需要的能量；其二，辐射与物质间是否具有偶合相互作用。

就整个分子而言，其呈电中性，但由于各原子价电子得失的难易不同，表现出不同的电负性，因此，分子常显示出不同的极性。分子极性的大小通常用偶极矩(Dipole Moment)μ表示。若正、负电中心的电荷分别用$+q$和$-q$来表示，正负电中心的距离用d来表示，则：

$$\mu = qd \tag{2-1}$$

物质分子若要吸收电磁辐射，这种能量转移正是通过偶极矩的变化来实现的，如图2.1所示。

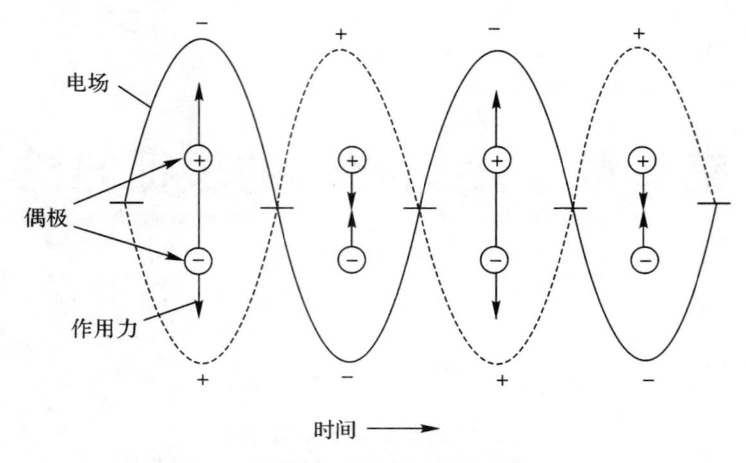

图 2.1　偶极子在交变电场中的作用示意图

在电磁辐射的交变电场中的偶极子，由于受到交替的电场作用力而使偶极矩增加或减小。由于偶极子具有一定的固有振动频率，当辐射频率与偶极子的固有频率相匹配时，分子与电磁辐射能够发生振动偶合作用，从而增加其振动能，使振幅增大，即分子由原来的基态跃迁到较高的振动能级。因此，只有能引起偶极矩变化的振动才能产生红外吸收，也才能观测到红外吸收带。能够产生红外吸收的振动称为红外活性的，反之则称为非红外活性的。

因此，在一定频率的红外光照射下，若该红外辐射的频率与分子中某个基团的振动频率一致，二者产生共振，该基团吸收一定频率的红外光，产生振动跃迁；若分子中各基团的振动频率与红外光的振动频率不符，则分子无法吸收该频率的红外光。使用频率连续变化的红外光照射物质，记录物质对不同频率红外光的吸收强度，以红外光的频率或波数为横坐标、吸收强度为纵坐标作图，即可得到该物质的红外吸收光谱。

按照红外线波长的范围，红外光谱可分为三个区域：近红外区（泛频区）、中红外区（基本振动区）以及远红外区（转动区），见表 2.1。在红外光谱中，除了波长 λ 之外，更多使用的是波数 σ。波数表示的是每厘米长光波中波的数目。波数与波长的关系为

$$\sigma/\mathrm{cm}^{-1}=\frac{1}{\lambda/\mathrm{cm}}=\frac{10^4}{\lambda/\mu\mathrm{m}} \tag{2-2}$$

表 2.1　红外光谱区分类

名称	波长 λ /μm	波数 σ /cm^{-1}	能级跃迁类型
近红外	0.75～2.5	12 820～4 000	O—H、N—H、S—H 以及 C—H 键的倍频合频吸收
中红外区	2.5～25	4 000～400	分子中基团振动，分子转动
远红外区	25～300	400～33	分子转动，晶格振动

2.1.1.2　分子振动

分子中的原子以平衡点为中心，以非常小的振幅做着周期性的运动，即简谐振动。为了便于理解，本书采用经典力学的方法来处理分子的振动问题。双原子分子（谐振子）只有一种振

动形式，即两原子的相对伸缩振动，如图 2.2 所示。

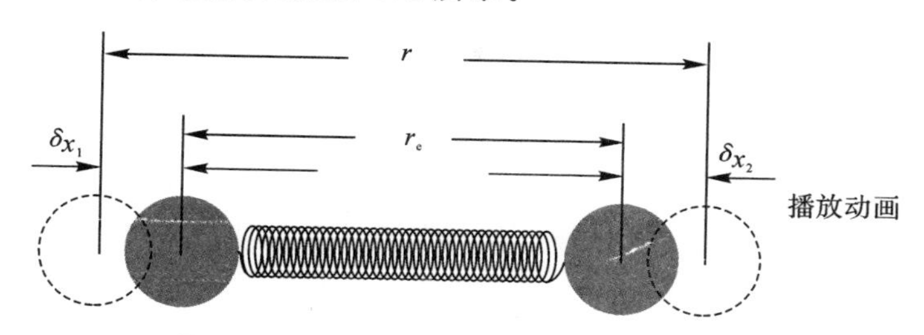

图 2.2　双原子分子振动时原子位移示意图

其中，振动能量与化学键的振动频率有如下关系：

$$E_{振动} = (v + 1/2)h\nu \tag{2-3}$$

式中：ν 为化学键的振动频率，而 v 为振动量子数，其值可为 0、1、2…。当 $v=0$ 时，$E\neq 0$，称为零点能。

根据经典力学的胡克定律可知

$$\Delta E_{振动} = \frac{h}{2\pi}\sqrt{\frac{\kappa}{\mu}} \tag{2-4}$$

则任意两个相邻的能级间的能量差为

$$\Delta E = \Delta\nu h\nu = \Delta\nu\ \frac{h}{2\pi}\sqrt{\frac{\kappa}{\mu}} \tag{2-5}$$

当 $\Delta\nu=1$ 时，式(2－5)表示的是 0→1 振动能级的跃迁，称为基本振动频率或基频吸收带。

对于非线性结构的分子，除了分子的振动之外，该分子的运动状态还包括分子的质心沿着坐标轴三个方向平移运动，以及整个分子绕着三个坐标轴的转动运动。因此，振动运动的形式有$(3n-6)$种。例如水分子基本振动形式有 $3\times3-6=3$ 种，如图 2.3 所示。由图中可以看出，伸缩振动即 O—H 键键长发生改变的振动，主要可以分为两种：一种是对称伸缩振动，其振动频率$\sigma_s=3\ 652\ \text{cm}^{-1}$；另一种是反对称伸缩振动，其振动频率$\sigma_{as}=3\ 756\ \text{cm}^{-1}$。除了伸缩振动外，水分子的振动还包括弯曲振动，即键角∠HOH 发生改变的振动，其振动频率 $\sigma=1\ 595\ \text{cm}^{-1}$。通常，键长的改变比键角改变需要更大的能量，因此伸缩振动通常出现在高频区。

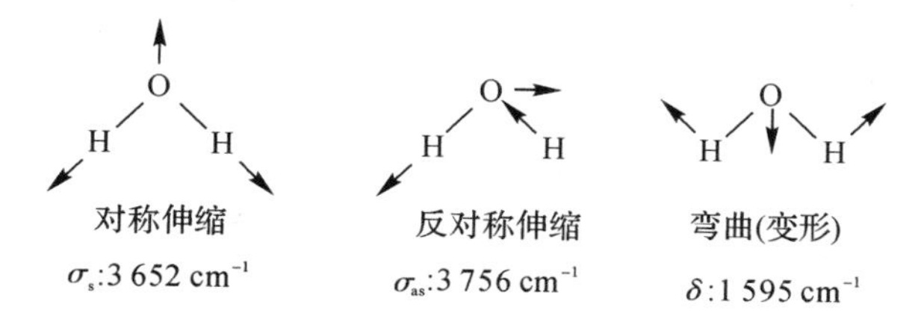

图 2.3　水分子的振动形式及其红外吸收

对于直线形分子，除了分子的振动之外，分子的运动状态还包括沿着坐标系三个方向做平移运动、绕着垂直于化学键的两个正交方向做转动运动，如图 2.4 所示，其振动形式有$(3n-5)$种。

例如，二氧化碳分子，其基本振动数为 $3\times3-5=4$ 种，四种基本振动形式(见图 2.5)包括对称伸缩振动、反对称伸缩振动、面内弯曲振动和面外弯曲振动。

在图 2－5(a)中，由于在 CO_2 分子中，C 原子为正、负电荷中心，$d=0$，$\mu=0$。故在发生振动时，分子偶极矩并未发生改变，因此无法引起可观测的红外吸收谱带。(d)中⊕表示垂直于纸面向上的运动,⊖表示垂直于纸面向下的运动。不论面内弯曲振动,还是面外弯曲振动,其吸收都出现在 667 cm^{-1},只能观察到一个吸收峰。

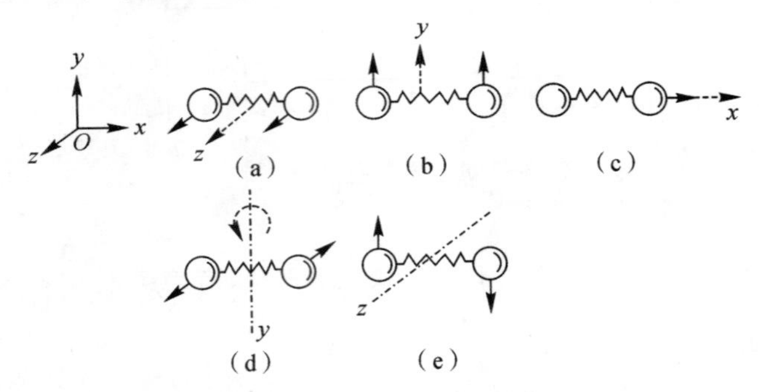

图 2.4　假设直线形分子位于 x 轴上

(a)分子沿 z 轴的的方向做平移运动;(b)分子沿 y 轴的方向做平移运动;(c)分子沿 x 轴的方向做平移运动;(d)分子绕 y 轴做转动运动;(e)分子绕 z 轴做转动运动

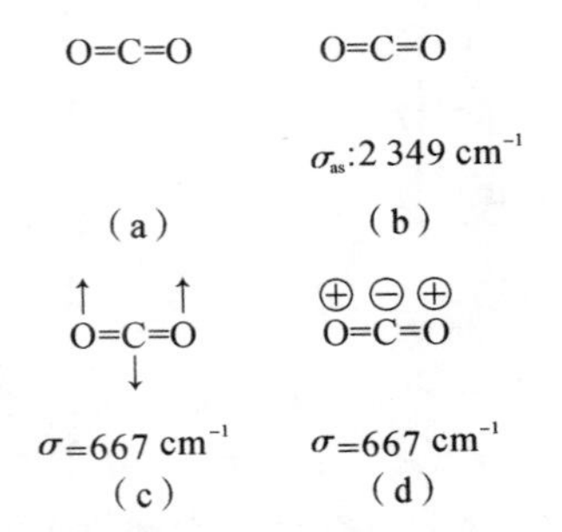

图 2.5　二氧化碳分子振动形式

(a)对称伸缩振动;(b 反对称伸缩振动;(c)面内弯曲振动;(d)面外弯曲振动

2.1.1.3　红外光谱的吸收强度

分子在振动时偶极矩的变化不仅决定一个分子能否吸收红外光,而且根据量子理论,吸收峰的强度与偶极矩变化的二次方成正比。同一类型的化学键处于不同化学环境中时,对称性越差的结构,其偶极矩的变化也越大,因此吸收越强。即使对于同一物质,其处于不同种溶剂或不同浓度的同种溶剂中时,由于氢键的影响以及氢键强度的不同,吸收强度也存在差异。红外光谱的吸收强度常定性地用 s(强)、m(中等)、w(弱)、vw(极弱)来表示。

2.1.1.4　红外光谱的特征性

红外光谱的最大特点是具有特征性,即分子中的各个原子基团(化学键)会产生特征的振动。红外光谱的特征性与化学键振动的特征性是分不开的。吸收峰的位置和强度取决于分子中各基团(化学键)的振动形式和所处的化学环境。

常见的化学基团的特征频率通常在 4 000～670 cm^{-1}(中红外区)的范围内。为了便于对光谱进行解析,常将这个波数范围分为四个区。

(1)X—H 伸缩振动区

X—H 伸缩振动区的范围为 4 000～2 500 cm^{-1},在这个区域内主要包括有 O—H、N—H、C—H 以及 S—H 等含氢基团的伸缩振动。

其中,O—H 基的伸缩振动主要出现在 3 650～3 200 cm^{-1} 范围内。C—H 键的伸缩振动可分为饱和与不饱和两类。饱和的C—H键伸缩振动通常出现在3 000～2 800 cm^{-1}的范围内，并且取代基对其影响很小，不饱和的C—H的伸缩振动频率通常出现在3 000 cm^{-1}以上，主要包括苯环上的C—H键、双键甚至三键上的C—H键。

(2)三键和累计双键区

该区域的范围在2 500～1 900 cm^{-1}内，主要包括炔键—C≡C—、腈键—C≡N、丙二烯基—C=C=C—、异氰酸酯基—N=C=O、烯酮基—C=C=O等反对称伸缩振动。R—C≡CH的吸收出现在2 140～2 100 cm^{-1}附近；R—C≡C—R′的吸收出现在2 260～2 190 cm^{-1}附近。在非共轭情况下，—C≡N的伸缩振动出现在2 260～2 240 cm^{-1}附近，若与不饱和键或芳核形成共轭体系时，其伸缩振动的吸收峰出现在2 230～2 220 cm^{-1}附近。

(3)双键伸缩振动区

双键伸缩振动区主要包括C=C、C=O、C=N、—NO_2等的伸缩振动和芳环的骨架振动等，其范围在2 000～1 500 cm^{-1}内。C=C键的吸收强度取决于与其相连的四个基团的差异大小以及分子的对称性。

单核芳烃的C=C伸缩振动吸收主要有4个，其中1 450 cm^{-1}附近的吸收带常常无法被观察到，而在1 500 cm^{-1}附近可观察到较强的吸收带，另两个吸收带的位置分别在1 600 cm^{-1}以及1 580 cm^{-1}附近。C=O基的伸缩振动出现在1 860～1 660 cm^{-1}的范围内，主要包括酮类、醛类、酸类、酯类、酸酐等。

(4)X—Y伸缩振动

该类型伸缩振动出现的位置在1 500～400 cm^{-1}，该区域的光谱较为复杂，包括C—H、N—H的变形振动，C—O、C—X等的伸缩振动，以及C—C单键骨架的振动等。由于有机化合物的骨架基本都由C—C单键构成，在这个区域中从1 350～650 cm^{-1}的低频区又称指纹区。在该区域中，各种单键的伸缩振动之间以及和C—H变形振动之间发生偶合作用，使得其中的吸收带非常复杂，且对结构上的微小变化极为敏感。尽管由于该区域图谱复杂，有些谱峰无法确定是否为基团频率，但是指纹区的主要作用在于表征整个分子的特征，对于检定化合物具有一定的价值，其可用来与标准谱图或已知谱图比较，得出未知物与已知物结构是否相同的确切结论。

一些基团的红外吸收带总结见表2.2。

表2.2　部分基团的红外吸收区域

区域	基团	吸收频率/cm^{-1}	振动形式	吸收强度	说明
第一区域	—OH(游离)	3 650～3 580	伸缩	m,sh	可用来判断有无醇类、酚类、有机酸
	—OH(缔合)	3 400～3 200	伸缩	s,b	
	—NH_2、—NH(游离)	3 500～3 300	伸缩	m	
	—NH_2、—NH(缔合)	3 400～3 100	伸缩	s,b	不饱和C—H伸缩振动出现在3 000 cm^{-1}以上
	—SH	2 600～2 500	伸缩		
	C—H伸缩振动				
	不饱和C—H				末端=C—H_2出现在3 085 cm^{-1}附近
	≡C—H	3 300附近	伸缩	s	
	=C—H	3 010～3 040	伸缩	s	比饱和C—H稍弱，但谱带尖锐
	苯环中C—H	3 030附近	伸缩	s	

续表

区域	基团	吸收频率/cm^{-1}	振动形式	吸收强度	说明
第一区域	饱和C—H				其伸缩振动出现在3 000 cm^{-1}以下，且受取代基影响小
	$—CH_3$	2 960±5	反对称伸缩	s	
	$—CH_3$	2 870±10	反对称伸缩	s	
	$—CH_2$	2 930±5	反对称伸缩	s	三元环出现在 $>CH_2$ 3 050 cm^{-1}
	$—CH_2$	2 850±10	对称伸缩	s	$—\overset{\vert}{\underset{\vert}{C}}H$ 出现在2 890 cm^{-1}附近
第二区域	—C≡N	2 260～2 220	伸缩	针状	干扰少
	—N≡N	2 310～2 135	伸缩	m	
	—C≡C	2 260～2 100	伸缩	v	RC≡C—H，2 140～2 100 cm^{-1}；
	—C=C=C—	1 950	伸缩	v	R—C≡N—R′无红外谱带
第三区域	C=C	1 680，1 620	伸缩	m，w	
	芳环中C=C	1 500，1 450	伸缩	v	苯环骨架振动
	—C=O	1 850～1 660	伸缩	s	
	$—NO_2$	1 600～1 500	反对称伸缩	s	受其他吸收带干扰少，可用来判断羰基的特征频率
	$—NO_2$	1 300～1 250	对称伸缩	s	
	S=O	1 220～1 040	伸缩	s	
第四区域	C—O	1 300～1 000	伸缩	s	极性很强，常成为谱图中最强吸收
	C—O—C	900～1 150	伸缩	s	醚类的反对称伸缩振动在1 100 cm^{-1}附近，对称伸缩在1 000～900 cm^{-1}，且强度偏弱
	$—CH_3$、$—CH_2$	1 460±10	CH_3反对称变形 CH_2变形	m	大部分有机化合物的谱图中都会出现此峰
	$—CH_3$	1 380～1 370	对称变形	s	受取代基影响小，是$—CH_3$基特征吸收
	$—NH_2$	1 650～1 560	变形	m－s	
	C—F	1 400～1 000	伸缩	s	
	C—Cl	800～600	伸缩	s	
	C—Br	600～500	伸缩	s	
	C—I	500～200	伸缩	s	
	$=CH_2$	910～890	面外摇摆	v	

基团的特征吸收大多位于 4 000～1 350 cm^{-1}，我们称这一段频率范围为基团频率区(特征频率区)，可用于官能团的鉴别。通常，一个官能团有好几种振动形式，其中，每一种红外活性振动都会相应地产生一个吸收峰，有时还能观测到泛频峰。然而，分子中化学键的振动并不是孤立的，其红外特征谱带还受到外部因素和内部因素的影响。其中，外部因素包括溶剂、测定条件等，内部因素则包括电效应、共轭效应、偶极场作用、氢键作用、振动的偶合、费米共振、立体障碍、环的张力影响等。

2.1.2　红外光谱仪

可用于测定物质红外光谱的仪器即为红外光谱仪。

2.1.2.1　中红外光谱仪

中红外光谱仪可分为两类：一类是以棱镜或光栅作为色散元件的红外光谱仪，这类仪器由于采用了狭缝，其能量受到严格限制，扫描时间长，灵敏度、分辨率和准确度都较低，使用较少；另一类为非色散型红外光谱仪和傅里叶变换红外光谱仪(Fourier Transform Infrared Spectro Photometer, FTIR)，其具有很高的分辨率，波数精度高、扫描速度快、光谱范围宽且灵敏度高，因而得到了广泛的应用。

(1)色散型红外光谱仪

色散型红外光谱仪双光束光学自动平衡系统的工作原理如图 2.6 所示。

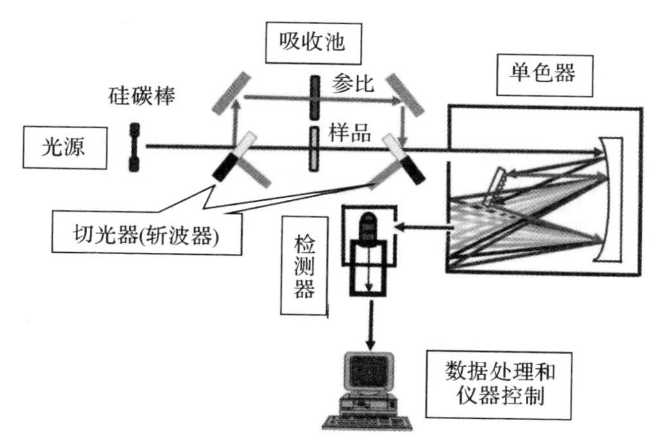

图 2.6　色散型红外光谱原理图

其中，红外光谱仪的光源通常是惰性固体，用电加热使之发射高强度、连续的红外辐射。常用的光源包括能斯特灯、硅碳棒等。红外单色器的组成包括一个或几个色散原件(棱镜或光栅)、可变宽度的入射/出射狭缝以及用于聚焦和反射光束的反射镜。为避免产生色差，这里一般不使用透镜。棱镜的材料通常根据不同的工作波长区域进行选择。红外光谱区的光子能量通常较弱，不足以引起光电子发射。通常使用真空热电偶作为检测器，它能将温差转变为电位差。

色散型红外光谱仪的双光束光学自动平衡系统的工作原理为：光源发射出的红外辐射分成两束，一束通过试样池，另一束通过参比池后进入单色器。单色器内有以一定频率转动的扇形镜(斩光器),以一定的周期切割两束光。试样光束和参比光束在斩光器的作用下,交替通过单色器中的色散棱镜或光栅,最后进入检测器中。若试样对光源发出的光没有吸收,则试样光束和参比光束具有相等的强度,检测器不产生交流信号。若试样对该范围的光有吸收,则试样光束和参比光束的强度不同,检测器上则会显示出一定频率的交流信号。经放大器作用后,记录两组光路的电信号强度。单色器内棱镜或光栅的转动导致单色光的波数连续地发生变化,形成横坐标。最终形成红外光谱吸收曲线。

(2)傅里叶变换红外光谱仪

与色散型红外光谱仪不同,傅里叶变换红外光谱仪中并不包含色散元件,主要由光源、迈克尔逊干涉仪、探测器和计算机等组成。其工作原理如图 2.7 所示。

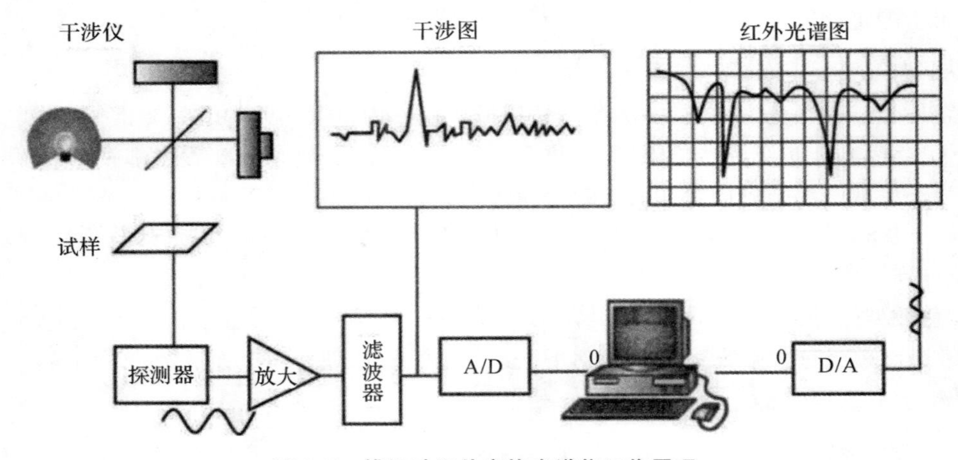

图 2.7 傅里叶红外变换光谱仪工作原理

图 2.7 中:D 为检测器;A 为放大器;A/D 为模数转换器;D/A 为数模转换器。

光源发出的红外辐射经过迈克尔逊干涉仪后通过试样,能够转变为含试样信息的干涉图,电子计算机采集信息并经快速傅里叶变换,即可得到吸收强度或透光率随频率或波数变化的红外光谱图。

2.1.2.2 近红外光谱仪

(1)滤光片型近红外光谱仪

该类近红外光谱仪采用近红外窄带滤光片作为仪器的分光系统。滤光片型近红外光谱仪具有成本低、结构简单、光通量大、信号采集模块反应快等优点。

(2)声光可调滤光器型近红外光谱仪

该类近红外光谱仪中最重要的元件是声光可调滤光器,它由双折射晶体制成,是基于各向异性介质的升高相互作用研发而成的分光器件。声光可调滤光器的光谱扫描是通过调节超声波信号实现的。当输入一个固定频率的超声波信号时,只有光谱带很窄的光可以发生衍射,从而筛选出特定波长的单色光,通过改变超声波的频率实现衍射光的快速扫描。声光可调滤光器型近红外光谱仪具有准确性高、精度和可靠性好、结构稳定、质量轻、体积小、抗干扰能力强的优势。

(3)固定光路多通道检测型近红外光谱仪

固定光路多通道检测型近红外光谱仪的主要组成包括光源、样品、固定光栅和多通道检测器。光源发出的光通过待测样品后，会射向固定光栅，经全息光栅的色散后由多通道检测器检测。固定光路多通道检测型近红外光谱仪的优势在于结构紧凑、光路稳定性好，但检测器对温度敏感，可能在温度改变较大时产生较大误差。

(4)光栅型近红外光谱仪

光栅型近红外光谱仪主要由光源、全息光栅、滤光片、狭缝、检测器等部件组成。光源发出的光首先通过全息光栅，全息光栅通过转动将光谱按不同的波长进行分光后再照射到样品上，经检测器捕捉单色光谱并由计算机进行数据处理。尽管其抗振动性差、扫描速度慢等，但在成本、分辨率等方面具有显著优势。

(5)傅里叶变换型近红外光谱仪

通过对傅里叶变换红外光谱仪的光源、光学元件、检测器和软件等进行调换，可得到傅里叶变换型近红外光谱仪。

2.1.3　红外光谱的应用

红外光谱在化学领域的应用大致可分为两类：一类是对分子结构进行基础研究，通过测定分子的键长与键角可判断分子的立体构型，根据所得力常数可知道化学键的强弱；另一类是对化合物化学组成进行分析，通过研究红外光谱中的吸收峰位置与形状来判断化合物的结构，根据吸收峰的强度测定混合物相应组分的含量。

2.1.3.1　定性分析

红外光谱对有机化合物的定性分析具有鲜明的特征性，每个化合物都具有特定的红外吸收光谱。化合物或其聚集态不同，其谱带的数目、位置、形状、强度也会发生变化。因此可以根据化合物光谱的特征基团频率来定性判断化合物是否存在，以及化合物中含有哪些官能团。

在红外光谱定性分析中，通常需要利用纯物质的标准谱图来进行校验。在查阅标准谱图时应注意保持测试样与标准谱图中试样的聚集态和制作方法一致。

2.1.3.2　定量分析

除定性分析外，还可以根据红外谱图中各组分的吸收峰强度进行定量分析，具体操作主要分为定标建模和未知样品检测。红外光谱属于间接式的分析方法，是一种无损式分析方法，通过建立标准物工作曲线，实现对未知样品成分含量的测定。

2.2　紫外-可见吸收光谱

很早以前，人们就已经发现不同颜色的物质具有不同的物理和化学性质，进而根据物质的颜色进行分析和判别、根据颜色的深浅程度来估算某种有色物质的含量，这就是紫外-可见吸收分光光度法的雏形。1815年，J. Fraunhofer仔细观察了太阳光谱，发现可见光范围内含有600多条暗线，这是最早发现的吸收光谱线，即夫朗禾费线。朗伯在1760年发现物质对光的吸收与物质的厚度成正比。比尔于1852年发现除了厚度外，物质对光的吸收还与物质的浓度成正比。将上述两项发现结合起来，即是光学领域著名的朗伯-比尔定律。朗伯-比尔定律的发现拉开了物质定性、定量分析的序幕。1862年，Miller采用石英摄谱仪测定了100多种物质的紫外吸收光谱。1945年，美国Beckman公司推出了世界上第一台商品型紫外-可见分光光度计，紫外-可见分光光度法正式走上舞台。

2.2.1 基本知识

2.2.1.1 紫外-可见吸收光谱常用术语

(1)生色团与助色团

早在1876年，怀特就提到了发色团的概念，他认为有机化合物的颜色与其中存在的某种官能团有关，如—NO_2、—N=N—等，这些官能团使物质具有颜色，因此称之为发色团。助色团是指那些本身不能使物质具有颜色，但会使物质的颜色加深的基团，如—OH、—NH_2等。

根据现代化学中的定义，发色团又称生色团，是指分子中产生吸收带的主要官能团，多为不饱和基团。助色团是指分子中的一些带有非成键电子对的基团本身在紫外-可见光区不产生吸收，但是它与生色团连接后，使生色团的吸收带向长波移动，且使吸收强度增大的基团。

(2)吸收带

吸收带是指吸收峰在紫外-可见光谱中的位置。使化合物的跃迁不同会使吸收带的位置、强度以及形状发生变化，通常包括以下几种：

1)R吸收带。R吸收带取自Radikal(基团)一词，由生色团中的未成键孤对电子向π^*轨道的跃迁产生，即$n\rightarrow\pi^*$跃迁。该跃迁属于禁阻跃迁，故吸收带的强度较弱，摩尔吸光系数小，主要位于近紫外和可见光区。

2)K吸收带。K吸收带取自Konjugation(共轭)一词，由$\pi\rightarrow\pi^*$跃迁产生，该吸收带的强度较强，摩尔吸光系数可达10^4以上。随着共扼体系的增大或杂原子的取代，最大吸收波长向长波方向移动且强度增加。

3)B吸收带。B吸收带取自Benzennoid(苯环)一词，是芳香族化合物中苯环振动和$\pi\rightarrow\pi^*$跃迁产生的特征吸收带。B带在230～270 nm范围内具有精细结构，是多重吸收带，可用来判断苯环。当苯环与其他生色团相连时，会同时出现B吸收带和K吸收带，B带的波长通常较长。在芳香族取代物的紫外吸收谱中，B吸收带通常呈现为宽峰，精细结构不易出现。若处于极性溶剂中，则精细结构会消失。

4)E吸收带。E吸收带也是芳香族化合物的特征吸收峰，同样是由$\pi\rightarrow\pi^*$跃迁产生的。苯环的E吸收带可分为E1带和E2带，分别在184 nm和204 nm处。当苯环上有助色团取代时，E2吸收带向长波方向移动，但一般不超过210 nm；当苯环上有生色团取代时，E2带与K带合并，吸收峰同样向长波方向移动。

(3)增色效应与减色效应

化合物结构改变或其他原因使吸收强度增强，称为增色效应；使吸收强度减弱，称为减色效应。

(4)红移与蓝移

有机化合物的结构改变，如引入助色团、发生共轭及溶剂改变等，使最大吸收峰波长向长波方向移动，这种效应称为红移；有机化合物结构的改变或受溶剂影响，使最大吸收峰波长向短波方向移动，这种效应称为蓝移。

2.2.1.2 分子吸收光谱的原理

分子和原子一样，具有特征分子能级。分子的运动可分为价电子运动、原子在平衡位置附近的振动和分子绕其重心的转动。双原子分子的三种能级跃迁如图 2.8 所示。

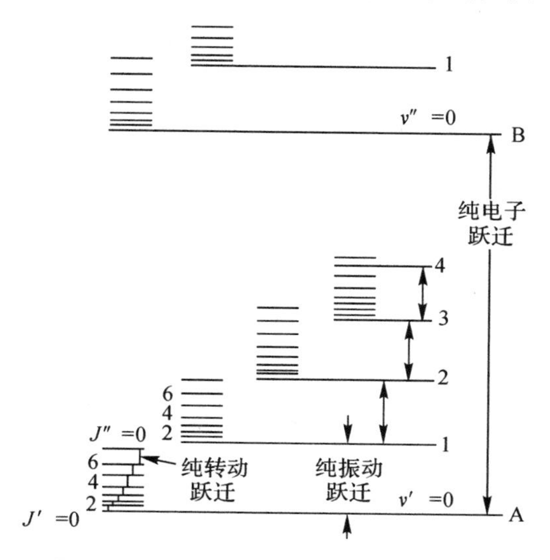

图 2.8　双原子分子三种能级跃迁示意图

分子的能量 E 等于电子能、转动能、振动能三者之和，即

$$E = E_e + E_v + E_r \tag{2-6}$$

式中：E_e 为分子中电子围绕原子核相对运动的能量；E_v 为分子内部原子在各自平衡位置附近振动的能量；E_r 为分子自身转动的能量。分子从外界吸收一定能量后，即可引起分子能级的跃迁，即从基态跃迁到激发态。分子吸收的能量并不是连续的，它只能吸收两个能级之差的能量，即

$$\Delta E = E_2 - E_1 = h\nu = \frac{hc}{\lambda} \tag{2-7}$$

电子能级跃迁需要的能量很大，一般为 1～20 eV，由式(2-7)计算可知，电子能级跃迁产生的吸收光谱主要位于紫外-可见光区，电子能级跃迁产生的光谱称为电子光谱或紫外-可见光谱。

然而，在发生电子能级跃迁时，还会不可避免地发生振动能级跃迁以及转动能级跃迁，会产生一系列波长间隔极小的吸收谱线。紫外-可见吸收光谱一般包含若干谱带系，不同谱带系下不同的电子能级跃迁也含有若干谱带。一般的紫外-可见分光光度计只能观察到合并后的、较宽的吸收带，即紫外-可见光谱通常为带状光谱。

2.2.1.3　有机化合物的紫外-可见吸收光谱

有机化合物中分子价电子的分布和结合影响着其跃迁，进而影响着紫外吸收光谱。根据分子轨道理论，有机化合物中含有几种不同性质的价电子，包括形成单键的 σ 电子、形成双键的 π 电子、未成键的孤对电子，即 n 电子。价电子的跃迁包括 $\sigma \rightarrow \sigma^*$ 跃迁、$n \rightarrow \sigma^*$ 跃迁、$\pi \rightarrow \pi^*$ 跃迁、$n \rightarrow \pi^*$ 跃迁，此外还包括 σ 电子逐步激发到各个能级，电离成分子或离子的跃迁(光致电离)，以及光激发下化合物中电荷重新分布，电荷从化合物的一部分迁移至另一部分产生的吸收光谱，即电荷迁移跃迁。

各种跃迁所需的能量不同。如图 2.9 所示，各类跃迁所需能量的顺序为

$$E(\sigma \to \sigma^*) > E(n \to \sigma^*) > E(\pi \to \pi^*) > E(n \to \pi^*)$$

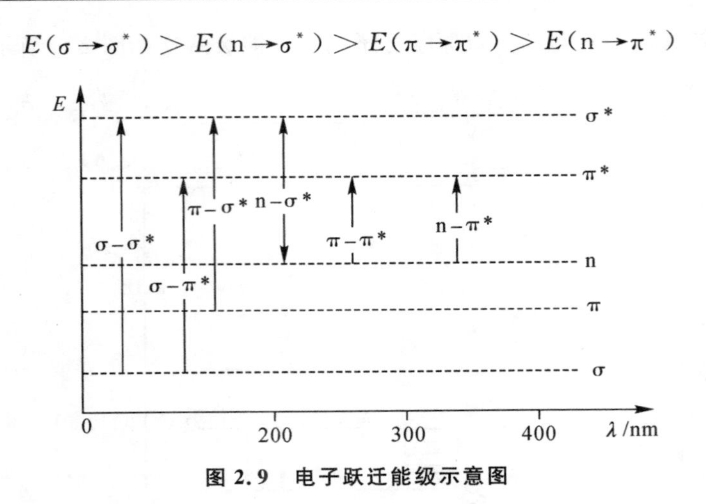

图 2.9　电子跃迁能级示意图

根据电子跃迁计算得到的吸收波长的范围及强度如图 2.10 所示。

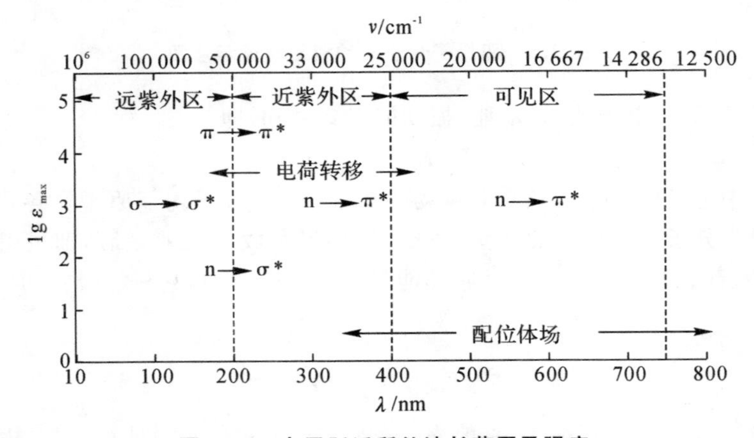

图 2.10　电子跃迁所处波长范围及强度

紫外吸收光谱与分子结构具有密切联系。通常,不饱和脂肪烃的紫外-可见吸收较强。部分共轭分子的吸收峰见表 2.3。

表 2.3　部分共轭分子吸收峰

生色团	化合物	$\pi \to \pi^*$ 跃迁		$n \to \pi^*$ 跃迁	
		最大吸收波长/nm	k/(L·mol^{-1}·cm^{-1})	最大吸收波长/nm	k/(L·mol^{-1}·cm^{-1})
C=C—C=C	丁二烯	217	21 000		
C=C—C=O	2-丁烯醛	218	18 000	320	30
C=C—C=C—C=C	1,3,5-己三烯	258	35 000		
$(C=C—C=C)_2$	二甲基辛四烯	296	52 000		
$(C=C—C=C)_3$	二甲基十六碳六烯	360	70 000		
$(C=C—C=C)_4$	α-羟基-β-胡萝卜素	415	210 000		

2.2.1.4　无机化合物的紫外及可见吸收光谱

无机化合物的电子跃迁形式主要包括电荷迁移跃迁和配位场跃迁。

电荷迁移跃迁可用下式表示：

$$M^{n+}—L^{b-} \xrightarrow{h\nu} M^{(n+1)+}—L^{(b-1)-} \tag{2-8}$$

式中：M 为中心离子，是电子接受体；L 为配体，是电子给予体。当无机配合物受到光激发时，一个电子从给予体外层轨道向接受体跃迁产生电荷迁移吸收光谱。过渡金属离子及其化合物还可产生配位场跃迁。配位场跃迁有 d－d 和 f－f 两种跃迁方式。元素周期表中第四、第五周期的过渡金属元素分别具有 3d 和 4d 轨道，在配体存在下，其五个相同的 d 轨道裂分成几组能量不等的 d 轨道。在吸收光能后，低能态的 d 电子能够跃迁至高能态的 d 轨道，发生 d－d 跃迁。同理，f－f 跃迁是指在镧系和锕系等分别具有 4f 和 5f 轨道的元素中发生的低能态的 f 电子跃迁至高能态的 f 轨道的跃迁。

电荷迁移跃迁通常具有较大的摩尔吸收系数，波长范围位于紫外区；配位场跃迁的波长范围通常位于可见光区，摩尔吸收系数较低。

2.2.1.5　紫外-可见吸收光谱的影响因素

(1)空间结构

分子的空间结构，如空间位阻、顺反异构以及跨环效应等，都会对分子的紫外-可见吸收光谱产生影响。在共轭体系中，当生色团与助色团处于同一平面时才能达到最有效的共轭，若生色团与助色团不在同一平面内，则会导致共轭程度降低，使吸收峰蓝移。在存在顺反异构的化合物中，其顺式与反式的紫外吸收光谱不同，通常反式能形成大的共轭体系，其吸收波长较长。跨环效应是一种非共轭基团之间的相互作用，当分子中两个非共轭的生色团处于某种特定的空间位置时，发生电子轨道间的相互作用，使吸收带红移并增强，通常在环状体系中容易发生跨环效应。

(2)溶剂效应

紫外吸收光谱极易受到溶剂的影响，常用溶剂包括己烷、庚烷、环己烷、水、乙醇等。溶剂不仅会影响溶质吸收峰的波长、形状及强度，也会对其精细结构产生影响。同时，溶剂本身也会存在一定的吸收带，通常使用吸收带位于远紫外区的饱和碳氢化合物作为溶剂。

(3)互变异构

互变异构体通常具有不同的紫外吸收带，如乙酰乙酸乙酯，其含有酮式和烯醇式两种互变异构体。在极性溶剂中酮式更加稳定，在 272 nm 处存在由 $n \to \pi^*$ 跃迁引起的弱吸收峰。在非极性溶剂中烯醇式更加稳定，在 246 nm 处存在由 $\pi \to \pi^*$ 跃迁引起的强吸收峰。

2.2.2　紫外-可见光谱仪

紫外-可见光谱仪又称紫外-可见分光光度计，是通过紫外-可见吸收光谱对物质分子进行定性、定量或结构分析的仪器。其组成部件包括光源、单色器、样品池、检测器和记录仪五个部分。

2.2.2.1　组成部件

(1)光源

对于紫外-可见光谱仪,要求光源能够在所需的光谱区域内,发射足够强度且稳定的连续光谱,且光辐射强度随波长的变化小。因此,紫外-可见分光光度计的光源需要包含热辐射光源,如钨丝灯、卤钨灯,以及气体放电光源,如氢灯、氘灯等。可见光区(360～1 000 nm)使用热辐射光源,紫外光区使用气体放电光源。

(2)单色器

单色器的作用是将复合光分解成高纯度的单色光或具有一定宽度的谱带。其主要由色散元件和狭缝两部分构成。色散元件将光源的连续光分解为单色光;狭缝则能够调节光的强度,让所需单色光通过。色散元件主要包括棱镜或者光栅,常用石英材质的棱镜。光栅的色散原理是利用光的衍射和干涉使复合光分解,可用于紫外、可见、近红外三个区域。其优势在于波长范围宽、在整个波长区内具有良好的分辨能力、成本低等。但各级光谱易重叠产生一定干扰。狭缝对单色器的性能起着重要的作用,狭缝的宽度直接影响单色光的纯度。狭缝的宽度有两种表示方式:一种是用实际宽度表示,通常狭缝的宽度在 0～2 mm 之间;另一种是用通过出射狭缝的谱带宽度来表示,常以 nm 为单位。通过这种表示方法可以直观地看出狭缝的性能,狭缝越窄,单色光越纯,测得的吸收峰也就越尖锐,但会使光强减弱,影响测定灵敏度。

(3)样品池

样品池又称吸收池、比色皿,是用于盛放待测溶液、决定光程的器件。由于玻璃会吸收紫外光,因此样品池通常是由石英制成的。为减少光的反射损失,样品池的光学面必须完全垂直于光束方向。样品池的光程处于 0.1～10 cm 之间,其中 1 cm 的样品池最常用。样品池内液体的高度不能超过总高度的 3/4,同时应尽量接触样品池两侧的毛面,避免污染光学面。

(4)检测器

检测器是利用光电效应将样品池的光信号变成可测电信号的元件。紫外-可见分光光度计通常使用光电管或光电倍增管作为检测器。通常情况下,暗电流越小,光电管的质量越好。仪器中通常还设有补偿电路以消除暗电流。

2.2.2.2　紫外-可见光谱仪的分类

常见的紫外-可见光谱仪可分为三类:单光束光谱仪、双光束光谱仪、双波长光谱仪。

(1)单光束光谱仪

单光束光谱仪的结构如图 2.11 所示。光源发出的光经单色器分散后形成一束平行光,依次通过参比溶液和样品溶液,并测量吸光度。单光束分光光度计最大的优势在于结构简单、操作方便、价格较低,不足之处在于受光源、检测器的波动影响较大。

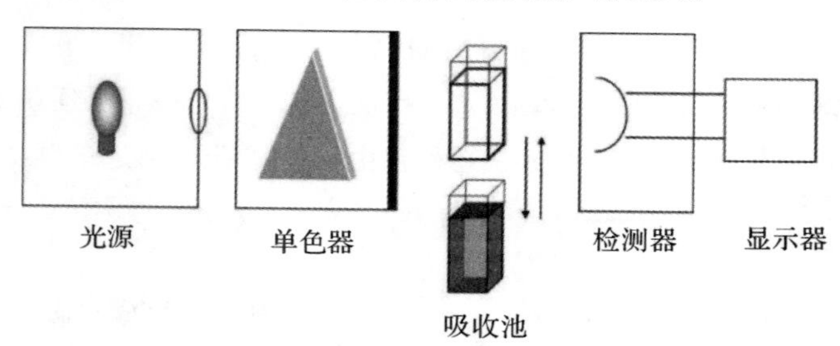

图 2.11　单光束光谱仪结构示意图

(2)双光束光谱仪

图 2.12 为双光束紫外-可见光谱仪的光程原理图。当光源(钨丝灯、氘灯)发出的光经入射狭缝及反射镜反射至单色器,色散后经出口狭缝而得到所需波长的单色光。反射镜将单色光束反射至半透半反镜上,使入射光被分成两束,一束通过参比池,一束通过样品池,随后进入参比池与试样池后方的光电倍增管。光谱仪自动比较两束光的强度,此比值即为试样的透射比,经对数变换将它转换成吸光度并记录。双光束分光光度计最大的优势在于可自动消除光源强度变化和参比所引起的误差。

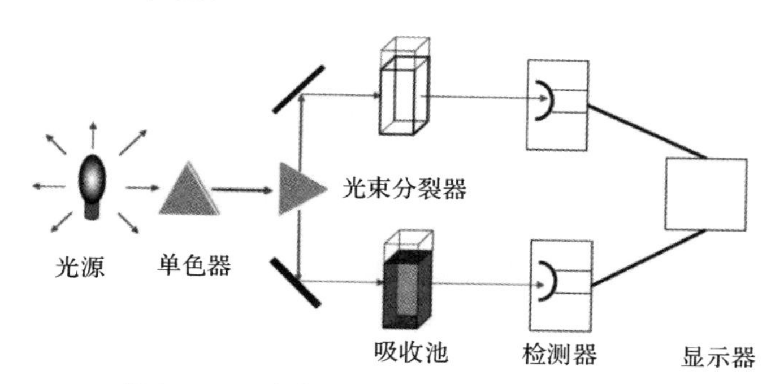

图 2.12　双光束紫外-可见光谱仪光程原理图

(3)双波长光谱仪

双波长光谱仪的结构示意图如图 2.13 所示。与(1)(2)两种光谱仪不同,双波长光谱仪照射到样品池的两束光具有不同的波长。光源发出的光被分成两束,分别通过两个不同的单色器,得到两束波长不同的单色光,利用切光器使两束光以一定频率交替照射同一样品池,出射光经光电倍增管扩增后进入电子控制系统,最后显示出两个波长处的吸光度差值。双波长光谱仪最大的优势在于可以扣除背景吸收,因此具有较高的灵敏度和选择性,可以测定较高浓度的样品溶液。

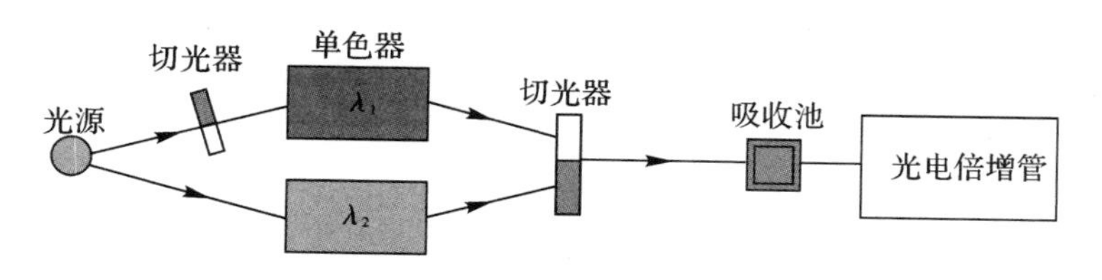

图 2.13　双波长光谱仪结构示意图

2.2.3　紫外-可见光谱的应用

紫外-可见吸收光谱分析法具有测量范围宽、测量准确度好、应用范围广、操作简便等优势,是国家标准中最常使用的分析技术手段之一。

2.2.3.1　定性分析

紫外-可见光谱定性分析的根据在于不同结构的物质能够选择性地吸收不同波长的光或能量。以波长为横坐标、以吸光度为纵坐标,即可绘制得到物质的吸收光谱。

紫外-可见吸收光谱可用于判断化合物中所含有的生色团，助色团并评估其共轭程度。通常情况下，在相同的测定条件下比较未知物与已知标准物的紫外光谱图：若谱图一致，则认为未知物与标准物具有相同的生色团；根据吸收谱图中吸收峰的位置、强度，也可以估算出未知物含有的官能团和共轭单元。紫外-可见吸收光谱还可对同分异构体进行判别。例如 1，2 -二苯乙烯具有顺式和反式两种异构体（见图 2.14）。当生色团或助色团在同一平面内时才能产生最大的共轭效应。因此顺式结构位阻较大，共轭程度较低，吸收峰波长向短波方向移动，吸收系数较低。

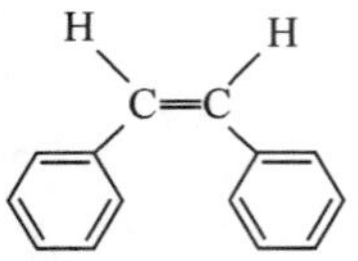

顺式 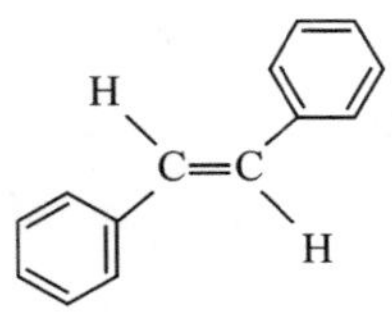　　反式

图 2.14　1，2 -二苯乙烯顺式、反式结构式

除了分析化合物的官能团外，紫外-可见吸收光谱还可用于化合物分子的鉴定。通过比较不同化合物吸收光谱的吸收峰位置、摩尔吸收系数，可对物质的结构进行定量分析。

总之，物质的紫外吸收光谱反映的是分子中生色团及助色团的吸收特性，而不是分子的特性。为了确定分子的结构，既可以比较吸收波长和吸收系数，又可以结合红外光谱、核磁共振波谱等表征手段来进一步分析。

2.2.3.2　定量分析

使用紫外-可见光谱进行定量分析的依据是朗伯-比尔定律以及吸光度的加和性。单组分样品定量测定的方法包括绝对法、标准对照法和标准曲线法等。

绝对法是诸多紫外-可见光谱分析方法中使用最多的一种方法。根据朗伯-比尔定律，在查得待测物在特定条件下的吸收系数后，若已知样品池厚度，即可计算出待测物的浓度。

标准对照法则是在已知待测物分子结构的前提下，通过在同样条件下测定待测溶液的吸光度和该物质已知浓度溶液的吸光度，通过下式求出待测溶液的浓度的方法，即

$$c_X = \frac{A_X}{A_S} c_S \tag{2-9}$$

式中：c_X 和 c_S 分别为待测溶液和已知溶液的浓度；A_X 和 A_S 分别为待测溶液和已知溶液的吸光度。使用标准对照法测定单组分样品的浓度时，要求仪器准确、精密度高、测定条件相同，同时已知溶液浓度要尽量接近待测溶液的浓度，避免由于浓度间的线性偏差造成测量误差。

标准曲线法是紫外-可见光谱单组分定量分析中最为常用的方法之一。首先用标准物配置一系列不同浓度的标准溶液，在一定波长下，测试每个标准溶液的吸光度，以浓度为横坐标、以吸光度为纵坐标绘制标准曲线。再在相同条件下测试未知物溶液的吸光度，即可在标准曲线上得到待测物溶液所对应的浓度。

对于多组分混合物的定量测定，若混合物中各种组分的吸收相互重叠，则需要先对组分进行分离。若吸收峰重叠不严重，也可同时测定混合物中各组分的含量，测定方法包括吸收点作图法、y 参比法、解联立方程法等。其中解联立方程法原则上也能用于测定多于两个组分的混合物。

2.3 荧光光谱

2.3.1 基本原理和性能参数

2.3.1.1 荧光的产生

荧光的原理在第1章已详细解释了，在此不再赘述。根据荧光在电磁辐射中的波段范围，可将荧光划分为X射线荧光、紫外荧光、可见荧光以及红外荧光等。

2.3.1.2 荧光光谱的性能参数

荧光光谱分析中，常用的性能评价参数包括荧光峰的个数N、最佳激发波长λ_{ex}、最佳发射波长λ_{em}及其荧光强度I_f、有效激发范围$\Delta\lambda_{ex}$、发射波长范围$\Delta\lambda_{em}$、荧光量子产率Φ_f、斯托克斯位移$\Delta\lambda_s$。

(1)荧光寿命

荧光分子受到激发后，分子吸收能量跃迁至不稳定的激发态，随后通过多种形式衰变至低能级，处于激发态的分子逐渐减少。当激发光停止后，荧光强度衰减至初始强度的1/e时所需的时间即为荧光寿命τ，它表示荧光分子S_1激发态的平均寿命，可表示为

$$\tau=1/(k_f+\sum K) \tag{2-10}$$

式中：k_f表示荧光发射的速率常数；$\sum K$表示分子内所有非辐射失活过程的速率常数的加和，如振动弛豫、内转换以及系间窜越过程。

荧光发射过程是随机的，只有少数处于激发态的荧光分子在$t=\tau$时发射光子。激发态的平均寿命与跃迁概率有关，其关系可用下式表示：

$$\tau\approx\frac{10^{-5}}{\varepsilon_{max}} \tag{2-11}$$

式中：ε_{max}表示最大吸收波长下的摩尔吸光系数(m^2/mol)。一般情况下，由基态向第一激发单重态的跃迁为许可跃迁，其摩尔吸光系数较大，荧光寿命较短，约为10^{-8} s；由基态向第一激发三重态的跃迁为禁阻跃迁，其摩尔吸光系数较小，故磷光发射的寿命较长，约为10^{-2} s。

(2)荧光量子产率

荧光量子产率Φ_f反映的是荧光分子受激发光照射后发射荧光的能力。一般用荧光分子所发射荧光的光子数与所吸收的激发光的光子数的比值表示。由于激发态分子返回基态时包括辐射跃迁和非辐射跃迁两种途径，所以荧光量子产率也可表示为

$$\Phi_f=k_f/(k_f+\sum K) \tag{2-12}$$

如果非辐射跃迁的速率非常小，则荧光量子产率的数值接近于1。荧光量子产率越大，说明该荧光分子的荧光越强。荧光量子产率与分子的结构、性质和所处环境有关。量子产率的测量方法分为参比法和绝对法。参比法是在相同的测试条件下测试待测物和已知量子产率的荧光物质的积分荧光强度以及吸光度，代入下式，即

$$\Phi_u=\Phi_s\frac{F_u}{F_s}\frac{A_s}{A_u} \tag{2-13}$$

式中：Φ、F、A 分别表示荧光量子产率、积分荧光强度、入射光的吸光度；下标 s 表示已知量子产率的参比物质，下标 u 表示待测物质。

绝对法即是按照量子产率的定义，用全反射吸收积分球测量量子产率的方法。

(3)荧光强度

荧光强度是描述荧光物质发射荧光强弱的参数。根据朗伯-比尔定律，荧光强度可以表示为

$$I_F = \Phi_F I_0 e^{-2.303\varepsilon bc} \tag{2-14}$$

式中：I_F 为荧光强度；Φ_F 为荧光量子产率；I_0 为入射光强度；ε 表示摩尔吸光系数；b 为透射样品的光程；c 为样品的浓度。荧光物质为稀溶液时，荧光强度与溶液浓度具有良好的线性关系，随着浓度升高，线性关系逐渐变差。

(4)斯托克斯位移

斯托克斯位移是指荧光物质的最大发射荧光波长与最大激发光波长之差，常用 $\Delta\lambda_s$ 表示，即

$$\Delta\lambda_s = \lambda_{em} - \lambda_{ex} \tag{2-15}$$

斯托克斯位移的产生原理：一部分处于激发态的荧光分子在辐射跃迁过程之前，会通过振动弛豫或内转换等非辐射衰变释放一部分能量，导致其发射的荧光的能量低于激发光的能量。斯托克斯位移越大，荧光测定时受激发光的干扰越小。

2.3.2 荧光光谱仪

荧光光谱仪又称荧光分光光度计，是一种定性、定量测定物质荧光光谱的仪器，能够获得物质的激发光谱、发射光谱、量子产率、荧光强度、荧光寿命、斯托克斯位移、荧光偏振与去偏振特性，以及荧光猝灭等信息。

2.3.2.1 组成部件

荧光光谱仪主要由五部分组成——光源、样品池、单色器(激发光、发射光)、检测器以及读出装置。其结构示意图如图 2.15 所示。

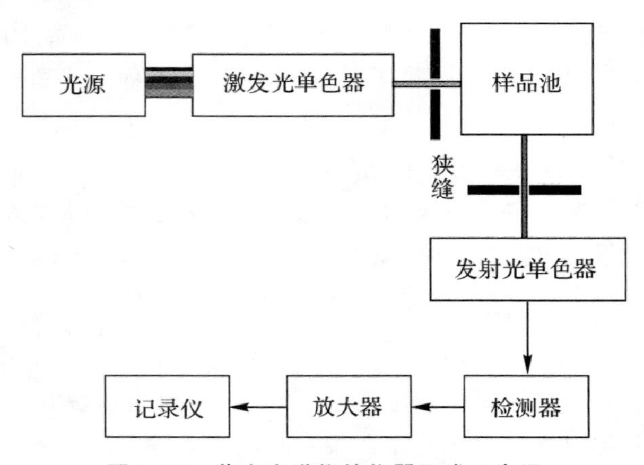

图 2.15 荧光光谱仪的仪器组成示意图

(1)激发光源

由于荧光分子的荧光强度与激发光的强度成正比，因此理想的激发光应当具备以下条件：①有足够的强度；②在所需光谱范围内有连续的光子输出；③激发光强度与波长无关；④光强度稳定。

高压氙弧灯是应用最为广泛的荧光光谱仪光源，这种光源是一种短弧气体放电灯，外套为石英，内充氙气。氙弧灯能发射出强度较大的连续光谱，且在300～400 nm范围内强度几乎相等。汞灯是利用汞蒸气放电发光的光源，它所发射的光谱与灯的汞蒸气压有关，是初期荧光分光光度计的主要激发光源。低压汞灯发射的光谱是一些分立的线状光谱，主要集中于紫外线区；而高压汞灯由于汞蒸气压力增加，其放电的光谱由线状光谱转为略呈带状的光谱，并出现较宽的连续光谱。随着激光技术的发展，高性能荧光仪器的激发光源主要采用可调谐染料激光器、紫外激光器等，仪器性能得到大幅提升。

(2)单色器

根据所处位置的不同，可将单色器分为两种：置于光源和样品池之间的激发单色器，用来筛选出特定的激发光；置于样品池和检测器中间的发射单色器，用来筛选出特定的发射光。

光栅是荧光光谱仪中应用最多的单色器。理想的单色器应在整个波段内有相同的光子通过效率，但这几乎不可能实现。光栅可分为平面光栅和凹面光栅，平面光栅多采用机械刻制，其主要存在线槽不完善、杂散光较大的不足。凹面光栅多采用全息照相和光腐蚀，它的杂散光较低，但它对不同方向的偏振光的透射率相差较大，不适用于发射单色器。

光栅单色器主要有两个性能指标：色散能力和杂散光水平。色散能力以nm/mm为单位，其中mm为单色器的狭缝宽度。单色器通常有入射狭缝和出射狭缝，出射光的强度与单色器狭缝宽度的二次方成正比，因此，增加狭缝宽度有利于提高信号强度，而缩小狭缝宽度有利于提高光谱的分辨率。测量时要根据荧光分子的性质适当调整狭缝宽度。

杂散光的定义是除去所需要波长的光线以外，通过单色器的所有其他光线的强度。许多荧光光谱仪采用双光栅单色器来降低杂散光，但这同样会使光谱仪的灵敏度下降。

(3)样品池

测定液体样品的样品池通常由低荧光吸收的石英材料制成，光源与检测器呈直角；测定粉末或片状样品时，样品池通常为固体样品架，光源与检测器呈锐角。

(4)检测器

荧光分子的荧光强度通常较弱，因此需要高灵敏度的检测器。荧光光谱仪通常采用的检测器是光电管或光电倍增管(Photomultiplier Tube，PMT)，用于将光信号放大并将其转为电信号。

PMT由一个光阴极和多级二次发射电极组成。光照射至光阴极时，会引起一次电子发射，这些光电子在PMT中被电场加速飞射到第一个二次发射极上，每个光电子会引起5～20个二次电子发射，这些电子又被加速到下一个电极上，经多次重复后，电子被集中到阳极并读出。PMT的读出电流与入射光强度成正比，且每个二次电极发射的电子数与PMT的电压密切相关，电压越高，发射的电子越多，PMT的放大作用也就越显著。除了PMT之外，光导摄像管(Vidicon)、电荷耦合器件阵列检测器(Charge-coupled Device Detector，CDD)等检测器也常被用作荧光光谱仪的检测设备。

(5)读出装置

早期荧光光谱仪的读出装置包括数字电压表、记录仪等，现在多使用计算机进行信号读出和数据处理。

2.3.2.2 荧光光谱仪的分类

荧光光谱仪的发展经历了手控式荧光光谱仪、自动记录式荧光光谱仪以及计算机控制的荧光光谱仪三个阶段。手控式荧光光谱仪是一类仅能测绘发射光谱的简易的荧光光谱仪，波长范围为 360～800 nm，波长精度约为±2 nm。自动记录式荧光光谱仪可分为未校正光谱仪和校正光谱仪两种，其波长范围为 220～730 nm，波长精度约为±2 nm。计算机化的荧光光谱仪是目前使用最多的一类荧光光谱仪，计算机的加入极大地提升了荧光光谱仪的性能。

此外，针对某些特殊的化合物或者其他特殊功能的需要，还相继出现了多种多用途的荧光光谱仪，如 SLM4800、4800S 以及 48000S 型寿命荧光灯。

2.3.2.3 常用的荧光光谱分析技术

(1)三维荧光光谱

三维荧光光谱是近年来兴起的新型检测手段。三维荧光光谱通过同时改变激发光的波长和荧光物质的发射波长，获取不同激发波长和发射波长组合下的荧光强度变化的荧光谱图。其中三维分别指的是相对荧光强度、激发波长与发射波长。三维荧光光谱的表现形式有两种——等角三锥投影图和等高线图(见图 2.16)。等角三锥投影图以发射波长为 x 轴、激发波长为 y 轴、荧光强度为 z 轴，构成三维立体图。等角三锥投影图能够清晰地反映荧光峰的相关信息，但难以看出荧光峰对应的激发波长、发射波长与荧光强度。等高线图中用 x 轴表示发射波长、用 y 轴表示激发波长，通过等高线将荧光强度相同的点连接起来。该方法能够清晰地反映荧光特征峰的位置信息以及峰值情况，但三维立体信息不够直观。

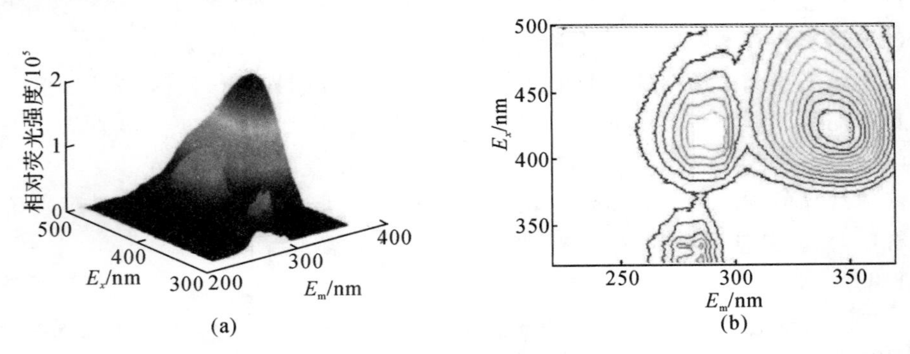

图 2.16 三维荧光光谱

(a)等角三锥投影图示意图；(b)等高线图示意图

(2)同步荧光光谱

同步荧光光谱是针对多组分检测时，荧光光谱重叠、光谱检测效果不佳等问题发展出的荧光检测新方法。该技术能够同时扫描激发和发射单色器的波长，并将测得的荧光强度与对应的激发(或发射)波长作图。按照单色仪扫描方式的不同，同步荧光光谱可分为恒波长、恒能量、可变角与恒基体四种。恒波长同步荧光光谱是应用最为广泛的同步荧光光谱，在扫描过程中，激发波长与发射波长保持一定的波长间隔 $\Delta\lambda$。$\Delta\lambda$ 的选择很关键，将直接影响光谱的形状、带宽和信号强度。实际应用中，$\Delta\lambda$ 通常由实验结果确定。相较于常规的荧光光谱法，同步荧光光谱法具有窄化谱带、减少光谱重叠、减少散射光干扰、提高选择性等优势。

(3)时间分辨荧光光谱

对于体系中包含多种荧光组分的复杂混合物而言，传统的稳态荧光光谱不能够提供足够的信息以分辨各组分的荧光。因此，从时间角度研究物质的荧光性能的时间分辨荧光光谱应运而生。不同的荧光团通常具有不同的荧光寿命和发光衰减速度，时间分辨荧光光谱通过测量荧光光谱一时间衰变曲线实现对不同荧光团的检测。测量时间分辨荧光光谱时，通常在固定激发波长和发射波长下，记录荧光强度随时间的变化。测量方法包括基于时域的脉冲法和基于频域的相移法。

时间分辨荧光光谱在纳米技术、化学分析、生物工程等诸多领域受到了广泛的关注，如测定局部环境的特性(疏水性和极性等)、溶剂分子与荧光团间的相互作用、化学反应、局部摩擦力、溶解动力学，以及测量生物分子基团间的距离等。

(4)偏振荧光光谱

当用偏振光照射样品时，样品所产生的荧光也是偏振光。偏振荧光光谱是荧光各向异性与激发或发射波长关系的谱图。它能够消除混合物中各组分荧光的相互干扰，大多用于研究由荧光分子在激发态寿命期间发生的旋转运动而引起的消偏振。目前，偏振荧光光谱已应用于医疗、食品等诸多领域。

(5)低温荧光光谱

通常，荧光分析都是在常温下进行的。但室温测得的荧光光谱由于溶液中的非线性加宽因素较多，谱带较宽，因此无法准确识别化学结构相近的化合物。温度降低有利于减少荧光分子与溶剂的碰撞，减弱非辐射跃迁，降低内滤效应和荧光猝灭，同时，温度降低还会使分子的热运动减弱，多普勒展宽效应减少，窄化谱带的半峰宽度，使谱带强度更高且更加尖锐，从而提高荧光光谱的选择性。

目前，低温荧光法大致有四种类型：①冷冻溶液 Shpol'skii 荧光法；②有机玻璃荧光狭线法；③蒸气相基体隔离荧光法；④基体隔离 Shpol'skii 荧光法。低温荧光光谱最大的不足在于设备要求高，限制了其应用。

(6)导数荧光光谱

导数荧光光谱是以荧光强度对波长的一阶导数或更高阶倒数为纵坐标、以波长为横坐标得到的光谱，如图 2.17 所示。

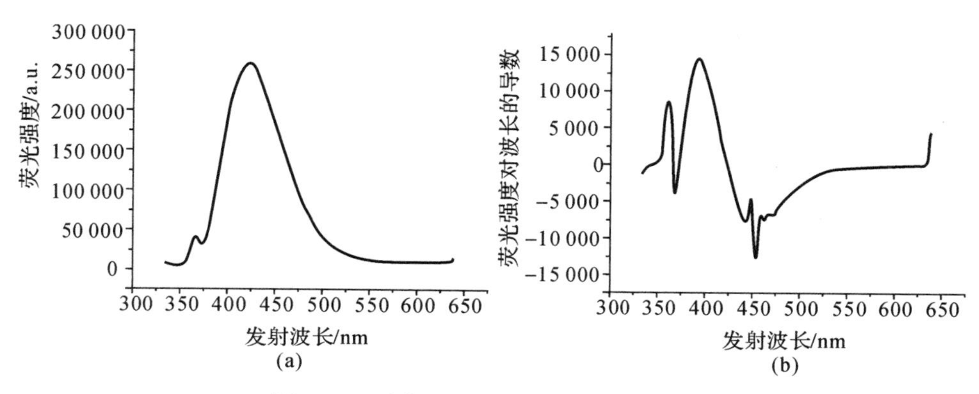

图 2.17　苋菜红荧光光谱与导数荧光光谱

(a)原谱；(b)一阶导数谱；

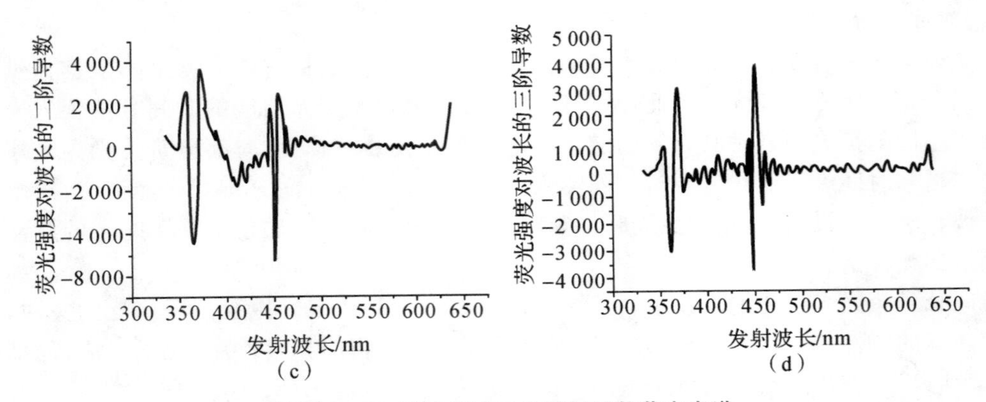

续图 2.17 苋菜红荧光光谱与导数荧光光谱

(c)二阶导数谱;(d)三阶导数谱

如图 2.17 所示,一阶导数谱[见图 2.17(b)]体现了原谱[见图 2.17(a)]中谱线斜率的变化趋势,二阶导数谱[见图 2.17(c)]则体现了谱线的凹凸性。导数荧光光谱能够清晰地判断荧光发射峰的存在,同时随着求导次数的增加,谱带变得尖锐、带宽变窄。导数荧光光谱能有效减少光谱间的干扰,增强对精细结构的分辨能力以及对细微变化的区分能力。

2.3.3 荧光光谱的应用

荧光光谱分析的最大优势在于灵敏度高,比紫外-可见分光光度法通常高 2~3 个数量级,且取样少、线性范围大,在化学、药物分析、食品检测、医学、冶金、工业生产、环境科学等研究领域有着广泛的应用。

荧光分析主要分为定性分析和定量分析两大类。

2.3.3.1 定性分析

任何荧光物质都具有两种特征光谱——激发光谱和发射光谱,它们是荧光定性分析的基础。荧光分子的结构不同,其所吸收的紫外-可见光波长和发射波长具有特征性,因此荧光分子的激发光谱和发射光谱具有鉴别化合物的能力。通常采用比较法来进行荧光定性分析,即在相同的测量条件下,比较待测物的荧光发射光谱与预期化合物的荧光发射光谱,若发射光谱的特征峰波长、形态一致,则认为待测物可能与预期化合物一致。若不同物质的发射光谱相似或重叠,还可根据激发光谱进行判断。此处举一例,如图 2.18 所示。

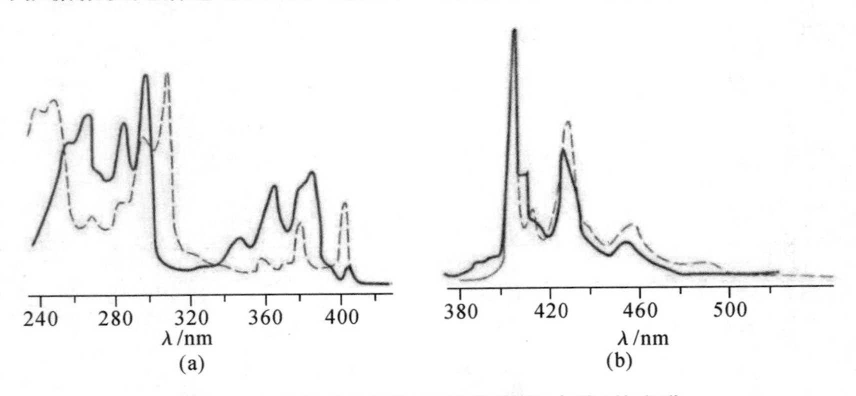

图 2.18 苯并芘(实线)和苯并荧蒽(虚线)的光谱

(a)激发光谱;(b)发射光谱

如图 2.18 所示，尽管苯并芘和苯并荧蒽的发射光谱非常相似，不易区分，但其激发光谱有较大差别，能够用于定性区分化合物。

2.3.3.2　定量分析

由 2.3.1.2 节可知，溶液的荧光强度 F 与溶液的吸收光强度 I_a 和荧光效率 Φ 成正比，因此可得

$$F = I_a \Phi \tag{2-16}$$

根据 Beer 定律，溶液吸收光强度 I_a 可用下式表示：

$$I_a = I_0 - I_t = I_0 (1 - 10^{\varepsilon bc}) \tag{2-17}$$

式中：I_0 为入射光强度；I_t 为透射光强度；b 为样品池光程；c 为样品的浓度；ε 为摩尔吸光系数。在稀溶液中，I_a 又可表示为

$$I_a = 2.3 I_0 \varepsilon bc \tag{2-18}$$

则式(2-16)又可写为

$$F = 2.3 I_0 \varepsilon bc \Phi \tag{2-19}$$

即在稀溶液中，当入射光强度以及样品池光程不变的情况下，荧光强度与溶液的浓度成正比，这是利用荧光光谱进行定量分析的基础。

对于浓度较高的溶液，荧光强度与溶液的浓度间的线性关系通常较差，造成这一现象的原因可能是：①内滤效应，即在高浓度溶液中，溶液中杂质对光的吸收增大，使荧光分子实际吸收的激发光强度下降，并且入射光被样品池试样池前部的高浓度荧光物质吸收而减弱，后部的荧光物质受到的激发光强度下降，从而无法维持稳定的吸收。②自吸收效应。当荧光物质的发射波长与吸收波长有重叠时，一部分物质发射的荧光被自身吸收，这一现象随溶液浓度的增大而加剧。③溶液浓度过高时，激发态分子在发射荧光之前与基态分子发生碰撞的概率增加，激发态分子更容易通过无辐射跃迁的方式衰变回到基态，使荧光强度降低。

荧光定量分析时，采用的方法包括标准曲线法、荧光衍生法、荧光猝灭法等。其中，标准曲线法主要针对那些本身能发出荧光的物质，即将标准物配置成一系列已知浓度的标准溶液，测定其荧光强度，以荧光强度为纵坐标、标准物浓度为横坐标绘制标准曲线，再测定待测样品溶液的荧光强度，并在标准曲线中找到对应的浓度。荧光衍生法与荧光猝灭法则针对那些本身不发光或量子产率很低的物质。荧光衍生法是将待测物与荧光试剂(也称荧光探针)通过化学反应形成能发荧光的衍生物，测定衍生物的荧光强度来间接获得待测物的浓度。荧光猝灭法是利用待测物能使某种荧光物质猝灭的特点，根据荧光减弱程度与待测物的浓度之间的定量关系，通过测量加入待测物后荧光化合物荧光强度的下降程度来间接测定该物质的浓度。

2.4　拉曼光谱

1928 年，印度科学家拉曼在用水银灯照射苯液体的实验中发现了一种新的谱线：在频率为 ω_0 的入射光的两边分别出现呈对称分布的、频率分别为 $\omega_0 - \omega$ 和 $\omega_0 + \omega$ 的明锐边带。拉曼将该分子辐射命名为拉曼辐射，又称拉曼效应或拉曼散射。拉曼散射是指光被散射后频率发生变化的现象。拉曼散射作为红外光谱的补充，是研究分子结构的强有力的武器。但是，拉曼散射的信号强度很弱，限制了其发展。直到 20 世纪 60 年代以后，红宝石激光器的出现极大程度地推动了拉曼散射及相关领域的研究。红宝石激光器具有单色性好、方向性强并且功率密度高等优势，可以在很大程度上提高激发效率，是拉曼光谱的理想光源。20 世纪 80 年代，

共焦激光拉曼光谱仪的出现,不但降低了入射光的功率,并且极大地提高了检测的灵敏度。如今,拉曼光谱早已不限于物理、化学领域的理论研究,而是拓展到了材料、化工、生物医学、环保、考古、地质、商业贸易和刑事司法等诸多技术领域。

2.4.1 基本原理

2.4.1.1 拉曼光谱的原理

单色光照射到待测样品时,可能发生三种情况:反射、折射和散射。光的散射是指光线通过不均匀介质时偏离原来传播方向的现象。

拉曼光谱就是与单色光照射待测物后发生散射的光谱。散射过程可分为两种:第一种散射是瑞利散射(Rayleigh Scattering),这种散射过程是弹性的,当具有能量的入射光子与处于振动基态或振动第一激发态的分子发生碰撞时,分子吸收能量后被激发至能量较高的不稳定的虚拟态,之后又迅速返回振动基态或第一振动激发态,并将吸收的能量以光的形式释放,光子能量未发生改变,散射光的频率与入射光相同。绝大部分光子与被测样品分子作用时都会发生瑞利散射。另一种是拉曼散射(Raman Scattering)。分子与光子间发生非弹性碰撞,光子既可以从分子处得到能量,也可以在分子处失去能量。处于振动基态的分子受到入射光激发到达虚拟态后,从不稳定的虚拟态返回振动激发态时,产生能量为 $h(\nu_0-\nu_1)$ 的拉曼散射(此处频率 ν 用波数 σ 表示),散射光的能量比入射光能量低,光子在分子处失去能量,发生斯托克斯散射。处于振动激发态的分子受到激发光照射到达虚拟态后,产生能量为 $h(\nu_0+\nu_1)$ 的散射,此时散射光的能量比入射光能量高,光子从分子中得到部分能量,该过程称为反斯托克斯散射。由于在常温下,激发态的分子通常不稳定,因此斯托克斯线比反斯托克斯线强得多。

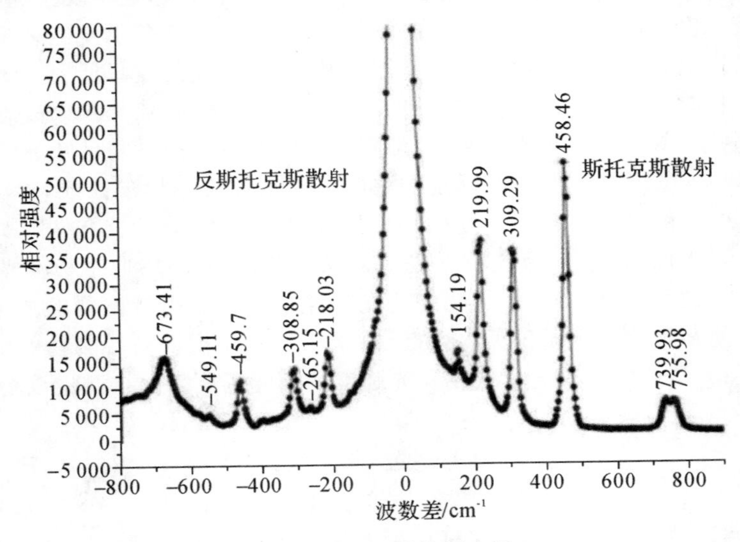

图 2.19 CCl_4 的拉曼光谱

2.4.1.2 拉曼光谱与红外光谱的区别

虽然拉曼光谱与红外光谱同属于分子振动光谱,但两者存在着本质的区别:拉曼光谱属于散射光谱,红外光谱属于吸收光谱。对于红外光谱而言,只有能引起偶极矩变化的振动才能产生红外吸收,才能观测到红外吸收谱带。而拉曼活性取决于振动中极化率是否发生变化。极化率是指分子在光的电磁场作用下，分子中电子云变形的难易程度。

对于有对称中心的分子，如 CS_2 分子，有 $3n-5=4$ 个振动模式：对称伸缩振动 σ_s、反对称伸缩振动 σ_{as}、面内弯曲振动 δ 以及面外弯曲振动 γ。其中，对称伸缩振动时正负电荷中心位置保持不变，偶极矩变化为零，因此是红外非活性的。但由于分子的伸长或缩短导致平衡前、后电子云形状不同，极化率发生变化，因此是拉曼活性的。对于反对称伸缩振动和变形振动，由于偶极矩发生变化，因此是红外活性的，但在振动过程中，其平衡状态前、后，电子云的形状相同，极化率并未发生改变，因此是拉曼非活性的。

对于没有对称中心的分子，如 SO_2 分子，它有 $3n-6=3$ 种振动模式：对称伸缩振动、反对称伸缩振动以及弯曲振动。由于这三种振动形式都会引起分子偶极矩及极化率发生变化，因此这三种振动形式同时是拉曼活性和红外活性的。

通常情况下，可以用三种规则来判断分子是否具有拉曼或红外活性：

1）互斥规则。对于有对称中心的分子或基团，如 CS_2，其拉曼活性及红外活性不能同时满足，即若分子振动是拉曼活性的，则其红外吸收非活性；若分子振动是红外活性的，则拉曼为非活性。

2）互允规则。对于没有对称中心的分子或基团，如 SO_2，通常同时具有拉曼活性和红外活性。由于许多分子或基团没有对称中心，因此通常观测到其拉曼位移与红外吸收峰的频率是相同的，只是对应峰的强度不同。

3）互禁规则。对于少数分子的振动，由于极化率和偶极矩均未发生改变，因此拉曼和红外都是非活性的。

图 2.20 所示为 2 -戊烯的拉曼光谱图和红外光谱图。C=C 双键在分子中具有对称中心，其伸缩振动在 1 670 cm^{-1} 处有较强的拉曼谱带，而在红外光谱中没有吸收峰，符合互斥规则。C—H 单键的伸缩振动和弯曲振动分别在 3 000 cm^{-1} 和 1 460 cm^{-1} 附近，由于无对称中心，所以拉曼和红外光谱中都有峰，只是强度不同。

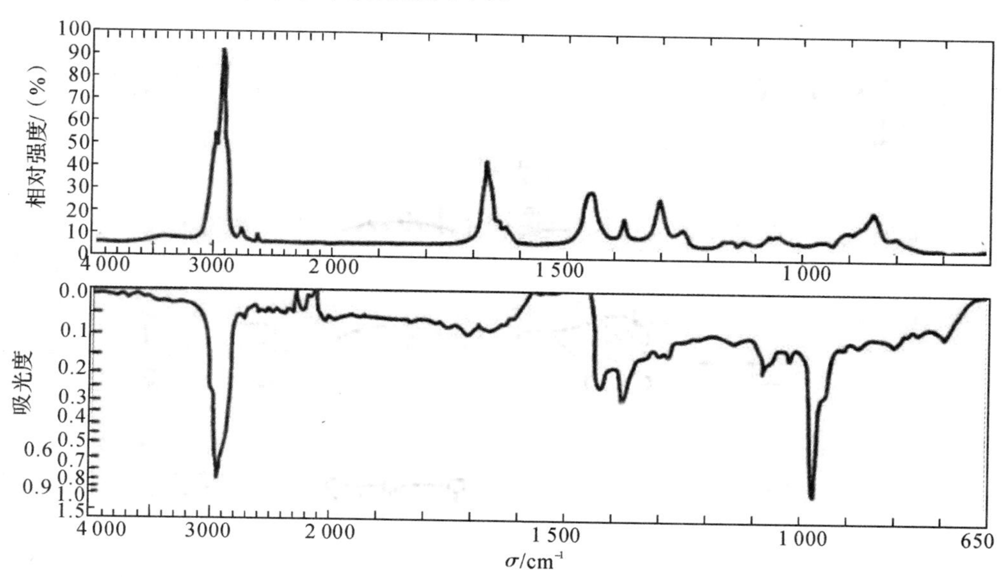

图 2.20　2 -戊烯的拉曼光谱图(上图)和红外光谱图(下图)

拉曼光谱与红外光谱的区别还表现在参数上。拉曼光谱的参数除了频率和波长外，还包括去偏振度(Depolarization Ratio)ρ。激光束照射样品池时,一般在与激光束成90°角处观测散射光,由于激光是偏振光,样品池与单色器狭缝间的起偏振器的安放方向与激光束偏振方向平行或垂直,记录得到的拉曼谱带强度也有区别。去偏振度就是与激光方向垂直的垂直散射光$I_{\perp}$和与激光方向平行的平行散射光$I_{\parallel}$的比值,即

$$\rho = I_{\perp} / I_{\parallel} \tag{2-20}$$

在入射光为偏振光的情况下,一般分子的去偏振度介于0~3/4之间,分子的对称性越高,其去偏振度越趋近于0,若测得ρ趋近于3/4,则为不对称结构。

相较于红外光谱,拉曼光谱具有以下优势:

1)更宽的测定范围(4 000~40 cm^{-1}),且可从同一仪器、同一样品池中测得更多的信息。

2)激光拉曼光谱振动叠加效应较小,因此谱带较为清晰。这有助于测定振动的对称性。

3)由于共振拉曼效应的存在,因此拉曼光谱更加突出生色团的振动光谱信息。

2.4.1.3 拉曼光谱技术

传统拉曼光谱技术的信号强度较弱,不利于微量分析。而通过共振增强或表面增强后拉曼散射强度能够增强几个数量级,可用于痕量物质的分析检测。

共振增强依据的是共振拉曼效应(Resonance Raman Effect, RRE)。当激发光等于或接近于待测物中生色团的吸收频率时,入射光与生色团发生强烈的电子耦合,相当多的能量被生色团吸收,使其处于共振状态,此时可产生共振拉曼效应,该效应可使得拉曼散射增强10^2~10^6倍。需要注意的是,只有当激发光的频率等于或接近待测物电子吸收谱带的频率时,才有可能产生共振拉曼效应。因此在测定共振拉曼光谱前,通常要预测待测物的电子吸收光谱。测量共振拉曼光谱时所用试样的浓度要很低,一般在10^{-2}~10^{-5} $mol \cdot L^{-1}$,以避免产生热分解。

共振拉曼光谱法的特点如下:

1)高灵敏度。共振拉曼光谱法能显著增强拉曼信号,有利于检测低浓度及痕量样品。

2)拉曼谱带的激发轮廓可给出有关分子振动和电子运动相互作用的新信息。

3)共振增强后可得到常规拉曼效应无法得到的分子对称性的相关信息。

除了共振增强拉曼光谱法外,1970年,Fleischmann等人发现了在粗糙的Ag电极表面,吡啶的拉曼信号显著增强的现象。这种与银、金、铜等粗糙表面相关的增强效应称为表面增强拉曼散射(Surface Enhanced Raman Scattering, SERS)效应,对应的光谱称为表面增强拉曼光谱。对于该方法的机理,目前还没有定论,大部分学者认为SERS由两方面的因素引起:一是物理电磁增强,即金属离子的表面等离子体共振;二是化学电荷增强,即金属和吸附分子间的电荷转移。

2.4.2 拉曼光谱仪

(1)色散型激光拉曼光谱仪

色散型激光拉曼光谱仪主要包括激发光源、外光路系统(样品池)、单色器、光学过滤器以及检测系统。激光照射到样品上发生散射,由反射镜等光学元件收集散射光,并通过狭缝照射到光栅上。连续地转动光栅,使不同波长的色散光依次通过出口狭缝,进入光电倍增管检测器,经放大后即可得到拉曼光谱。

色散型激光拉曼光谱仪的激光器常用连续气体激光器，如 Ar^+ 激光器（主要波长为 514.5nm 和 488 nm）、He-Ne 激光器（主要波长为 632.8 nm）以及 Kr^+ 激光器（主要波长为 647.1 nm 和 530.9 nm）。由于短波易使样品分解，因此通常选择长波的 He-Ne 激光器或 Kr^+ 激光器。

外光路系统是激发光源发出激光到单色器之间的全部设备，通常包括由光栅、反射镜和狭缝组成的前置单色器和样品室。激光长时间照射有色待测物时，可能会导致待测物受热分解，此时光谱仪采用旋转样品室的方式，使待测物快速旋转降低温度，同时也可在一定程度上抑制荧光。有的样品室还配备液氮冷却装置，可实现对实验温度的控制。

随后，样品室处收集到的拉曼散射光通过入射狭缝进入单色器。激光激发待测物产生拉曼散射，同时也会产生很强的瑞利散射和杂散光。为了降低瑞利散射及杂散光的影响，色散型激光拉曼光谱仪通常使用双光栅或三光栅组合的单色器。目前大多使用平面全息光栅作分光元件，以降低光通量。

检测元件通常是光电倍增管。使用砷化镓（GaAs）作阴极的光电倍增管，光谱响应范围为 300～850 nm。近代仪器多采用电荷耦合阵列检测器（Charge Coupled Detector，CCD）等阵列型光电检测器。

但传统色散型激光拉曼光谱仪使用的激光光源仍在可见光区，测量荧光很强的物质时，拉曼信号仍会淹没在强的荧光中。

（2）傅里叶变换近红外激光拉曼光谱仪

傅里叶变换近红外激光拉曼光谱仪（FT-Raman）的出现消除了荧光对拉曼测量的干扰。相较于色散型激光拉曼光谱仪，它具有无荧光干扰、扫描速度快、操作简便、分辨率高、波数精度和重现性好等优点。

傅里叶变换近红外激光拉曼光谱仪的光路结构如图 2.21 所示。

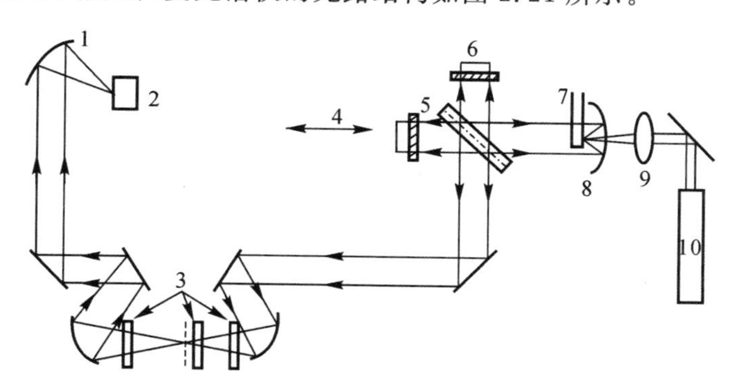

图 2.21　傅里叶变换近红外激光拉曼光谱仪的光路结构

1—聚焦镜；2—Gej 检测器；3—滤光片组；4—动镜；5—分束器；
6—定镜；7—试样；8—抛物面会聚镜；9—透镜；10—Nd-YAG 激光光源

傅里叶变换近红外激光拉曼光谱仪的光源采用 Nd-YAG 激光光源，产生波长 1.064 μm 的近红外激发光，它的能量远低于荧光所需能量，因此避免了荧光对拉曼谱带的干扰。同时，Nd-YAG 激光光源既可以产生连续光，也可以产生脉冲光，同时输出功率高。其不足之处在于激光的单色性和频率稳定性不如气体激光器。

迈克尔逊干涉仪中使用 CaF_2 作为分束器。整个拉曼光谱范围的散射光经干涉仪得到干涉图，经傅里叶变换后，得到拉曼光谱图。

对于样品室，通常采用180°照明方式，同时，在仪器的光学反射镜面镀金以提高反射率。

傅里叶变换近红外激光拉曼光谱仪通常使用一组干涉滤光片组来滤除很强的瑞利散射光。干涉滤光片是根据光学干涉原理，由折射率高低不等的多层材料交替组合而成的。干涉滤光片组的性能决定着光谱仪检测的范围和信噪比。

检测器通常采用InGaAs检测器或液氮冷却的Ge检测器。

需要注意的是，由于受到干涉滤光片组的限制，该光谱仪在测量低波数区域的性能时不如色散型拉曼光谱仪，同时水对近红外光的吸收导致傅里叶变换近红外激光拉曼光谱仪在测量水溶液的拉曼光谱时灵敏度较低。

(3)激光显微拉曼光谱仪

激光显微拉曼光谱仪是将特殊的光学显微镜与拉曼光谱仪组合而成的共焦激光拉曼光谱仪，它具有三维分辨能力。该光谱仪使入射激光通过显微镜聚焦到试样的微小部位(直径低至5 μm)。采用摄像管、监视器等装置直接观察放大图像，使激光点可以对准不受周围物质干扰的微区，精确获取所照射部位的拉曼光谱图。共焦激光拉曼光谱仪将显微镜的目镜和物镜的焦点重合于一点，它们的焦平面重合于试样微区的被探测平面，避免了非焦点处组分对成像的影响。

2.4.3 拉曼光谱的应用

拉曼光谱仪通过检测样品的拉曼散射光束来对样品进行定性或定量分析。拉曼光谱在有机物官能团的定性以及结构分析上具有一定的应用价值，如：可根据谱带出现的位置确定官能团的类别；根据分子的拉曼及红外峰对比，判断分子是否具有对称中心，进而鉴别顺反异构体。此外，由于同碳数的环状和直链化合物的红外光谱相似，因此无法使用红外光谱判断是否具有环状结构，而环状结构的对称呼吸振动常常是最强的拉曼谱带，可用于判断化合物是否具有环状结构。

拉曼光谱还可用于分子骨架的测定。例如不同种类的聚酰胺都含有酰胺基团，在红外光谱中均可产生酰胺特征谱带，但这仅可区分聚酰胺与其他高聚物。为了区别碳骨架数目及空间排列不同的尼龙6、尼龙8、尼龙10等化合物，可以在拉曼光谱中观察亚甲基骨架的谱带。

思　考　题

1. 红外光谱是由哪种分子运动所产生的？什么是基频吸收带？

2. 什么是发色团？什么是助色团？分子吸收光谱的原理是什么？为什么经常把分子吸收光谱叫作紫外-可见吸收光谱？

3. 紫外-可见分光光度计和荧光分光光度计的组成部件有什么差异？

4. 如何使用荧光光谱进行定性和定量分析？其分析原理是什么？

5. 拉曼光谱与红外光谱的区别是什么？

参考文献

[1] BURNS D A，CIURCZAK E W. Handbook of near-infrared analysis. 2nd ed. New York：Marcel Dekker Inc，2001.

[2] HILDRUM K I，ISAKSSON T，NæS T，et al. Near infra-red spectroscopy：bridging the gap between data analysis and NIR applications. New York：Ellis Horwood，1994.

[3] GRIFFITHSP R. Optimized sampling in the gas chromatography-infrared spectroscopy interface. Appl. Spectrosc.，1977，31：284－288.

[4] PERCIVAL C J，GRIFFITHS P R. Direct measurement of the infrared spectra of compounds separated by thin-layer chromatography. Anal. Chem.，1975，47(1)：154－156.

[5] 王兆民，王奎雄，吴宗凡. 红外光谱学理论与实践. 北京：兵器工业出版社，1995.

[6] SERRANTI S，GARGIULO A，BONIFAZI G. Hyperspectral imaging for process and quality control in recycling plants of polyolefin flakes. J Near Infrared Spec.，2012，20(5)：573－581.

[7] ZHENG Y，BAI J R，XU J N，et al. A discrimination model in waste plastics sorting using NIR hyperspectral imaging system. Waste Manage，2018，72：87－98.

[8] 翁诗甫. 傅里叶变换红外光谱分析. 2 版. 北京：化学工业出版社，2010.

[9] LEPHARDT J O，FENNER R A. Fourier transform infrared evolved gas analysis：additional considerations and otions. Appl. Spectrosc.，1981，35(1)：95－101.

[10] BASALEKOU M，PAPPAS C，TARANTILIS P，et al. Wine authentication with fourier transform infrared spectroscopy：a feasibility study on variety，type of barrel wood and ageing time classification. Int. J. Food Sci. Tech.，2017，52：1307－1313

[11] 刘建学. 实用近红外光谱分析技术. 北京：科学出版社，2007.

[12] 柯以侃. 紫外-可见吸收光谱分析技术. 北京：中国质检出版社，2013.

[13] ASSIMIADIS M K，TARANTILIS P A，POLISSIOU A M G. UV-Vis，FT-Raman，and ^{1}H NMR spectroscopies of cis-trans carotenoids from saffron. Appl. Spectrosc.，1998，52(4)：519－522.

[14] MATSUMOTO K，MATSUMOTO T，KAWANO M，et al. Syntheses and crystal structures of disulfide-bridged binuclear ruthenium compounds：the first UV-Vis，Raman，ESR，and XPS spectroscopic characterization of a valence-averaged mixed-valent RuIIISSRuII core. J. Am. Chem. Soc.，1996，118(15)：3597－3609.

[15] SAUER M，BRECHT A，CHARISSé K，et al. Interaction of chemically modified antisense oligonucleotides with sense DNA：a label-free interaction study with reflectometric interference spectroscopy. Anal. Chem.，1999，71(14)：2850－2857.

[16] 黄量，于德泉. 紫外光谱在有机化学中的应用. 北京：科学出版社，2000.

[17] BEHZADI S, GHASEMI F, GHALKHANI M, et al. Determination of nanoparticles using UV-Vis spectra. Nanoscale, 2015, 7: 5134 - 5139.

[18] FOREST C D, BATTLE P, MACE N. Adjusted blank correction method for UV-vis spectroscopic analysis of PTIO-coated filters used in nitrogen oxide passive samplers. Atmos. Environ., 2009, 43(10): 1823 - 1826.

[19] SERACU D I. The study of UV and VIS absorption spectra of the complexes of amino acids with ninhydrin. Anal. Lett., 1987, 20: 1417 - 1428.

[20] WANG C, CHEN Q, HUSSAIN M, et al. Application of principal component analysis to classify textile fibers based on UV-Vis diffuse reflectance spectroscopy. J. Appl. Spectrosc., 2017, 84: 391 - 395.

[21] 许金钩，王尊本. 荧光分析法. 北京：科学出版社，2006.

[22] LAKOWICZ J R. Principles of fluorescence spectroscopy. New York: Springer, 2005.

[23] MASTERS B R. Molecular fluorescence: principles and applications. New York: Wiley-VCH, 2001.

[24] UDENFRIEND S, STEIN S, BOHLEN P, et al. Fluorescamine: a reagent for assay of amino acids, peptides, proteins, and primary amines in the picomole range. Science, 1972, 178: 871 - 872.

[25] KALYANASUNDARAM K, THOMAS J K. Environmental effects on vibronic band intensities in pyrene monomer fluorescence and their application in studies of micellar systems. J. Am. Chem. Soc., 1977, 99: 2039 - 2044.

[26] THOMAS S W, JOLY G D, SWAGER T M. Chemical sensors based on amplifying fluorescent conjugated polymers. Chem. Rev., 2007, 107: 1339 - 1386.

[27] ZIPFEL W R, WILLIAMS R M, WEBB W W. Nonlinear magic: multiphoton microscopy in the biosciences. Nat. Biotechnol., 2003, 21: 1369 - 1377.

[28] DUBERTRET B, SKOURIDES P A, NORRIS D J, et al. In vivo imaging of quantum dots encapsulated in phospholipid micelles. Science, 2002, 298: 1759 - 1762.

[29] DERFUS A M, CHAN W C M, BHATIA S N. Probing the cytotoxicity of semiconductor quantum dots. Nano Lett., 2004, 4: 11 - 18.

[30] MIYAWAKI A, LLOPIS J, HEIM R, et al. Fluorescent indicators for Ca^{2+} based on green fluorescent proteins and calmodulin. Nature, 1997, 388: 882 - 887.

[31] LAKOWICZ J R, WEBER G. Quenching of fluorescence by oxygen: a probe for structural fluctuations in macromolecules. Biochemistry, 1973, 12: 4161 - 4170.

[32] 杨序纲，吴琪琳. 拉曼光谱的分析与应用. 北京：国防工业出版社，2008.

[33] NIE S M, EMORY S R. Probing single molecules and single nanoparticles by Surface-Enhanced Raman Scattering. Science, 1997, 275: 1102 - 1106.

[34] KNEIPP K, WANG Y, KNEIPP H, et al. Single molecule detection using Surface-Enhanced Raman Scattering (SERS). Phys. Rev. Lett., 1997, 78: 1667 - 1670.

[35] CAMPION A, KAMBHAMPATI P. Surface-enhanced raman scattering. Chem. Soc. Rev., 1998, 27: 241 - 250.

[36] FARIA D L A, SILVA S V, OLIVEIRA M T M. Raman microspectroscopy of some iron oxides and oxyhydroxides. J. Raman Spectrosc., 1997, 28: 873 - 878.

[37] KNEIPP K, KNEIPP H, ITZKAN I, et al. Ultrasensitive chemical analysis by raman spectroscopy. Chem. Rev., 1999, 99: 2957 - 2975.

[38] WIJNHOVEN J E G J, VOS W. Preparation of photonic crystals made of air spheres in titania. Science, 1998, 281: 802 - 804.

[39] CLARK R J H, HESTER R E. Advances in infrared and raman spectroscopy. New York: Wiley-VCH, 1983.

第3章　典型聚集诱导发光材料

聚集诱导发光现象是物质的一种特殊的光致发光现象，即物质在稀溶液中发光较弱或不发光，在浓溶液或固态条件下发光变强的现象。早在1853年，斯托克斯在研究一些无机盐发光时就报道了这种现象，然而，并未引起人们的足够重视，直到2001年，唐本忠院士团队在研究六苯基噻咯分子的发光行为时无意间发现了这种现象，将其命名为聚集诱导发光（Aggregation Induced Emission，AIE），自此拉开了AIE材料研究的序幕。近年来，有关AIE发光材料的研究已成为发光材料领域的前沿和热点。含苯环的共轭型AIE材料是AIE材料最重要的一类分支，也是该领域最早研究的对象之一，目前在生物、光电等领域都展现出了良好的应用前景。本章将主要介绍共轭型聚集诱导发光材料的分子设计及其应用研究进展。

3.1　有机小分子共轭聚集诱导发光材料

六苯基噻咯（Hexaphenylsilole，HPS）是最早用于研究聚集诱导发光现象的分子，仔细观察其结构可以发现，与传统的发光分子（如具有大的刚性平面结构的芘分子）不同的是，HPS具有类似螺旋桨的非平面结构，这种分子结构上的差异导致了其发射行为的差异。在稀溶液中，HPS分子中的苯环可自由旋转，容易引起非辐射跃迁，因而其分子不发光。在聚集态下，由于其分子的类螺旋桨构型，HPS分子不能通过π－π堆积过程进行堆积，而分子内苯环转动受到极大限制，这种分子内旋转的限制（Restriction of Intramolecular Rotation，RIR）阻断了其分子的非辐射路径，并打开了其辐射跃迁通道，因此其在聚集状态下发光，如图3.1所示。

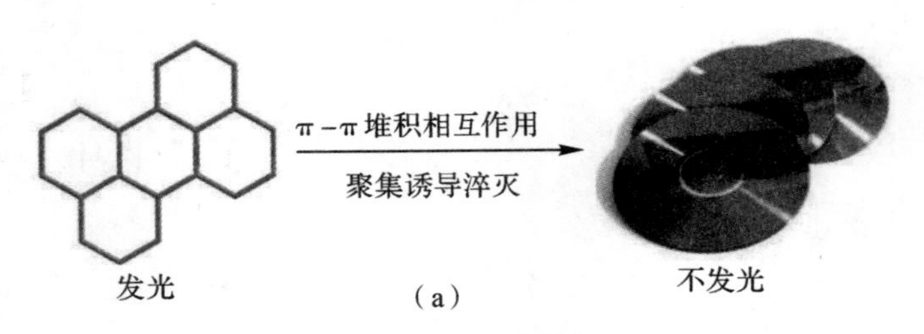

图3.1　聚集诱导发光分子的发光机理示意

(a)平面发光分子，如芘，由于强烈的π－π堆积相互作用，形成类似光盘堆积的结构，通常会使其发光猝灭；

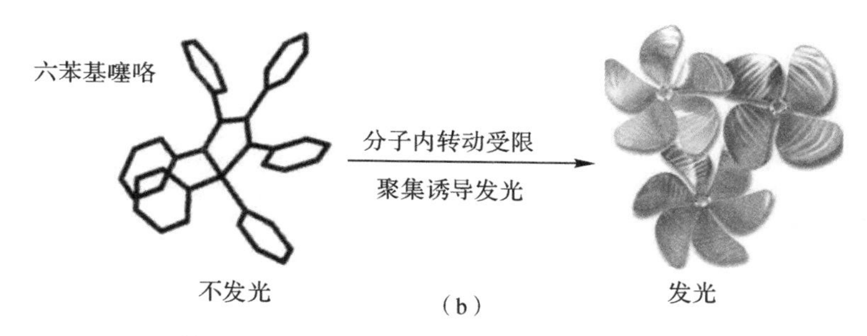

续图 3.1　聚集诱导发光分子的发光机理示意

(b)非平面发光分子(如六苯基噻咯(HPS)则完全相反,其分子堆积会限制分子内多个苯环转动(RIR),使其发射从无辐射跃迁转变为辐射跃迁)

3.1.1　基于碳氢原子的芳香基发光材料

8,8a-二氢环戊[a]茚三酮系列衍生物有显著的 AIE 效应。如图 3.2 所示,化合物 1 溶解在纯四氢呋喃(Tetrahydrofuran, THF)中不发光,当在 THF 溶液中加入大量的水后分子 1 会发生聚集并产生荧光。1 的纯 THF 溶液的量子产率几乎为零(0.16%),但其聚集体悬浮在含有 90%水的 THF/水混合溶剂中的量子产率则较前者高出 73 倍。显然,1 的光致发光行为具有典型的 AIE 发光特征。

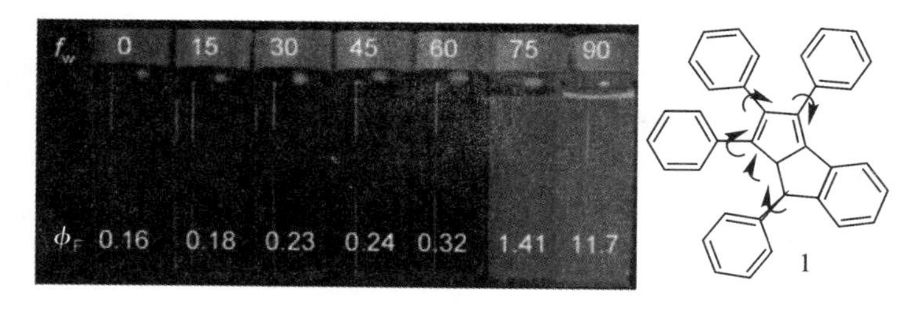

图 3.2　分子 1 或其纳米聚集体在四氢呋喃/水混合物中与不同体积分数的水的溶液或悬浮的荧光照片;以硫酸奎宁为标准,估算了 1 的荧光量子产率

1 在结构上与 HPS 相似,但它们在组成上却不相同,其除碳和氢外不含其他原子,因此是一种纯碳氢发光源。同时它是中性分子,既没有供体(D)基团也没有受体(A)基团,不存在供体(D)-受体(A)相互作用。因此,分子内运动受限(Restriction of Intramolecular Rotation, RIR)过程是其 AIE 产生的主要原因。在纯 THF 溶液中,1 的苯环相对于 8,8a-二氢环戊[a]茚三酮中心核进行扭转运动,分子内运动使其从激发态以非辐射跃迁方式回到基态,然而在聚集态下,RIR 过程被激活,因此产生了荧光。

相对于分子 1 和 HPS 这样的平面环多烯,线性多烯有更丰富的结构多样性以及更易合成等优点,因而人们对其进行了更加深入的系统研究。例如,1,4-二苯乙烯基苯是一种线性多烯。它的反式结构(2,见图 3.3)具有聚集诱导猝灭(Aggregation Caused Quenching, ACQ)现象:在稀溶液中呈现较强的荧光,聚集后反而发出特别弱的荧光。然而,当分子 2 的 α-烯烃氢原子被甲基取代后,其甲基衍生物(3,见图 3.3)显示出 AIE 特性。可见一个微小的分子结构变化引起了如此大的光物理性质的改变。

2 和 3 的晶体结构表明，其具有两种不同的堆积方式。分子 2 的平面构象可以使得分子之间进行面面堆积，在这种堆积状态下，分子间强烈的 $\pi-\pi$ 堆积相互作用有利于激基缔合物的形成，减弱了荧光强度。由于两个甲基的空间位阻作用，3 具有非平面构象，其 C=C 与平面中心的角度是 36.8°，双键与侧翼苯环的扭转角大于 30°。这种扭曲的几何结构削弱了分子间的相互作用，使晶体中激基缔合物形成的可能性降到最低。另外，由晶体形成激活的 RIR 过程使得 3 在固体状态下可以发出强的荧光。

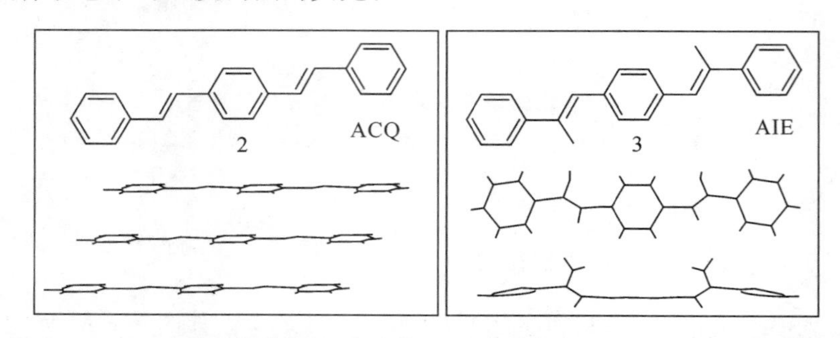

图 3.3　1,4-二苯乙烯基苯(2)和它的 α-二甲基化衍生物(3)的分子堆积方式

在稀溶液中，溶质分子被溶剂隔离或分开。分子 2 具有明显的 π-电子离域，因此具有荧光。然而对于非平面的分子 3，在稀溶液中没有键和作用使得分子自由旋转运动，非辐射跃迁使其激子失活，从而在稀溶液状态下不发光。很明显，3 的甲基的空间位阻影响了其分子的几何形状、堆积结构、分子间的相互作用和荧光行为。这种空间效应已被用于其他线性多烯荧光分子的设计，正如图 3.4 所示，通过结构修饰，可以得到各种不同的具有非平面结构的芳基-乙烯化合物，分子 2 的 α 或 β-H 被苯环取代后和被甲基取代有同样的效果：3、4、5 不管苯基在 α 还是 β 位都表现出 AIE 特性。同时，6 作为 5 的顺式异构体也同样具有 AIE 特性。这说明 AIE 的性质不是由其烯烃单元的构象决定的，而是由其分子结构的螺旋桨形状决定的。

与反式同分异构体相比，顺式同分异构体由于电子共轭较差，在溶液状态下通常表现出较弱的发光。因此，顺式乙烯单元被认为是共轭聚合物链(如聚苯乙烯)中的“顺式缺陷”。具有顺式结构的 2,5-二苯基-1,4-二苯基苯(7)在稀溶液中是没有荧光的，但在结晶状态下会发出强烈的蓝光。顺式异构体的结构明显偏离平面，使得其分子在结晶过程中不可能以共面方式聚集。然而，由晶体形成激活的 RIR 过程使 7 分子在固体状态下能发出强烈的荧光。

另一个分子设计策略是将 1，4-均二苯乙烯(2)由传统的 ACQ 分子，利用大的芳香环代替其端位分子或者改变核的结构，转变成 AIE 分子。因为体积较大的芳基环的空间效应可能引起分子的构象扭转，沿着这条结构设计路线可以得到含有大的亚芳基乙烯和蒽的芳基乙烯发光分子(9)，这两种发光物质在结构上都是非平面的，呈螺旋状，表现出明显的 AIE 效应。

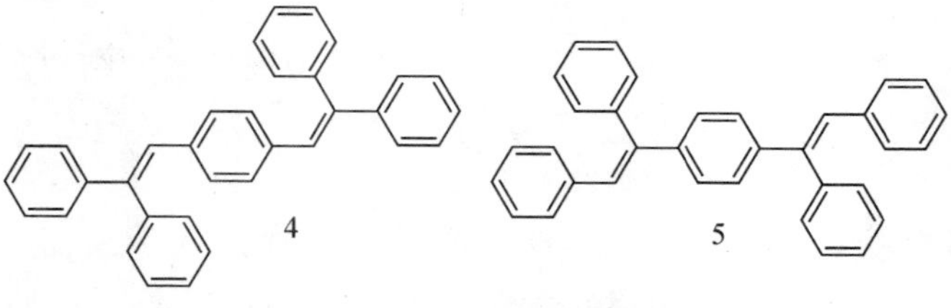

图 3.4　芳基乙烯基类 AIE 分子

6

7

8

9

续图 3.4　芳基乙烯基类 AIE 分子

3.1.2　基于杂原子的芳香基发光材料

纯的碳氢结构 AIE 分子结构简单且易合成，可作为阐明 AIE 过程中所涉及的结构-性质关系的基本模型。纯碳氢 AIE 分子一般都发射蓝光，为了扩大 AIE 分子的应用范围，需要将发光波长红移，并且覆盖整个可见光区域。一般来说，增加分子体系的构象平面性或者改善共轭体系可以使荧光光谱红移。不过这种方法增加了分子间的相互作用，促进了激基复合物等猝灭结构的形成，易导致 ACQ 效应。

杂原子与发光源的结合会引起电子扰动，如由分子内电荷转移（Intramolecular Charge Transfer, ICT）引起的极化。这可以在很大程度上改变发光体的光物理行为，特别是其颜色的可调谐性。如具有超蓝光发射的吡啶盐衍生物，这种吡啶盐（10）的发光强度与其溶液中溶剂比例关系如图 3.5 所示。

由于吡啶盐 10 是可电离的，所以它溶于极性溶剂（如乙腈），但不溶于非极性溶剂（如甲苯）。甲苯的含量较低时，吡啶盐不发光，甲苯的含量大于 75%以后，它的发光大大增强。该吡啶盐发光体是由于其胺和吡啶单元之间的 D－A 相互作用产生的偏振效应而在长波长范围发光。如图 3.5 中的插图所示，10 的固体粉末发光，而其稀水溶液是无荧光的。在稀溶液下，Troger 碱的对应异构化的转化过程与苯乙烯基吡啶盐的分子内转动，为激子的弛豫提供了非辐射通道。然而，这些过程在聚集体中

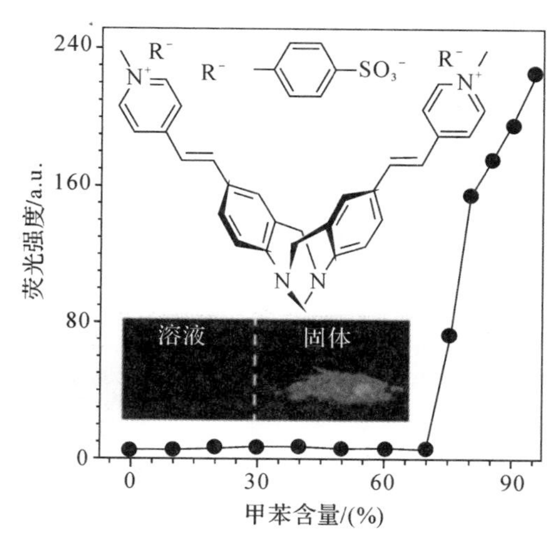

图 3.5　不同乙腈/甲苯混合溶剂组成的 10 的荧光强度变化

插图：在紫外线灯照明下拍摄的 10 的水溶液及其粉末样品的照片

受到限制。非平面的 Troger 基单元抑制了分子间的相互作用,阻止了激基缔合物的形成,从而激活了固态 10 的发光过程。

图 3.6 展示了含杂原子的 AIE 分子。由于 11 和 14 这两个分子之间没有 D-A 作用,因此聚集体发出了蓝色的荧光。三苯胺(Triphenylamine, TPA)本身不是 AIE 活性物质,但其螺旋状结构和供电子属性使其成为 AIE 发光物质的有用组成部分,通过 TPA 单元与其他接受电子基团的合理组合,可以调节发光颜色。含供给单元的 TPA-苯甲醛(12)和 TPA-芴酮(13)就可以证明这一点,同时由于这两个体系的电子推拉程度不同,可以分别发出绿光和红光。

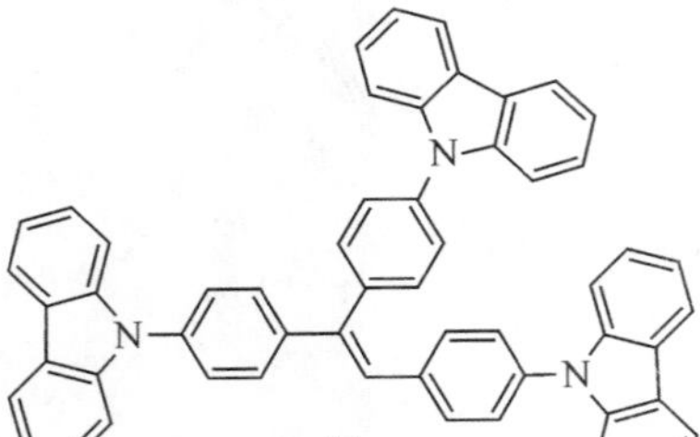

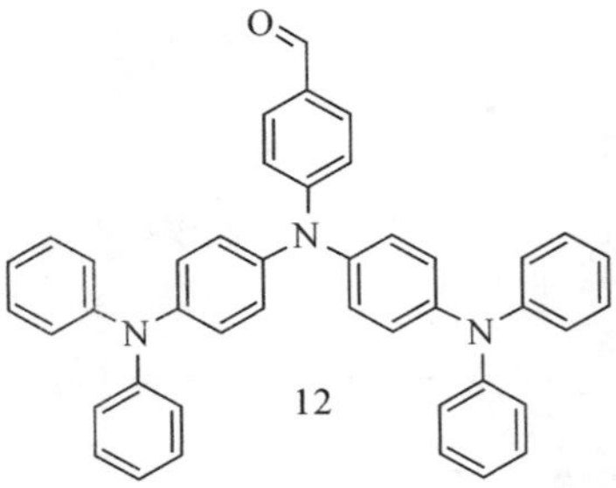

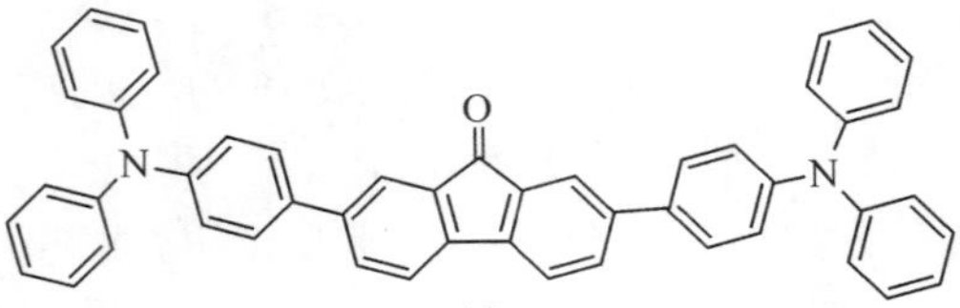

图 3.6 含氮、氧原子的芳香 AIE 分子

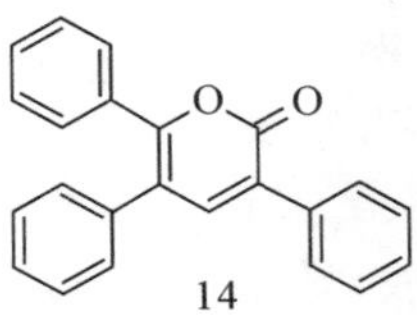

除了高发光效率外,高热稳定性是发光分子实现器件应用的另一个重要前提条件。杂原子还可以用来增强共轭分子的稳定性。如分子 11 具有高的玻璃化转变温度(T_g=144℃)和分解温度(T_d=488℃),它的纯烃类 4,4-双(2,2-二苯基乙烯基)-1,1-联苯的 T_g 只有 64℃。

磷杂茂是一类独特的杂环化合物,其性质是吡咯和噻吩所不能比拟的,可以通过氧化或者金属络合等简单的反应对磷中心进行改性。和 HPS 一样,磷杂茂氧化物(15)和硫化物(16)都具有螺旋桨结构。15 的 AIE 效应可以从图 3.7 所示的照片中看出:分别在四氢呋喃溶液和水溶液中发出微弱和明亮的荧光。此外,图 3.7 分子 16 的薄膜的量子产率比在二氯甲烷中高出 10 倍。

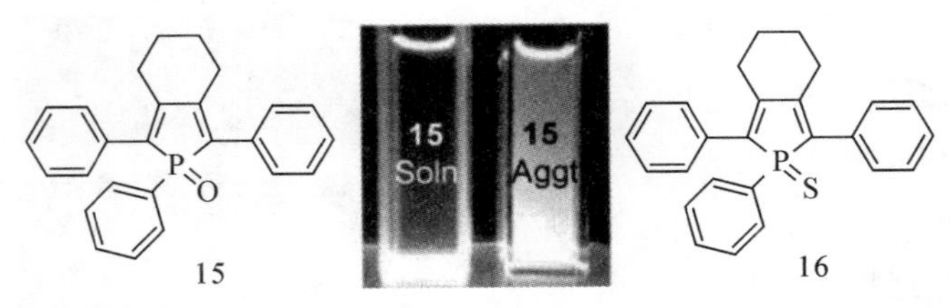

图 3.7 分子 15 在四氢呋喃和四氢呋喃/水(体积比为 1:9)混合溶剂中在手持紫外灯照明下拍摄的照片

苯并二唑(Benzimidazole, BTA)是一种含氮和硫的杂环化合物,具有很强的吸电子能力。

BTA 单元已广泛应用于功能材料的光学性能调节。通过在分子水平融合 BTA 和 TPA,可得到在近红外区发光的 AIE 分子(17,见图 3.8)。由于 TPA-BTA 之间的 D－A 作用，17 表现出强大的 ICT 效应和低能带隙能量。TPA 的螺旋桨结构使得分子 17 具有扭曲的分子构象，17 的 AIE 效应被合理解释为抑制的 π－π 堆积和激活聚集态的 RIR 过程。

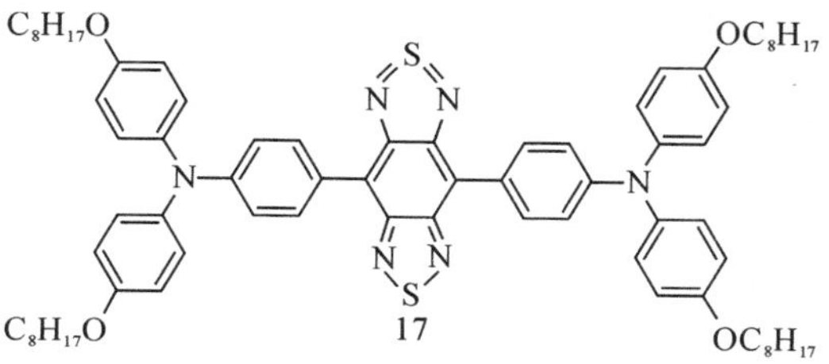

图 3.8　苯并二唑基近红外发光分子

3.1.3　含氰基的芳香基发光材料

由于氰基结构简单、极化率高,在先进光学材料的设计中经常作为功能单元使用,因此,人们开发了大量含氰基的 AIE 发光体。虽然它们在结构上属于包含杂原子的发光材料家族,但由于它们独特的行为和性质,在本节中将它们分类并分别讨论。

氰基的空间效应和电子效应都会影响 AIE 分子的发光过程。从图 3.9 中可以看到氰基的空间效应对于 AIE 分子的影响。由于氰基取代基和苯环之间的空间斥力,18 分子的构象是扭曲的,而它的母体 1,4 -二苯基苯(2)是平面构象(见图 3.3)。在稀溶液中,18 的扭曲几何结构允许分子内旋转,从而导致其分子激发态以非辐射跃迁为主回到基态。在一个分子的氰基和相邻分子的氢原子之间形成的 C—N⋯H 氢键进一步固定了分子,增强了它们的发光性能。

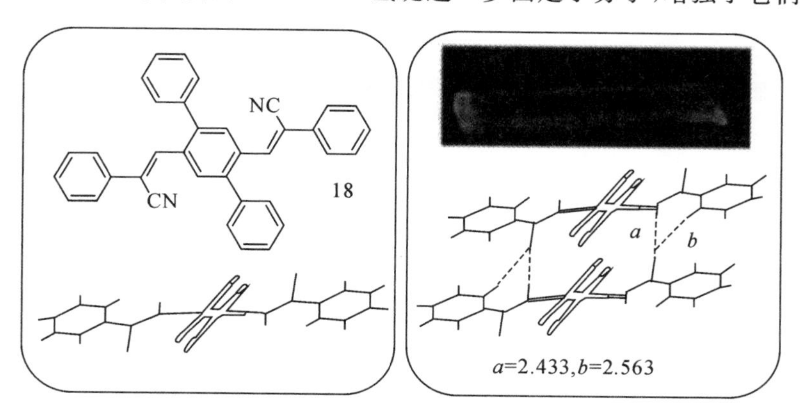

图 3.9　氰基取代基对芳烯-乙烯分子 18 分子几何形状和晶体堆积的结构示意,以及在紫外线照射下拍摄的照片

18 的晶体堆积结构中的 C—N⋯H 氢键由虚线表示

氰基的空间效应使二苯基衍生物具有 AIE 性能,同时电子效应赋予其颜色调节功能。如图 3.10 所示,多种二苯基反丁烯二腈 AIE 分子通过简单地改变苯环上的官能团取代基,可对其晶体或聚集体的发光颜色进行调节。说明随着其(19a～19d)供电子取代基的增加,发射波长会发生红移,再次证明了分子中的 D－A 相互作用对实现分子长波长发射的重要性。

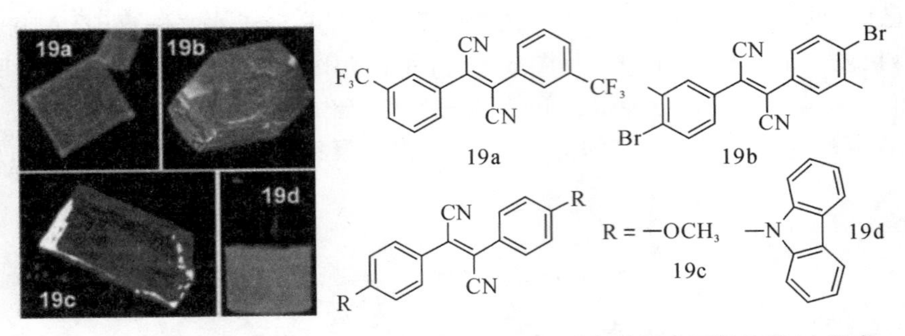

图 3.10　二苯基反丁烯二腈衍生物晶体(19a～19c)与悬浮在四氢呋喃/水混合物中的纳米聚集体(19d)体积比为 1∶9 在手持紫外线灯下拍摄的照片

光响应材料由于其可控的光子特性而引起人们的广泛关注。偶氮苯是常见的光敏分子，由于光诱导的顺反异构化，其衍生物通常不发光。然而一种新型的偶氮苯衍生物(20)，在紫外光照射下，它的非发射型转化体会发生反式顺式异构化，从而发出明亮的荧光，如图 3.11 所示。

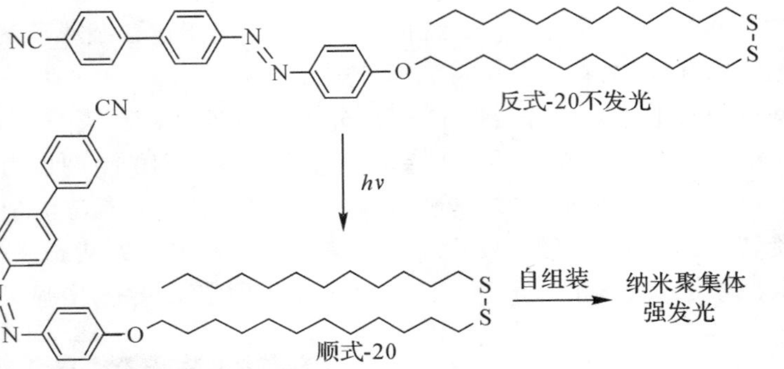

图 3.11　光诱导反式到顺式异构化对含偶氮苯分子 20 发光行为的影响

通过荧光显微镜对其发光行为研究，证实聚集体的形成是荧光增强的主要原因，弯曲的顺式-20 相对于棒状的反式结构更易亲水，顺式-20 的两亲性分子通过长烷基链之间的疏水相互作用自然地自组装成球形聚集体。极性氰基可能在促进发色单元的头尾排列和促进 J-堆积的形成方面发挥了重要作用。

3.2　大分子有机共轭发光材料

有机高分子材料与小分子材料相比具有玻璃化温度高、热稳定性好、制作电致发光器件工艺简单、不需要复杂的设备、易于实现制备大面积器件等优势，在近十几年引起了人们极大的研究兴趣、目前已报道的高分子有机发光材料的发光范围已经覆盖整个可见光区。

共轭聚合物发光材料具有以下特点：具有良好的成膜性及加工性，可通过旋涂、浇铸等方法制成大面积薄膜，具有优良的黏附性、机械强度及稳定性；其电子结构、发光颜色等可通过化学结构的改变和修饰进行调节。虽然聚合物自身的电导率很低，但其用作发光层膜，厚度可低至 10 nm，因此即使驱电压很低，加在聚合物膜上的电场强度仍足以产生器件发光所需要的电流密度，从而消除掺杂带来的结构不稳定性。然而，此类发光材料同样面临聚集诱导猝灭效应的限制，因此，将聚合物与聚集诱导发光材料相结合，构筑有聚集诱导发光性能的新型聚合物已成为聚集诱导发光材料一个重要的研究方向。

3.2.1　聚乙炔

聚乙炔是一类典型的共轭聚合物，2000 年的诺贝尔化学奖证明，对聚乙炔进行掺杂后其可以表现出导电的性质。由于单独的聚乙炔不发光，所以对其发光方面的研究较少。用合适的取代基取代重复单元中的氢原子，可以微调其电子性能，生成单取代和双取代聚乙炔。在利用炔烃聚合将其发展成一系列具有线性或超支化结构以及具有多功能材料的新型聚合物的过程中，人们发现了一些双取代聚乙炔同样有聚集诱导发光特性。如图 3.12 所示，聚二苯乙炔(PDPAs)和聚 1 -苯基- 1 -炔(PPAs)，其主链上含苯基(或苯撑)，结构与 TPE 类似。TPE 是烯烃的四个氢原子被苯基取代，而在双取代聚乙炔中，每个单体单元都有两个或一个苯环连接到中心乙烯基上。因此它们聚集态的发光原理是相似的，均可归因于 RIR 机制。

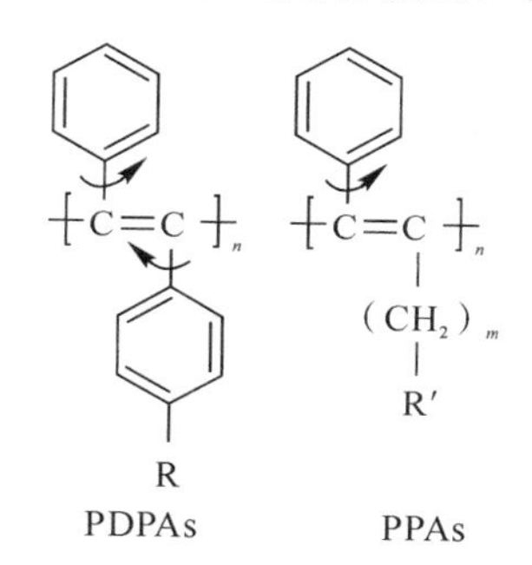

图 3.12　二取代聚乙炔的分子结构

图 3.13 展示了 PDPA 3 和 PPA 4 这两种聚合物同时在不含水和含 90%的 THF/水混合溶剂下的荧光光谱。聚合物 3 在 THF 中发出 506 nm 的绿光。它的光谱不含精细结构，半峰全宽约 107 nm，这是受“$n=3$”规则控制的分子内准分子发射的特征。根据这一规律，在空间上由 3 个碳原子(如 1,3 -二苯丙烷和聚苯乙烯)把苯环分离开，可以形成分子内准分子，与单体发射相比，分子内准分子的发射光谱区域红移，3 的链段中的反式-反式构象符合分子内准分子形成的“$n=3$”规则，并且在较长的光谱区域可见。在聚合物 3 的 THF 溶液中加入水会增强其发光，随着含水量的增加，其荧光光谱红移 25 nm。3 在水中是不溶的，分子体积的收缩伴随着水混合物中聚集体的形成，相对来说使苯环更加靠近，因此增强了苯环的 π -堆积作用并限制了它们的分子内旋转：前者使发射光谱红移，而后者则增强了发射强度。聚合物 4 拥有一个相似的光谱分布，半峰全宽约为 95 nm，它在 THF 中发蓝光，在水溶液中聚集时没有出现红移[见图 3.13(b)]。4 在 90%的水混合物中比在 THF 中发射约强 2 倍，显示出其聚集增强发光(Aggregation-Enhanced Emission，AEE)特性。

与 PDPAs 和 PPAs 不同，没有发光单元的单取代聚乙炔不发光，但可以通过将 AIE 发光体引入其聚合物骨架上而赋予其 AIE 或 AEE 特征。如带有噻咯和 TPE 侧基的单取代的聚乙炔，通过研究其光物理性能可以发现，5 的氯仿溶液在 652 nm 时从聚合物主链发出微弱的红光，没有发现从噻咯基上发出的蓝绿色光。在 THF 溶液中加入不良溶剂甲醇时发光强度

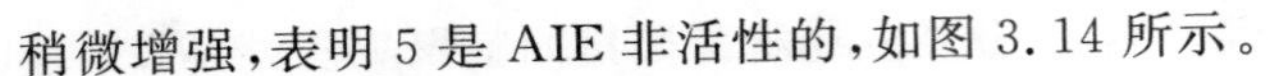
稍微增强,表明5是AIE非活性的,如图3.14所示。

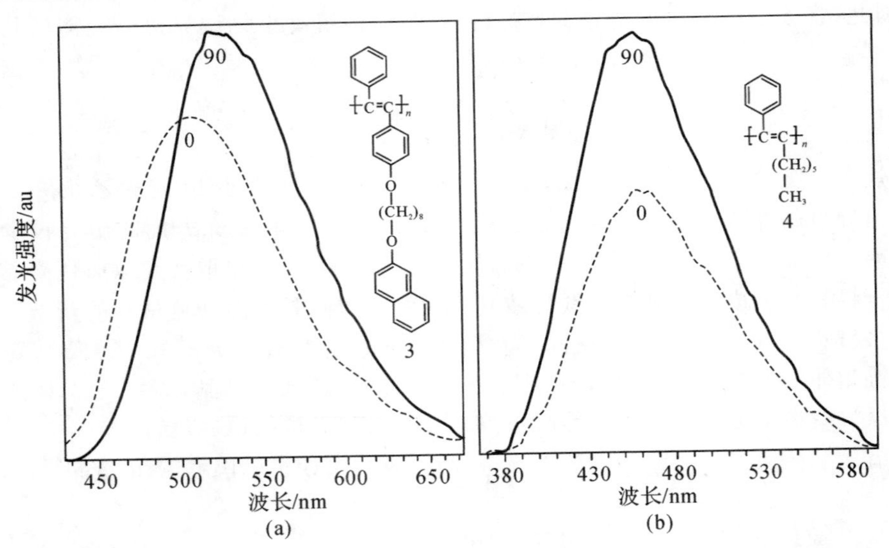

图3.13 AEE-活性双取代聚乙炔3和4在四氢呋喃溶液和90%水的四氢呋喃/水混合物中的荧光光谱

聚乙炔链的刚性使得聚合物5中的噻咯不能够很好地发生聚集,因此没有显示AIE现象。相比之下直接连接TPE衍生物的聚乙炔具有AEE活性:由于TPE悬浮物与聚合物主链的共轭,它在THF中在613 nm处表现出微弱的发光现象。当聚合物链在水的存在下聚集时,发射强度增强,荧光强度最大增量约为2.8倍,如图3.14所示。

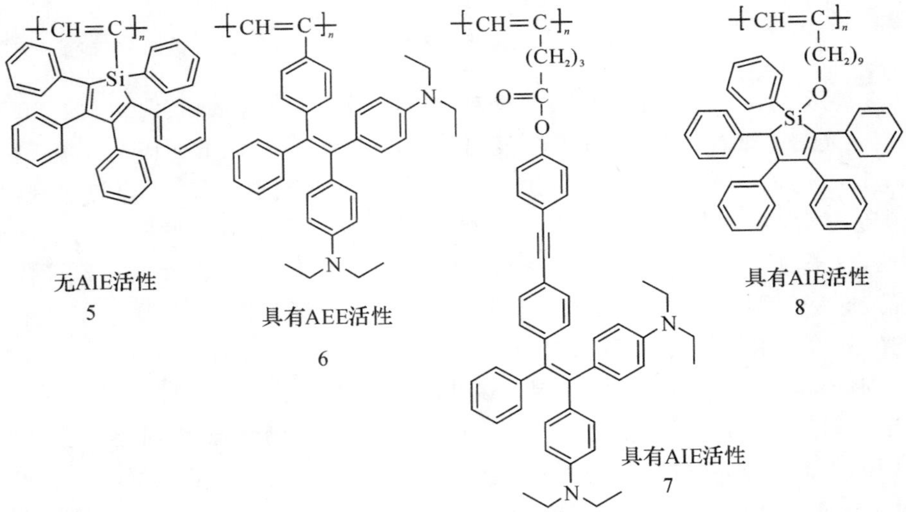

无AIE活性 5　　具有AEE活性 6　　具有AIE活性 7　　具有AIE活性 8

图3.14 含噻咯和TPE侧基的单取代聚乙炔分子

虽然AIE发光体直接连接于聚乙炔主链有利于更好地电子共轭,但聚合物骨架的结构缺陷也有利于激子陷阱,从而显著降低发射效率。在聚合物的主链和支链基团之间插入一个柔性的烷基间隔,使聚合物7和8具有AIE活性,因为它们的支链可以在溶液中进行分子内旋转。如图3.15(a)所示,当分子溶解在良溶剂中时,聚合物7不发光,其在稀THF溶液中的荧光光谱几乎是一条平行于横坐标的线。向 THF 溶液中加入大量水后，发出较强的荧光，随着含水量的增加荧光强度增强；含水量>75%后，增强效果最为明显。当含水量为 90%时，荧光强度比在纯 THF 中高出 56 倍。同样地，聚合物 8 的氯仿溶液发出微弱的荧光，量子产率为 0.2%；当在含 90%甲醇的氯仿/甲醇混合溶剂中时，量子产率升高约 20 倍(至 3.0%)，表现出典型的 AIE 行为。

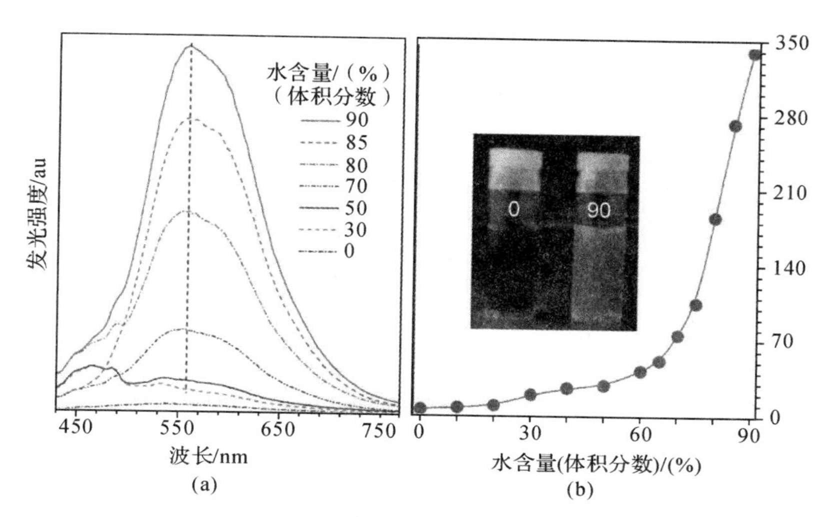

图 3.15　聚合物 7 的荧光光谱

(a)聚合物 7 在不同水组分的 THF/水混合物中的荧光光谱；(b)7 在不同比例的 THF/水混合溶剂中的荧光光谱
插图：7 在 THF 和 90%含水量 THF/水混合物中的照片

聚合物 9 是 8 的双取代聚合物，如图 3.16 所示。它的 THF 溶液几乎不发光，但它在 90%的水混合物中聚集，在 512 nm 处发出强度高达原始发光强度 46 倍的光。由于聚(1-苯基-1-辛)在聚集体状态下的发光波长约为 460 nm，因此它在 512 nm 处的发光可归因于噻咯基团的发光，聚合物 9 的量子产率(9.3%)比 8 的高 3 倍，可能是由于聚合物主链的发光导致的。

通过构建 9 的多层有机电致发光二极管装置——ITO/9:PVK(1:4)/BCP/Alq_3/LiF/Al [ITO 是铟锡氧化物；PVK 是聚乙烯基咔唑(空穴传输层)；BCP 是浴铜灵(绝缘层)；Alq_3 是三(8-羟基喹啉酸)铝(电子传输层)]，9 的电致发光光谱在 496 nm 处有 9 的发射峰，且与聚集体的发射峰接近，证实了 EL 来源于噻咯单元。该器件获得的最大亮度、电流效率和外部量子效率分别为 1 118 cd/m^2、1.45 cd/A 和 0.55% (见图 3.16)，这可以通过进一步修改聚合物的分子结构和优化 EL 器件的配置来提高。

利用 AEE 效应，可由含有交联基团的 PDPAs 生成明亮的荧光 3D 图案。含有(甲基)丙烯酸酯基团的材料在紫外线照射下容易发生交联。因此，用紫外光照射聚合物 10 的薄膜，通过铜掩膜将暴露的部分交联起来，而覆盖的部分仍然是可溶的。显影后生成三维荧光负型光刻胶图案，在荧光显微镜下观察，显示出强烈的光，如图 3.17 所示。

由于在生物科学与工程中具有重要的作用，因此利用聚电解质检测生物聚合物正成为一个活跃而关键的研究领域。在盐酸作用下，聚合物 7 的二乙基氨基转变为铵盐，可转化为水溶性共轭聚电解质。季铵化的聚合物 7 也具有 AIE 活性，并对带负电荷的生物聚合物如牛血清白蛋白(Bovine Albumin, BSA)表现出高亲和力。

如图 3.18 所示,由于 RIR 作用,随着 BSA 的逐渐加入,季铵化聚合物 7 在缓冲水溶液中的发光逐渐增强。检测限可以降低到 10^{-6} 以下,BSA 浓度为 20 mg/mL 时,荧光强度会增加约 7.5 倍。显然,季铵化的聚合物 7 可以作为一个 turn - on 生物探针。

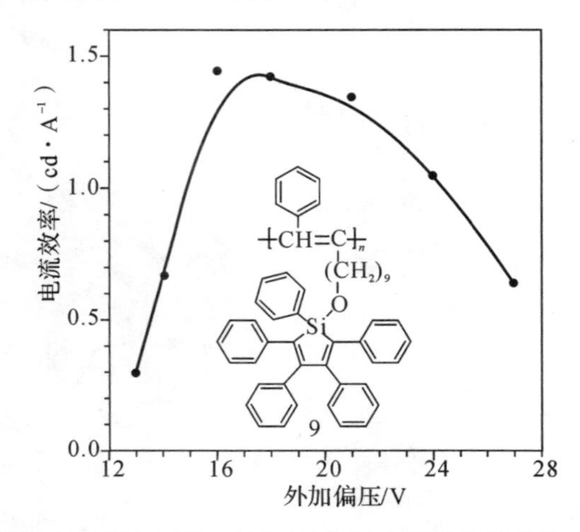

图 3.16 ITO/9:PVK(1:4)/BCP/Alq_3/LiF/Al 多层电致发光器件的电流效率与外加偏压

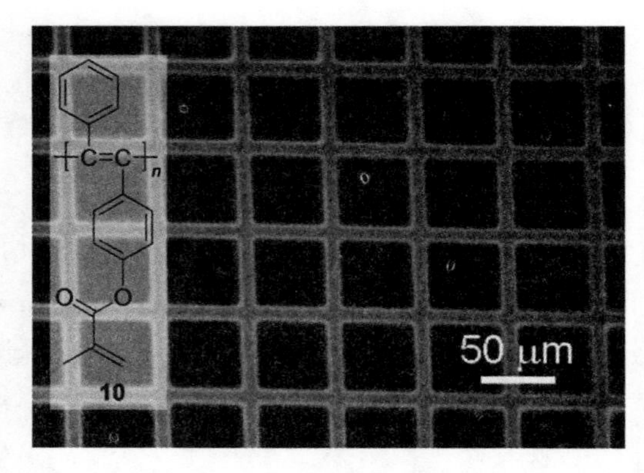

图 3.17 由 10 的光交联而产生的荧光图案(紫外灯下拍摄的照片)

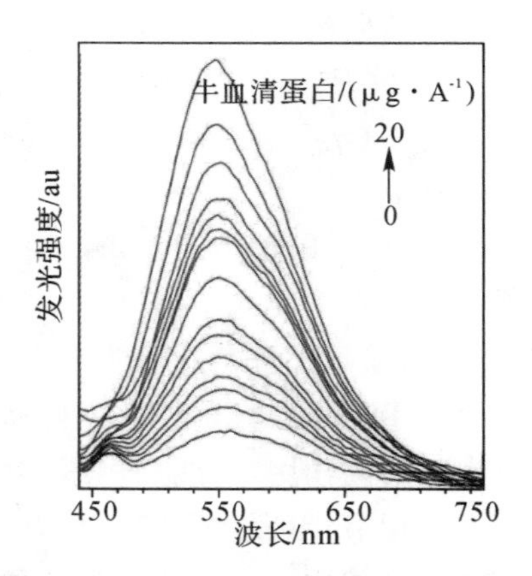

图 3.18 季铵化聚合物 7 在含不同量牛血清白蛋白的磷酸水缓冲液中的荧光光谱

3.2.2　聚苯

超支化聚合物具有合成容易、分子结构独特、微观可加工、可外围功能化修饰等优点，近年来备受关注。其中，含噻咯的聚(1,1 -噻咯苯基)，聚合物 13，以 A2 型单体，1,1 -二乙基- 2,3,4,5 -四苯基噻咯(11)为原料，在单体 12 存在或不存在的条件下，通过钽催化剂催化的多环三聚反应合成了该聚合物(见图 3.19)。虽然量子产率较低(1.0%)，用紫外灯照射稀释的 THF 溶液时，在 500 nm 处也可以发出蓝绿色光。当在不良溶剂甲醇溶液中聚集后，它的发光不但没有增强反而减弱，说明 13 是非 AIE 活性的。然而，当稀释的二氧六环冷却后，表现出冷却增强的发光特性，这种现象与聚合物的空间拥挤结构有关，其限制了苯环的运动，从而使聚合物在溶液中发光。另外，聚合态的刚性聚合物链以及无序堆叠可能会产生大的自由体积，其中苯环仍然可以旋转。这种分子间和分子内的相互作用可能导致非辐射失活，因此聚合物的发光猝灭。

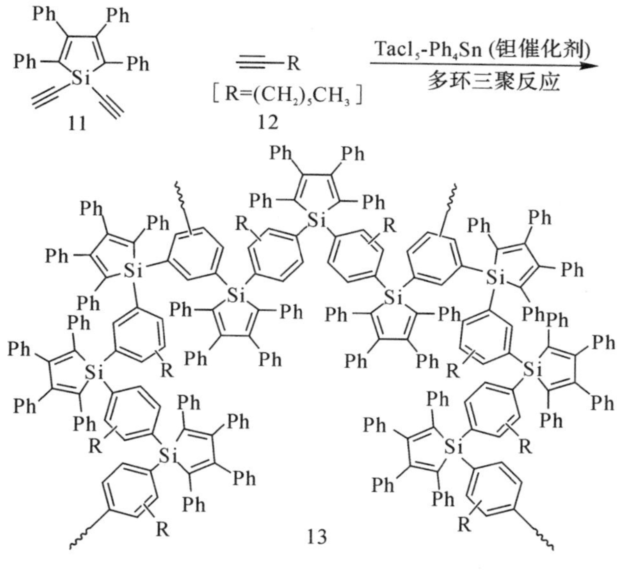

$TaCl_5$-Ph_4Sn (钽催化剂)
多环三聚反应
[$R=(CH_2)_5CH_3$]
11　12　13

图 3.19　超支化聚(1,1 -噻咯苯基)13 的制备

通过改变位点从 1 位到 2,5 位，由 1,1 -二已基- 2,5 -二(4 -乙基苯基)- 3,4 -二苯基硅(14)的均聚环三聚反应制备聚合物(15)，如图 3.20 所示，这种方法得到的超支化聚(2,5 -噻咯苯基)的空间位阻较小。虽然 14 在稀溶液中是不发光的，但它的聚合物 15 发出微弱的光，这是由于刚性聚合物限制苯环旋转激活了 RIR 过程。与聚合物 13 不同，15 具有 AEE 活性(见图 3.21)——在其 THF 溶液中逐渐加入水，其发光强度逐渐增强。这些结果为研究 AIE 现象与聚合物结构之间的关系提供了有价值的信息。

值得注意的是，空间效应在合成具有 AIE/AEE 特征的超支化聚合物中起着至关重要的作用，通过在聚合物分支中引入更灵活的节点，如硅原子通过钽催化的硅二炔，由聚合物 16 的聚环三聚反应，合成了 $\sigma^*-\pi^*$ 超支化共轭聚硅二苯 17。该聚合物的稀释溶液在 380 nm 时发出荧光，量子产率为 7%。当加入水时，形成纳米聚集体，荧光强度明显增强。该聚合物固体薄膜的量子产率(约 23%)远高于在 THF 溶液的量子产率，表明其具有 AEE 特性。如图 3.

22 插图所示，三苯基苯(1,3,5－Triphenylbenzene，TPB)重复单元具有三个自由旋转的苯环，在稀溶液中自由旋转，所以聚合物荧光猝灭。此外，当聚合物在水溶液中形成聚集体时，RIR 过程被激活，从而增强了聚合物的发光能力。

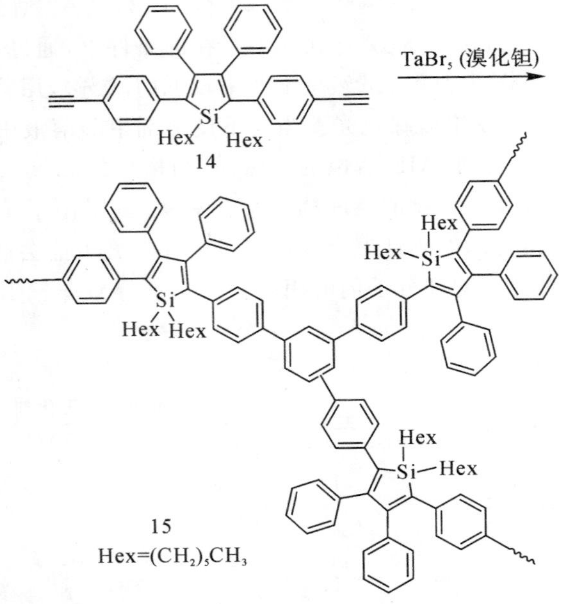

TaBr5 (溴化钽)
Hex
Hex
14
Hex
Hex
Hex
Hex
Hex
Hex
15
Hex=(CH2)5CH3

图 3.20　二炔聚环三聚法合成 AEE 活性超支化聚(2,5－硅基苯基)，聚合物 15

水含量/(%)
(体积分数)
90
80
70
50
30
0
发光强度/a.u.
430
480
530
580
630
680
波长/nm

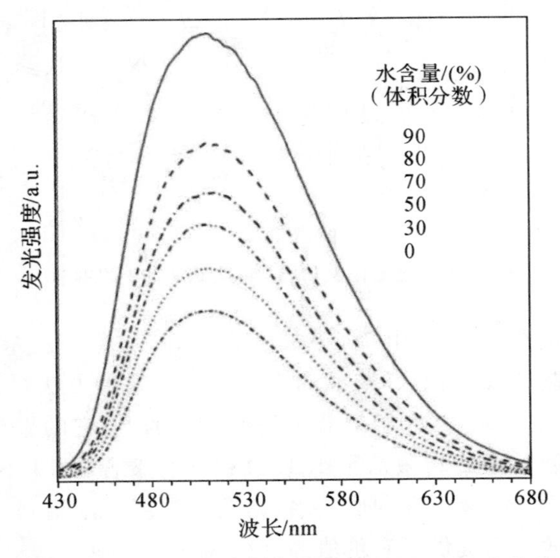

图 3.21　聚合物 15 在不同水组分的 THF/水混合物中的荧光光谱

由于具有 AEE 性质，聚合物 17 可被用作化学传感器，用于检测溶液和聚集态的硝基芳香炸药等缺电子化合物。将苦味酸(Picric Acid，PA)加入四氢呋喃溶液或纳米聚集体水溶液中，可使 17 的荧光强度减弱。PA 浓度越高，荧光强度越弱。图 3.23 展示了其纳米聚集体在含 90%的 THF/水混合物中的荧光猝灭过程。在 PA 浓度低至 1×10^{-6} 时，可以清楚地识别荧光光谱猝灭，相对 PL 强度(初始荧光强度/荧光强度)与 PA 浓度的负相关的 Stern-Volmer 图给出了向上弯曲的曲线，而不是一条直线。在含 50%水的混合物中悬浮的纳米团聚体也记录了类似的曲线，在聚集态下观察到的发射猝灭远高于在 THF 溶液中观察到的，表现出了淬灭放大效应，如图 3.23(b)所示。

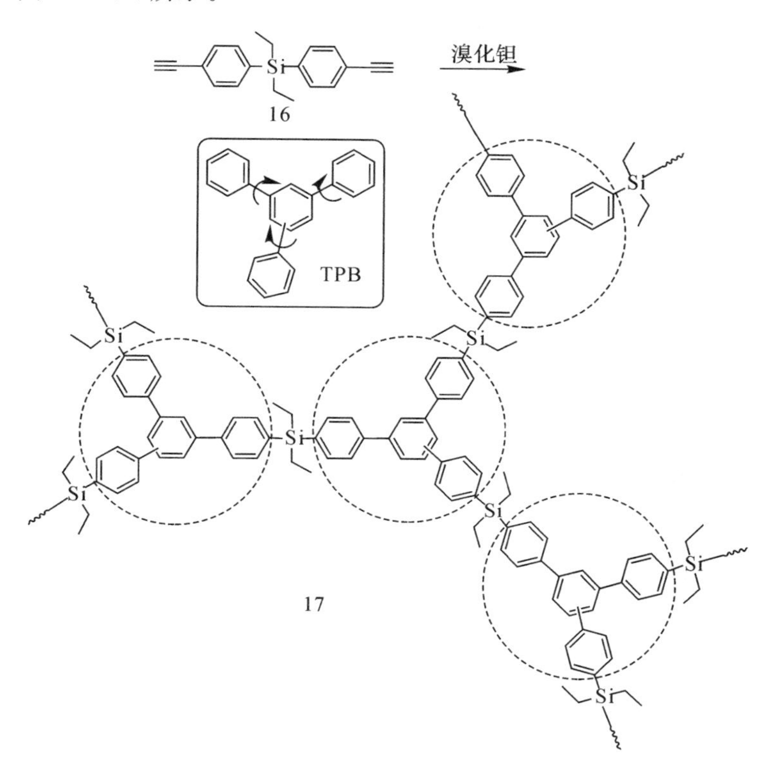

图 3.22　炔聚环三聚法合成 AEE 活性 σ*-π* 共轭超支化聚(硅烯苯)17

插图：三苯基苯(TPB)的组成单元

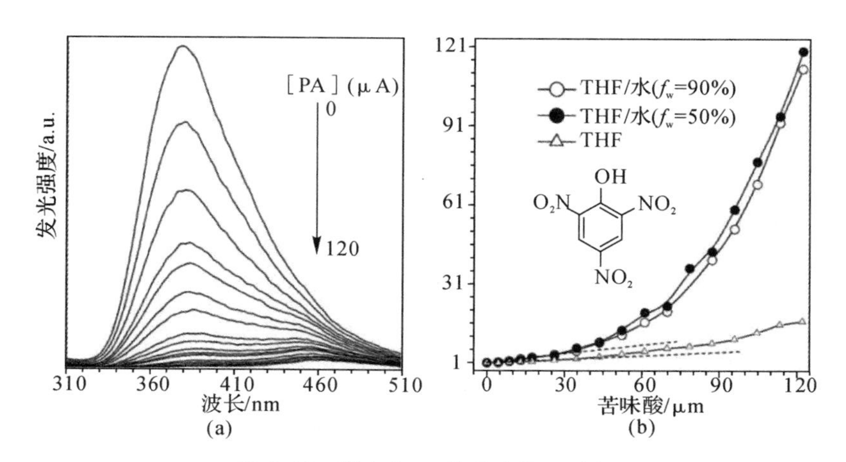

图 3.23　聚合物 17 的荧光猝灭过程

(a) 17 在 THF/水混合物(f_w= 90%)中加入不同量的 PA 的 PL 谱图；(b)猝灭放大效应

17 表现出猝灭放大效应并展现出非线性 Stern - Volmer 曲线的可能原因是它具有三维拓扑结构，具有相对刚性的芳香支架，其中包含许多分子腔，通过静电或电荷转移相互作用捕获小 PA 分子。此外，由于聚合物分支的松散堆积和额外的扩散途径，聚合物纳米聚集体为 PA 分子进入和与发色团相互作用提供了更多的空腔，使 17 纳米聚集体在溶液中比其单分子具有更高的灵敏度，表明这是在AIE/AEE 活性聚合物中观察到的普遍现象，如图 3.24 所示。

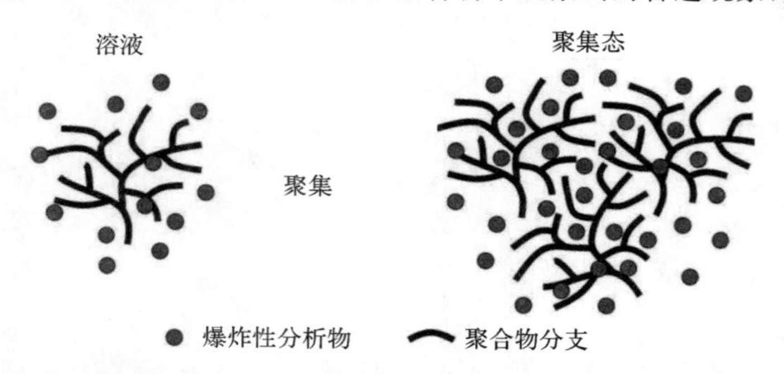

图 3.24　AEE 活性超支化聚(硅烯苯)17 在溶液和聚集体状态下检测苦味酸的示意图

3.2.3　聚三唑

点击反应，即铜催化叠氮化物-炔环加成反应。该反应由于产率高、应用范围广、经济以及后处理简单而备受关注，尤其在聚合物合成中具有重要应用价值。如将四苯乙烯单元引入聚三唑结构中，赋予了聚合物 AIE 性质(22 和 23)。在优化的反应条件下，以有机可溶 $Cu(PPh_3)_3Br$ 为催化剂，二炔(19)和二叠氮化物(20 和 21，见图 3.25)在 THF 中进行点击聚合，可得到高分子量的 22 和 23。

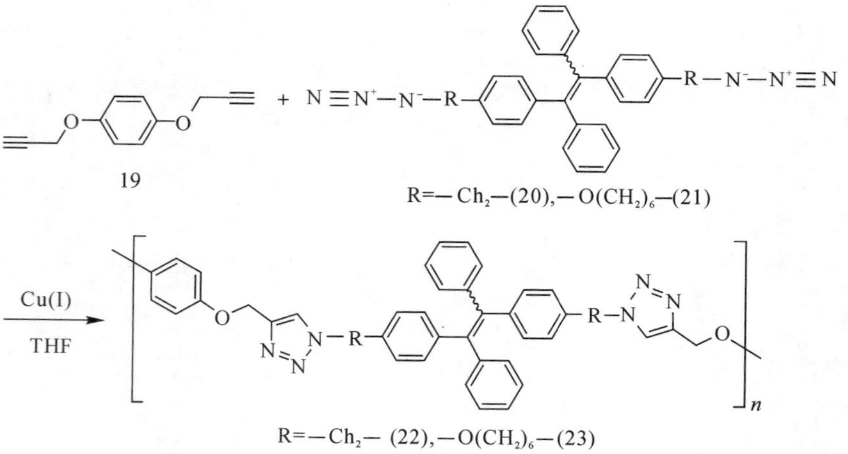

19

R=— Ch_2—(20),— $O(CH_2)_6$—(21)

Cu(I)

THF

R=— Ch_2— (22),— $O(CH_2)_6$—(23)

图 3.25　铜(I)催化二炔 19 与二叠氮 20 和 21 合成多三唑 22 和 23 的路线

铜催化点击聚合的一个问题是催化剂残渣很难从聚合产物中完全去除。金属残渣可能促进聚合物的进一步聚合，或作为交联剂使聚合物在纯化和储存过程中难溶于水，这也不利于聚合物的实际应用。因此，非金属或无金属聚合的发展变得尤为重要。无金属体系要达到点击聚合的要求，必须满足高区域选择性、良好的分离产率和温和的反应条件。另外聚合反应速度要快，产物要易溶。

芳基乙炔在加热条件下容易与叠氮化物发生环加成反应，收率高，生成区域规则芳基三唑。这满足了点击反应的要求，并可以发展为聚合物制备的方案。基于上述发现，在优化反应条件的情况下使用二叠氮化物(20，21，24)和双(芳基乙炔)25，成功地合成了高收率(高达85%)和短反应时间高相对分子质量(高达 25 200)和高区域选择(1，4-异构体比例高达 95%)的含四苯基乙烯的聚(芳基三唑)(PATAs)(26～28，见图 3.26)，所得聚合物可完全溶于常用的有机溶剂，如四氢呋喃、氯仿和二氯甲烷(Dichloromethane)。

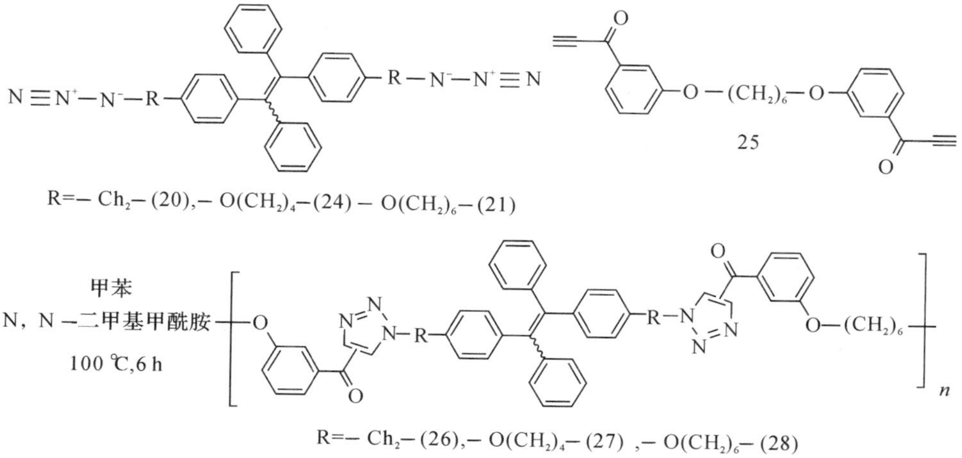

N≡N⁺−N⁻−R
R−N⁻−N⁺≡N
O
O−(CH₂)₆−O
25
O
R=− CH₂−(20),− O(CH₂)₄−(24) − O(CH₂)₆−(21)
甲苯
N，N −二甲基甲酰胺
100 ℃,6 h
O
N=N
N−R
O
R−N
N=N
O
O−(CH₂)₆
n
R=− CH₂−(26),− O(CH₂)₄−(27) ,− O(CH₂)₆−(28)

图 3.26　无金属点击聚合合成含四苯基乙烯的 PATAs 26～28

由于 22，23 和 26～28 聚合物都含有四苯乙烯，所以这几个聚(芳基)三唑都具有 AIE 性质。图 3.27 为 23 在不同水组分四氢呋喃/水混合物中的荧光光谱图，当分子溶解在无水四氢呋喃中时，23 几乎不发光。当含水量>50%时，由于聚集体的形成，在四氢呋喃/水混合物中，聚合物 23 发出强烈的荧光。随着水含量的增加，聚合物的量子产率也逐渐增加，证实了聚合物的 AIE 性质。在纯 THF 中，聚合物的量子产率较低(0.16%～0.18%)，当含水量<50%时，23 的量子产率几乎不变，而 22 在水中的溶解度较小，在较低的含水量(≥10%)时量子产率开始增大。在 90%的水溶液中，22 和 23 的量子产率分别为 17.8%和 16.9%，分别是四氢呋喃溶液的 110 倍和 94 倍。

发光强度/a.u.
90
80
70
0
0
90
400
450
500
550
600
波长/nm
(a)
量子产率/(%)
18
12
6
0
22
23
0
30
60
90
水含量（体积分数）/(%)
(b)

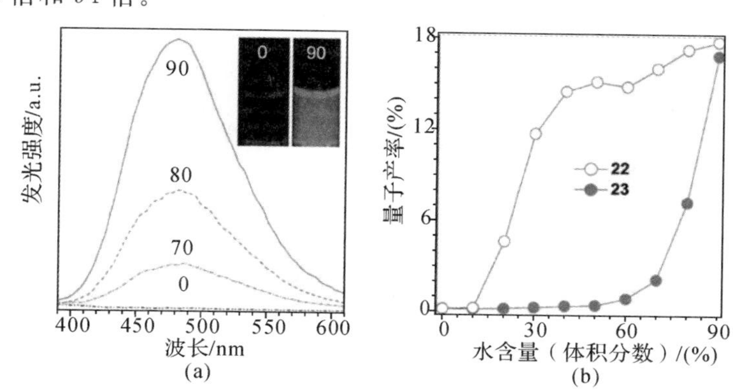

图 3.27　荧光光谱图

(a) 23 在不同水组分四氢呋喃/水混合物中的荧光光谱；(b) 22 和 23 的量子产率随水组分的变化(22 为 N，N-二甲基甲酰胺/水；23 为四氢呋喃/水)

具有超支化结构的聚三唑也具有 AIE 特征。在 60 ℃条件下，$Cu(PPh_3)_3Br$ 催化三叠氮化物(29)和二炔(30)在 DMF 中反应 5～7 h，合成了含四苯乙烯基团的超支化多三唑 31(产率高达 88.3%)。与前面提到的具有 AEE 活性的超支化聚苯乙烯相比，31 在其分支中具有柔性间隔体，这是其 AIE 效应的主要原因。聚合物 31 可溶于常见的有机溶剂，如四氢呋喃、氯仿和二氯甲烷。用尺寸排阻色谱(Size Exclusion Chromatography，SEC)相对于线性聚苯乙烯标准品进行分析，得到的表观重均相对分子质量高达 12 400（用这种方法，通常测出来的超支化结构的分子量偏低）(见图 3.28)。

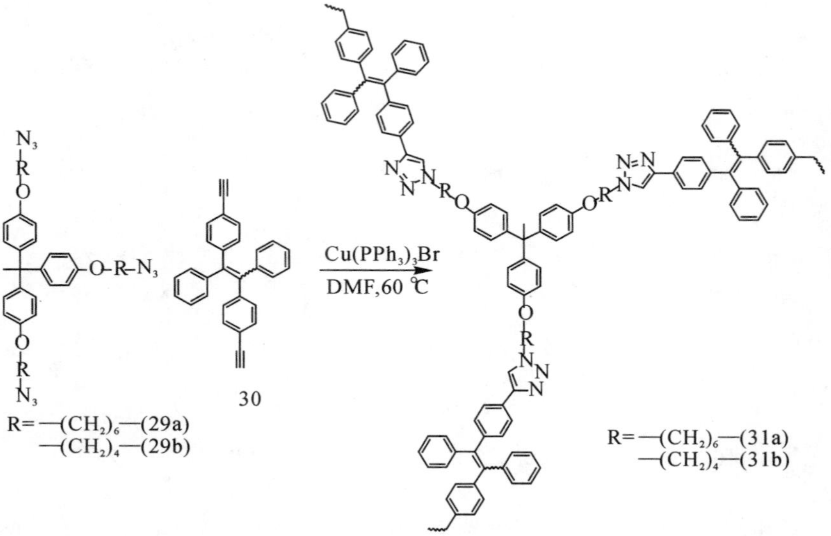

图 3.28　以 $Cu(PPh_3)_3Br$ 为催化剂，29 与 30 进行点击聚合，合成 AIE 活性超支化聚三唑 31

超支化三唑具有 AIE 性能，它们在四氢呋喃中是不发光的，但由于聚集而产生强烈的发射现象。图 3.29 (a) 是 31a 在水混合物中的荧光光谱的一个例子。在 31a 的四氢呋喃溶液中加入水，使其分子链聚集，增强了其发光性能。水分含量越高，光发射越强。量子产率也随着四氢呋喃/水混合物中含水量的增加而增加。如图 3.29(b) 所示，在 90%的水溶液中，31a 和 31b 的量子产率分别上升到 38.31%和 32.25%，分别是纯 THF 溶液的 348.3 和 230.4 倍。

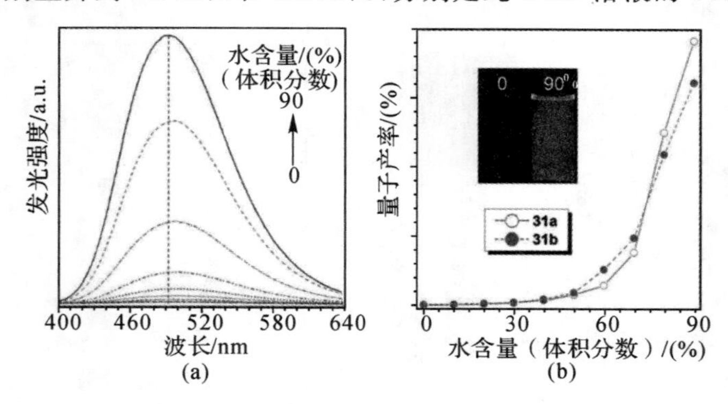

图 3.29　荧光光谱图

(a)AIE 超支化聚三唑 31a 在不同水组分四氢呋喃/水混合物中的荧光谱图；(b) 31a 和 31b 的量子产率随四氢呋喃/水混合物含水量的变化

插图：31a 在四氢呋喃/水混合物中与 0 和 90%的水组分在紫外线照明下拍摄的照片

四苯乙烯发光体是通过柔性间隔体编织在聚合物内部的，它对周围的苯环在溶液中旋转提供了很少的约束。在聚集体状态下，由于间隔和四苯乙烯单元的疏水作用，聚合物的构象被紧紧地压缩。这就限制了聚合物的分子内运动，从而阻止了非辐射路径并激活了辐射衰变，从而将它们从弱荧光团转变为强荧光发色团。

3.2.4　聚(苯乙炔)

含有四苯乙烯或噻咯单元的共轭聚(苯乙炔)由1,2-二(4-碘苯基)-1,2-二苯乙烯与1,2-二(4-乙基苯基)-1,2-二苯乙烯的偶联反应合成。聚合物32可溶于常见的有机溶剂，如四氢呋喃、氯仿和二氯甲烷。在四氢呋喃中微弱发光，其发射强度因聚集而增强，表现出典型的AEE现象(见图3.30)。

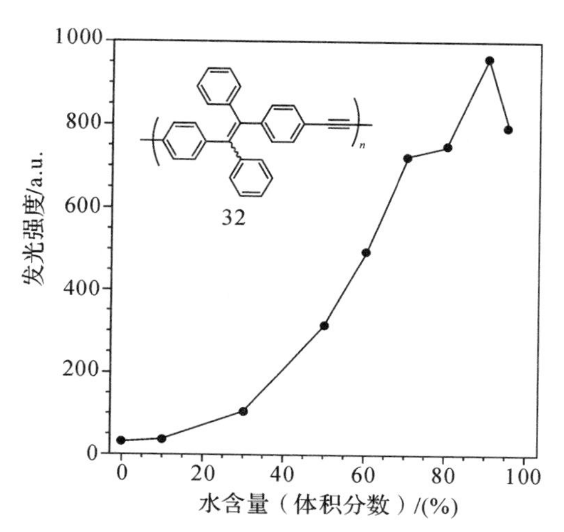

图3.30　在32的THF/水混合物中，荧光强度与水分数的关系

插图：结构为32

AIE现象在含有邻碳硼烷单元的聚(苯乙炔)中也有报道。碳硼烷是由10个硼原子和2个碳原子组成的具有3个中心双电子键的20面体团簇，具有良好的三维芳香性和热稳定性。通过偶联缩聚，可以得到聚合物35和供电子二炔34(见图3.31)。可能是由于邻碳硼烷单元的空间位阻效应，35的聚合度为3.5～7.6，低于一般聚苯乙炔的聚合度。

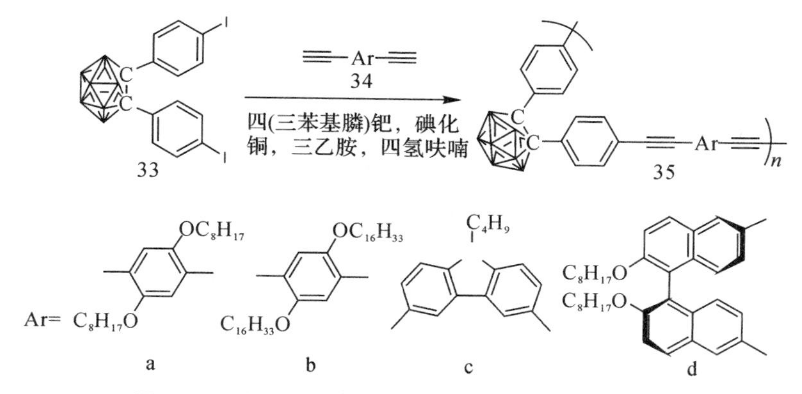

图3.31　含邻碳硼烷单元的AIE活性聚合物的制备

由于苯环的分子内运动和电荷从供电子的对苯乙烯单元转移到邻碳硼烷团簇中 C—C 键的反键轨道，因此聚合物 35 在四氢呋喃中不发光。在水含量为 99%的四氢呋喃/水混合物中或在薄膜状态下，35 由于聚合物主链中供体和受体交替段之间的扭转/振动运动和电荷转移的限制而显示出明亮的橙色光。

在四氢呋喃/水混合物中，不同水组分的聚合物的量子产率的测试，使我们对 AIE 现象有更深入的了解，此处以聚合物 35a 和 35b 为例(见图 3.32)。在四氢呋喃中，聚合物的量子产率(<0.02%)可以忽略不计，当加入 50%的水后仍保持不变。随着含水量的增加，量子产率不断提高。在含水量为 99%时，35a 的量子产率达到 3.8%，是在 THF 中的 220 倍。这些结果表明，在聚(苯乙炔)s 的邻碳硼烷单元的 1,2 位上引入发光共轭基团，可以使合成的聚合物具有 AIE 特性。

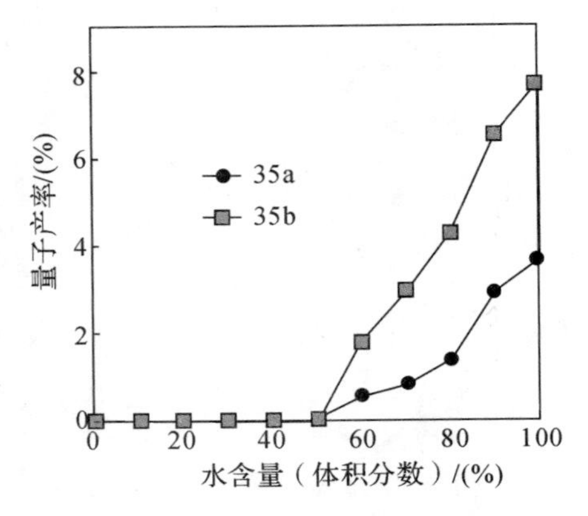

图 3.32　在 THF/水混合物中 35a 和 35b 与水组分的量子产率变化

3.2.5　聚苯

共轭聚苯乙烯基 TPE 为此类聚合物的代表性物质(见图 3.33)。聚合物 36 和 37 的相对分子质量适中(分别为 4 400 和 11 800)，可溶于常见的有机溶剂。图 3.34 为 37 在四氢呋喃/水混合物中的照片，37 在 THF 中发出微弱的绿光，但随着四氢呋喃溶液中水的逐渐加入，其荧光强度逐渐增强，呈现典型的 AEE 性质。

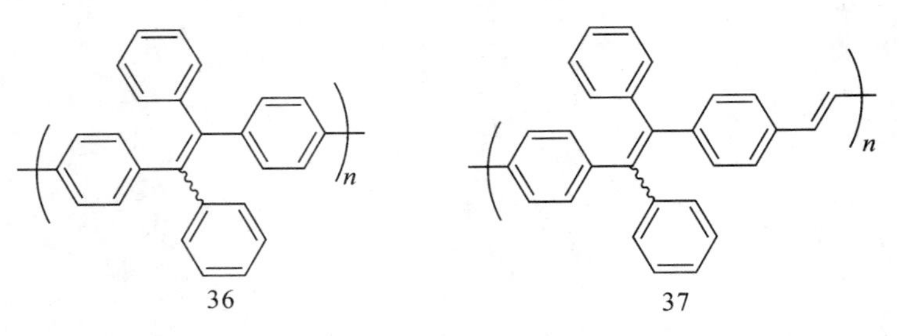

图 3.33　含 TPE 的聚合物 36 和 37 的分子结构

图 3.34 37 在四氢呋喃/水混合物中不同水含量的紫外光照射下的荧光照片

3.2.6 聚噻咯

由于噻咯具有 AIE 性质，因此其线性或者超支化聚合物也有类似的性质。如通过在四氢呋喃中利用锂还原 1,1 -二氯四苯基硅(39)，合成了相对分子质量适中的聚硅氧烷 40，如图 3.35 所示。

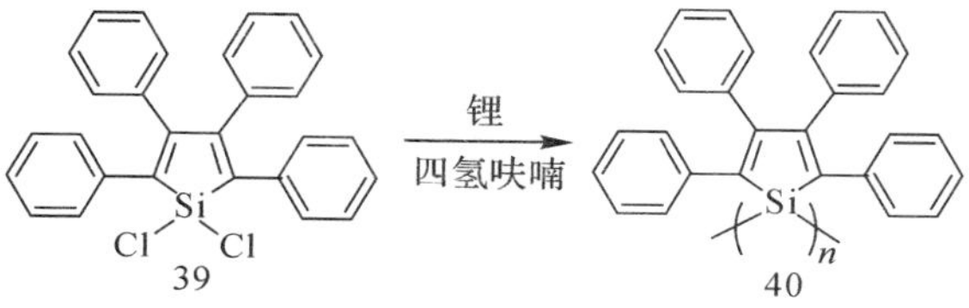

图 3.35 聚噻咯 40 的合成路线

当分子溶解在 THF 中时，聚合物 40 在约 520 nm 处微弱发光(见图 3.36)。当四氢呋喃溶液中加入的水含量小于 40%时，荧光强度基本不变。随着含水量的增加，荧光强度逐渐增强，在含水量为 99%时四氢呋喃/水的混合物中比在纯的四氢呋喃溶液约高 18 倍，但是没有出现红移或蓝移现象，说明聚集体的形成对分子构型的影响很小。荧光强度在水混合物中，荧光强度与水分数的关系曲线呈指数上升曲线，进一步证实 40 确实具有 AEE 活性。

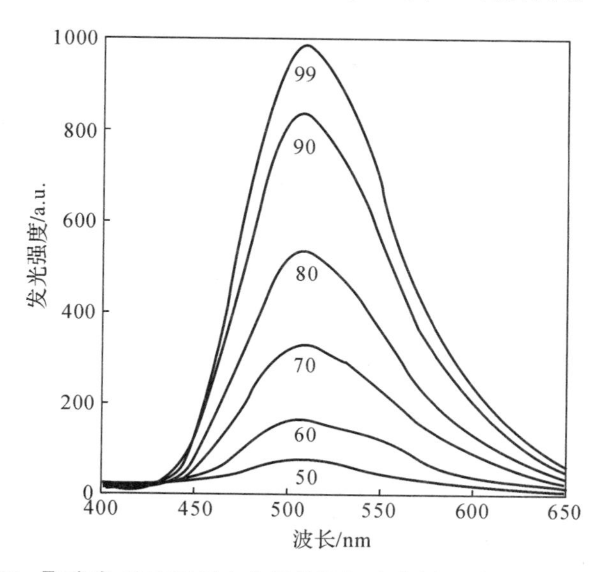

图 3.36 聚噻咯 40 在不同水含量的四氢呋喃/水混合物中的荧光光谱

3.2.7 聚烯烃

前几节中讨论的聚合物具有共轭结构。在本节中,我们将讨论具有 AIE/AEE 特性的电子饱和聚合物。如聚烯烃,咔唑取代的三苯乙烯具有 AIE 活性,具有较强的蓝光发射和较高的热稳定性。通过 AIBN 引发的自由基聚合物 41 成功地制备出含有这些发光物质之一的聚苯乙烯 42,其收率高,分子量高,溶解性好,如图 3.37 所示。

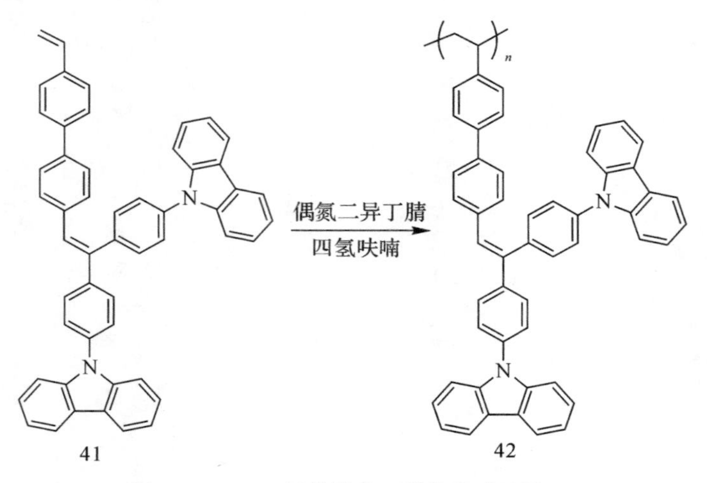

图 3.37 AEE 活性聚苯乙烯的合成路线 42

与 AIE 活性单体 41 不同的是,42 在四氢呋喃中可以发光(见图 3.38)。在四氢呋喃溶液中加入水使其链聚集,增强了其发光性能。在 90%的水溶液中,荧光强度比在四氢呋喃溶液中高 8 倍,表现出 AEE 行为,其在挥发性溶剂蒸气传感器如二氯甲烷的应用中具有潜在价值。

含喹啉的聚(2,4 -烯基喹啉)(43)及其与樟脑磺酸的配合物(44)(见图 3.39)同样具有 AEE 现象,2 -氨基苯甲酮与聚(4 -乙酰苯乙烯)经 Friedländer 缩合得到 43,等量的 43 与樟脑磺酸在氯仿中搅拌 24 h 得到配合物 44。

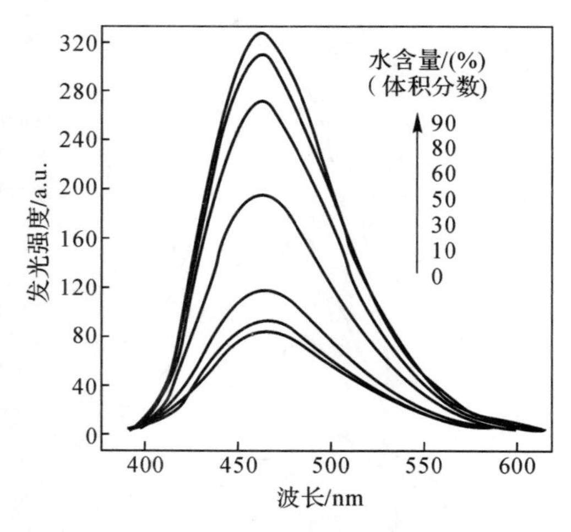

图 3.38 聚苯乙烯 42 在四氢呋喃/水混合物中不同水含量的荧光光谱

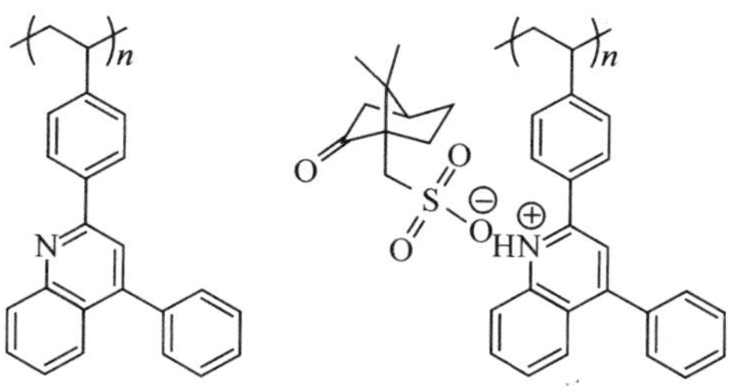

图 3.39 喹啉聚合物 43 及其与樟脑磺酸配合物 44 的化学结构

在 43 和 44 的四氢呋喃溶液中加入不良溶剂，显示其明显具有 AEE 效应。对其量子产率的测试进一步验证了其 AEE 特性(见表 3.1)。在四氢呋喃/水混合物中，量子产率随着水含量的增加而增大，并在固态时达到最大值。44 的量子产率远高于 43，因为体积庞大的樟脑磺酸在一定程度上阻碍了喹啉单元苯环的旋转。这些工作为进一步强化具有 AIE/AEE 效应的致发光聚合物在凝聚相中的发射提供了一种策略。

表 3.1 43 和 44 在四氢呋喃及水混合物和固体样品状态下的量子产率

	f/(%)						
	0	30	60	70	80	90	固体
43	0.021	0.032	0.033	0.034	0.036	0.037	0.043
44	0.116	0.185	0.283	0.336	0.378	0.381	0.667

此外，通过自由基聚合，可以得到高分子量的含 TPE 的交联丙烯酸酯(45～47)(见图 3.40)。聚合产物可溶于常见的有机溶剂，如四氢呋喃和二氯甲烷，便于利用“湿”光谱技术进行结构表征和性质研究。

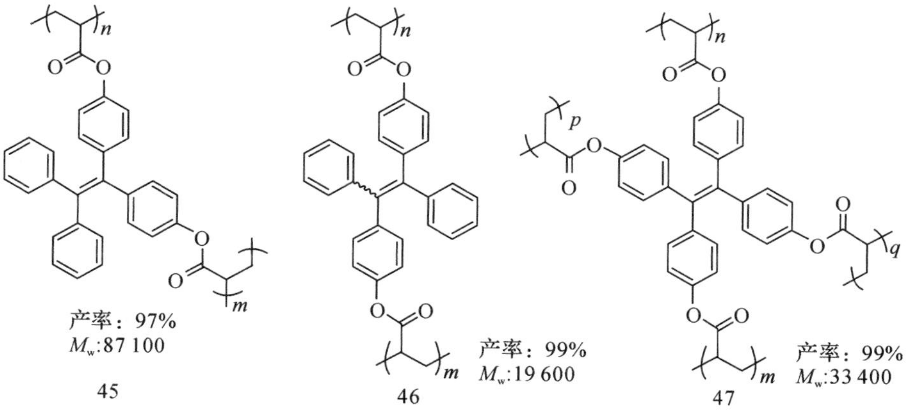

产率：97%
M_w:87 100
45

产率：99%
M_w:19 600
46

产率：99%
M_w:33 400
47

图 3.40 含 TPE 交联聚丙烯酸酯 45～47 的化学结构

由于刚性聚合物骨架对苯环运动的部分限制，这些交联的聚丙烯酸酯表现出 AEE 特征。在图 3.41 中以四氢呋喃/水混合物中的水含量为例，显示了 45 的荧光变化。在 THF 中，45 在约 460 nm 处表现出微弱的发射现象。在 THF 溶液中加入水可使光发射增强至约为前者的 32 倍。

聚(N-异丙基丙烯酰胺)(PNIPAM)由于其独特的热响应性，近年来引起了广泛的关注和研究。这种聚合物在32℃左右的较低的临界溶解温度(Lower Critical Solution Temperature,LCST)下,发生构象转变。利用四苯乙烯功能化PNIPAM,可得到一种在中性条件下的AIE荧光温度计。通过铜催化点击反应合成TPE功能化烯烃(48),并与NIPAM (49)进行自由基共聚,生成共聚物50,如图3.42所示。

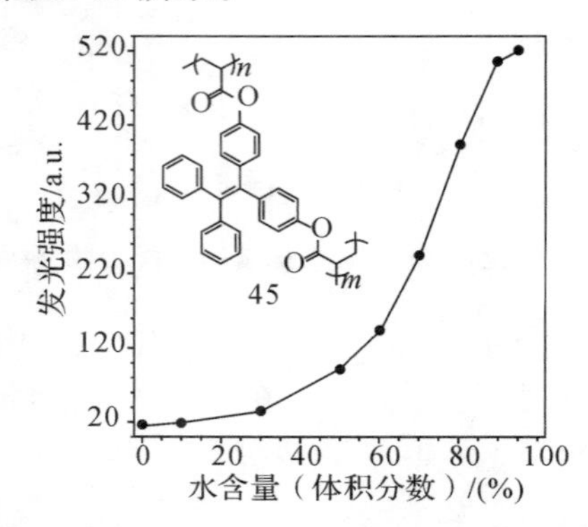

图 3.41 发射强度 45 对 THF/水混合物中水含量的依赖关系

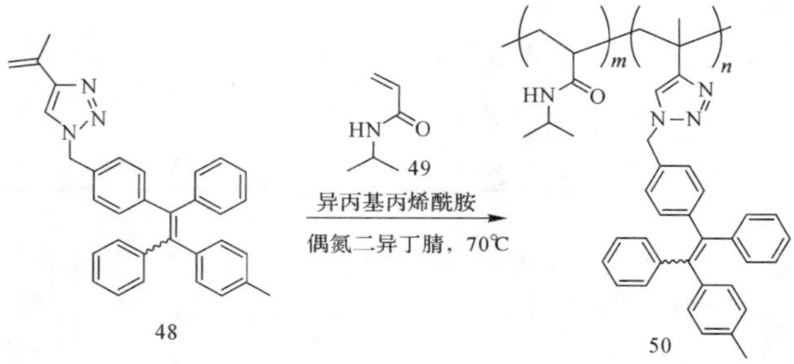

48

49

异丙基丙烯酰胺

偶氮二异丁腈，70℃

50

图 3.42 含 TPE 的 PNIPAM 50 的合成路线

加入TPE的量调整在0.27%～1%范围内,以减少其对PNIPAM性能的影响。下面以含0.27% TPE单元(聚合物50)的PNIPAM为例进行讨论。聚合物50在良溶剂中不发光(见图3.43)。当在四氢呋喃溶液中加入大量(≥70%)水时,可以看见四苯乙烯的发光[见图3.43(c)],表明将TPE引入到PNIPAM结构后,聚合物显示出AIE活性。

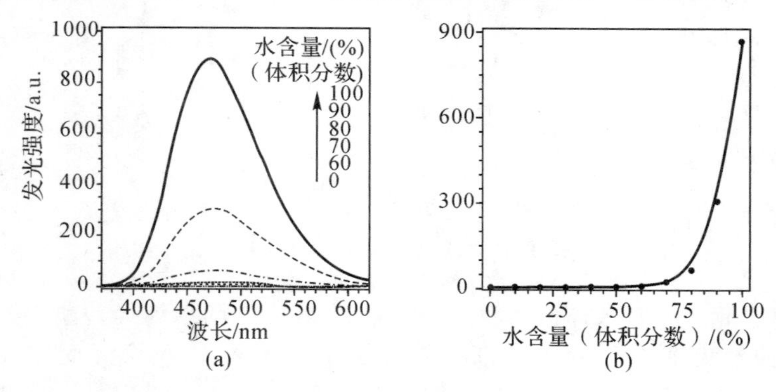

图 3.43 荧光光谱图

(a)在17℃下测试的聚合物50在不同水含量的四氢呋喃/水混合溶剂的荧光光谱;

(b)聚合物50在四氢呋喃/水混合物中最大发射强度随水体积分数的变化;

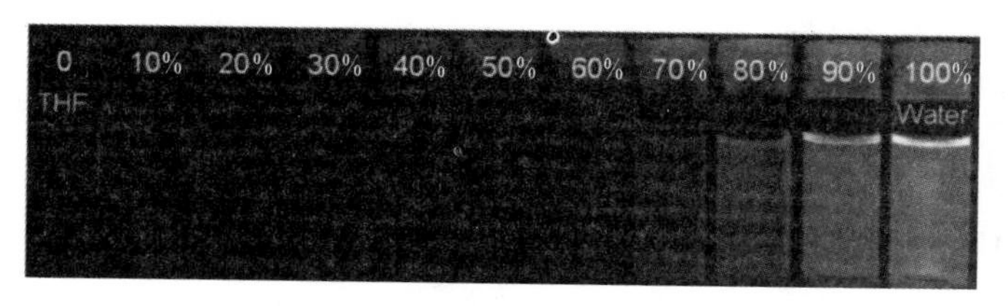

续图 3.43　荧光光谱图

(c)聚合物 50 在不同水含量四氢呋喃/水混合物在紫外光照射下拍摄的照片

温度对 50 在水中的发光行为的影响如图 3.44 所示。聚合物的荧光光谱在 14～25℃几乎没有变化，在 25～29℃有一个微小的上升趋势，随后，发射强度迅速增加，在温度为 34.2℃时达到最大。随着温度的进一步升高，发光强度逐渐降低。当溶液从 50℃冷却到 18℃时，光谱完全可逆，其机理可以解释为：当温度低于 25℃时，聚合物链处于分散状态，然而，疏水性四苯乙烯部分可能被聚合物松散地包裹或聚集成微小颗粒，限制了苯环的运动，从而使聚合物在水中发光。当温度达到 25℃时，聚合物链段开始聚集。破坏了聚合物周围的水，并促进脱水链段经历线圈-球状转变，可以增强四苯乙烯部分的发光。在 29～34℃的温度区域，整个聚合物链脱水，导致形成紧密的聚集体。这一过程极大地限制了四苯乙烯的分子运动，从而使其发射增强。进一步加热混合物到 34℃以上可能导致聚集程度增大，聚集颗粒变大，所以此时四苯乙烯部分可能被包裹，无法被紫外光激发。同时，升高的温度可能会激活苯环的运动。这两种效应共同作用降低了聚合物的发光作用。虽然还需要进一步的研究，但该聚合物在生物温度探针领域展现出潜在的应用价值。

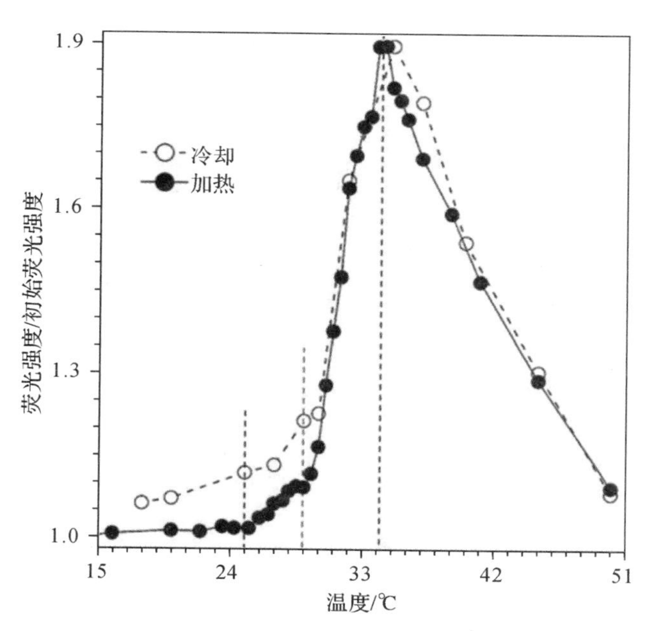

图 3.44　温度对 468 nm 处 50 的相对发光强度的影响

3.3 聚集诱导发光材料的应用

3.3.1 OLED

噻咯(1)是最早被研究报道的具有 AIE 特性的荧光分子，在溶液中几乎不发光，但是在聚集状态下能够发很强的荧光。它具有很高的固态荧光量子产率和良好的热稳定性，在 OLED 器件材料中具有很好的应用前景。如 2,5 位由三苯胺基团修饰的噻咯分子(见图 3.45)，其薄膜态的发射波长为 549 nm，荧光量子产率为 74%。通过研究其在 OLED 器件中的电致发光性能可以看出，它的发射波长为 544 nm，色坐标(Chromaticity Coordinate)为(0.39，0.53)。器件 1 的开启电压(V_{on})为 3.1 V，最大亮度(L_{max})为 13 405 cd · m^{-2}，最大电流效率、最大功率效率和最大外量子效率分别为 8.28 cd · A^{-1}、7.88 lm · W^{-1} 和 2.42%。由于二苯基硼具有良好的电子传输性能，在器件 2 中，移去电子传输层，化合物 3 可以同时作为电子传输和发光层使用。结果显示，与器件 1 相比，器件了 2 简化了结构，其开启电压仍为 3.1 V，L_{max} 为 14 038 cd · m^{-2}，比器件 1 的亮度高，但器件 2 的最大电流效率、功率效率和外量子效率均略有降低，分别为 7.60 cd · A^{-1}，6.94 lm · W^{-1} 和 2.26%。这说明化合物 3 在制备高效 OLED 器件时，不仅可作为发光层还可以作为电子传输层使用。同时也说明两个二米基硼基团的引入极大地提高了材料的电子传输能力，超过了噻咯本身的电子传输能力。

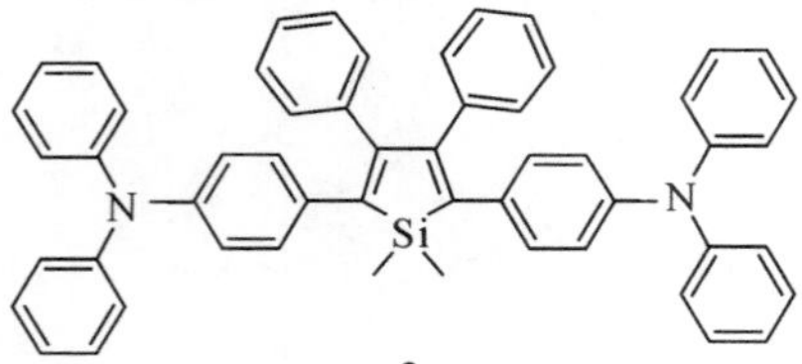

2 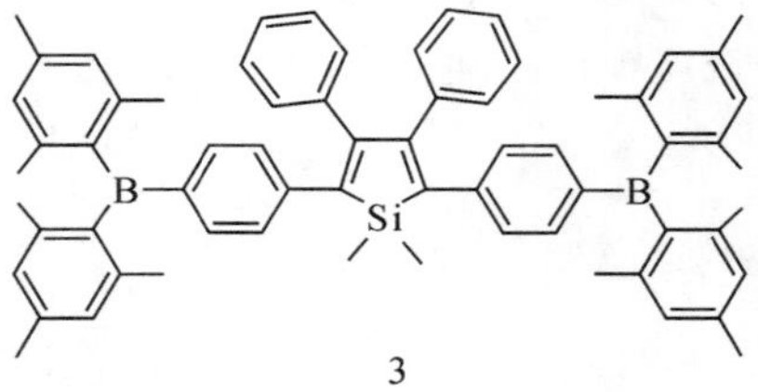　　　3

图 3.45　基于噻咯的 OLED 发光层材料

表 3.2　基于噻咯的多功能 OLED 材料的电致发光性能

编号	器件结构	发射波长/nm	色坐标	启动电压/V	最大亮度/(cd · m^{-2})	最大电流效率/(cd · A^{-1})	最大功率效率/(lm · W^{-1})	最大外量子效率/(%)
1	ITO/NPB(60 nm)/2(20 nm)/TPBi(10 nm)/Alq_3(30 nm)/LiF(1 nm)/Al(100 nm)	544	(0.39, 0.53)	3.1	13 405	8.28	7.88	2.42
2	ITO/NPB(60 nm)/3(20 nm)/TPBi(40 nm)/LiF(1 nm)/Al(100 nm)	548	(0.40, 0.57)	3.1	14 038	7.60	6.94	2.26

3.3.2 刺激响应性探针材料

利用腺嘌呤、胸腺嘧啶与金属离子的结合能力，基于四苯乙烯单元(见图3.46)的AIE特性，构建化合物1a和1b，可以选择性地识别Ag^{+}和Hg^{2+}。在H_2O/THF(体积比=5∶1)溶液中，化合物1a荧光很弱，但在加入$AgClO_4$后，其荧光呈线性增强，最低检测限达0.34 μmol/L。而化合物1b能很好地识别Hg^{2+}，最低检测限达0.37 μmol/L。通过研究吸收光谱和苯环上质子化学位移的变化，表明化合物形成分子间聚集态，导致了荧光的增强。使用透射电子显微镜可直接观察到聚集态颗粒。进一步将$N(CH_2COO^-)_2$基团引入四苯乙烯单元(2)，以选择性地识别Zn^{2+}，动态光散射实验也同样观察到了聚集体的形成。

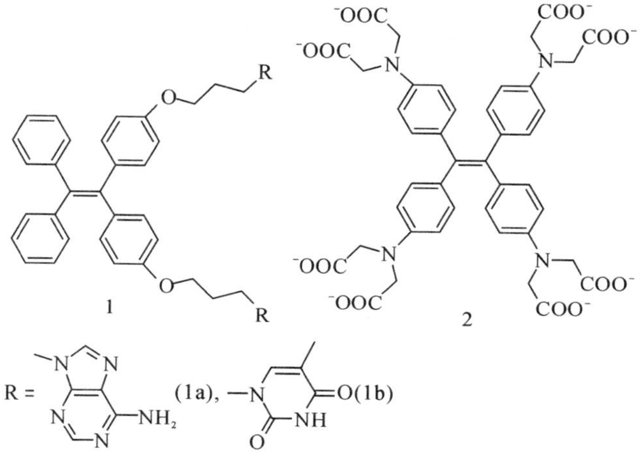

图3.46 基于四苯乙烯的粒子探针结构示意

3.3.3 力致发光与室温磷光材料

长余辉发光(Persistent Luminescence)是指当撤去激发源后材料的发光仍在持续的现象。近年来，关于有机长余辉材料的研究呈现出快速增长的趋势，这主要是由于该类材料不仅发光过程独特，而且具有广泛的潜在应用。通常情况下，有机分子的长余辉发光都是由超长室温磷光发射形成的。因此，这一神奇的现象很可能是分子的自旋轨道耦合作用与分子间的相互作用较强使得系间窜越(Intersystem Crossing)效率增加、非辐射失活渠道减少所导致的。在过去，纯有机材料的长余辉发光都是通过光或者电触发产生的，其应用范围仅限于数据加密、生物成像和显示等领域。为充分发挥有机长余辉发光的巨大技术潜力，寻找另外一种既简单灵活又可以在室温下实现高效的超长室温磷光发射的方法将显得尤为重要。

除了光致发光和电致发光之外，力致发光(Mechano Luminescence，ML)也是一种重要的发光类型。力致发光材料是指在外力(如压缩、拉伸、弯曲、切割、研磨、振动、刮擦等)作用下能直接产生光发射的一类固体材料，其在显示、照明、应力传感、安全防伪等领域均具有重要的潜在应用。然而，传统的有机材料在固体状态下会发生聚集诱导淬灭(Aggregation-Caused Quenching，ACQ)，导致其在室温下的力致发光较弱甚至难以被观察到。近两三年来，国际上在有机力致发光方面的研究取得了不少重要进展，也相继开发出了一些具有聚集诱导发光性质的高亮度有机力致发光材料。然而，关于力致长余辉发光(Persistent Mechano Luminescence，PML)有机材料的研究却仍未见有报道。理论上，力致有机长余辉发光应该是可以实现的，因为其激发态以及发射衰减途径与光致发光类似。如果这一设想可行，将能为有机长余辉发光材料的应用提供更多的机会和可能性（见图 3.47）。尽管研究人员付出了很多的努力，力致长余辉发光尤其是力致有机长余辉发光的实现仍然是一项极大的挑战。

N-(4-三氟甲基苯基)邻苯二甲酰亚胺容易形成非中心对称晶体结构，具有较强分子间氢键，通过引入卤素取代基溴以增强单重态到三重态的系间窜越效率，可开发出具有“聚集诱导发光”及光致“瞬时荧光-室温磷光双发射”性质的纯有机白光化合物 ImBr，实现力致有机长余辉发光。化合物 ImF 和 ImBr 都能够通过简单的一步反应合成，产率均在 60%以上。通过加水至其四氢呋喃溶液并测试其发光光谱变化的方法，确定两个化合物均具有显著的 AIE 性质。在固体状态下，化合物 ImF 的晶体粉末能发射最大波长为 455 nm 的蓝色瞬时荧光，并且在 555 nm 处能检测到微弱的室温磷光发射（寿命为 35.3 ms，室温磷光效率 FP＝0.6%）。化合物 ImF 和 ImBr 的晶体粉末的稳态 PL 光谱如图 3.48 所示。

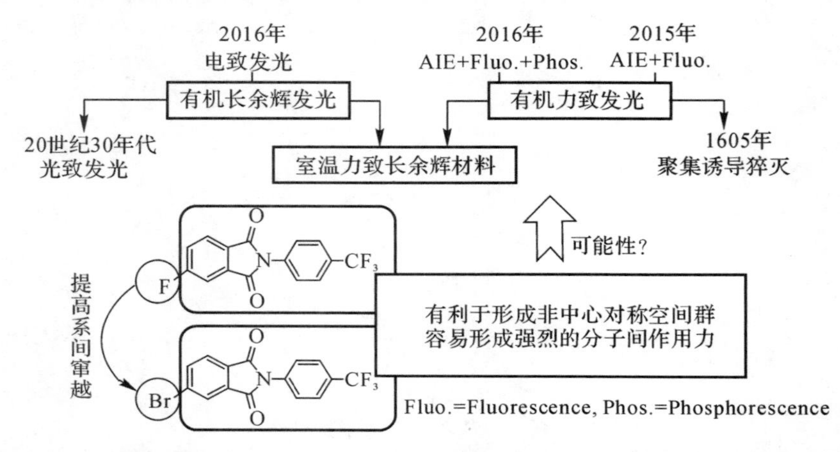

图 3.47　有机长余辉发光和有机力致发光研究的发展历程以及获得力致有机长余辉发光的分子设计思路

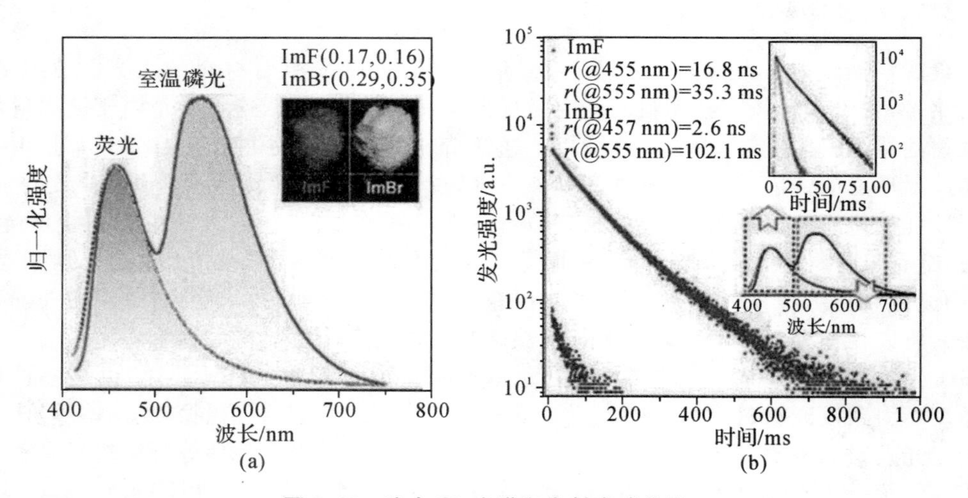

图 3.48　稳态 PL 光谱和发射衰减曲线

(a)化合物 ImF 和 ImBr 的晶体粉末的稳态 PL 光谱(激发：365 nm)，插图——在 365nm 紫外光照射下结晶粉末的发光照片；(b) ImF 和 ImBr 晶体粉末在 555 nm 处的发射衰减曲线，插图(上)——ImF 和 ImBr 晶体粉末分别在 455 nm 和 457 nm 处的发射衰减曲线

当氟取代基换成溴取代基后，所得化合物 ImBr 的晶体粉末能形成瞬时荧光-室温磷光双发射型白光（两个发射峰的寿命分别为 2.6 ns 与 102.1 ms），并表现出较高的室温磷光效率（FP=4.1%）。进一步研究发现，在紫外灯照射下 ImBr 晶体粉末的发光颜色能从蓝色转变为白色；撤去紫外灯后，材料的发光颜色则从白色转变为黄色。换言之，通过简单地开、关紫外灯，材料的发光颜色能在蓝色、白色和黄色之间可逆转换，这在安全防伪、信息存储等领域均具有重要的潜在应用。更重要的是，该化合物的晶体粉末在外力作用下能发射出很强的蓝光而当外力消失后仍能观察到黄色的长余辉。该结果说明，通过合理的分子结构设计，能够把有机力致发光和有机长余辉发光结合起来，即除了光和电之外，有机材料也可以通过力触发产生长余辉发光。光谱测试结果显示，化合物的力致长余辉发光与其光致长余辉发光一致，说明其属于超长室温磷光。单晶结构分析的结果表明，化合物 ImBr 的晶体结构属于单斜晶系的非中心对称极性空间群 Cc。在晶体中，每个晶胞均存在两种分子间相互作用不同的 H-聚体。与单个分子相比，聚集体的偶极矩显著增加，并且晶胞中两种聚集体的偶极矩方向几乎一致。因此，当受到外力作用晶体破裂时，将很可能可以产生较强的压电效应，使化合物分子被激发。量子化学计算的结果则显示，溴原子的引入以及 H-聚体的形成能大幅度地增加激子从单重态到三重态系间窜越的效率。而根据文献报道，具有较大跃迁偶极矩的 H-聚集体是能够延长三重态激子的寿命、实现超长室温磷光发射的。与此同时，晶体结构中存在的大量的 C—H…O、C—H…π 和 C—H…F 等分子间相互作用能有效地固定 ImBr 分子的构象、抑制分子内的运动以及减少非辐射失活的渠道，从而使化合物表现出显著的 AIE 现象及较高的磷光量子产率。而化合物 ImBr 力致长余辉发光的产生则很可能是上述因素共同作用的结果，如图 3.49 所示。

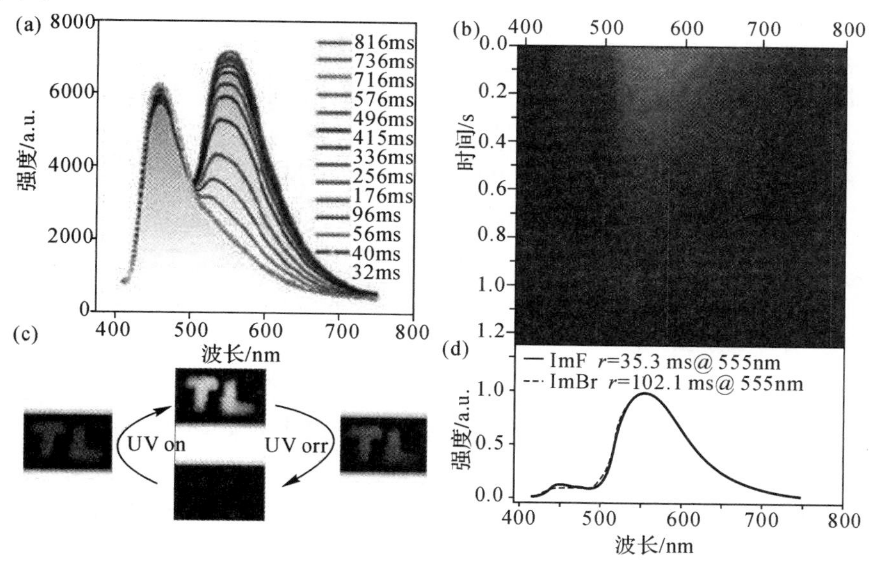

图 3.49　瞬态 PL 光谱和衰减图像

(a) 在 365nm 紫外光照射下 ImBr 晶体粉末的瞬态 PL 光谱；
(b) 停止激发后 ImBr 晶体粉末的瞬态 PL 衰减图像(延迟 8ms)颜色从红色变为绿色，表示发光强度下降；(c) ImBr 的三色发光转换：当用 365nm 紫外光激发时，字母“TL”的颜色从蓝色变为白色；停止激发后，字母的颜色从白色变为黄色；
(d)ImF 和 ImBr 结晶粉末的光致超长室温磷光光谱

3.3.4 生物领域

新加坡国立大学的刘斌教授课题组报道了一种多肽与四苯乙烯结合的探针，其主要由疏水的四苯乙烯荧光生色团和亲水的多肽部分组合而成，因而在水溶液中荧光信号相对较弱，如图 3.50 所示。当半胱天冬酶与探针作用时，亲水的多肽序列会从探针上脱落，四苯乙烯部分因为水溶性较差，在水溶液中聚集，荧光强度明显增强。因此该探针可以实现对半胱天冬酶的特异性检测和实时追踪细胞凋亡。

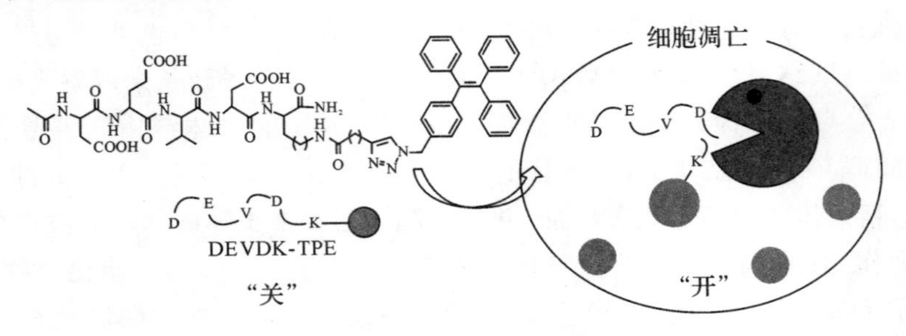

图 3.50 多肽修饰的四苯乙烯结构及其检测机理

思 考 题

1. 什么是共轭型聚集诱导发光材料？其发光机理是什么？

2. 共轭型聚集诱导发光材料的分子设计思路是什么？

3. 试简述苯基乙烯类聚集诱导发光材料的分子结构与其发光性能的关系。

4. 截至目前，大分子聚集诱导发光材料的研究主要从哪些方面展开？分别在哪些方面具有应用价值？

5. 聚集诱导发光材料在 OLED 器件中有哪些应用优势？

参 考 文 献

[1] LUO J, XIE Z, LAM J W Y, et al. Aggregation-induced emission of 1 - methyl - 1,2,3,4,5 - pentaphenylsilole. Chem Commun, 2001,5(3): 1740.

[2] TANG B Z, ZHAN X, YU G, et al. Efficient blue emission from siloles. J Mater Chem, 2001, 11: 2974.

[3] CHEN J W, XU B, Ouyang X Y, et al. Aggregation-Induced emission of cis, cis-1,2,3,4 - tetraphenylbutadiene from restricted intramolecular rotation. J Phys Chem A, 2004, 108:7522.

[4] TONG H, HONG Y, DONG Y, et al. Color-tunable, aggregation-induced emission of a butterfly-shaped molecule comprising a pyran skeleton and two cholesteryl wings. J Phys Chem B, 2007, 111: 2000.

[5] TONG H, DONG Y, HONG Y, et al. Aggregation-induced emission: Effects of mo-

lecular structure, solid-state conformation, and morphological packing arrangement on light-emitting behaviors of diphenyldibenzofulvene derivatives. J Phys Chem C, 2007, 111:2287.

[6] ZENG Q, LI Z, DONG Y, et al. Fluorescence enhancements of benzene-cored luminophors by restricted intramolecular rotations: AIE and AIEE effects. Chem Commun, 2007, 70:70 - 72.

[7] DONG Y, LAM J W Y, QIN A, et al. Aggregation-induced emissions of tetraphenylethene derivatives and their utilities as chemical vapor sensors and in organic light-emitting diodes. Appl Phys Lett, 2007, 91:11111.

[8] WANG M, ZHANG G, ZHANG D, et al. Fluorescent bio/chemosensors based on silole and tetraphenylethene luminogens with aggregation-induced emission feature. J Mater Chem, 2010, 20:1858.

[9] HONG Y, LAM J W Y, TANG B Z. Aggregation-induced emission: phenomenon, mechanism and applications. Chem Commun, 2009,5(6):4332 - 4353.

[10] WU Y T, KUO M Y, CHANG Y T, et al. Synthesis, structure, and photophysical properties of highly substituted 8,8a-dihydrocyclopenta[a]indenes. Angew Chem Int Ed, 2008, 47:9891.

[11] CHEN J, LAW C C W, LAM J W Y, et al. Synthesis, light emission, nanoaggregation, and restricted intramolecular rotation of 1,1 - substituted 2,3,4,5 - tetraphenylsiloles. Chem Mater, 2003, 15:1535.

[12] KIM S, ZHENG Q, HE G, et al. Aggregation-enhanced fluorescence and two-photon absorption in nanoaggregates of a 9,10 - bis[4′-(4″-aminostyryl)styryl]anthracene derivative. Adv Funct Mater, 2006, 16:2317.

[13] HONG Y N, LAM J W Y, Tang B Z. Aggregation-induced emission, Chem. Soc. Rev. , 2011, 40: 5361 - 5388.

[14] BHONGALE C J, CHANG C W, LEE C S, et al. Relaxation dynamics and structural characterization of organic nanoparticles with enhanced emission. J Phys Chem B, 2005, 109: 13472.

[15] GRIMME S. Do special noncovalent π - π stacking interactions really exist?. Angew Chem Int Ed, 2008, 47:3430.

[16] SAIGUSA H, LIM E C. Excited-state dynamics of aromatic clusters: correlation between exciton interactions and excimer formation dynamics. J Phys Chem, 1995, 99: 15738.

[17] ITAMI K, OHASHI Y, YOSHIDA J I. Triarylethene-based extended π-systems: programmable synthesis and photophysical properties. J Org Chem, 2005, 70:2778.

[18] XIE Z, YANG B, XIE W, et al. A class of nonplanar conjugated compounds with aggregation-induced emission:Structural and optical properties of 2,5 - diphenyl-1,4 - distyrylbenzene derivatives with all cis double bonds. J Phys Chem B, 2006, 110:20993.

[19] WANG Z, SHAO H, YE J, et al. Dibenzosuberenylidene-ended fluorophores: rapid and efficient synthesis, characterization, and aggregation-induced emissions. J Phys Chem B, 2005, 109:19627.

[20] JIATING H, BIN X, FEIPENG C, et al. Aggregation-induced emission in the crystals of 9,10 - distyrylanthracene derivatives: the essential role of restricted intramolecular torsion. J Phys Chem C, 2009, 113: 9892.

[21] SHIMIZU M, TAKEDA Y, HIGASHI M, et al. 1,4 - bis(alkenyl)-2,5 - dipiperidinobenzenes: minimal fluorophores exhibiting highly efficient emission in the solid state. Angew Chem Int Ed, 2009, 48:3653.

[22] YUAN C X, TAO X T, WANG L, et al. Fluorescent turn-on detection and assay of protein based on lambda (λ)-shaped pyridinium salts with aggregation-induced emission characteristics. J Phys Chem C, 2009, 113:6809.

[23] YANG Z, CHI Z, YU T, et al. Triphenylethylene carbazole derivatives as a new class of AIE materials with strong blue light emission and high glass transition temperature. J Mater Chem, 2009, 19:5541.

[24] HIRANO K, MINAKATA S, KOMATSU M, et al. Intense blue luminescence of 3, 4,6 - triphenyl-α-pyrone in the solid state and its electronic characterization. J Phys Chem A, 2002, 106: 4868.

[25] NING Z J, CHEN Z, ZHANG Q, et al. Aggregation-induced emission (aie)-active starburst triarylamine fluorophores as potential non-doped red emitters for organic light-emitting diodes and cl2 gas chemodosimeter. Adv Funct Mater, 2007, 17: 3799.

[26] LIU Y, TAO X T, WANG F Z, et al. Aggregation-induced emissions of fluorenonearylamine derivatives: a new kind of materials for nondoped red organic light-emitting diodes. J Phys Chem C, 2008, 112:3975.

[27] GAO B R, WANG H Y, HAO Y W, et al. Time-resolved fluorescence study of aggregation-induced emission enhancement by restriction of intramolecular charge transfer state. J Phys Chem B, 2010, 114:128 - 34.

[28] QIN A, LAM J W Y, MAHTAB F, et al. Pyrazine luminogens with "free" and "locked" phenyl rings: understanding of restriction of intramolecular rotation as a cause for aggregation-induced emission. Appl Phys Lett, 2009, 94:253308.

[29] LIU J, LAM J W Y, TANG B Z. Aggregation-induced emission of silole molecules and polymers: fundamental and applications. J Inorg Organomet Polym, 2009, 19: 249 - 85.

[30] HE J, XU B, CHEN F, et al. Aggregation-induced emission in the crystals of 9,10 - distyrylanthracene derivatives: the essential role of restricted intramolecular torsion. J Phys Chem C, 2009,113: 9892.

[31] TONG H, DONG Y Q, HONG Y, et al. Aggregation-induced emission: effects of molecular structure, solid-state conformation, and morphological packing arrange-

ment on light-emitting behaviors of diphenyldibenzofulvene derivatives. J Phys Chem C. 2007, 111:2287 - 94.

[32] YU G, YIN S, LIU Y Q, et al. Structures, electronic states, photoluminescence, and carrier transport properties of 1,1 - disubstituted 2,3,4,5 - tetraphenylsiloles. J Am Chem Soc, 2005, 127:6335 - 46.

[33] LI Z, DONG Y Q, MI B, et al. Structural control of the photoluminescence of silole regioisomers and their utility as sensitive regiodiscriminating chemosensors and efficient electroluminescent materials. J Phys Chem B, 2005, 109:10061 - 6.

[34] REN Y, LAM J W Y, DONG Y Q, et al. Enhanced emission efficiency and excited state lifetime due to restricted intramolecular motion in silole aggregates. J Phys Chem B, 2005, 109:1135 - 40.

[35] PARK C, HONG J I. A new fluorescent sensor for the detection of pyrophosphate based on a tetraphenylethylene moiety. Tetrahedron Lett, 2010, 51:1960.

[36] WANG W, LIN T, WANG M, et al. Aggregation emission properties of oligomers based on tetraphenylethylene. J Phys Chem B, 2010, 114:5983 - 8.

[37] XUE W, ZHANG G, ZHANG D, et al. A new label-free continuous fluorometric assay for trypsin and inhibitor screening with tetraphenylethene compounds. Org Lett, 2010, 12:2274 - 7.

[38] LIU Y, TANG Y, BARASHKOV N N, et al. Fluorescent chemosensor for detection and quantitation of carbon dioxide gas. J Am Chem Soc, 2010,132:13951.

[39] HONG Y N, LAM J W Y, TANG B Z. Aggregation-induced emission: phenomenon, mechanism and applications. Chem Commun, 2009, 4332 - 4353.

[40] LO S C, BURN P L. Development of dendrimers:Macromolecules for use in organic light-emitting diodes and solar cells. Chem Rev, 2007, 107:1097 - 116.

[41] SHIRAKAWA H. The discovery of polyacetylene film: the dawning of an era of conducting polymers (nobel lecture). Angew Chem Int Ed, 2001, 40: 2574 - 2580.

[42] MACDIARMID A G. "Synthetic metals": a novel role for organic polymers (nobel lecture). Angew Chem Int Ed, 2001, 40:2581 - 2590.

[43] HEEGER A J. Semiconducting and metallic polymers: the fourth generation of polymeric materials (nobel lecture). Angew Chem Int Ed, 2001, 40:2591 - 2611.

[44] AKAGI K. Helical Polyacetylene: asymmetric polymerization in a chiral liquid-crystal field. Chem Rev, 2009, 109: 5354 - 401.

[45] MASUDA T. Substituted polyacetylenes. J Polym Sci Part A Polym Chem, 2007, 45:165 - 80.

[46] HUANG C H, YANG S H, CHEN K B, et al. Synthesis and light emitting properties of polyacetylenes having pendent fluorene groups. J Polym Sci Part A Polym Chem, 2006, 44:519 - 31.

[47] LEE W E, KIM J W, OH C J, et al. Correlation of intramolecular excimer emission with lamellar layer distance in liquid-crystalline polymers: verification by the film-

swelling method. Angew Chem Int Ed, 2010, 49:1406.
[48] YANARI S S, BOVEY F A, LUMRY R. Fluorescence of styrene homopolymers and copolymers. Nature, 1963,200:242 - 244.
[49] QIN A J, JIM C K W, TANG Y H, et al. Aggregation-enhanced emissions of intramolecular excimers in disubstituted polyacetylenes. J Phys Chem B, 2008, 112:9281 - 9288.
[50] YUAN W Z, QIN A J, LAM J W Y, et al. Disubstituted polyacetylenes containing photopolymerizable vinyl groups and polar ester functionality:polymer synthesis, aggregation-enhanced emission, and fluorescent pattern formation. Macromolecules, 2007, 40:3159 - 3166.
[51] CHEN J W, XIE Z L, LAM J W Y, et al. Silole-containing polyacetylenes. synthesis, thermal stability, light emission, nanodimensional aggregation, and restricted intramolecular rotation. Macromolecules, 2003, 36:1108 - 1117.
[52] YUAN W Z, ZHAO H, SHEN X Y, et al. Luminogenic polyacetylenes and conjugated polyelectrolytes: synthesis, hybridization with carbon nanotubes, aggregation-induced emission, superamplification in emission quenching by explosives, and fluorescent assay for protein quantitation. Macromolecules, 2009,42:9400 - 9411.
[53] PU K Y, CAI L, LIU B. Design and synthesis of charge-transfer-based conjugated polyelectrolytes as multicolor light-up probes. Macromolecules, 2009, 42:5933 - 5940.
[54] PU K Y, LIU B. Conjugated polyelectrolytes as light-up macromolecular probes for heparin sensing. Adv Funct Mater, 2009, 19:277 - 284.
[55] JIM C K W, QIN A J, LAM J W Y, et al. Aggregationinduced emission enhancement of polyacetylenes. Polym Mater Sci Eng, 2007, 96:414 - 415.
[56] CHEN J W, PENG H, LAW C C W, et al. Hyperbranched poly(phenylenesilolene)s:synthesis, thermal stability, electronic conjugation, optical power limiting, and cooling-enhanced light emission. Macromolecules, 2003,36:4319 - 4327.
[57] LIU J Z, ZHONG Y C, LAM J W Y, et al. Hyperbranched conjugated polysiloles: synthesis, structure, aggregation-enhanced emission, multicolor fluorescent photopatterning, and superamplified detection of explosives. Macromolecules, 2010, 43: 4921 - 4936.
[58] LIU J Z, ZHENG R H, TANG Y H, et al. Hyperbranched poly(silylenephenylenes) from polycyclotrimerization of a2 - type diyne monomers:Synthesis, characterization, structural modeling, thermal stability, and fluorescent patterning. Macromolecules, 2007, 40: 7473 - 7486.
[59] LIU J Z, ZHONG Y C, LU P, et al. A superamplification effect in the detection of explosives by a fluorescent hyperbranched poly(silylenephenylene) with aggregation-enhanced emission characteristics. Polym Chem, 2010, 1:426 - 429.
[60] QIN A J, LAM J W Y, TANG L, et al. Polytriazoles with aggregation-induced emission characteristics: synthesis by click polymerization and application as explosive chemosensors. Macromolecules, 2009, 42: 1421 - 1424.

[61] QIN A, TANG L, LAM J W Y, et al. Metal-free click polymerization: synthesis and photonic properties of poly(aroyltriazole)s. Adv Funct Mater, 2009, 19: 1891 - 1900.

[62] WANG J, MEI J, YUAN W, et al. Hyperbranched polytriazoles with high molecular compressibility: aggregation-induced emission and superamplified explosive detection. J Mater Chem, 2011, 21:4056 - 4059.

[63] HONG Y, LAM J W Y, TANG B Z. Aggregation-induced emission. Chem Soc Rev, 2011, 40: 5361 - 5388.

[64] KOKADO K, CHUJO Y. Emission via aggregation of alternating polymers with o-carborane and p-phenylene Ethynylene sequences. Macromolecules, 2009, 42:1418 - 1420.

[65] LIM C S, KANG D W, TIAN Y S, et al. Detection of mercury in fish organs with a two-photon fluorescent probe. Chem Commun, 2010, 46:2388 - 2390.

[66] SOHN H, HUDDLESTON R R, POWELL D R, et al. An electroluminescent polysilole and some dichlorooligosiloles. J Am Chem Soc, 1999, 121:2935 - 2936.

[67] QIN A J J,LAM W Y, TANG B Z. Luminogenic polymers with aggregation-induced emission characteristics. Prog. Polym. Sci, 2012, 37, 182 - 209.

[68] JANG S, KIM S G, JUNG D, KWON H, et al. Aggregation-induced emission enhancement of polysilole nanoaggregates. Bull Korean Chem Soc, 2006, 27:1965 - 1966.

[69] YANG Z Y, YU T, CHEN M N, et al. A monomer and its polymer derived from carbazolyl triphenylethylene with aggregation-induced emission effect characteristics. Acta Polym Sin, 2009, 6:560 - 565.

[70] YANG Z, CHI Z, YU T, et al. Triphenylethylene carbazole derivatives as a new class of AIE materials with strong blue light emission and high glass transition temperature. J Mater Chem, 2009, 19:5541 - 5546.

[71] LIU L, ZHANG G X, XIANG J F, et al. Fluorescence "turn on" chemosensors for ag+ and hg2+ based on tetraphenylethylene motif featuring adenine and thymine moieties. Org Lett, 2008, 10, 20, 4581 - 4584.

[72] JIA X B, ZHONG W H, ZHAN Y, et al. White-light emission from a single heavy atom-free molecule with room temperature phosphorescence, mechanochromism and thermochromism. Chem Sci, 2017, 8:1909.

第4章 聚硅氧烷发光材料

含硅有机物的发光材料研究历史较为长久，Bekiari 和 Lianos 于 1998 年报道了含硅的非传统发光材料——一种交联的溶胶-凝胶型产物，称为氨基硅。目前聚硅氧烷发光材料从拓扑结构上可分为线性、超支化、交联网状、多面体低聚倍半硅氧烷化合物等。其中超支化聚硅氧烷发光材料因其特殊拓扑结构独树一帜。超支化聚硅氧烷（Hyperbranched Polysiloxanes）作为一种有机-无机杂化高分子，兼具传统有机硅聚合物的耐宽温性、耐候性以及超支化结构的多官能度、低黏度等优点。美国南密西西比大学的 Mathias 课题组于 1991 年首次报道了超支化聚硅氧烷，研究者可根据要求对其进行分子结构设计与合成。目前，用于合成超支化聚硅氧烷的方法主要有硅氢加成法、水解缩聚法。前者存在 Pt/C 催化剂价格高、难于分离的问题；后者存在水解程度难以控制、反应易凝胶的缺陷。2014 年，西北工业大学颜红侠教授课题组设计了一种“酯交换缩聚法”用于合成超支化聚硅氧烷，偶然发现这种超支化聚合物具有聚集诱导发光的特征。自此，该课题组合成了一类以 Si—O—C 为骨架结构的新的非传统 AIE 聚合物，得到了树性大分子（Dimer）概念的提出者 Tomalia 先生的认可。而其结构中杂原子硅与氧的相互作用是其有别于其他 AIE 超支化聚合物发光特征的根本原因。同时，这类超支化聚硅氧烷因不含大芳香族基元而具有低细胞毒性、良好的生物相容性和环境友好性等特点，其表面大量的活性官能团易于功能化，可广泛应用于离子探针、细胞成像、药物控释、防伪加密火炸药检测等领域。

4.1 超支化聚硅氧烷发光材料

4.1.1 常见 AIE 超支化聚硅氧烷的结构与发光性能

常见超支化聚硅氧烷的结构是以 Si—O—C 为主链的超支化聚合物，是以硅烷单体和二元醇通过酯交换缩聚法合成的，通过改变硅烷单体和二元醇的结构可以合成一系列结构不同的超支化聚硅氧烷（见图 4.1），其中 R_1 可为羟基、氨基、环氧基或双键，R_2 是由合成时所用二元醇（如丙二醇、新戊二醇、N -甲基二乙醇胺等）决定的。

这类超支化聚硅氧烷，由于其 Si—O—C 的键角（120°）处于传统聚硅氧烷 Si—O—Si（130°）与脂肪族聚合物 C—O—C（110°）、C—C—C（109°）之间，兼具聚硅氧烷的柔性和脂肪族化合物的刚性，既有利于聚集又能抑制链段的旋转，因此表现出独特的发光特征。影响其发光特征的主要因素包括相对分子质量、端位官能团、富电原子、空间位阻等内在因素与温度、pH、溶剂等外在因素。此外，通过链段骨架结构调节和端位接枝也可以调控其发光性能。

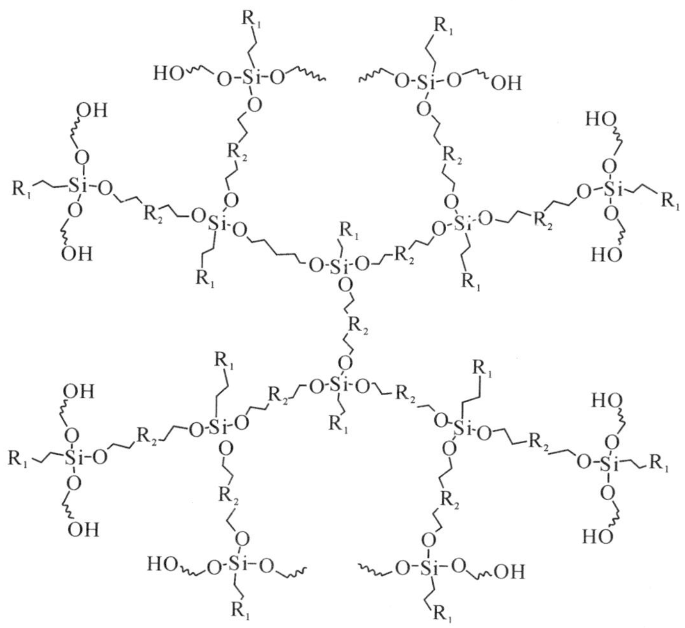

图 4.1　常见超支化聚硅氧烷的结构通式

4.1.1.1　相对分子质量对发光性能的影响

相对分子质量是影响发光性能的重要因素。颜红侠课题组通过乙烯基三乙氧基硅烷与新戊二醇以 1∶1.6、1∶1.8、1∶2.0 摩尔比反应(相应聚合物记为 P1、P2、P3),发现随着摩尔比的增大,聚合物的相对分子质量增大,且荧光强度和紫外吸收强度也随着相对分子质量的增大而变大(见图 4.2)。这与脂肪族类聚合物的研究结果类似:相对分子质量增加致使分子间相互作用增强,分子刚性变大从而限制分子运动,无辐射跃迁耗散能量减少,导致荧光发射强度增大。

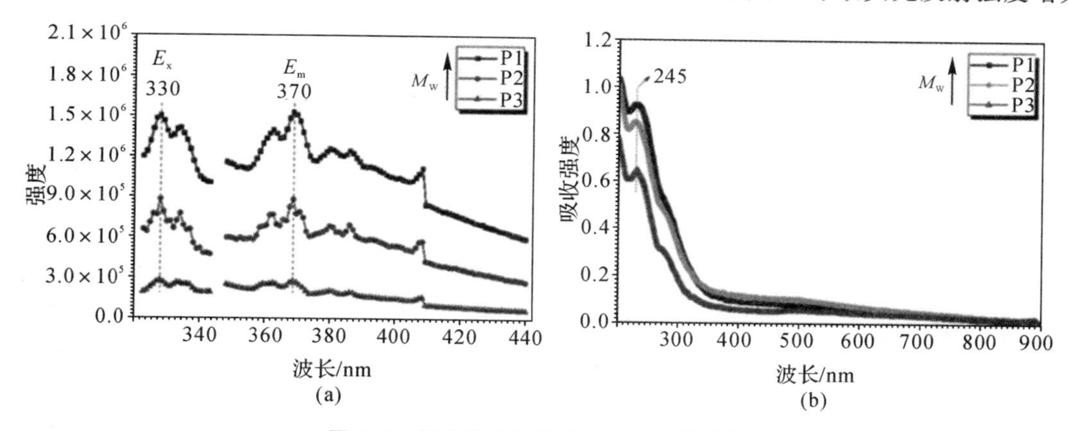

图 4.2　聚合物 P1、P2 和 P3 的光学性能

(a) 激发和发射光谱;(b) 紫外吸收光谱

4.1.1.2　端位官能团对荧光性能的影响

官能团是影响聚合物性质的重要因素,其活性高,对聚合物的发光性能影响大,常见的官

能团有羟基、碳碳双键、环氧基、氨基。颜红侠课题组利用酯交换原理，以3-缩水甘油基氧基丙基三甲氧基硅烷（A-187）、乙烯基三乙氧基硅烷（A-151）、新戊二醇（NPG）等常见硅氧烷和二元醇为原料，通过调节其原料配比，合成了一系列带有不同端位官能团的超支化聚硅氧烷（见图4.3），研究了羟基、双键、环氧基、伯胺等末端官能团对超支化聚硅氧烷发光性能的影响。

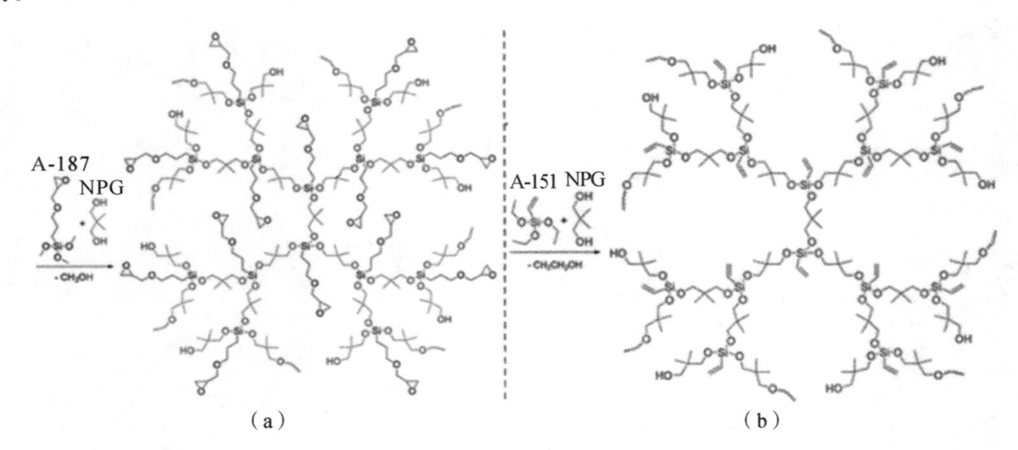

图4.3　超支化聚硅氧烷合成路线

(a) 环氧基；(b) 双键

(1) 羟基对超支化聚硅氧烷发光性能的影响

为了研究羟基对超支化聚硅氧烷性能的影响，颜红侠课题组首先以正硅酸乙酯与新戊二醇进行反应，合成了端位只含有羟基的超支化聚硅氧烷，发现其能发射明亮的荧光。但用乙酰乙酰基封端后，荧光猝灭。因此可知羟基对超支化聚硅氧烷的发光起着不可或缺的作用，如图4.4所示。

(2) 双键对超支化聚硅氧烷荧光性能的影响

双键作为一种常用的发色团，C=C的$\pi \to \pi^*$电子跃迁的能隙小，有助于发光。以乙烯基三乙氧基硅烷与新戊二醇反应，通过调节二者的配比，合成了端位只含有双键的超支化聚硅氧烷和同时含有双键和羟基的超支化聚硅氧烷。发现端位只含有双键的超支化聚硅氧烷也可发射明亮的荧光，而且双键和羟基具有一定的协同增强荧光强度的效果。但这类超支化聚硅氧烷的水溶性很差，只可溶于有机溶剂中，限制了其应用。

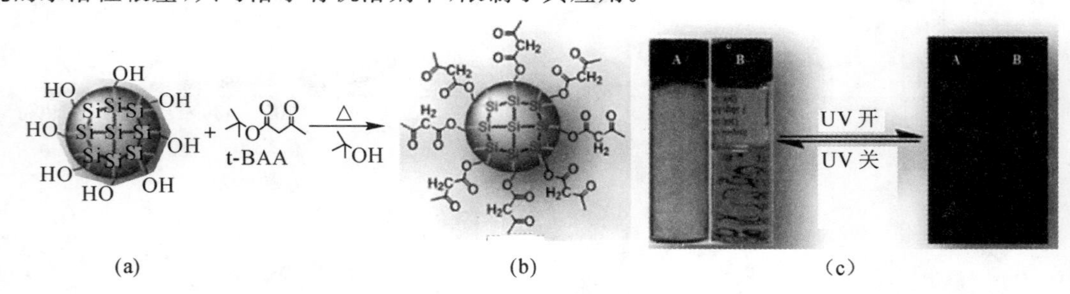

图4.4　端基对超支化聚硅氧烷荧光性能影响

(a) 端羟封端的超支化聚硅氧烷；(b) 乙酰乙酰基封端的超支化聚硅氧烷；

(c)二者在日光和紫外灯下的照片

(3) 环氧基对超支化聚硅氧烷荧光性能的影响

环氧基作为一种功能性的基团，在胶黏剂、纳米粒子的表面改性等方面具有广泛的应用。以 3－缩水甘油基氧基丙基三甲氧基硅烷与新戊二醇为原料[见图 4.3(a)]，同样通过调节二者的配比，合成了端位只含有环氧基的超支化聚硅氧烷（记为 A）和同时含有环氧基和羟基的超支化聚硅氧烷（记为 HBPSi-Ep），发现 HBPSi-Ep 比 A 表现出了更强的紫外吸收和荧光发射（见图 4.5）现象。这表明，端位环氧基不但有利于超支化聚硅氧烷荧光的产生，而且其与羟基的协同作用可以显著增强发光性能，但这类 HBPSi 仍然存在水溶性差的问题。

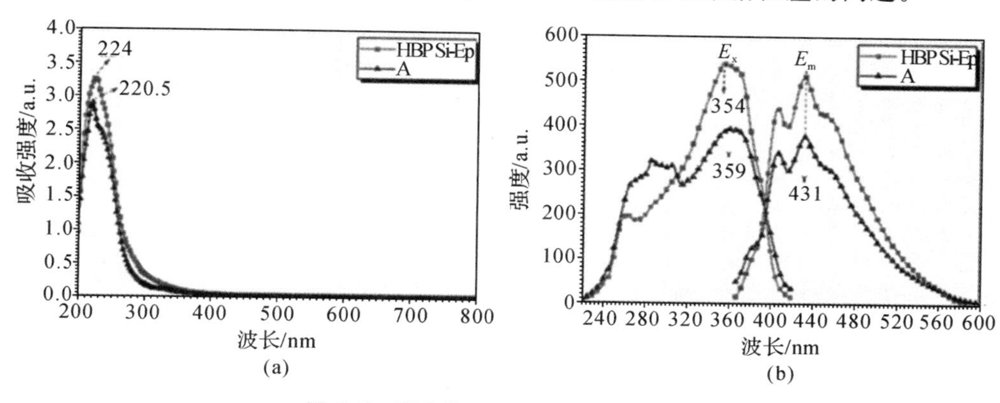

图 4.5　聚合物 HBPSi-Ep 和 A 的光谱

(a) 紫外吸收光谱；(b) 荧光光谱

(4)伯胺对超支化聚硅氧烷荧光性能的影响

伯胺是一种水溶性较好的基团，为了改善聚硅氧烷的水溶性，以 3－氨丙基三乙氧基硅烷分别与新戊二醇(NPG)和 2－甲基 1,3－丙二醇(MPD)按摩尔比 1∶1.9 反应，合成了两种端位同时含有伯胺和羟基的水溶性超支化聚硅氧烷。结果表明，这两种聚合物同样具有浓度依赖和激发依赖的光致发光效应，除了空间位阻的影响外，还发现水解能促使该类聚合物的荧光强度、量子产率和荧光寿命显著提高。为了探索氨基对发光性能的影响，以过量的 3－氨丙基三乙氧基硅烷分别与 NPG 和 MPD 反应。令人意外的是，端位只含有氨基的 HBPSi 几乎不发光。这与含氨基的脂肪族聚合物的发光性能不同，其具体原因可能与其溶解性较强、分子难以聚集有关。

4.1.1.3　富电原子的影响

富电原子如 N、S 和 O 上的孤对电子能与硅原子的 3d 空轨道形成配位键，在这种配位键的作用下，原本简并的硅原子的 3d 轨道产生了 d－d 裂分，在紫外光的激发下，电子吸收能量在裂分的 d 轨道中由基态跃迁到激发态，而在由激发态回到基态的过程中发射荧光。

2015 年，山东大学的冯圣玉课题组报道了一些含有 Si—O—Si 键的超支化聚酰胺-胺发光聚合物，发现其荧光强度与聚合物的代数和浓度呈正比。其中，N→Si 配位键引起的分子聚集（见图 4.6）是其发光的根本原因。

同样地，颜红侠课题组在以 Si—O—C 为骨架的超支化聚硅氧烷中，也发现了这样的配位键作用。XPS 结果表明，该分子之间存在 N→Si 配位键。利用密度泛函理论优化基态构型发现，该分子之间的氢键和 N→Si 配位键促进了分子的聚集，抑制了分子链的运动，使更多的激

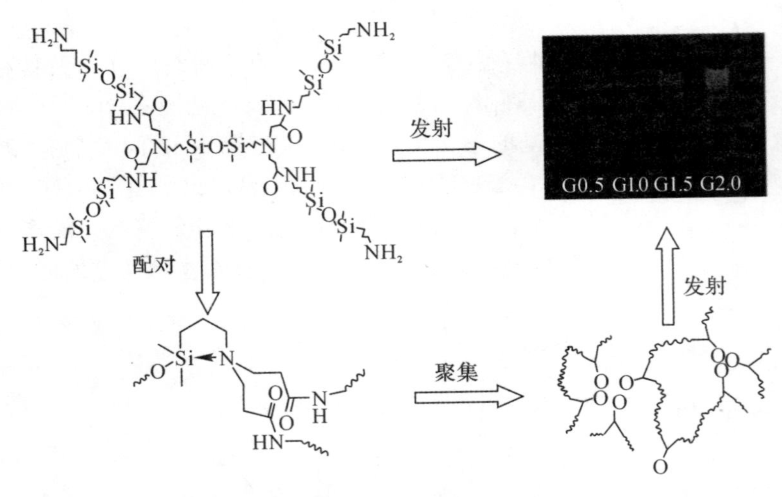

图 4.6　含硅的 PAMAM 发光机理图解

发态能量以辐射发光的形式释放。

4.1.1.4　空间位阻对荧光性能的影响

如前所述，以 3 -氨丙基三乙氧基硅烷（APTES）分别与新戊二醇（NPG）和 2 -甲基 1，3 -丙二醇（MPD）按摩尔比 1∶1.9 反应，合成了两种端位同时含有伯胺和羟基的水溶性超支化聚硅氧烷（分别记为 P1 和 P2，见图 4.7）。发现 P1 的荧光强度比 P2 的高，且其荧光寿命和量子产率均比 P2 的大。这是由于含 NPG 单元的 P1 与含 MPD 单元的 P2 相比，前者因含更多的—CH_3 基团而拥有更强的空间位阻效应，导致荧光中心的旋转、平移等几何运动更容易受限，激发态能量的非辐射衰减更容易受阻，因此产生了更强的荧光。

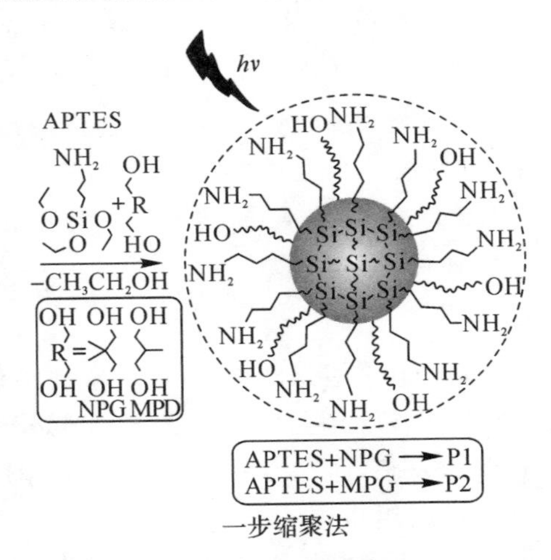

图 4.7　不同空间位阻的超支化聚硅氧烷的合成路线

4.1.1.5　主链结构

从拓扑结构上来讲，目前报道的聚硅氧烷主要有线性聚硅氧烷（Linear Polysiloxane，LPSi）和超支化聚硅氧烷（Hyperbranched Polysiloxane，HBPSi）两类。颜红侠课题组对比研究了超支化结构与线性结构对聚硅氧烷发光性能的影响。他们分别以丙三醇和 1,4 -丁二醇与 3 -氨丙基(二乙氧基)甲基硅烷合成末端含有羟基和氨基的超支化结构 S1 和线性结构 S2(见图 4.8),发现 S1 比 S2 的荧光强度高,这与脂肪类聚合物的研究结果一致。

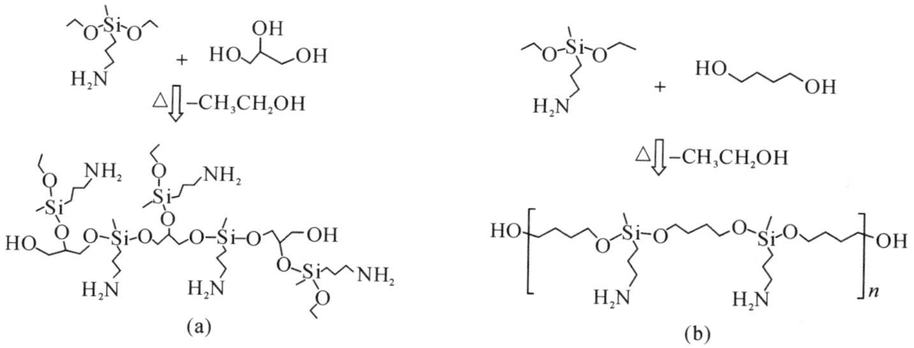

图 4.8　不同拓扑结构聚硅氧烷的合成

(a) S1 合成示意图;(b) S2 合成示意图

4.1.1.6　外界环境

(1)温度

一般来说,对于超支化聚硅氧烷,随着温度升高,其荧光强度降低。例如,以二乙二醇和 3 -氨丙基三乙氧基硅烷为原料合成 HBPSi,随后在其端位接枝 L -谷氨酸后得到 HBPSi-GA(详见 4.1.3.2 节),其荧光强度与温度呈负相关,如图 4.9 所示。

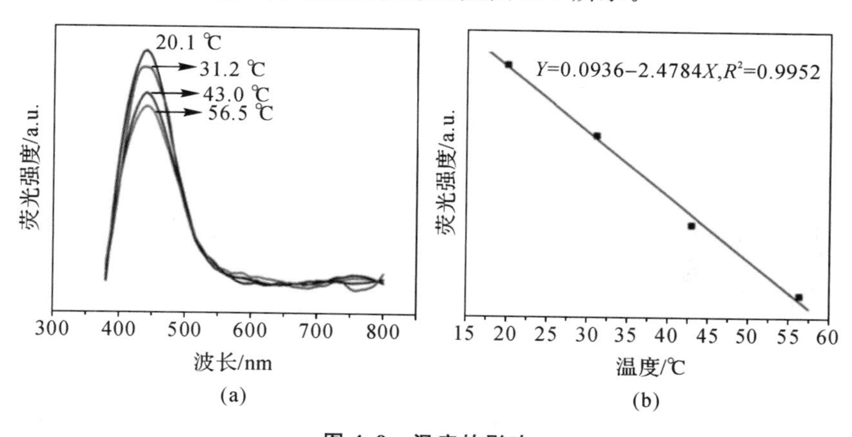

图 4.9　温度的影响

(a) 温度对 HBPSi-GA 水溶液荧光强度的影响(10 mg · mL^{-1});

(b) HBPSi-GA 水溶液荧光强度和温度的线性关系(激发波长 360 nm)

利用圆二色谱仪研究荧光强度与温度的关系,如图 4.9 所示。可以观察到随着温度从 20.1 °C 升高到 56.6 °C,HBPSi-GA 水溶液的荧光强度逐步降低。其原因在于:高温破坏了 HBPSi-GA 分子间的氢键,促进了 HBPSi-GA3 分子内的旋转和震动运动,非辐射跃迁进一步增强,从而降低了 HBPSi-GA 的荧光强度。有趣的是,HBPSi-GA3 的发射强度与 20.1~56.6 °C 的响应窗内的温度呈良好的线性关系(R^2 = 0.995 2)。因此 HBPSi-GA3 有望成为新型的 AIE 温度探针。

(2)pH

pH 对超支化聚硅氧烷的荧光性能有显著影响。例如,以正硅酸乙酯(TEOS)、三乙醇胺(TEA)分别与 N-甲基二乙醇胺(NMDEA)和二甘醇(DEG)反应合成含叔胺的水溶性超支化聚硅氧烷 S1 和 S2,如图 4.10 所示。

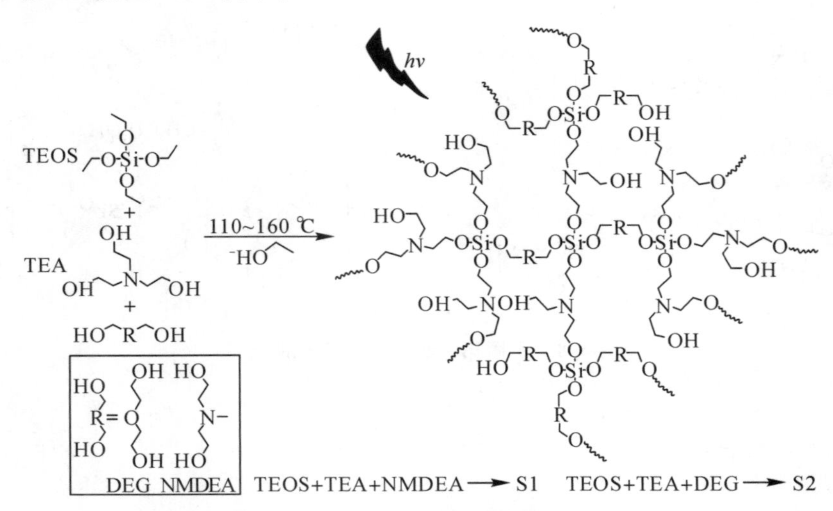

图 4.10　含叔胺的超支化聚硅氧烷的合成及其光致发光现象

用盐酸调节其水溶液(20 mg/mL)的 pH,发现其在不同 pH 条件下表现出不同的发光行为,具有显著的 pH 依赖光致发光特性,如图 4.11 所示。

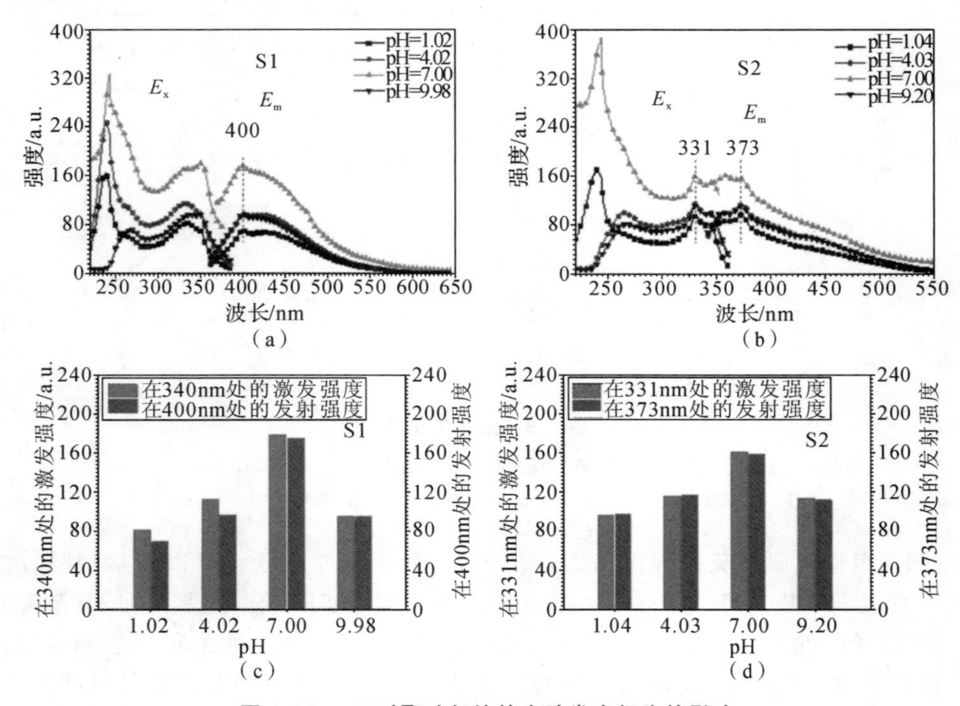

图 4.11　pH 对聚硅氧烷的光致发光行为的影响

(a,b)S1 和 S2 在不同 pH 下的发光行为;(c,d)S1 和 S2 在不同激发波长下 pH 对发光强度的影响可以看出，pH 对溶液中的聚合物构象和荧光性能有很大的影响。需要说明的是，未经酸化的 20 mg/mL 超支化聚硅氧烷 S1 和 S2 水溶液原始 pH 分别是 9.98 和 9.20。随着 pH 由 1 增加到 7，两种聚合物的激发和发射强度均明显增加，然而当 pH 继续增加后，其反而下降。也就是说，当 pH＝7 时，这种超支化聚硅氧烷的荧光强度最大。该现象与目前报道的含端氨基的聚酰胺-胺(PAMAM)和端羧基的聚酰胺酸(PAMAC)树枝状大分子的 pH 依赖发光特性有着显著的不同，后两者的最大发射强度所对应的 pH 分别是 2.5 和 9。当 pH 在 7 附近时，叔胺上的 N 原子几乎全部被质子化。此时，聚合物分子内强烈的电荷-电荷排斥作用使分子刚性增加，导致溶解性下降，同时分子外围的羟基变得更为拥挤，因此荧光增强。溶液 pH 在 7 附近时，由于两聚合物在水中的溶解性降低，导致其溶液均明显出现了白色絮状沉淀物，如图 4.11(c)所示。相比之下，酸性和碱性条件不利于超支化聚硅氧烷的聚集，其溶液荧光较弱。

(3)溶剂

溶剂的极性也会对超支化聚硅氧烷产生影响，例如以 3 -氨丙基三乙氧基硅烷和 N -甲基二乙醇胺为原料合成同时含有叔胺、伯胺、羟基的 HBPSi。图 4.12 为 HBPSi 分别在水、二甲基亚砜(DMSO)、N，N -二甲基甲酰胺(DMF)和二氯甲烷(DCM)中的发射光谱(激发波长为 350 nm)，四种溶剂的极性依次降低。从中可以看出，随着溶剂极性的增强，HBPSi 的荧光强度增大，并伴随有红移现象。这可能是因为极性溶剂能提高激发态稳定性并降低激发态能量，抑制了非辐射跃迁而使荧光增强，同时导致荧光光谱的红移。此外，溶剂的极性对分子构型也会产生一定影响，在极性较强的溶剂中，极性较大的—OH 会聚集在 HBPSi 表面，因而 HBPSi 分子更容易发生自组装，形成紧密的团簇，使荧光增强。值得注意的是，当水作为溶剂时，HBPSi 的荧光强度远远高于其在其余三种溶剂中的荧光强度。这可能是因为 HBPSi 中存在能与水形成氢键的—OH 和—NH_2，在氢键的驱动下促进了 HBPSi 的聚集，从而极大地提高了其荧光强度。

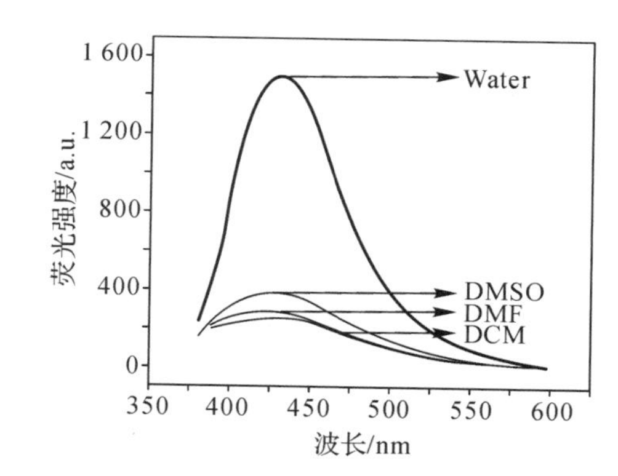

图 4.12　HBPSi 在不同极性溶剂中($5\ mg \cdot mL^{-1}$)的发射($\lambda_{ex} = 350\ nm$)光谱

4.1.2　含羰基聚硅氧烷中共轭链段对其荧光性能的影响

常见的以硅氧烷单体和二元醇合成的超支化聚硅氧烷的发光性能存在荧光强度不高、量子产率普遍偏低、荧光寿命短等问题，并且发光颜色单一且主要集中在蓝光区。

为了提高超支化聚硅氧烷的荧光性能，颜红侠课题组结合经典发色理论，将传统的助色基团羰基引入聚硅氧烷的骨架结构中，通过调节羰基和双键在结构中的相对位置，改变其空间共轭环的大小和数量，不仅可以使超支化聚硅氧烷的量子产率提高到43.9%(见表4.1)，而且可以拓宽超支化聚硅氧烷的荧光色谱，使其从只发单一的蓝色光拓展到绿色、红色等。

表4.1 不同结构HBPSi的量子产率和荧光寿命

编号	单体A	单体B	量子产率/(%)	荧光寿命/ns
1	3-氨基丙基(二乙氧基)甲基硅烷	丙三醇	4.2	5.87
2	乙烯基三乙氧基硅烷	新戊二醇	3.68	4.88
3	3-缩水甘油基氧基丙基三甲氧基硅烷	新戊二醇	4.61	4.3
4	3-氨丙基三乙氧基硅烷	新戊二醇	8.18	8.41
5	3-氨丙基三乙氧基硅烷	2-甲基1,3-丙二醇	5.72	7.88
6	正硅酸乙酯、三乙醇胺	N-甲基二乙醇胺	5.79	1.02
7	正硅酸乙酯、三乙醇胺	一缩二乙醇胺	11.99	1.57
8	乙烯基三乙氧基硅烷	丙二酸	43.9	0.85

基于Si—O的类双键特征，结合密度泛函理论(DFT)与含时密度泛函理论(TD-DFT)，对结构进行理论计算，提出了硅桥增强发光"Silicon-Bridge Enhanced Emission"(SiBEE)以及多环诱导多色的发光机制。

4.1.2.1 含长局部共轭链段的超支化聚硅氧烷及其荧光性能

以二元酸替代二元醇，与硅烷单体通过亲核取代反应可以简单、快捷地将羰基引入超支化聚硅氧烷的骨架结构中，形成具有O=C—O—Si—C=C局部共轭的链段结构[见图4.13(b)]，DFT理论计算表明这种局部共轭链段有利于聚集后的超分子形成大的空间共轭环。

例如，以丙二酸和乙烯基三乙氧基硅烷为原料合成同时含有羰基和双键的具有较长局部共轭链段的超支化聚硅氧烷P1。作为对比，以正硅酸乙酯与丙二酸为原料合成只含羰基的超支化聚硅氧烷P2，以乙烯基三乙氧基硅烷与丙二醇合成只含双键的超支化聚硅氧烷P3，如图4.13(a)所示。

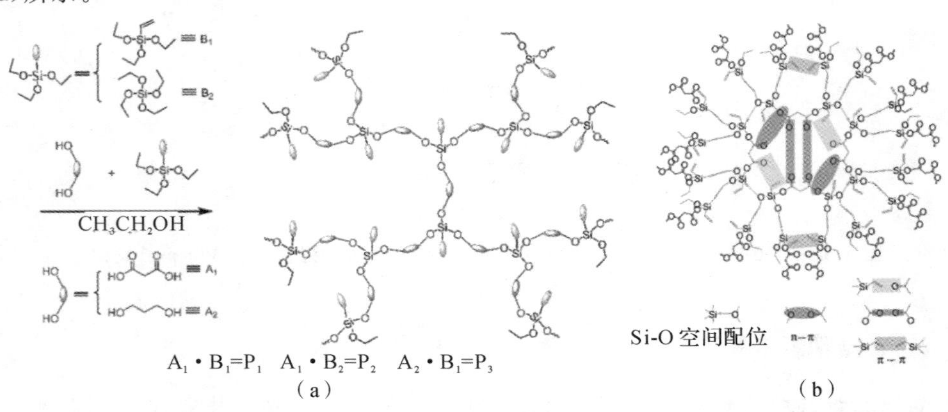

图4.13 超支化聚硅氧烷的结构与荧光性能

(a) P1,P2,P3的合成路线;(b)局部链段共轭与空间共轭示意图

三者的量子产率分别为 43.9%、16.3%以及 10.5%(见表 4.2)。其中 P1 的量子产率是目前文献报道的非共轭荧光聚合物的绝对荧光量子产率的最大值,解决了该领域长期以来量子产率低的难题。

表 4.2　纯 P1、P2 和 P3 的光学性能

低聚物	λ_{em}/nm (强度)	Φ /(%)[a]	τ/(ns)[b]
P1	385 (316159)	43.9	0.85
P2	400 (63309)	16.3	4.29
P3	388 (153665)	10.5	4.16

为了深入探究 P1 的光致发光特性,本书研究了其在不同浓度下的光学性能(见图 4.14)。可以看出,浓度为 2～200 mg/mL 的 P1 乙醇溶液,在 365 nm 的紫外灯的照射下随着浓度的增加,P1 溶液的荧光发光强度逐渐增大,表现出明显的聚集增强发光的特点(见图 4.15)。同时,所有发射峰的位置均处在 430 nm 左右,且强度随着浓度的增大逐渐增强。

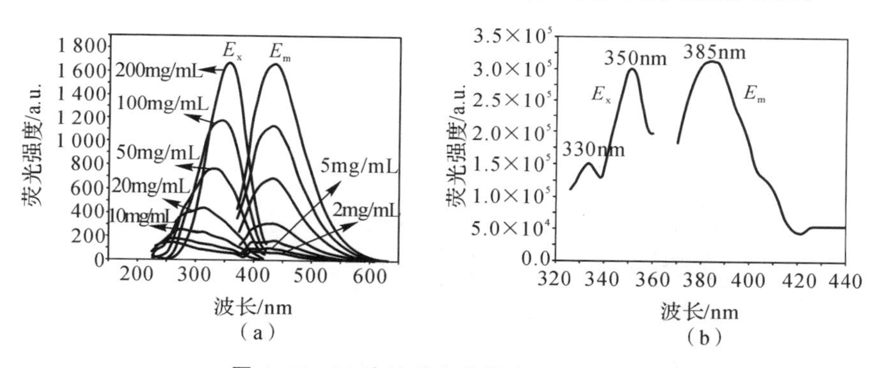

图 4.14　P1 在溶液和聚集态下的光谱图

(a) P1 的乙醇溶液在不同浓度下的荧光光谱;(b) 纯 P1 的激发与发射光谱

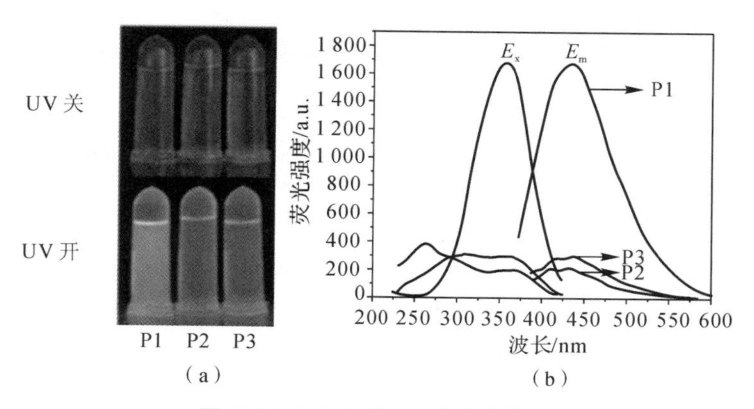

图 4.15　P1、P2 和 P3 的荧光性能

(a)在 365 nm 紫外灯下的荧光照片;(b) 荧光谱图 (λ_{ex}= 350 nm)

为了进一步从理论上对其荧光机理进行理解,首先采用密度泛函理论得到 P1、P2 与 P3 在优化构型下的能级以及不同分子数量下的 P1 的能级。为了简化计算过程,首先算 P1 的四种分子模型(仅采用一代分子,并且分子数量从 1 增加到 4,以代表不同的浓度)。其结果如图 4.16 所示,优化结构表明,由于分子间 H…O 强相互作用(2.415Å,2.686Å,2.733Å,2.760Å,2.789Å 和 2.862Å)、Si-O 之间的配位作用以及羰基与双键之间的相互堆叠作用,分子会团聚成"簇",形成一个大的空间共轭环(见图 4.17)。同时,对 P1 一代分子不同个数的优化构象的 HOMO-LUMO 能级进行计算,相应的计算结果表明,随着分子数目的增加,能级差不断降低,更易被激发至激发态,同时其紧密的分子构象更易以荧光的形式释放能量回到基态(见表 4.3)。

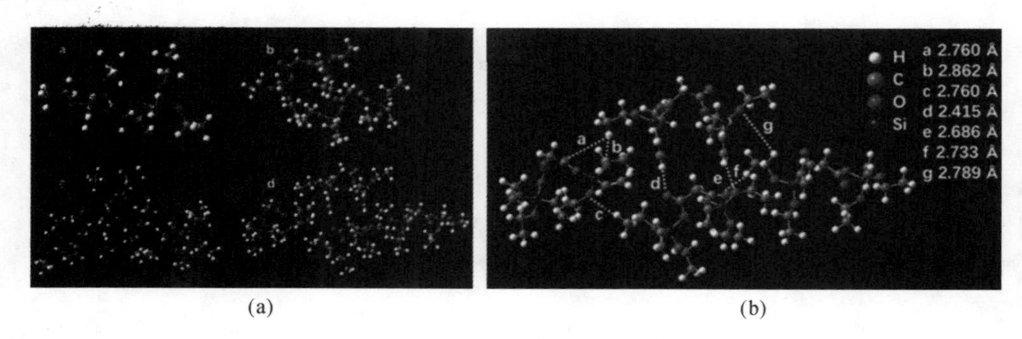

(a) (b)

图 4.16 P1 的密度泛函理论计算结果

(a) P1 一代分子数目由 1 增加到 4 (a~d) 时的优化分子构象;

(b)由分子间 H…O 强相互作用引起的四个一代 P1 分子之间的聚集及其距离

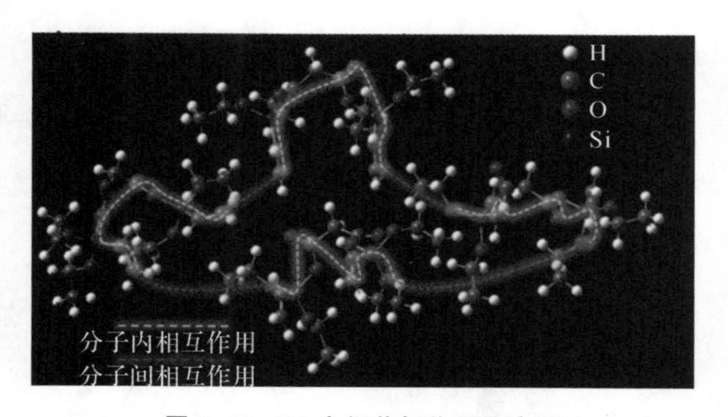

图 4.17 P1 空间共轭作用示意图

表 4.3 分子数量为 1~4 的 P1 HOMO-LUMO 能级计算结果

分子数量	E_{HOMO}/a. u.	E_{LUMO}/a. u.	能级差/a. u.	能级差/eV
1	−0.267	−0.019	0.247	6.738
2	−0.265	−0.020	0.245	6.668
3	−0.256	−0.047	0.209	5.689
4	−0.256	−0.051	0.204	5.573

另外,对比 P1、P2 以及 P3 分子的计算结果(见表 4.4)发现,与 P1 相比,P2 和 P3 的分子构象聚集相对松散,且能级差更高。这也是 P1 拥有最高的荧光量子产率与荧光强度的主要原因。

表 4.4　分子数量为 4 的 P1、P2 和 P3 HOMO - LUMO 能级计算结果

聚合物	E_{HOMO}/a. u.	E_{LUMO}/a. u.	能级差/a. u.	能级差/eV
P1	−0.256	−0.051	0.204	5.573
P2	−0.266	−0.017	0.249	6.783
P3	−0.262	−0.004	0.257	7.002

利用含时密度泛函理论(TD - DFT)计算四个一代 P1、P2 以及 P3 分子在激发态(Sn)下的振子强度(见图 4.18),尽管仅仅采用一代的四个分子作为模型,但理论计算模拟所得到的 P1、P2 以及 P3 紫外吸收预测谱图与真实的实验测试结果也基本保持一致(见图 4.19)。同时,P1 的振子强度是三种聚合物中最高的(见表 4.5)。这意味着在激发后,P1 通过非辐射通道耗散的能量最少,通过荧光耗散的能量最多(见图 4.20)。综合计算结果和实验分析,在羰基、碳碳双键以及类双键 Si—O 的协同作用下可以促使 P1 形成超分子而产生"空间共轭效应"。并且,当羰基、碳碳双键以及类双键 Si—O 在链段中处于局部共轭的位置时,有利于形成大的平面性较好的空间共轭结构,从而使 P1 表现出高的量子产率及荧光强度。

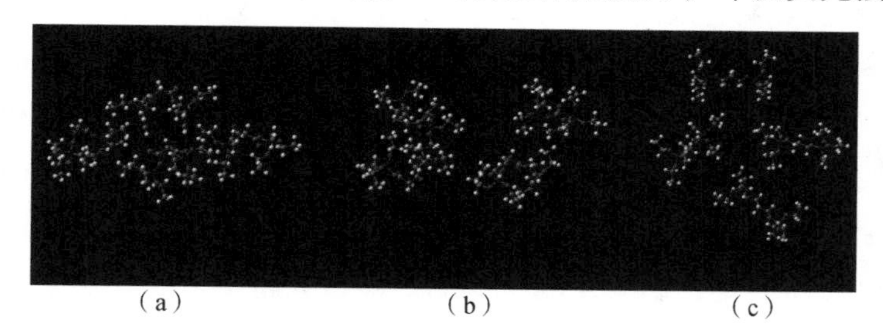

(a)　　(b)　　(c)

图 4.18　分子数量为 4 的一代结构优化图

(a) P1;(b) P2;(c) P3

表 4.5　P1、P2 和 P3 的一代分子的振子强度的理论计算结果

低聚物	P1	P2	P3
激发能量/nm	200.27	200.86	208.30
振子强度	0.016 2	0.004 6	0.007 8

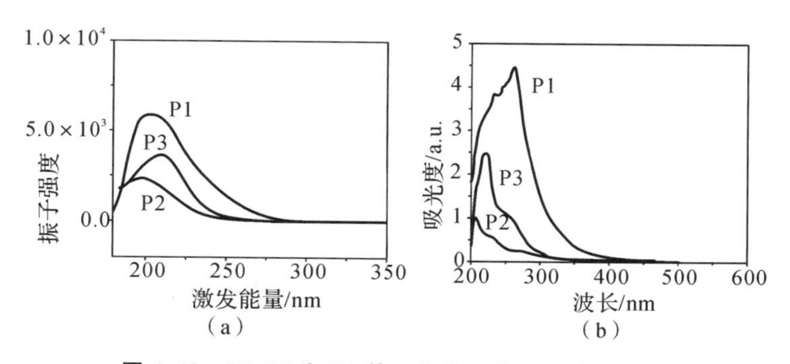

图 4.19　P1、P2 和 P3 的一代分子的理论计算结果

(a) 理论激发能量;(b) 理论吸收波长

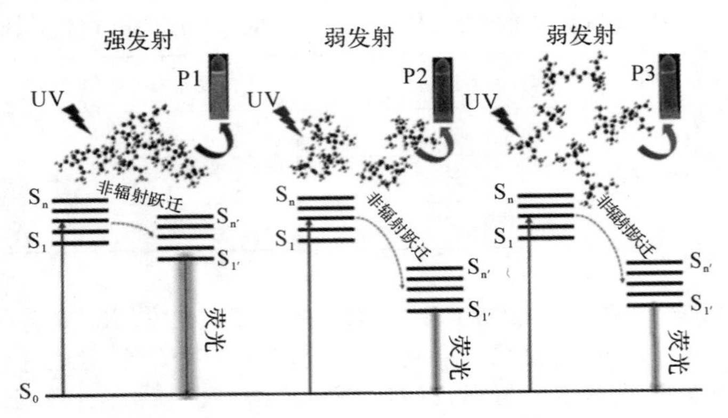

图 4.20　P1、P2 和 P3 的荧光机理示意图

4.1.2.2　含短局部共轭链段的超支化聚硅氧烷及其荧光性能

调节羰基和双键在超支化聚硅氧烷结构中的相对位置，以甲基丙烯酰氧基丙基三乙氧基硅烷和 1,3 -丙二醇为原料合成超支化聚硅氧烷 P4。这样，只有羰基和双键处于局部共轭的链段结构 O=C−C=C，而 Si—O 键不能与羰基和双键处于局部链段共轭，即与以丙二酸和乙烯基三乙氧基硅烷为原料合成的超支化聚硅氧烷 P1 相比，该超支化聚硅氧烷 P4 含有较短的局部共轭链段。与之结构类似，以甲基丙烯酰氧基丙基甲基二乙氧基硅烷和 1,3 -丙二醇为原料合成线性的聚硅氧烷 P5，使羰基和双键也处于局部共轭的位置（见图 4.21），除了可以研究类双键 Si—O 键对发光性能的影响外，还可以进一步研究超支化结构和线性结构对发光性能的影响。

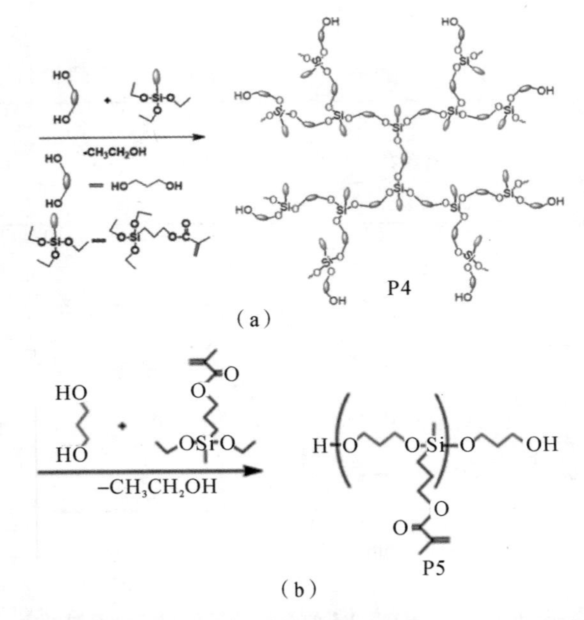

图 4.21　不同共轭链段的线性和超支化聚硅氧烷的合成及荧光性能研究

(a) P4 的合成路线；(b)P5 的合成路线；(d) P5 的合成路线

研究发现,超支化聚硅氧烷 P4 的荧光与紫外吸收光谱均明显高于线性聚硅氧烷 P5 相应的光谱(见图 4.22)。其绝对量子产率与荧光寿命也较高,P4 与 P5 的绝对量子产率分别为 7.71%与 1.12%,荧光寿命分别为 1.0 ns 与 0.57 ns。特别是,P4 在较低的能量(日光照射)下就可以发出蓝色荧光,且在不同波长的激发下可发射多种颜色的光,表现出一种激发范围宽、激发波长长的特点。P4 在 330～380 nm、440～490 nm 或 510～560 nm 的激发波长范围内分别可以发射出不同颜色的荧光。与之相反,线性聚硅氧烷 P5 只能在 330～380 nm 的激发波长范围内发出轻微的蓝色荧光。这一实验结果不仅说明超支化的聚硅氧烷相对于线性的聚硅氧烷更易于发光,且发射波长更加红移。另外,与局部共轭链段较长的 P1 对比,说明局部共轭链段越长,超支化聚硅氧烷的荧光量子产率越高,在 P4 所形成的超分子聚合物发光簇中,Si—O 键虽不能与羰基和双键形成局部共轭链段,但通过硅桥增强发光"Silicon-Bridge Enhanced emission"作用,能使其发光波长红移。

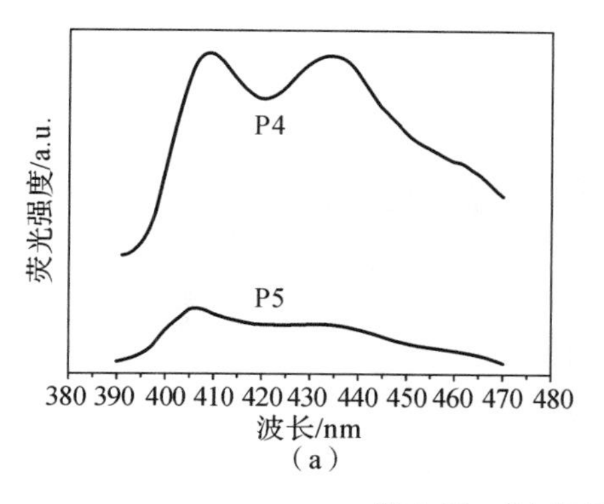

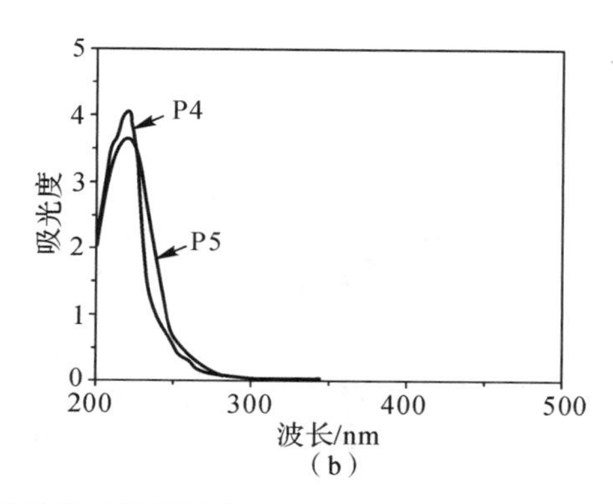

图 4.22　P4 和 P5 的发光性能研究

(a) 荧光发射光谱图(100 mg/mL, λ_{ex}= 360 nm);(b) 紫外吸收光谱图(100 mg/mL)

另外,通过 DFT 理论计算优化其基态结构,之后利用 TDDFT 计算其激发能与振子强度发现,P4 分子可以较为紧密地组装在一起,而 P5 分子的构象则较为松散(见图 4.23)。这是因为 P4 分子拥有更多的端羟基,有利于聚集体的形成。同时 P4 的振子强度高于 P5(见表 4.6),这意味着在激发后,P4 通过非辐射通道耗散的能量最少,通过荧光耗散的能量最多。

表 4.6　不同分子数优化结构的 HOMO - LUMO 能级差与振子强度结果

聚合物	E_{HOMO}/a. u.	E_{LUMO}/a. u.	能极差/a. u.	能极差/eV	激发能量/nm	振子强度
P4	−0.237	−0.053	0.184	5.018	203.5	0.132 3
P5	−0.267	−0.039	0.229	6.218	204.3	0.107 4

进一步的密度泛函理论(DFT)计算表明,当 P4 的分子聚集时,由于其具有一个功能基团丰富同时链长较长的侧链,其在形成最优构象的聚集体时,空间的共轭与电子交流不仅存在于整个分子的大环中,同时也存在于侧链与相邻分子的小环中,形成"多环空间共轭"(Multi-

Ring Through-Space Conjugation)。因此,我们可以发现其中的规律,那就是存在多色发光特性的聚合物,在其聚集体形貌中均可以发现多个共轭环,这与能够多色发光的量子点类似,即不同尺寸的环通过激发能够发出不同颜色的光,大环对应长波长的光,小环对应短波长的光。作为对比,超支化聚硅氧烷 P1 仅有一个单一的共轭环,如图 4.24 所示。

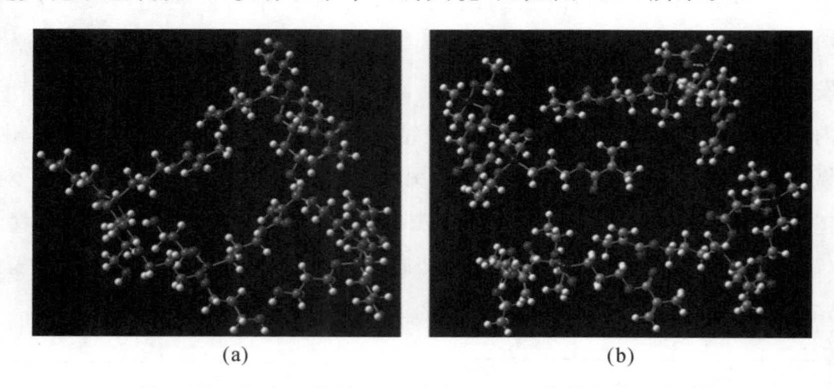

(a) (b)

图 4.23 四个一代的 P4 (a) 与 P5 (b)的优化分子构象

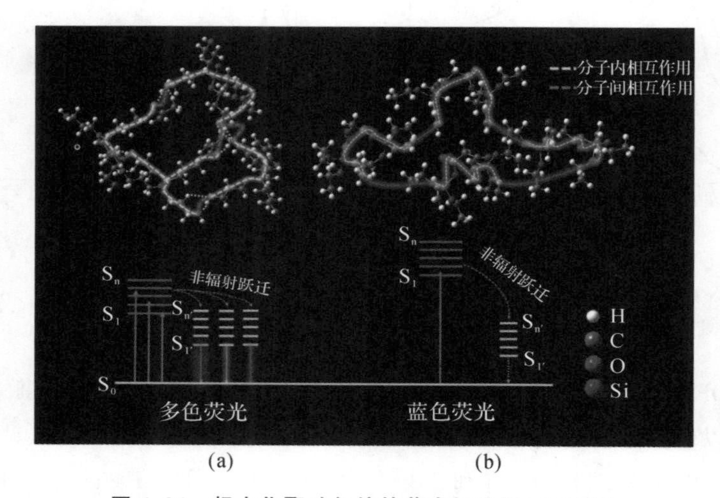

(a) (b)

图 4.24 超支化聚硅氧烷的荧光机理图(见彩插)

(a)四个一代的 P4 分子的聚集态和多环诱导多色荧光的示意图;(b)单独空间共轭环诱导蓝色荧光的示意图

4.1.3 端位接枝超支化聚硅氧烷及其荧光性能

端位接枝是一种重要的改性方法,不同于调控聚合物骨架结构,端位官能团接枝不仅可以从反应原料入手对超支化聚硅氧烷的发光性能进行调控,也可以在后期对合成产物的物理化学性质(如稳定性、溶解性、发光性、载药性等)进行调控。

4.1.3.1 聚醚胺接枝超支化聚硅氧烷

为提高超支化聚硅氧烷的水溶性,西北工业大学颜红侠课题组将含有环氧基的超支化聚硅氧烷(HBPSi-Ep)用端羧基聚醚(MA-Polyether)进行部分封端(见图 4.25)。研究发现,经过聚醚改性的超支化聚硅氧烷,不仅水溶性提高,而且平均荧光寿命和绝对量子产率也分别由

4.30 ns 和 4.61%增加到了 8.89 ns 和 7.30%，荧光强度也有很大程度的增加(见图 4.26)。原因在于经聚醚改性的聚合物，亲疏水效应和氢键作用会进一步聚集，抑制了链段的旋转而增加荧光。

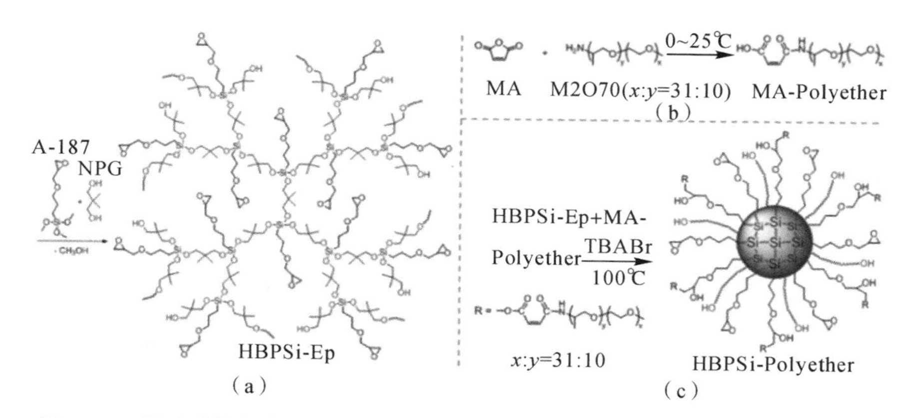

图 4.25 聚醚胺接枝含环氧基的超支化聚硅氧烷(HBPSi-Polyether)的合成示意图

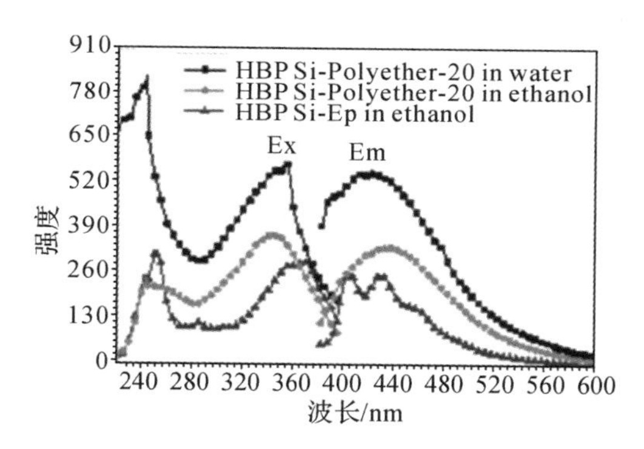

图 4.26 聚醚胺对含环氧基超支化聚硅氧烷(HBPSi-Ep)的荧光强度影响

4.1.3.2 谷氨酸接枝超支化聚硅氧烷

L-谷氨酸不仅具有良好的水溶性，而且具有优异的生物相容性，以其接枝超支化聚硅氧烷，不仅能提高超支化聚硅氧烷的水溶性和生物相容性，同时，其丰富的羧基和氨基基团可为超支化聚硅氧烷提供氢键，提高超支化聚硅氧烷的聚集能力而增强荧光性能，从而赋予超支化聚硅氧烷新的功能。西北工业大学颜红侠课题组以二乙二醇和 3-氨丙基三乙氧基硅烷为原料，合成了含有伯胺、羟基和醚键的超支化聚硅氧烷。随后将不同含量的 L—谷氨酸接枝到超支化聚硅氧烷表面，合成一系列谷氨酸接枝的超支化聚硅氧烷(HBPSi-GA)。研究发现，随着 L-谷氨酸比例的增大，HBPSi-GA 的荧光强度和量子产率均显著增强。特别是，这类超支化聚硅氧烷具有“多吸收、多激发、双发射”的光学特征，同时随着浓度的增大，其在 380 nm 处的发射强度变弱，而在 450 nm 处的发射强度变强(见图 4.27)，说明在这种超支化聚硅氧烷中可发生“共振能量转移”。

另外，接枝前、后聚集体的形貌发生了明显的变化。接枝前的超支化聚硅氧烷在

50 mg·mL^{-1} 水溶液中自组装成梭状形貌，而接枝后的 HBPSi－GA3 则自组装成类似于锁链结构(见图 4.28)。DFT 计算进一步表明，超支化聚硅氧烷的荧光性能与其自组装形貌密切相关。接枝后的超支化聚硅氧烷聚集程度更高，有利于空间共轭环的形成，减少了非辐射能损耗，使得更多激发态能量通过辐射途径耗散而产生荧光。此外，L－谷氨酸的引入增加了 HBPSi 的生物相容性，具有较好的成骨细胞成像功能，为其在航天员骨密度的检测中奠定了基础。

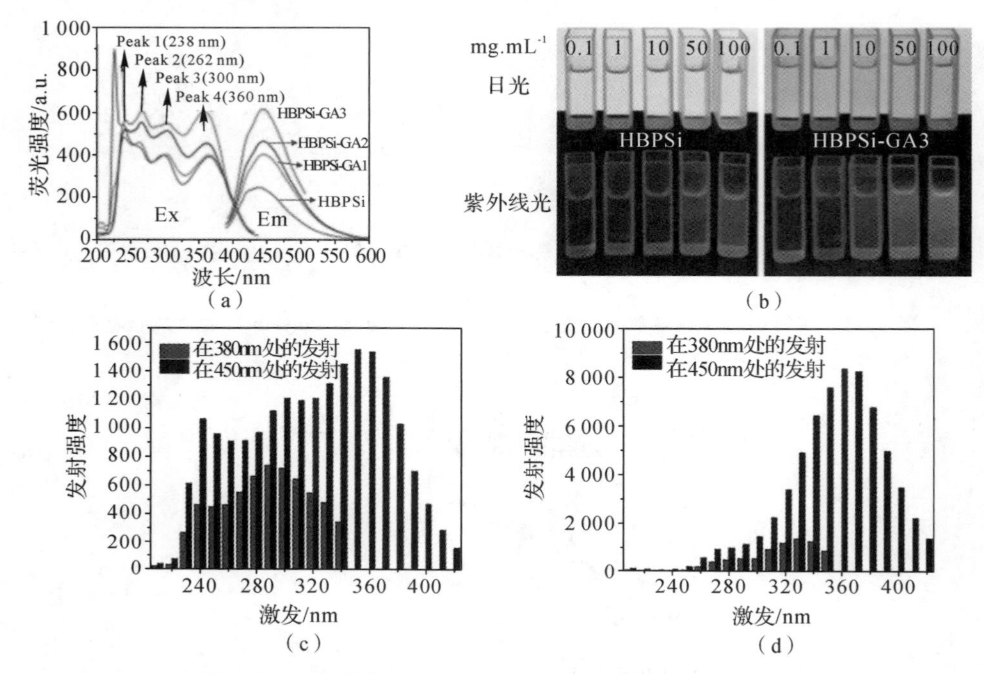

图 4.27　L一谷氨酸接枝超支化聚硅氧烷的荧光性能研究

(a)L－谷氨酸的接枝量对 HBPSi-GA 的荧光强度的影响；(b)日光及紫外灯下 HBPSi-GA 的照片；

(c)10 mg·mL^{-1} HBPSi-GA3 水溶液在 380 nm 和 450 nm 激发下的发射峰强度；

(d)100 mg·mL^{-1}；HBPSi-GA3 水溶液在 380 nm 和 450 nm 激发下的发射峰强度

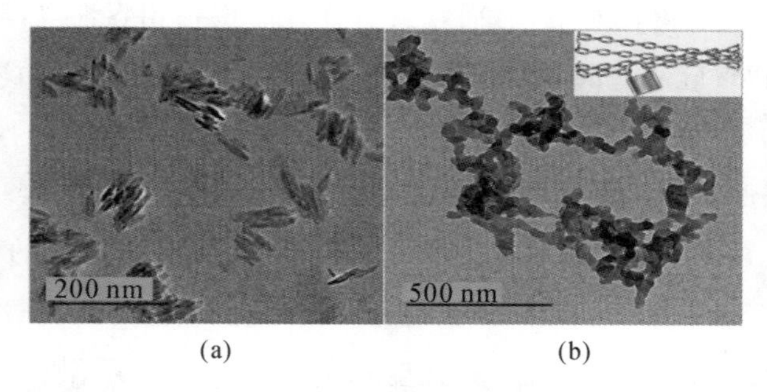

图 4.28　HBPSi 和 HBPSi-GA3 在 50mg mL 水溶液中自组装体的 TEM 图

(a) HBPSi；(b) HBPSi-GA3

4.1.3.3　环糊精接枝超支化聚硅氧烷

利用氨丙基三乙氧基硅烷(KH－550、APTES)和 N－甲基二乙醇胺通过酯交换缩聚法可合成一种含有羟基、伯胺和叔胺的 HBPSi，之后将不同含量的 β-环糊精接枝到 HBPSi 结构中，合成了一系列 β-环糊精修饰的 HBPSi(HBPSi-CD)(见图 4.29)。结果表明，随着 β-环糊精含量的增加，HBPSi-CD 的量子产率和荧光强度不断提高(见图 4.30)，HBPSi、HBPSi-CD1 和 HBPSi-CD2 的绝对量子产率分别为 12.24%、13.13% 和 18.72%。DFT 计算和 XPS 结果表明，HBPSi 和 HBPSi-CD 分子之间的氢键和 N→Si 配位键促进了分子的自组装，导致 N、O 原子进行相互作用形成空间共轭环，抑制了分子链的运动，使更多的激发态能量以辐射发光的形式释放(见图 4.30)。与 HBPSi 相比，β-环糊精的引入增强了 HBPSi-CD 分子间的氢键作用，促使聚合物形成的自组装体更加紧密，体系结构的刚性增强，从而提高了其荧光强度，且由于聚合物结构中氧原子密度的提高使空间共轭环增大，导致 HBPSi 的发射峰出现明显的红移。β-环糊精的引入显著提高了 HBPSi 的生物相容性，使其不仅能够作为荧光探针点亮小鼠成骨细胞，而且能够作为药物载体负载布洛芬，在细胞成像及药物控释等领域具有潜在的应用。

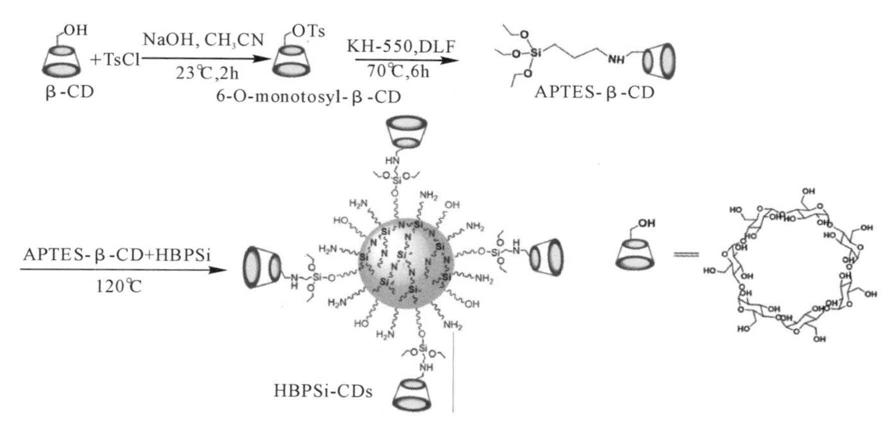

图 4.29　β-环糊精接枝超支化聚硅氧烷的合成路线

(DMF：N,N-二甲基甲酰胺；TsCl：对甲基苯基磺酰氯)

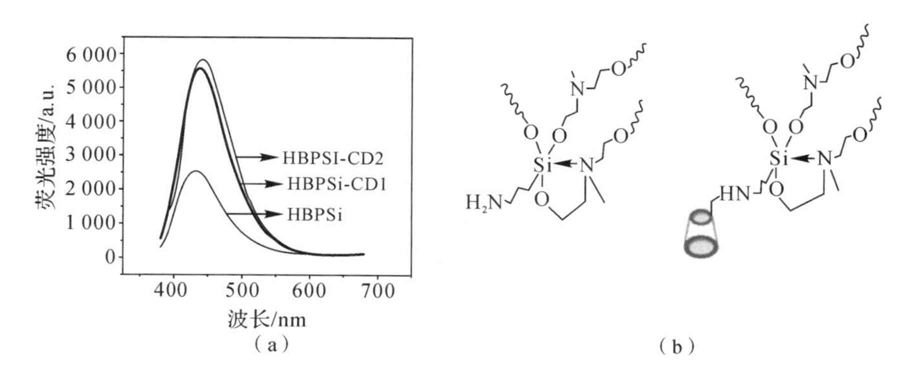

图 4.30　环糊精接枝超支化聚硅氧烷的荧光性能及发光机理研究

(a)β-环糊精接枝量对 HBPSi 的荧光强度的影响；(b)N-Si 配位键示意图

4.2 其他拓扑结构的聚硅氧烷发光材料

除超支化聚硅氧烷外,也有一些线性、交联网络状、POSS型聚硅氧烷的发光材料。其中,线性聚硅氧烷的报道较多。线性硅氧烷化合物是基于硅氧烷主链的直链型高分子。主链连接的有机取代基包括甲基、苯基、三氟丙基等惰性基团和氢、乙烯基或氨基等活性基团。其中惰性基团降低了聚合物的表面能,活性基团有利于对硅氧烷化合物进行功能化。然而一般认为线性聚硅氧烷,如聚二甲基硅氧烷没有荧光发射,因此研究者一般采取引入富电原子或其他荧光基团的方式,对其进行修饰以赋予其荧光性能。

4.2.1 线性Si—O—C聚硅氧烷

一般而言,线性Si—O—C聚硅氧烷几乎不发光,或仅仅发射微弱的蓝光。富电原子的引入往往可以改善聚硅氧烷的荧光性能。二硫键即S—S键,可以与Si的空d轨道形成配位键,增强线性聚硅氧烷荧光性能。同时二硫键是一种在化学和生物领域有着十分重要作用的功能性基团,其广泛地存在于人体和一些天然的药物大分子中。它在多肽和蛋白质的生物活动中扮演着重要的角色,不仅可以增强骨架的稳定性,对蛋白折叠起促进作用,还可以保持生物蛋白活性。从结构上看,二硫键是一种动态共价键,其键解离能为60 kcal/mol,很容易被极性试剂进攻。键长大约为2.05 Å,比C—C键长0.5 Å。此外,二硫键是良好的氧化剂,在还原剂作用下极其容易裂解。因此,二硫键在生物、化学领域有着很好的应用基础。

西北工业大学颜红侠课题组以3,3′-二硫代二丙酸(DTDP)和甲基乙烯基二乙氧基硅烷(MVDS)为原料,在无催化剂、无溶剂的条件下以酯交缩聚反应合成了含二硫键的线性聚硅氧烷L1(见图4.31)。结果发现,合成的线性含双硫键的聚硅氧烷表现出典型的聚集增强发光的特性,且在不同的激发波长下可发射不同颜色的荧光(见图4.32)。特别是,其可被可见光激发(E_x= 508 nm,E_m= 588 nm)。

利用DFT与TD-DFT对其聚集结构、分子轨道和激发能进行理论计算发现:一方面,二硫键的低电负性可有效降低其HOMO-LUMO能级差,从而使其激发波长红移到可见光区域;另一方面,二硫键中的孤对电子增加了分子骨架的偶极矩,促进了分子的聚集,并通过—Si—O—、—S—S—、—C(O)O—和—C=C—键形成多个电子离域环,从而发生“多环诱导多色”。

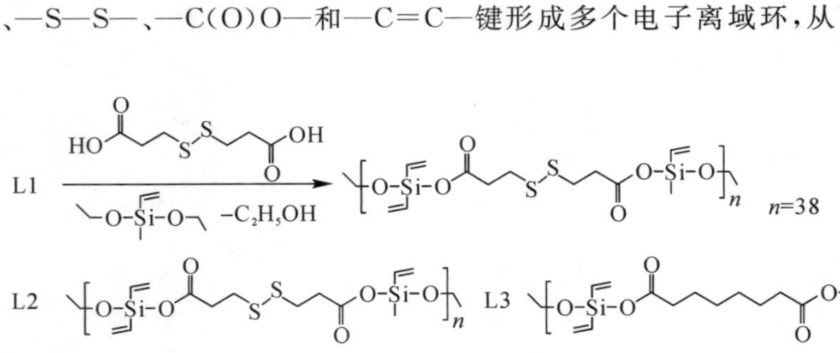

L1　HO(O)C–CH₂CH₂–S–S–CH₂CH₂–C(O)OH + EtO–Si(Me)(Vi)–OEt —(−C₂H₅OH)→ [O–Si–O–C(O)…S–S…C(O)–O–Si–O]ₙ　n=38

L2　[O–Si–O–C(O)…S–S…C(O)–O–Si–O]ₙ　L3　[O–Si–O–C(O)…C(O)–O–Si–O]ₙ

图4.31 含双硫键线性聚硅氧烷的合成L1

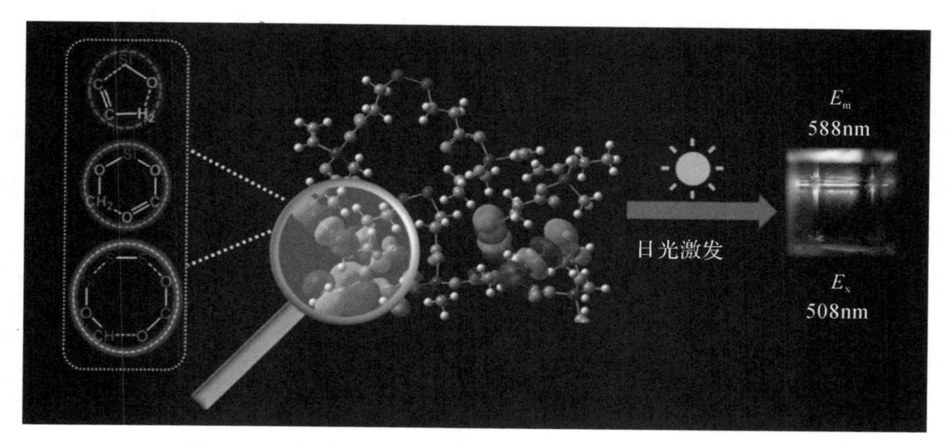

图 4.32　含双硫键线性聚硅氧烷的空间结构及发光性能

分析各种构象的 $\Delta E_{\text{H-L}}$ 发现，$\Delta E_{\text{H-L}}$ 随着分子数或聚合度的增加而降低（见表 4.7 和表 4.8），意味着聚集体更容易被激发，这是由于将负电性的二硫键嵌入 L1 的主链结构中，增加了 L1 的偶极矩，并使分子从链状转变为锯齿状，增加了官能团的距离，同时增强了分子间/分子内相互作用有利于构象刚性化，从而抑制了非辐射跃迁。此外，利用 TD-DFT 的 B3LYP-D3 / 6－31G(d)基组对 L1 的激发态 Sn 进行构象优化，计算发现以氢键连接在一起的各种分子构象的激发能，随着分子数或聚合度的增加所需的激发能降低（见表 4.9 和表 4.10）。其中，L1 有一个明显的红移吸收带(280 nm 和 365 nm)。

表 4.7　DFT **计算的聚合度为 1 的** L1 **聚集体的** $\Delta E_{\text{H-L}}$

分子数	E_{HOMO}/a. u.	E_{LUMO}/a. u.	$\Delta E_{\text{H-L}}$/a. u.	$\Delta E_{\text{H-L}}$/eV
1	－0.235 23	－0.025 14	0.210	5.716
2	－0.236 77	－0.033 38	0.203	5.534
3	－0.228 21	－0.029 23	0.198	5.414
4	－0.228 77	－0.032 53	0.196	5.339

表 4.8　DFT **计算的聚合度从 1 增加至 4 的 1 个** L1 **分子的** $\Delta E_{\text{H-L}}$

聚合度	E_{HOMO}/a. u.	E_{LUMO}/a. u.	$\Delta E_{\text{H-L}}$/a. u.	$\Delta E_{\text{H-L}}$/eV
1	－0.235 23	－0.025 14	0.210	5.716
2	－0.234 34	－0.031 09	0.203	5.530
3	－0.225 77	－0.037 21	0.188 56	5.131
4	－0.216 26	－0.034 31	0.181 95	4.951

表 4.9　TD-DFT 计算的聚合度为 1 的 L1 聚集体的激发能和振子强度

分子数	激发能/nm	振子强度
1	226.42	0.011 4
	252.09	0.004 9
2	232.26	0.018 1
	286.04	0.003 3
3	228.24	0.021 3
	295.29	0.003 3
4	235.07	0.008 6
	284.12	0.004 5

表 4.10　TD-DFT 计算的聚合度从 1 增加至 4 的 1 个 L1 聚集体分子的激发能和振子强度

聚合度	激发能/nm	振子强度
1	226.42	0.011 4
	252.09	0.004 9
2	263.98	0.006 3
	273.27	0.003 4
3	265.30	0.004 5
	280.28	0.003 9
4	267.12	0.005 7
	298.59	0.002 5

在 L1 分子聚集体中，—Si—O—和—S—S—充当桥梁与其他官能团形成了 Si—O…H_2C = C、Si—CH…O(O)C 和 C(O)O…SS…HC—O—具有不同尺寸和不同离域程度的空间共轭环，发生“多环诱导的多色发射”(MIE)。这与以前的研究不同，线性结构也可以发出多色荧光。其原因在于，Si—O 链具有柔韧性且具有与双键类似的性质，且负电性二硫键的引入增加了分子链的扭曲程度，从而减小了—Si—O—、—C=C—、—C(O)O—和—S—S—的距离，有利于形成多个空间共轭环，从而诱导发射多色发光。同时，这也证明了 MIE 机制适合于解释具有不同主链结构的多色荧光现象。另外，从聚合度为 4 的 L1 分子的前线分子轨道[见图 4.33 (b)]可以看出，HOMO、HOMO—1 和 HOMO—2 轨道主要由通过在二硫键上两个 S 原子的 sp3 杂化形成的 σ 键轨道的离域电子，—C=C—、—Si—O—和—C=O—的 π^* 轨道贡献；HOMO，LUMO，LUMO+ 1 和 LUMO+2 轨道是由两个硫原子的 p 轨道的离域电子与二硫键上的孤对电子，由硫连接的亚甲基的 σ 键轨道和—C=C—、—Si—O—和—C=O—的 π 键轨道和—C(O)O 上氧原子孤对电子的 p 轨道贡献。这从量子化学角度进一步证实了 MIE 机制，L1 分子通过 S—S 和 Si—O 桥以及与—C=C—和—C(O)O 的分子之间的相互作用形成了不同大小的共轭环，而发多色光。

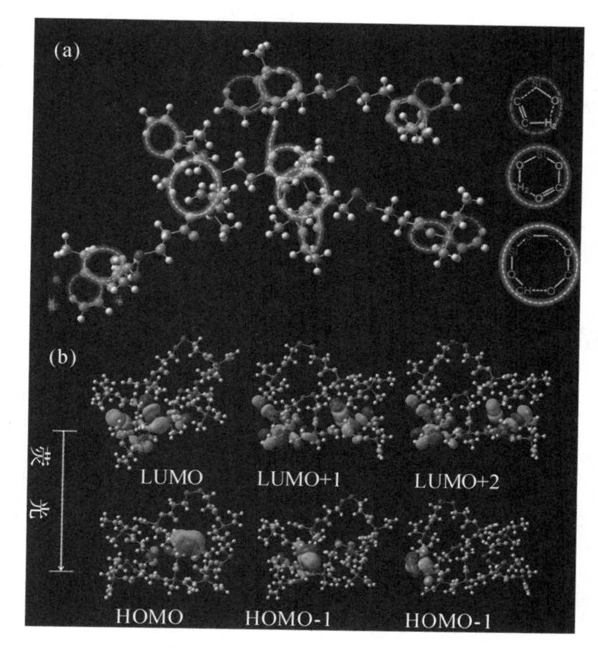

图 4.33　含 S—S 的超支化聚硅氧烷的 DFT 计算结果(见彩插)

(a) 两个聚合度为1的L1分子聚集体通过 Si—O 和 S—S 为桥形成的多个空间共轭环；
(b) 聚合度为4的1个L1分子的前线分子轨道

4.2.2　线性 Si—O—Si 聚硅氧烷

线性 Si—O—Si 聚硅氧烷一般情况下不发光，但通过对其进行接枝、改性可以赋予其荧光性能以及其他功能。山东大学冯圣玉教授课题组、浙江大学张兴宏教授课题组在这方面进行了大量的研究。

4.2.2.1　N-异丙基酰胺、水杨基苯胺、偶氮苯修饰对聚硅氧烷性能的影响

N-异丙基酰胺具有独特的热响应性质，水杨基苯胺和偶氮苯具有独特的光响应性质，可以对聚硅氧烷进行热-光响应功能化改性。山东大学冯圣玉教授课题组将聚氨丙基甲基硅氧烷与 N-异丙基丙烯酰胺(NIPAAm)、N-偶氮苯丙烯酰胺(AAM-Azo)和 N-水杨醛丙烯酰胺(AAM-SA)通过 aza-Michael 加成法，合成了热-光响应型聚硅氧烷(见图 4.34 和图 4.35)，该合成方法具有转化率高、无副产物的优势。实验发现，紫外光的诱导使得发色团发生异构化，从而改变了最低共溶温度，实现了光响应特性。同时在 0.3℃下，产物从溶液中沉淀，发生相分离，体现出热响应特性。

4.2.2.2　蒽基修饰对聚硅氧烷性能的影响

蒽是一种常用的光响应性化合物，它可以通过光环加成形成共价键，在紫外光($I>$ 300 nm)照射下发生光二聚反应，并且在更高能量紫外光($I<$300 nm)照射下可逆转成原始单体。冯圣玉教授课题组利用这一特性，合成了一种环境响应性绿色材料。即以 9-蒽基丙烯酸甲酯和聚氨基甲基聚硅氧烷反应合成了含蒽基的聚硅氧烷(PAPMS-1)(见图 4.36)，并且这

种合成方法具有可控的可逆性和反应性，避免了副产物的产生，有利于材料的降解和回收。同时，这种含蒽基聚硅氧烷可以通过阳光诱导的巯基烯点击反应来制备，体现出绿色环保理念。溶液中的 PAPMS-1 的发光受到蒽基聚集 p-p 堆叠的限制，固化后的 PAPMS-1 可以在 398 nm 光的激发下，发射肉眼可见的明亮荧光（见图 4.37），这是由于紫外触发的蒽基之间的二聚反应破坏了 p-p 的堆叠状态，使得 ACQ 效应减弱，发光增强。

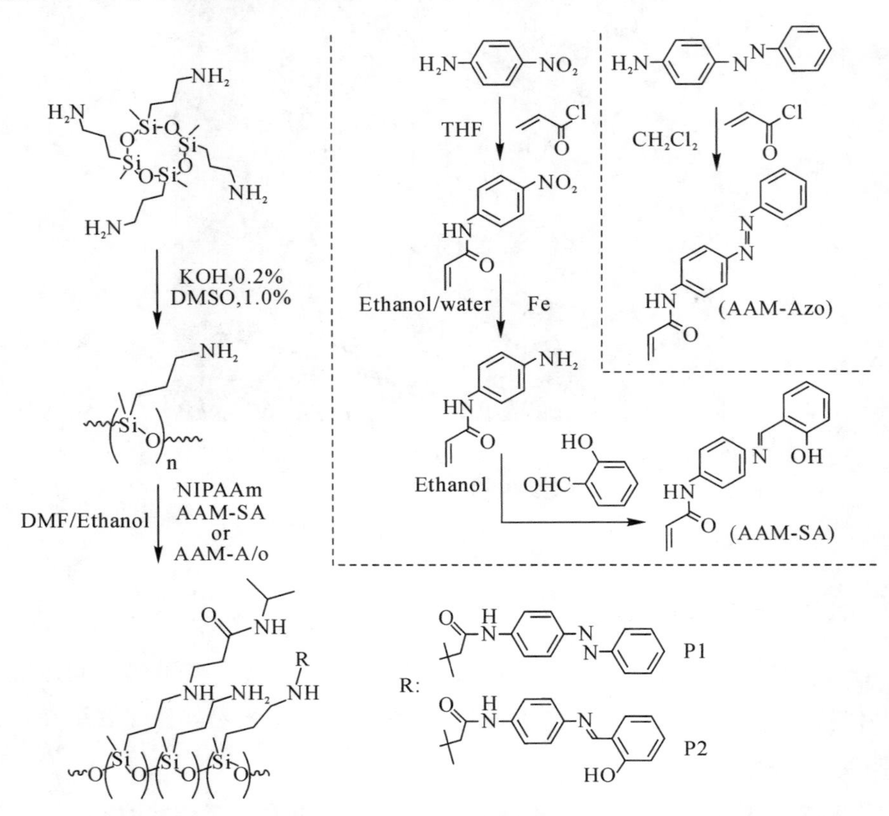

图 4.34　不同光、热响应型聚硅氧烷的合成流程图（DMSO：二甲基亚砜）

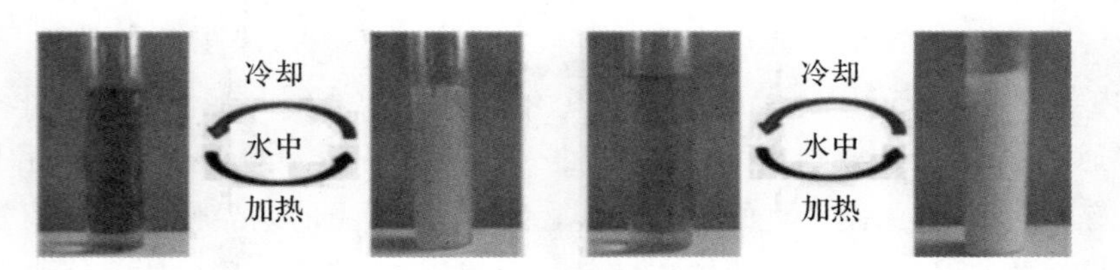

图 4.35　聚硅氧烷在加热前后的状态变化

4.2.2.3　铕（Eu）配合物修饰对聚硅氧烷性能的影响

稀土离子独特的 4f 电子结构和有机配体向铕离子的能量转移，使得铕离子具有高发光强度和窄发射带，然而，纯铕配合物的热稳定性和可加工性差，阻碍了其在发光材料中的应用。利用这一特性，冯圣玉教授课题组运用简单、高效、无需催化剂的硫醇烯点击法，合成了一种含铕配合物的聚硅氧烷，其在 330 nm 光激发下表现出铕离子的红色发光特性，这表明聚硅氧烷可与铕离子形成配位化合物(见图 4.38),实现了有效能量转移。

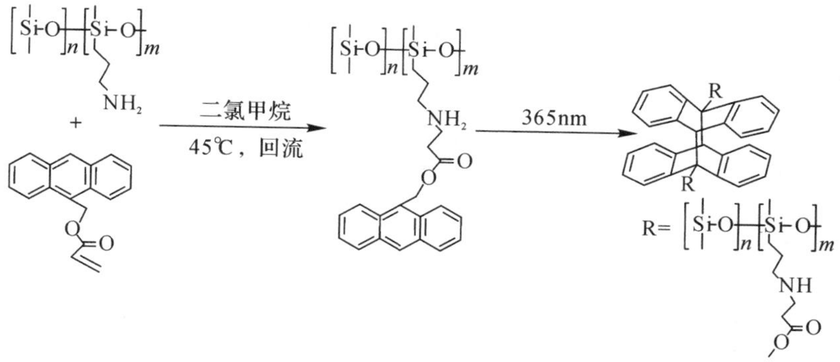

NH₂ + 二氯甲烷 45℃,回流 → NH₂ 365nm → R= NH

图 4.36　含蒽基聚硅氧烷 PAPMS－1 的合成流程

图 4.37　PAPMS－1 在光刺激下发出肉眼可见荧光

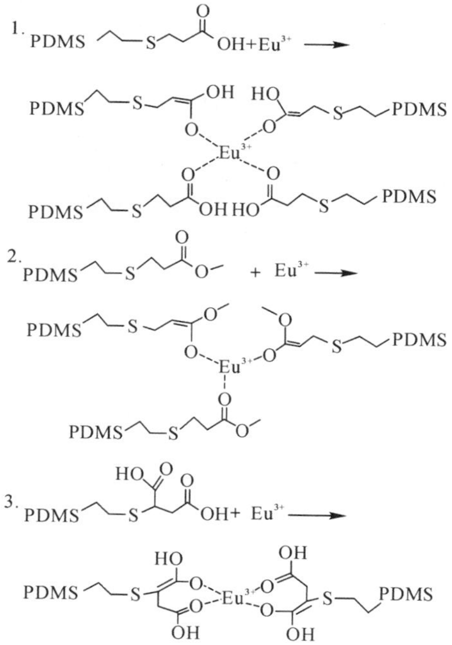

1. PDMS S OH + Eu^{3+} →

PDMS S OH HO S PDMS Eu^{3+} PDMS S OH HO S PDMS

2. PDMS S O + Eu^{3+} →

PDMS S O Eu^{3+} O S PDMS PDMS S O

3. PDMS S HO O OH + Eu^{3+} →

PDMS S HO OH Eu^{3+} OH OH S PDMS

图 4.38　铕离子与聚硅氧烷可能的配位模式(PDMS:聚二甲基硅氧烷)

4.2.2.4　三苯胺修饰对聚硅氧烷性能的影响

4-硝基苯酚广泛应用于染料、农药等领域，然而，其对人体神经中枢有害，一直是污水中棘手的问题，而三苯胺对此有很高的灵敏性。为此冯圣玉课题组利用聚甲基乙烯基硅氧烷和4一溴三苯胺为原料，通过Heck反应合成了两种含三苯胺的聚硅氧烷(见图4.39)。利用富电子基团赋予聚硅氧烷的荧光特性，合成的聚硅氧烷对4-硝基苯酚具有很高的猝灭效率(见图4.40)，可以作为很好的4-硝基苯酚荧光探针。

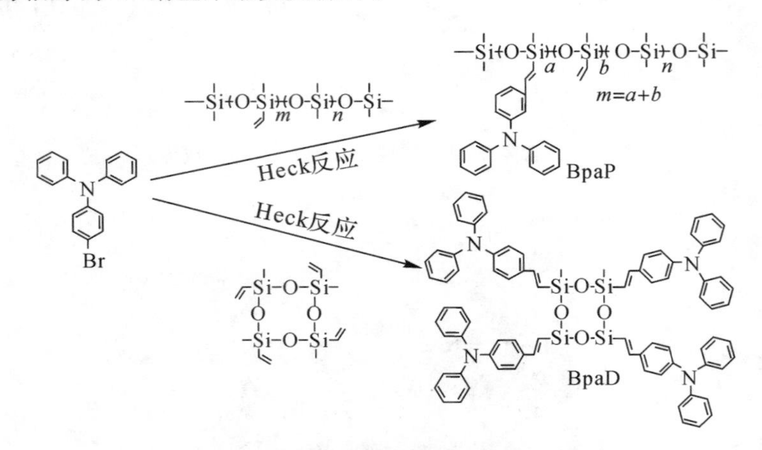

图 4.39　两种三苯胺修饰聚硅氧烷的合成流程图

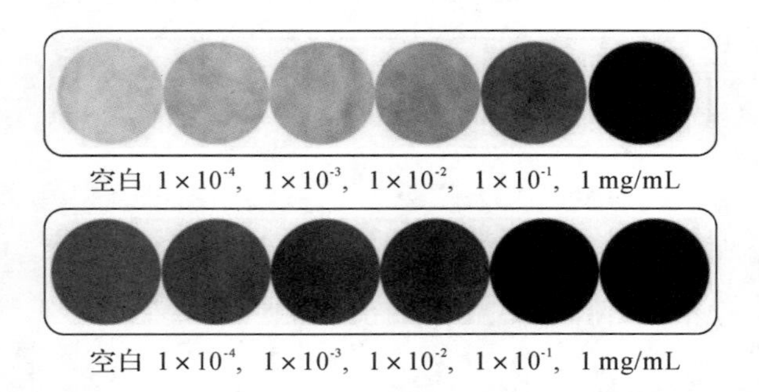

图 4.40　365nm紫外灯下，连续浸入4-硝基苯酚的BpaD(上)、BpaP(下)纸传感器图像

4.2.2.5　咪唑离子修饰对聚硅氧烷性能的影响

离子液体因其较低的熔点、良好的热稳定性、可忽略的蒸气压等特点，被广泛应用于溶剂和催化剂领域。而聚合物离子液体克服了传统离子液体耐久性差、可加工性低的缺点，成为备受关注的一种离子液体。冯圣玉课题组结合了咪唑离子液体与聚硅氧烷的独特属性，以聚巯基丙烯甲基硅氧烷(PMMS)和乙烯基咪唑为原料，通过硫醇-烯点击法合成了一系列聚硅氧烷基离子液体(见图4.41)。合成的聚硅氧烷基离子液体具有自组装特性，聚硅氧烷在咪唑基附近形成非极性壳层，使得其结构更加稳定。同时，S→Si配位键增强了其在紫外光照射下的光致发光性能。

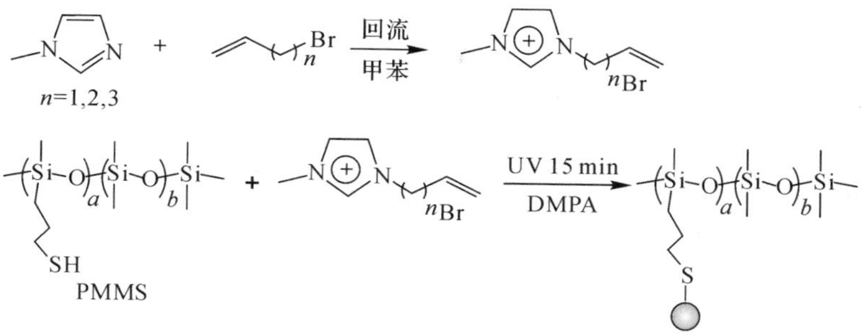

图 4.41　咪唑离子修饰聚硅氧烷的合成流程图(DMPA:光引发剂安息香二甲醚)

4.2.2.6　聚羟基聚氨酯对聚硅氧烷性能的影响

聚羟基聚氨酯是一种良好的发光材料,被广泛应用于显示技术、化学传感等领域。张兴宏教授课题组结合聚羟基聚氨酯和聚硅氧烷的独特发光性质及优异的生物相容性等特点,合成了含有聚羟基聚氨酯的线性聚硅氧烷。其中,P1 的量子产率高达 23.6%,并且在固体和溶液中都有较宽的吸收光谱和发射光谱。研究发现,含有聚羟基聚氨酯的聚硅氧烷中的 Si—O 键具有疏水性和柔韧性,加之氢键的引入,驱动聚羟基聚氨酯中的 HO…C=O(n→π*)相互作用,导致强烈聚集,从而诱导发光。

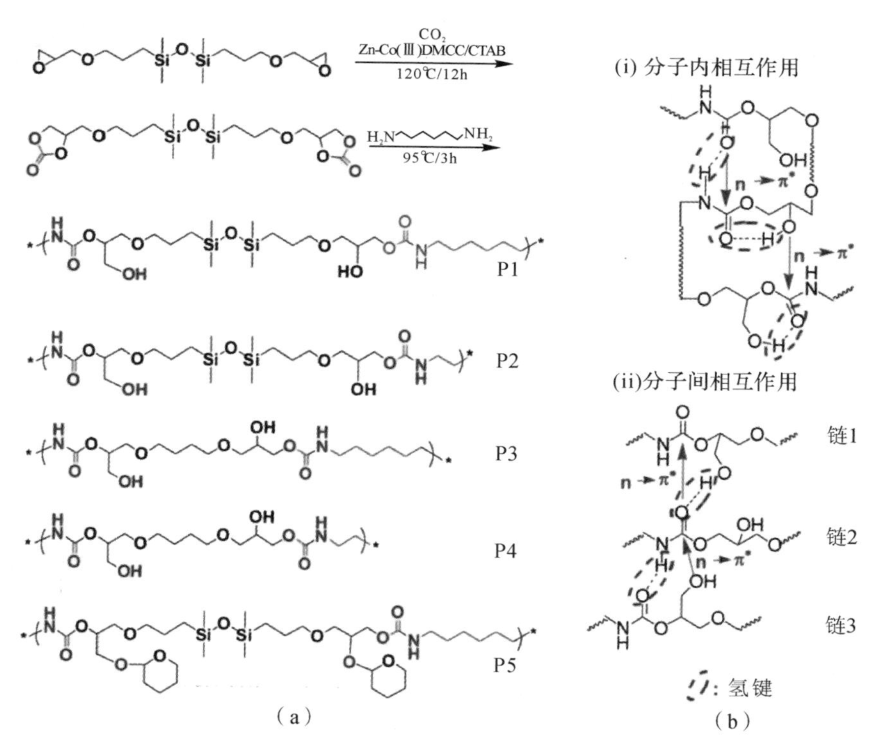

图 4.42　聚羟基聚氨酯的合成及其发光机理

Zn－Co(Ⅲ)DMCC－Zn－Co(Ⅲ):双金属氰化物络合物催化剂。CTAB:溴化十六烷基三甲铵

4.2.3 其他结构

Bekiari 和 Lianos 于 1998 年报道了含硅的非传统发光材料的第一个例子，即通过(3 -氨基丙基)三乙氧基硅烷与乙酸的反应制备了交联的溶胶-凝胶型产物，称为氨基硅(见图4.43)。这类材料显示出非凡的光致发光性能，能够发射出亮蓝色的荧光。其最佳激发波长位于 370 nm，发射波长位于 450 nm，荧光量子产率可以达到 21%。

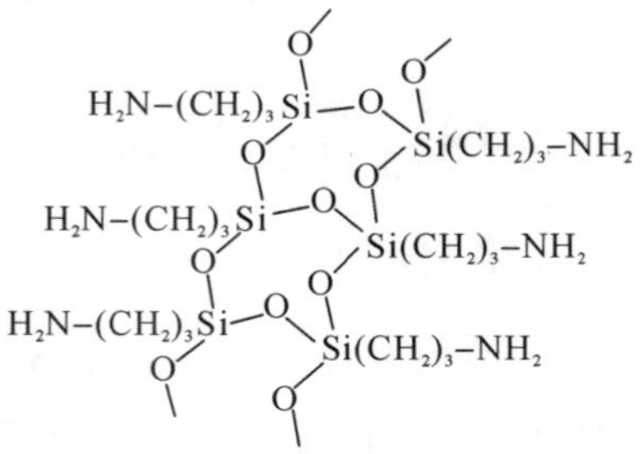

$H_2N-(CH_2)_3Si$ $Si(CH_2)_3-NH_2$

氨基硅

图 4.43　由(3 -氨基丙基)三乙氧基硅烷衍生的交联氨基硅的化学结构

Carlos 等人在二氧化硅网络基体上通过脲键桥接不同相对分子质量的聚乙二醇，制备出一种溶胶凝胶衍生的有机无机杂化材料脲硅(见图 4.44)。该材料可以发射蓝色荧光，并且其荧光与激发波长、二氧化硅网络结构、聚乙二醇分子量密切相关。同时，在 14 K 下，不同发射波长有着不同的发光寿命，因此其发射过程可能涉及电子-空穴复合过程，比如强相关电子一空穴激子态或电子-空穴局域态之间的辐射隧穿。而其发光中心可能是脲片段上的 C=O 与 NH /(NH_2)基团。

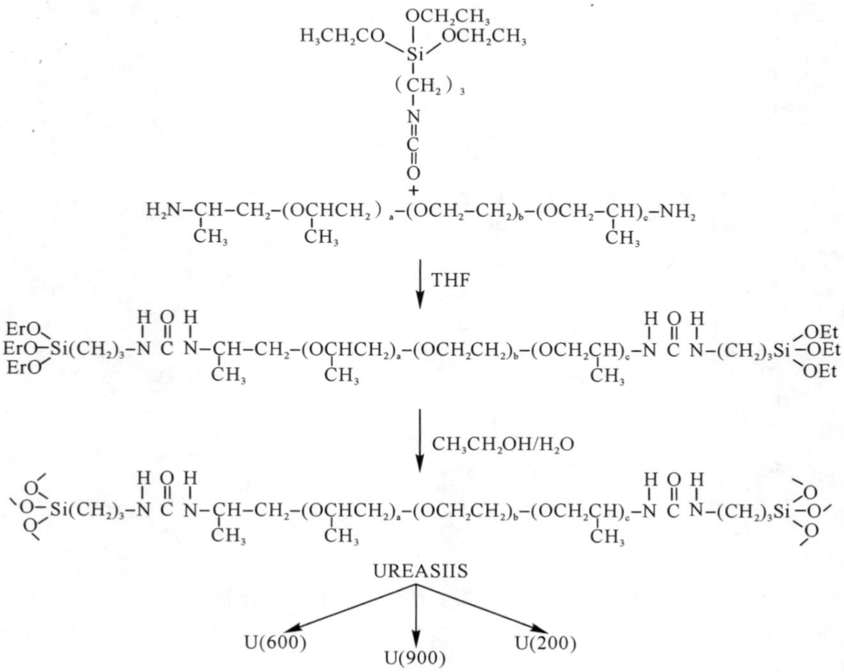

H_3CH_2CO OCH_2CH_3 OCH_2CH_3 Si $(CH_2)_3$ N=C=O

+

$H_2N-CH(CH_3)-CH_2-(OCH(CH_3)CH_2)_a-(OCH_2-CH_2)_b-(OCH_2-CH(CH_3))_c-NH_2$

THF

$(EtO)_3Si(CH_2)_3-NH-C(=O)-NH-CH(CH_3)-CH_2-(OCH(CH_3)CH_2)_a-(OCH_2CH_2)_b-(OCH_2CH(CH_3))_c-NH-C(=O)-NH-(CH_2)_3Si(OEt)_3$

CH_3CH_2OH/H_2O

$(O)_3Si(CH_2)_3-NH-C(=O)-NH-CH(CH_3)-CH_2-(OCH(CH_3)CH_2)_a-(OCH_2CH_2)_b-(OCH_2CH(CH_3))_c-NH-C(=O)-NH-(CH_2)_3Si(O)_3$

UREASIIS

U(600)　U(900)　U(200)

图 4.44　脲硅的合成

此后不久，Carlos 等人报道了利用尿素和氨基甲酸酯分别桥接 3-氨丙基三乙氧基硅烷(3-环氧基丙基三甲氧基硅烷)与氨基封端的聚乙二醇-嵌段-聚丙二醇，利用溶胶-凝胶法合成一种有机/无机干凝胶，并根据其桥接基团的不同，归类为双脲基硅烷(di-ureasils)和双氨基甲酸酯硅烷(di-urethanesils)。它们在 462 nm 处显示出令人惊奇的蓝紫色到蓝色荧光发射。其发光是局部中心引导的供受体对产生的，尤其是缺陷之间的光诱导质子转移，例如氨基硅的 NH^{3+} 和 NH^-、双脲基和双氨基甲酸酯的 NH^{2+} 和 N^- 与含氧缺陷的质子转移。据 Carlos 等人的报道，这种荧光材料可以观察到高量子产率(QY)(即 QY = 20%)以及仅通过改变激发波长就能够得到其在 450～540 nm 范围的红移发射，如图 4.45 所示。

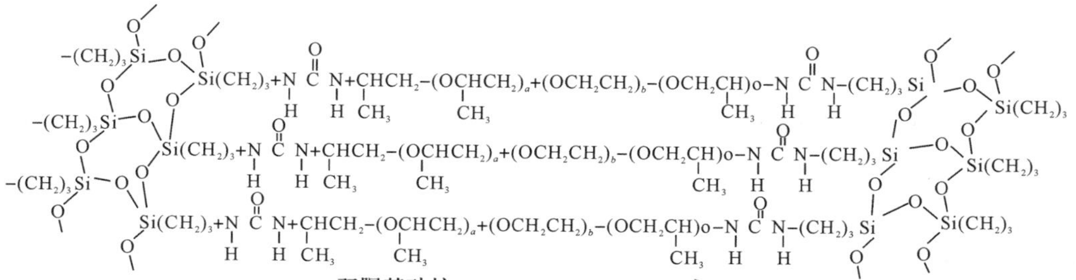

双脲基硅烷，$a+c=2.5, b=40/5, 15.5$或8.5

双氨基甲酸酯硅烷，$n=6$或45

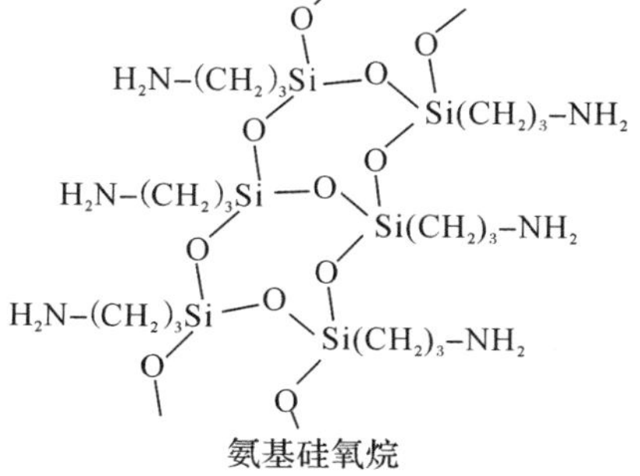

氨基硅氧烷

图 4.45　二脲基、二氨基甲酸酯和氨基硅氧烷的化学结构

Bekiariet 等人对该含硅发光体系进行了进一步分析。研究发现，较短的聚醚链使样品具有更高的发光强度，而较大的链会导致稀释效应，从而影响发光效率。因此他们认为，发光中心是位于二氧化硅表面的—NH 与 C═O 簇，并且较大的簇比较小的簇可以发射波长更长的光。而掺杂大原子序数的二价或三价元素阳离子可以显著增加凝胶的发光强度，其原因在于重阳离子可以被吸引到二氧化硅簇表面以消除其表面缺陷，从而增强发光，如图 4.46 所示。

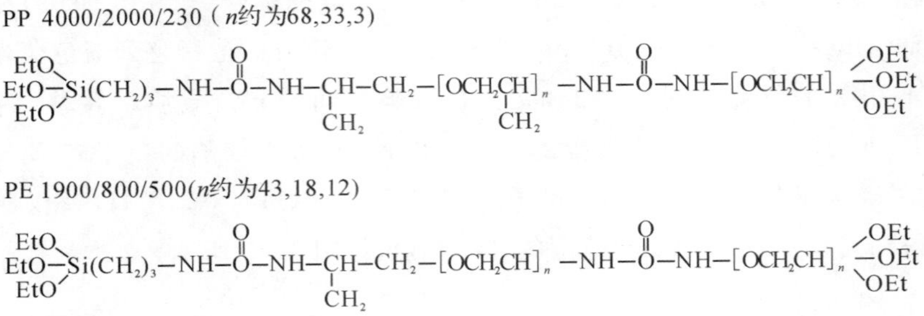

PP 4000/2000/230（n约为68,33,3）

$$(EtO)_3Si(CH_2)_3-NH-\overset{O}{\overset{\|}{C}}-NH-\underset{CH_3}{\underset{|}{CH}}-CH_2-[OCH_2\underset{CH_3}{\underset{|}{CH}}]_n-NH-\overset{O}{\overset{\|}{C}}-NH-[OCH_2CH]_n-Si(OEt)_3$$

PE 1900/800/500(n约为43,18,12)

$$(EtO)_3Si(CH_2)_3-NH-\overset{O}{\overset{\|}{C}}-NH-\underset{CH_3}{\underset{|}{CH}}-CH_2-[OCH_2CH]_n-NH-\overset{O}{\overset{\|}{C}}-NH-[OCH_2CH]_n-Si(OEt)_3$$

图 4.46　聚苯醚(PPO)和 聚乙二醇(PEO)的氨基硅前体的化学结构

Imae 等人报道了另一种含硅的荧光材料。在酸性和碱性条件下，以三乙氧基-甲氧基甲硅烷基 PAMAM 为中心的树枝状大分子(G＝1～3)为前体，利用溶胶-凝胶法制备了能发蓝色荧光的材料。这种材料表现出特征性的激发和发射带(E_x＝335 nm，E_m＝ 428 nm)，其发射强度随着 PAMAM 树枝状分子代数的增加而增强(见图 4.47)。其中，在碱催化比酸催化形成的纳米/微凝胶纤维荧光强度高。这是因为刚性的化学结构有利于增强荧光。

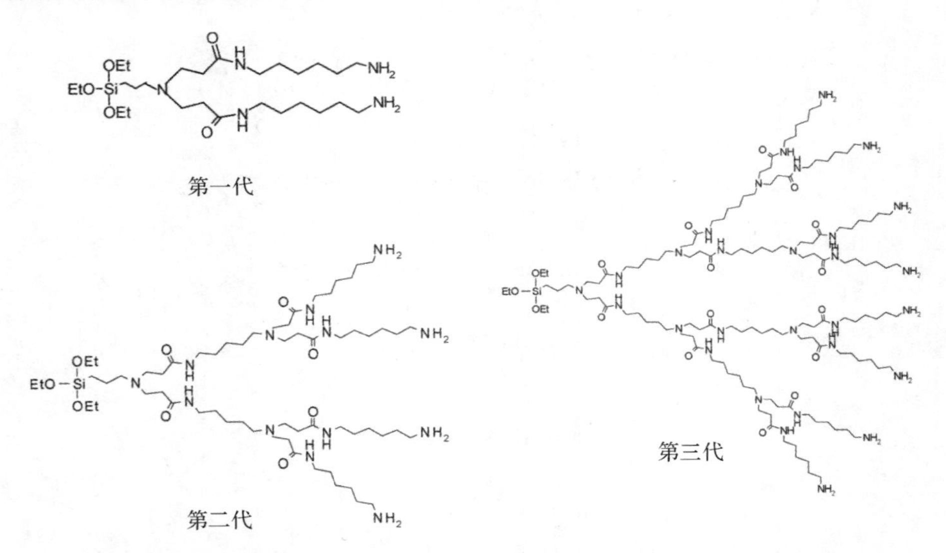

图 4.47　第一、二、三代的三乙氧基硅烷为中心的树枝状化合物的化学结构

Carlos 等人报道了一种光致发光的双层酰胺交联烷基/硅氧烷杂化物(被命名为单酰胺硅氧烷)，其自组装驱动力来源于：①酰胺基团之间的分子间氢键；②采用部分叉指堆积模式的全反烷基链之间的范德华相互作用；③一个与烷基链和硅氧烷纳米结构域之间的相分离相关的熵项。而在室温和 120 ℃之间的加热/冷却循环可以使烷基链发生有序-无序相变从而引起热致光致发光记忆效应(见图 4.48)。

Nishimura 等人报道了具有高荧光强度的十八烷基硅氧烷(即低聚物/聚合物、有机-无机杂化物)的合成(见图 4.49),这些化合物具有典型的非传统发光特性(例如 $E_x = 350$ nm,$E_m = 425$ nm),荧光强度随浓度增加而变强,并且在 400°C 下适当退火 2 h 后具有很高的荧光量子产率($QY = 20\ \%$)(见图 4.50)。其蓝色荧光的发光中心是聚合物的硅一氧部分,在退火前材料几乎不发光,但是硅氧烷基团可以在退火过程中受到空间位阻影响,形成在动力学上稳定的发光中心,从而引发材料的高量子产率发射。

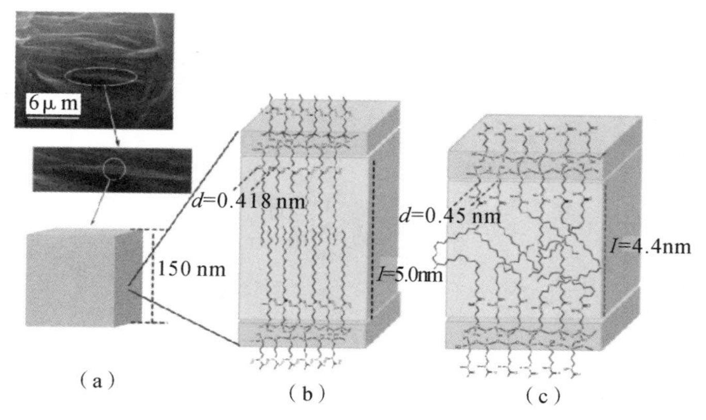

图 4.48　单酰胺硅氧烷杂化结构的扫描电子显微镜(SEM)图像和示意图

(a) 由一叠双层组成的晶体的横截面;(b)、(c) 在室温和 120℃下的双层膜

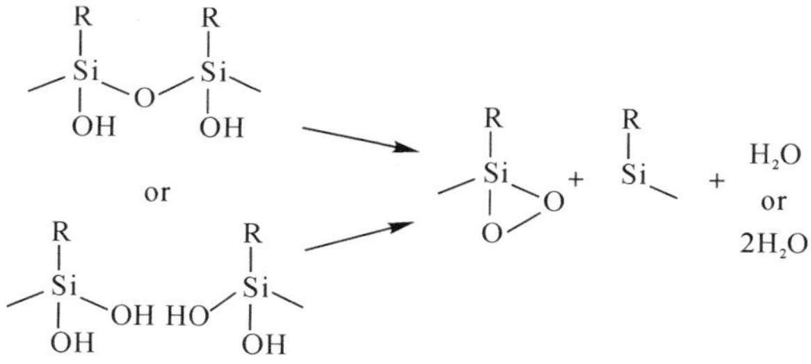

R　R
Si O Si
OH　OH
or
R　R
Si OH HO Si
OH　OH
R　R
Si O O + Si + H_2O or $2H_2O$

图 4.49　利用正十八烷基羟基硅烷通过缩聚反应的流程示意图

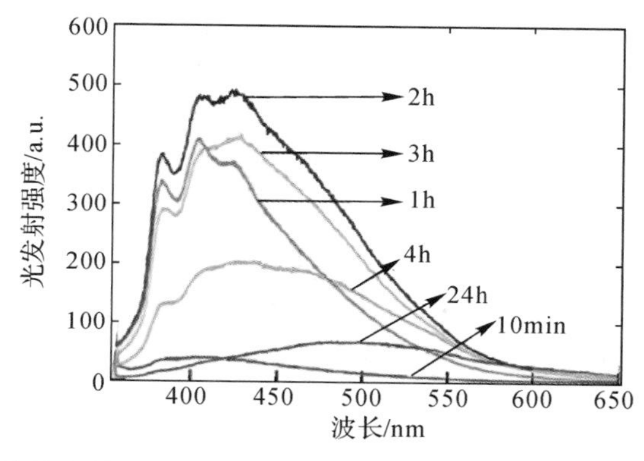

图 4.50　聚十八烷基硅氧烷粉末样品在氮气气氛下 400℃退火不同时间的荧光光谱(激发波长为 350 nm)

另外，通过在多面体低聚倍半硅氧烷（POSS）的外围基团上接枝 N -异丙基丙烯酰胺，获得的星形聚合物可以发出明亮的蓝色荧光，并且这种荧光性能可以随温度的变化而变化。基于外围的 N -异丙基丙烯酰胺基团，这些材料表现出较低的临界溶液温度（LCST）特征。Mohamedet 等人合成了一系列含有 N -多面体低聚倍半硅氧烷（POSS）马来酰亚胺部分的线性聚苯乙烯交替共聚物（见图 4.51），发现这种聚合物具有很强的蓝色荧光发射特性（E_x = 330 nm，E_m = 490～519 nm），量子产率的范围为 7%～72.5 %。

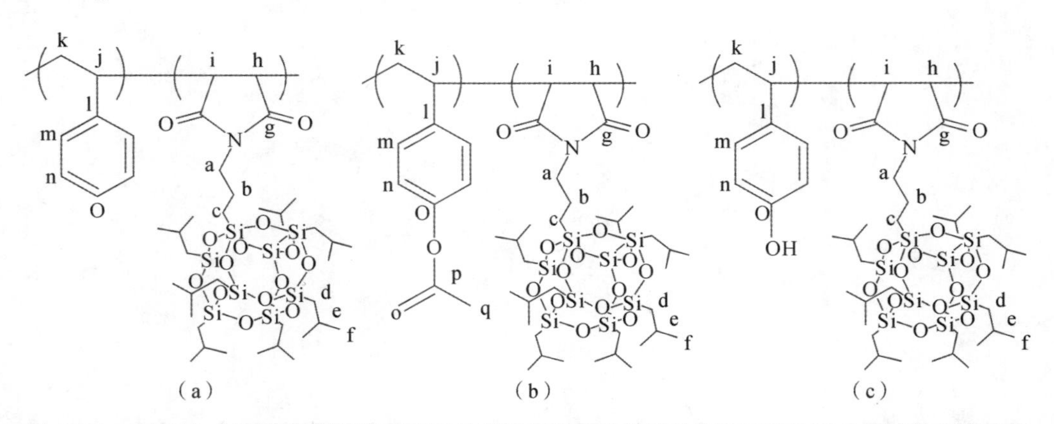

图 4.51　含有 N -多面体低聚倍半硅氧烷马来酰亚胺部分的线性聚苯乙烯交替共聚物的化学结构

(a)聚（S-alt-MIPOSS)；(b) 聚（AS-alt-MIPOSS)；(c) 聚（HS-alt-MIPOSS)

4.3　聚硅氧烷发光材料的应用

与传统的芳香族 AIE 聚合物相比，聚硅氧烷具有优异的生物相容性和降解性以及良好的结构可裁剪性和易修饰性，为其在离子探针、生物成像、药物控释及信息保密防伪等领域的应用提供了良好的基础。

4.3.1　离子探针

荧光探针具有灵敏度高、选择性好、时空分辨率高、设备简单及成本较低等突出优势，因此在分子生物学、细胞生物学、分析化学、环境检测和临床诊断等领域的应用越来越广泛。在探究超支化聚硅氧烷对不同金属离子的刺激响应性过程中，研究人员发现 Fe^{3+} 对体系内含有羰基或伯胺基的聚硅氧烷的荧光有猝灭作用。此处以 4.1.2.1 节中 P1 为例，其结构中含有大量羰基。在 10 mg/mL P1 的溶液（混合溶剂，水与乙醇的比为 8:2）中加入浓度为 1×10^{-3} mol/L 的不同种类的金属离子，如 Ba^{2+}，Na^{+}，Ca^{2+}，Hg^{2+}，Cd^{2+}，Al^{3+}，Fe^{3+}，Cu^{2+}，Zn^{2+}，Co^{2+} 和 Fe^{2+}，结果发现，与其他离子相比，Fe^{3+} 对 P1 具有明显的猝灭效应[见图 4.52(a)]，并且在一定范围内，P1 溶液的荧光强度随着 Fe^{3+} 浓度的增加而线性降低。而向 P1 - Fe^{3+} 溶液中加入与 Fe^{3+} 配位性更强的 Na_2EDTA (1×10^{-3} mol/L)，它会与溶液中的 Fe^{3+} 络合，从而破坏 P1 - Fe^{3+} 的配位聚合物，使 P1 溶液的荧光强度恢复[见图 4.52(b)]。其荧光猝灭机理如图 4.53 所示，由于 Fe^{3+} 较强的配位作用，形成 P1 - Fe^{3+}，而较大的电荷半径比使空间共轭环的羰基簇中的电子容易发生电荷转移，从而导致荧光猝灭。加入 Na_2EDTA 后形成 $EDTA^-$

Fe^{3+} 配位聚合物而破坏 P1 - Fe^{3+} 配位聚合物，使荧光恢复。这种荧光的开关机制也为其在防伪加密领域中的应用奠定了基础。

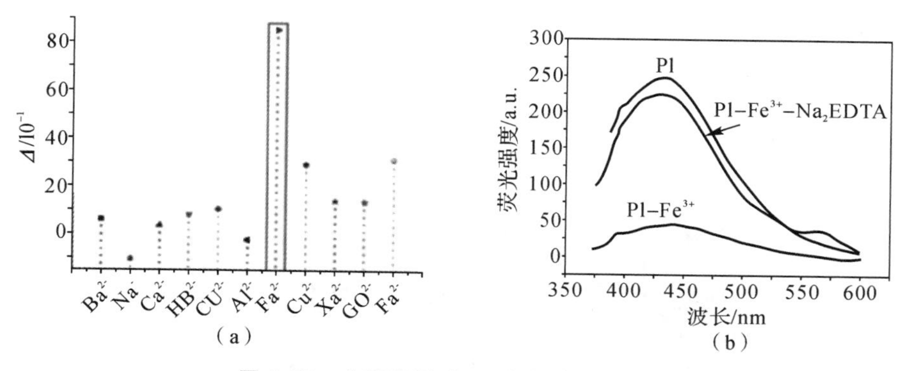

图 4.52　金属离子对 P1 溶液的猝灭效应

(a) P1 溶液对不同金属离子的猝灭率；(b) P1，P1 - Fe^{3+}，P1 - Fe^{3+} - Na_2EDTA 溶液的荧光光谱图

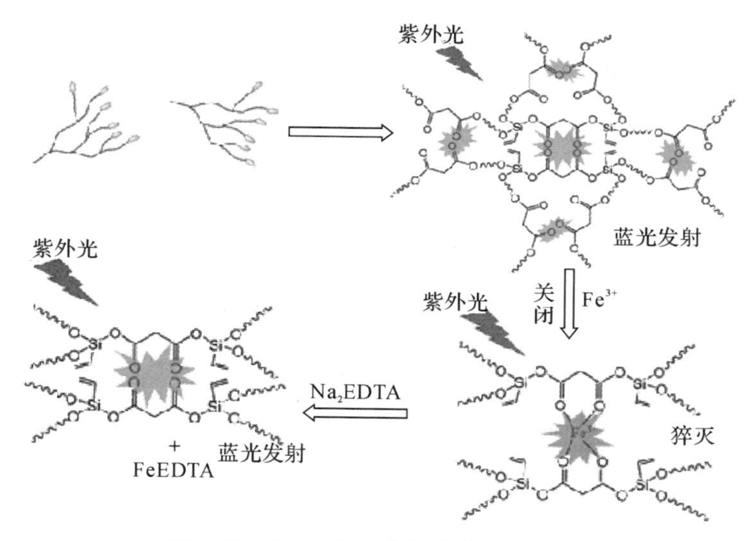

图 4.53　P1 作为 Fe^{3+} 探针的开关机理

同时，颜红侠课题组也发现含羰基的非局部链段共轭的超支化聚硅氧烷 P4(详见 4.1.2.1 节)同样对 Fe^{3+} 表现出明显的猝灭效应。利用 Na_2EDTA 溶液也可以将其荧光强度恢复，其开关机理也与 P1 的类似，只不过由于二者中羰基的相对位置不同，其荧光猝灭和恢复的程度不同。此外，颜红侠课题组还发现以正硅酸乙酯(TEOS)、三乙醇胺(TEA)、N -甲基二乙醇胺(NMDEA)和二甘醇(DEG)合成含叔胺的超支化聚硅氧烷，对 Fe^{3+} 也表现出显著的选择性猝灭效应，这可能与其叔胺中 N 上的孤对电子的配位作用有关。不同的是，这种超支化聚硅氧烷具有较好的水溶性，有望用作生物体内 Fe^{3+} 的荧光探针。

4.3.2　保密防伪

利用超支化聚硅氧烷对 Fe^{3+} 荧光开关这一特点，可以将其用于保密防伪领域。为了纪念 AIE 这一概念被提出的 20 周年，颜红侠课题组利用超支化聚硅氧烷这一特性做了“AIE 20 th”的加密测试。首先在滤纸上喷涂超支化聚硅氧烷 P4(详见 4.1.2.1 节)的乙醇溶液,随后放入烘箱,待乙醇挥发完全后,包覆超支化聚硅氧烷的滤纸能够在紫外灯下发出明亮的蓝色荧光。用 Na_2EDTA 溶液在该滤纸上写下“AIE 20 th”的英文字母。经此加密,滤纸的颜色、外观和柔性等并没有发生肉眼可见的变化。再将加密的滤纸放在紫外灯下,也没有发现明显的变化。为了解密,最后将 Fe^{3+} 的溶液喷涂在滤纸上,在紫外灯下,可明显看到“AIE 20 th”的字样,滤纸显色解密(见图 4.54)。因此,可以将超支化聚硅氧烷应用于保密防伪领域,其具有无毒无害、环境友好的优势。

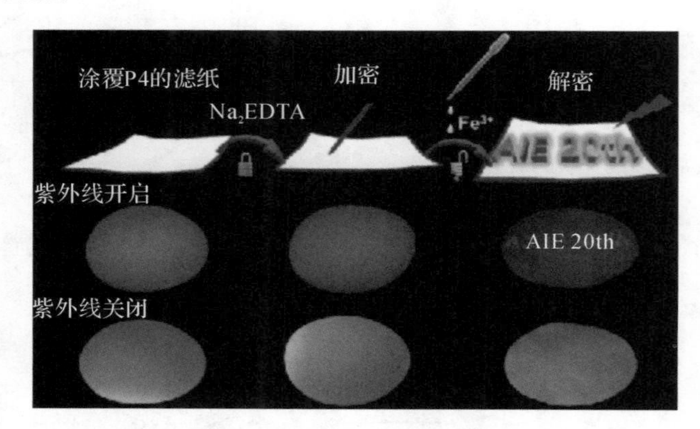

图 4.54　超支化聚硅氧烷的防伪显色流程图(见彩插)

4.3.3　细胞成像

超支化聚硅氧烷具有良好的生物相容性,利用 L-谷氨酸或 β-CD 等生物分子对其端位进行修饰,不仅可以提高其荧光性能,而且可以增强其生物相容性。需要说明的是,合成的超支化聚硅氧烷的聚合单体不同,其生物毒性也有所差异。例如,以二乙二醇和 3-氨丙基三乙氧基硅烷合成的超支化聚硅氧烷比以氨丙基三乙氧基硅烷和 N-甲基二乙醇胺合成的超支化聚硅氧烷的生物毒性低,如图 4.55 所示。

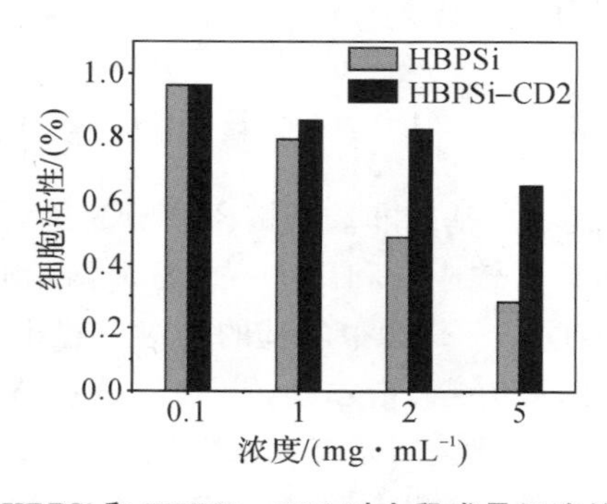

图 4.55　HBPSi 和 HBPSi－CD2 对小鼠成骨细胞的生物毒性

另外,随着超支化聚硅氧烷浓度增大,其生物毒性增大,这是由于超支化聚硅氧烷含有大量的氨基官能团,因此其在培养液中带有较高的容易使细胞失活的正电荷。但是无论 L-谷氨酸还是 β-CD 修饰后的超支化聚硅氧烷的生物毒性均有所降低,并且浓度越高,降低效果越明显。例如,当 HBPSi－CD 的浓度升高到 5 mg/mL 时,细胞活力仍然很高。此外,当小鼠成骨细胞在 2 mg/mL 的 HBPSi-CD2 培养液中于 37 ℃培养 24 h 后，其在激光共聚焦显微镜(激发波长为 320～380 nm)下可发射蓝色荧光，这表明 HBPSi－CD 具有点亮成骨细胞的功能，在检测航天飞行员骨密度的变化方面具有潜在的应用。

4.4.4　药物控释

β－CD 是一种两亲性的笼型分子，以其修饰超支化聚硅氧烷(详见 4.1.3.3 节)不仅能够提高其生物相容性和荧光性能，而且能够赋予其药物控释功能。一方面，β－CD 的内部疏水性空腔是一种良好的疏水药物载体，可以用于封装尺寸合适的小分子；另一方面，超支化聚硅氧烷的支化结构的孔洞也有利于负载药物。同时，β－CD 腔体外部大量的羟基在氢键的驱动下有利于聚集。这样，β－CD 修饰的超支化聚硅氧烷可以与疏水性客体小分子通过非共价键相互作用形成稳定的“主-客体”包合物。

例如，随着布洛芬(Ibuprofen)浓度的提高，HBPSi－CD2 的载药量从 81.0 mg/g 提高到 158.0 mg/g，并且负载于 HBPSi－CD2 的布洛芬在 pH 为 6.4 和 7.8 的磷酸缓冲液中可以进行释放，其释放过程均经历先突释再缓释的过程(见图 4.56)。这是因为部分布洛芬被负载在 HBPSi-CD2 表面，因而在释放初期能迅速扩散到介质中，即突释阶段。另外，当载体中药物密度较高时，布洛芬能迅速从 HBPSi-CD2 中释放出来，随着释放的进行，HBPSi-CD2 中的布洛芬密度逐渐减小，释放速率也相应减慢。此外，由于部分布洛芬能通过主-客体相互作用包合在 HBPSi-CD2 的空腔中，两者间的疏水-疏水相互作用使布洛芬更难从 HBPSi-CD2 中扩散出来，因而延缓了释放时间，即缓释阶段。

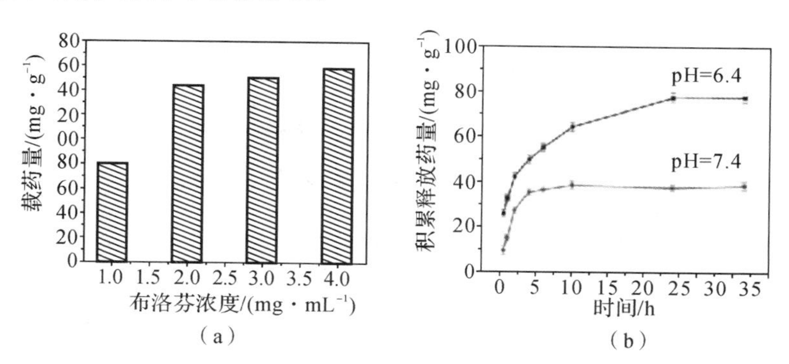

图 4.56　负载于 HBPSi-CD2 的布洛芬在磷酸缓冲液中的药物控释情况

(a) HBPSi－CD2 的载药量；(b) 药物释放曲线

pH 能显著影响布洛芬在磷酸缓冲液中的释放。在 pH 为 6.4 的条件下，布洛芬的释放速率和累积释放率明显高于在 pH 为 7.4 条件下的释放速率和累积释放率。这是因为在酸性条件下，HBPSi-CD2 表面的$-NH_2$发生质子化作用，使布洛芬和 HBPSi-CD2 均带有正电，两者之间发生强烈的静电排斥导致布洛芬加速释放。同时，由于 HBPSi-CD2 上的$-NH_2$可与布洛芬上的$-COOH$发生反应，部分布洛芬与 HBPSi-CD2 以酰胺键的形式相连接，在酸性条件下酰胺键会发生水解，释放布洛芬，在 pH＝6.4 的磷酸缓冲液中的累积释放率高达 78 %。当 pH 为 7.4 时，最终只有 38.6 %的布洛芬被成功释放。这是因为在 pH 为 7.4 的条件下，布洛芬带负电，而 HBPSi-CD2 表面带正电，两者之间存在强烈的静电吸引作用，抑制了布洛芬的释放。HBPSi-CD2 在不同 pH 下的药物释放模型如图 4.57 所示。

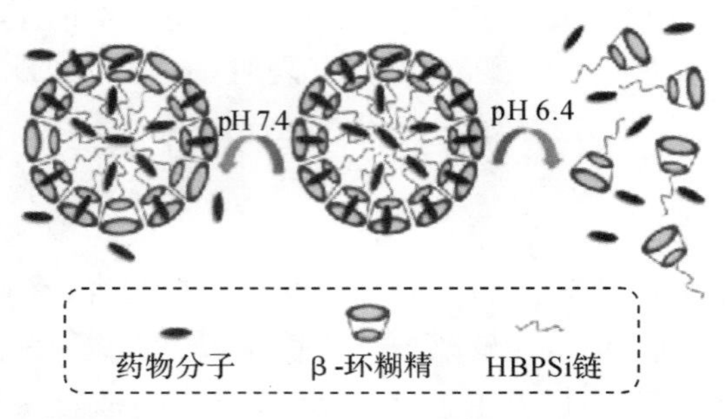

图 4.57　pH 分别为 6.4 和 7.4 下 HBPSi－CD2 的药物释放模型

此外，负载布洛芬后，HBPSi-CD2 的荧光强度略微降低，这是因为负载的布洛芬在一定程度上破坏了 HBPSi-CD2 分子之间的氢键，导致自组装体尺寸缩小（见图 4.58），进而降低了 HBPSi-CD2 的荧光强度。因此，HBPSi-CD2 还具有药物运输可视化的潜力。

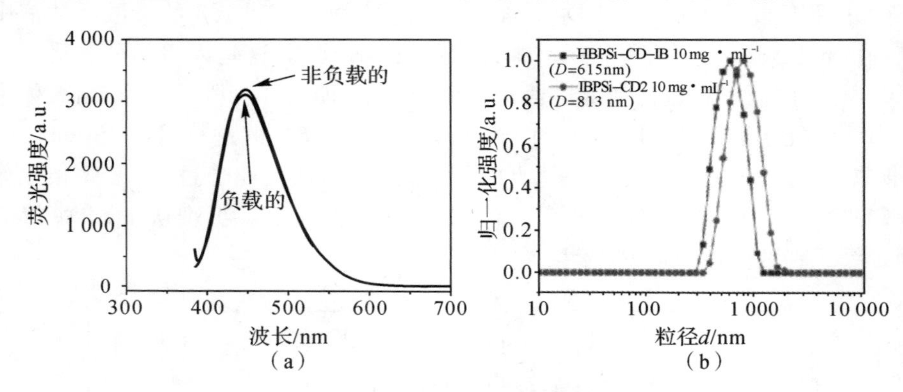

图 4.58　载药前后 HBPSi-CD2 的变化

(a) 荧光强度；(b) 自组装体尺寸

为了进一步研究布洛芬的释放规律，将释放实验的数据分别用零级、一级、Higuchi 和 Ritger-Peppas 公式进行拟合，其拟合结果和相关系数见表 4.11 和表 4.12。比较各公式的相关系数可知，Ritger-Peppas 模型高可靠性地描述了布洛芬在磷酸缓冲液中的释放动力学，在 pH 为 6.4 和 7.4 的磷酸缓冲液中的扩散指数 n 分别为 0.29 和 0.31，均小于 0.45。根据 Ritger-Peppas 释药机制可知，HBPSi-CD-IB 的释放由 Fick 扩散控制，该结果表明 HBPSi-CD 对布洛芬有缓控释的潜力。

表 4.11　布洛芬释放模型（pH＝6.4）

pH	回归模式	方程	线性相关
6.4	零级	$y=1.3990x+39.0120$	0.747 20
6.4	一级	$y=-0.1492x-7.9622$	0.871 24
6.4	Higuchi 方程	$y=0.1215x+0.2260$	0.945 48
6.4	Ritger-Peppas 方程	$y=0.2852x+1.1118$	0.988 79

表 4.12　布洛芬释放模型(pH=7.4)

pH	回归模式	方程	线性相关
7.4	零级	$y=0.5763x+23.8284$	0.276 98
7.4	一级	$y=-0.0646x-19.3159$	0.302 53
7.4	Higuchi 方程	$y=0.0470x+0.1710$	0.498 60
7.4	Ritger-Peppas 方程	$y=0.3132x+1.7913$	0.718 55

总之，接枝了β-CD的超支化聚硅氧烷不仅具有优异的生物相容性，而且具有细胞成像、药物控释功能。

4.4　总结与展望

聚硅氧烷作为一类特殊的非芳香族AIE聚合物，逐渐得到研究者的关注。近年来研究者在其新品种开发、机理研究、应用探索等方面取得了不菲的进展。但不可否认，仍有很多亟待解决的问题，如种类少、应用单一、发光机理不详等。因此，具有AIE性能的聚硅氧烷的研究方向主要包括以下几个方面：①开发水溶性、高荧光量子产率的聚硅氧烷，并将其发色光谱拓宽至近红外区，对拓展其应用领域具有重要意义。②揭示聚硅氧烷，特别是以Si—O—C键为骨架结构的超支化聚硅氧烷的发光机理，为开发高量子产率、多色的发光聚合物奠定理论基础。目前有关聚硅氧烷产生荧光的原因，有的认为是Si与杂原子形成了配位键，硅原子3d轨道产生裂分而发射荧光，有的认为是Si—O键与其他发色基团形成空间共轭而发光，众说纷纭，或许"硅桥强化发光"及"团簇诱导发光"(Clusterization Triggered Emission，CTE)的结合可激发新的认识。③开发新的合成方法，有效控制聚硅氧烷的分子结构。除了常用的硅氢加成法、水解缩聚法和酯交换缩聚法外，可尝试原子转移自由基聚合法(ATRP)以及质子转移聚合法(PTP)。

思　考　题

1. 聚硅氧烷从链段骨架结构上分为哪几类？其拓扑结构对发光性能有何影响？
2. 影响超支化聚硅氧烷发光性能的因素有哪些？为什么端位仅为NH_2的超支化聚硅氧烷几乎不发光？
3. 从以Si—O—C链为骨架结构的超支化聚硅氧烷具有AIE发光特征的发现中，你有何感悟？
4. 利用酯交换缩聚反应，可能合成的聚合物有哪些？
5. 超支化聚硅氧烷作为AIE材料，与典型的芳香族AIE相比，有何特点？
6. 超支化聚硅氧烷作为防伪加密的机理是什么？
7. 论述超支化聚硅氧烷可能的发光机理。

参考文献

[1] BEKIARI V, LIANOS P. Characterization ofphotoluminescence from a material made by interaction of (3 - aminopropyl) triethoxysilane with acetic acid. Langmuir, 1998, 13: 3459 - 3461.

[2] MATHIAS L J, CAROTHERS T W. Hyperbranched poly(siloxysilanes). J Am Chem Soc, 1991, 113: 4044 - 4045.

[3] MOUKARZEL W, MARTY J-D, APPELHANS D, et al. Synthesis of linear and hyperbranched sugar-grafted polysiloxanes using n-hydroxysuccinimide-activated esters. J Polym Sci A1, 2013, 51: 3607 - 3618.

[4] ORTEGA P, MORENO S, MA P T, et al. New hyperbranched carbosiloxane-carbosilane polymers with aromatic units in the backbone. Eur Polym J, 2012, 48: 1413 - 1421.

[5] YOKOMACHI K, SEINO M, GRUNZINGER S J, et al. Synthesis and degree of branching of epoxy-terminated hyperbranched polysiloxysilane. Polym J, 2008, 40: 198 - 204.

[6] SAKKA S, TANAKA Y, KOKUBO T. Hydrolysis and polycondensation of dimethyldiethoxysilane and methyltriethoxysilane as materials for the sol-gel process. J Non Cryst Solids, 1986, 82: 24 - 30

[7] YAMAMOTO K, OHSHITA J, MIZUMO T, et al. Polymerization behavior and gel properties of ethane, ethylene and acetylene-bridged polysilsesquioxanes. J Solgel Sci Technol, 2014, 71: 24 - 30.

[8] JAUMANN M, REBROV E A, KAZAKOVA V V, et al. Hyperbranched polyalkoxy siloxanes viaAB_3-type monomers. Macromol Chem Phys, 2003, 204: 1014 - 1026.

[9] YAN H, JIA Y, MA L, et al. Functionalized multiwalled carbon nanotubes by grafting hyperbranched polysiloxane. Nano, 2014, 9: 1450040.

[10] NIU S, YAN H. Novel silicone-based polymer containing active methylene designed for the removal of indoor formaldehyde. J Hazard Mater, 2015, 287: 259 - 267.

[11] YUAN W, ZHANG Y. Nonconventional macromolecular luminogens with aggregation-induced emission characteristics. J Polym Sci A Polym Chem, 2017, 55: 560 - 574.

[12] TOMALIA D A, KLAJNERTM B, JOHNSON K A M, et al. Non-traditional intrinsic luminescence: inexplicable blue fluorescence observed for dendrimers, macromolecules and small molecular structures lacking traditional/conventional luminophores. Prog Polym Sci., 2019, 90: 35 - 117.

[13] NIU S, YAN H, CHEN Z, et al. Hydrosoluble aliphatic tertiary amine-containing hyperbranchedpolysiloxanes with bright blue photoluminescence. RSC Adv, 2016, 6: 106742 - 106753.

[14] SHANG C, WEI N, ZHUO H, et al. Highly emissive poly(maleic anhydride-alt-vinyl pyrrolidone) with molecular weight-dependent and excitation-dependent fluorescence. J Mater Chem C, 2017, 5(32): 8082 - 8090.

[15] NIU S, YAN H, CHEN Z, et al. Water-soluble blue fluorescence-emitting hyperbranched polysiloxanes simultaneously containing hydroxyl and primary amine groups. Macromol Rapid Commun, 2016, 37: 136 - 42.

[16] NIU S, YAN H, LI S, et al. Bright blue photoluminescence emitted from the novel hyperbranched polysiloxane-containing unconventional chromogens. Macromol Chem Phys, 2016, 217: 1185 - 1190.

[17] NIU S, YAN H. Novel hyperbranched polysiloxanes containing acetoacetyl groups synthesized through transesterification reaction. Macromol Rapid Commun, 2015, 36: 739 - 43.

[18] NIU S, YAN H, LI S, et al. A multifunctional silicon-containing hyperbranched epoxy: controlled synthesis, toughening bismaleimide and fluorescent properties. J Mater Chem C, 2016, 4: 6881 - 6893.

[19] LU H, FENG L, LI S, et al. Unexpected strong blue photoluminescence produced from the aggregation of unconventional chromophores in novel siloxane-poly(amidoamine) dendrimers. Macromolecules, 2015, 48: 476 - 482.

[20] LU H, ZHANG J, FENG S. Controllable photophysical properties and self-assembly of siloxane-poly(amidoamine) dendrimers. Phys Chem Chem Phys, 2015, 17: 26783 - 26789.

[21] BAI L, YAN H, BAI T, et al. High fluorescent hyperbranched polysiloxane containing beta-cyclodextrin for cell imaging and drug delivery. Biomacromolecules, 2019, 20: 4230 - 4240.

[22] CHU C C, IMAE T. Fluorescence investigations of oxygen-doped simple amine compared with fluorescent pamam dendrimer. Macromol Rapid Commun, 2009, 30: 89 - 93.

[23] CHEN J, LAW C C W, LAM J W Y, et al. Synthesis, light emission, nanoaggregation, and restricted intramolecular rotation of 1,1 - substituted 2,3,4,5 - tetraphenylsiloles. Chem Mater, 2003, 15: 1535 - 1546.

[24] DU Y, BAI T, DING F, et al. The inherent blue luminescence from oligomeric siloxanes. Polym J, 2019, 51: 869 - 882.

[25] WANG R, YUAN W, ZHU X. Aggregation-induced emission of non-conjugated poly(amido amine)s: discovering, luminescent mechanism understanding and bioapplication. Chin J Polym Sci, 2015, 33: 680 - 687.

[26] NIU S, YAN H, CHEN Z, et al. Unanticipated bright blue fluorescence produced from novel hyperbranched polysiloxanes carrying unconjugated carbon-carbon double bonds and hydroxyl groups. Polym Chem, 2016, 7: 3747 - 3755.

[27] FENG Y, BAI T, YAN H, et al. High fluorescence quantum yield based on the

through-space conjugation of hyperbranched polysiloxane. Macromolecules, 2019, 52: 3075-3082.

[28] FENG Y, YAN H, DING F, et al. Multiring-induced multicolour emission: hyperbranched polysiloxane with silicon bridge for data encryption. Mater Chem Front, 2020, 4: 1375-1382.

[29] WEI P, ZHANG X, LIU J, et al. New wine in old bottles: prolonging room-temperature phosphorescence of crown ethers by supramolecular interactions. Angew Chem Int Ed Engl, 2020, 59: 9293-9298.

[30] BAI L, YAN H, BAI T, et al. Energy-transfer-induced multiexcitation and enhanced emission of hyperbranched polysiloxane. Biomacromolecules, 2020, 21: 3724-3735.

[31] FENG K, LI S, FENG L, et al. Synthesis of thermo- and photo-responsive polysiloxanes with tunable phase separationviaaza-michael addition. New J Chem, 2017, 41: 14498-14504.

[32] HAN D, LU H, LI W, et al. Light- and heat-triggered reversible luminescent materials based on polysiloxanes with anthracene groups. RSC Adv, 2017, 7: 56489-56495.

[33] ZUO Y, LU H, XUE L, et al. Polysiloxane-based luminescent elastomers prepared by thiol-ene "click" chemistry. Chemistry, 2014, 20: 12924-32.

[34] WANG X, ZUO Y, FENG S. Ultrasensitive polysiloxane-based fluorescent probes for selectively detecting of 4-nitrophenol and their application in paper sensors. Mater Today Commun, 2020, 25: 101570

[35] ZUO Y, GOU Z, LI Z, et al. Unexpected self-assembly, photoluminescence behavior, and film-forming properties of polysiloxane-based imidazolium ionic liquids prepared by one-pot thiol-ene reaction. New J Chem, 2017, 41: 14545-14550.

[36] LIU B, WANG Y, BAI W, et al. Fluorescent linear CO_2-derived poly(hydroxyurethane) for cool white LED. J Mater Chem C, 2017, 5: 4892-4898.

[37] CARLOS L D, BERMUDEZ V, ALCÁCER L, et al. Sol-gel derived urea cross-linked organically modified silicates. 1. room temperature mid-infrared spectra. Chem Mater, 1999, 11: 569-580.

[38] CARLOS L D, BERMUDEZ V, FERREIRA R, et al. Sol-gel derived urea cross-linked organically modified silicates. 2. blue-light emission. Chem Mater, 2010, 11: 581-588.

[39] CARLOS L D, FERREIRA R, PEREIRA R N, et al. White-light emission of amine-functionalized organic/inorganic hybrids: emitting centers and recombination mechanisms. J Phys Chem B, 2004, 108: 14924-14932.

[40] CARLOS L D, FERREIRA R, BERMUDEZ V, et al. Full-color phosphors from amine-functionalized crosslinked hybrids lacking metal activator ions. Adv Funct Mater, 2001, 11: 111-115.

[41] BEKIARI V, LIANOS P, STANGAR U L, et al. Optimization of the intensity of luminescence emission from silica/poly (ethylene oxide) and silica/poly (propylene ox-

ide) nanocomposite gels. Chem Mater, 2000, 12: 3095 - 3099.

[42] BRANKOVA T, BEKIARI V, LIANOS P. Photoluminescence from sol-gel organic/inorganic hybrid gels obtained through carboxylic acid solvolysis. Chem Mater, 2003, 15: 1855 - 1859.

[43] ONOSHIMA D, IMAE T. Dendritic nano- and microhydrogels fabricated by triethoxysilyl focal dendrons. Soft Matter, 2006, 2: 141 - 148.

[44] CARLOS L D, BERMUDEZ V, AMARAL V S, et al. Nanoscopic photoluminescence memory as a fingerprint of complexity in self-assembled alkyl/siloxane hybrids. Adv Mater, 2007, 19: 341 - 348.

[45] NISHIMURA A, SAGAWA N, UCHINO T. Structural origin of visible luminescence from silica based organic-inorganic hybrid materials. Phys Chem. C, 2009, 113: 4260 - 4262.

[46] KUO S, HONG J, HUANG Y, et al. Star poly (N-isopropylacrylamide) tethered to polyhedral oligomeric silsesquioxane (POSS) nanoparticles by a combination of ATRP and click chemistry. J Nanomater, 2012, 2012: 1 - 10.

[47] MOHAMED M G, HSU K C, HONG J L, et al. Unexpected fluorescence from maleimide-containing polyhedral oligomeric silsesquioxanes: nanoparticle and sequence distribution analyses of polystyrene-based alternating copolymers. Polym Chem, 2016, 7(1): 135 - 145.

[48] YUE Y, HUO F, YIN C, et al. Recent progress in chromogenic and fluorogenic chemosensors for hypochlorous acid. Analyst, 2016, 141: 1859 - 73.

[49] MEI J, HONG Y, LAM J W Y, et al. Aggregation-induced emission: the whole is more brilliant than the parts. Adv Mater, 2014, 26: 5429 - 79.

[50] WANG X, HU J, ZHANG G, et al. Highly selective fluorogenic multianalyte biosensors constructed via enzyme-catalyzed coupling and aggregation-induced emission. J Am Chem Soc, 2014, 136: 9890 - 3.

[51] LIANG G, LAM J W Y, QIN W, et al. Molecular luminogens based on restriction of intramolecularmotions through host-guest inclusion for cell imaging. Chem Commun, 2014, 50: 1725 - 1727.

[52] ZHAO M, XIA Q, FENG X, et al. Synthesis, biocompatibility and cell labeling of l-arginine-functional beta-cyclodextrin-modified quantum dot probes. Biomaterials, 2010, 31: 4401 - 4408.

[53] PATEL J, SALEM B, MARTIN G P, et al. Use of the MTT assay to evaluate the biocompatibility of beta-cyclodextrin derivatives with respiratory epithelial cells. J Pharm Pharmacol, 2006, 58:A64 - A64.

[54] GIULBUDAGIAN M, HÖNZKE S, BERGUEIRO J, et al. Enhanced topical delivery of dexamethasone by β-cyclodextrin decorated thermoresponsive nanogels. Nanoscale, 2017, 10: 469 - 479.

[55] DING Y, PRASAD C V N S V, DING C, et al. Synthesis of carbohydrate conjugated

6a,6d-bifunctionalized beta cyclodextrin derivatives as potential liver cancer drug carriers. Carbohydr Polym, 2018, 181: 957 - 963.

[56] CHEN Y, ZHOU L, PANG Y, et al. Photoluminescent hyperbranched poly(amido amine) containing beta-cyclodextrin as a nonviral gene delivery vector. Bioconjug Chem, 2011, 22: 1162 - 1170.

[57] GUAN X, ZHANG D, JIA T, et al. Unprecedented strong photoluminescences induced from both aggregation and polymerization of novel nonconjugated β-cyclodextrin dimer. Ind Eng Chem Res, 2017, 56: 3913 - 3919.

[58] LIU C, CUI Q, WANG J, et al. Autofluorescent micelles self-assembled from an aie-active luminogen containing an intrinsic unconventional fluorophore. Soft Matter, 2016, 12: 4295 - 4299.

[59] LI W, QU J, DU J, et al. Photoluminescent supramolecular hyperbranched polymer without conventional chromophores based on inclusion complexation. Chem Commun, 2014, 50: 9584 - 9587.

[60] KOOPMANS C, RITTER H. Color change of n-isopropylacrylamide copolymer bearing reichardts dye as optical sensor for lower critical solution temperature and for host-guest interaction with β-cyclodextrin. J Am Chem Soc, 2007, 129: 3502 - 3503.

[61] 张骞，邢生凯，孙得志，等. 布洛芬与环糊精的主-客体相互作用. 化学通报，2009，7：665 - 668.

[62] RITGER P L , PEPPAS N A. A simple equation for description of solute release i. Fickian and non-fickian release from non-swellable devices in the form of slabs, spheres, cylinders or discs. J Controlled Release, 1987, 5: 23 - 36.

[63] SURAPATI M, SEINO M, HAYAKAWA T, et al. Synthesis of hyperbranched-linear star block copolymers by atom transfer radical polymerization of styrene using hyperbranched poly(siloxysilane) (HBPS) macroinitiator. Eur Polym J, 2010, 46:217 - 225.

[64] PAULASAARI J K, WEBER W P. Synthesis of hyperbranched polysiloxanes by base-catalyzed proton-transfer polymerization, comparison of hyperbranched polymer microstructure and properties to those of linear analogues prepared by cationic or anionic ring-opening polymerization. Macromolecules, 2000, 33: 2005 - 2010.

第5章 非典型超支化聚集诱导发光聚合物

聚集诱导发光(Aggregation Induced Emission，AIE)材料能克服传统发光材料聚集诱导猝灭的难题，具有发光效率高、光稳定性好、Stokes位移大的特点，在生物成像领域备受关注。纵观目前开发出的AIE材料，大致可归为芳香族和脂肪族两类。其中脂肪族发光聚合物在化学结构上更接近蛋白质、多糖这些生物性高分子，具有良好的生物相容性、低细胞毒性以及环境友好性等特点。从目前的脂肪族AIE聚合物研究结果上来看，超支化拓扑结构因其特殊的三维结构，往往在发光性能上更有优势。与线性聚合物相比，超支化聚合物分子不仅内部具有大量的空腔结构、表面存在大量的官能团使其易于进行修饰和功能化，而且具有优异的物理化学性质，如低黏度、高溶解性等，同时还对pH、温度、离子以及光等具有刺激响应性，在细胞成像、药物控释、基因转染以及生物传感等方面有着广泛的应用前景。

由于聚集诱导发光是因浓度的增加而引起分子聚集的结果，因此对于脂肪族超支化聚合物来说，由于其独特的化学结构，浓度的增加可使其在驱动力的作用下组装成丰富的形貌，而不仅仅是聚集成“簇”限制分子内链段运动，其聚集的本质是聚合物在驱动力作用下进行自组装而形成超分子的过程。对于不含传统发色团的超支化聚合物而言，形貌与其荧光的产生密切相关。疏松的聚集体发射的荧光强度较弱，而紧凑的聚集体可以发射强荧光。这是因为聚集体越紧凑其刚性越强，导致荧光增强。通过调控超支化聚合物的自组装行为及空间共轭效应可以提高其荧光强度，同时这种聚合物具有刺激响应性明显、应答速度快、弛豫时间短、可逆性等优点。目前此类超支化发光聚合物的研究主要集中在超支化聚酰胺-胺、超支化聚氨基酯、以及其他含羰基、醚键和仅含氮的超支化发光聚合物等。

5.1 超支化聚酰胺-胺

超支化聚酰胺-胺(Hyperbranched Polyamides，HPAMAM)是一种研究得最早也最多的非传统发光聚合物，其结构中含有大量的酰胺基、氨基和烷基。1985年Tomalia第一次合成了树枝状的PAMAM。由于其结构中缺乏传统发色团，没有发现其荧光性能。1991年Turro和Tomalia报道了PAMAM的光化学现象。在他们的研究中，几乎总能观察到一种意想不到的蓝色荧光。起初，学者们认为这些蓝色荧光是由少量传统荧光杂质引起的。然而，2001年Goodson等人发现，即使是提纯后的高纯度以及嵌入金属纳米团簇的PAMAM分子仍能在335 nm紫外光激发下发射440～450 nm蓝色荧光。树枝状的PAMAM，因其拓扑结构可控、几何构型高度对称、内部存在大量的空腔、表面带有大量的正电荷以及具有良好的生物相容性等一系列显著的优点，已被广泛应用于化工(水处理、造纸、皮革和纺织工业)、生物医药(药物缓释、药物增溶、靶向给药和抑菌)以及电化学等领域,是研究最为广泛的有机大分子之一。但由于其合成方法难度较大,因此,目前对于 PAMAM 的研究主要集中在 PAMAM 新合成方法的设计及发光性能、发光机理和应用探索等方向。

5.1.1 超支化聚酰胺-胺的合成及发光性能研究

聚酰胺-胺树枝状大分子的 3 种合成方法为发散法、收敛法和发散收敛结合法。其中,发散法合成树枝状大分子,是从树枝状大分子的引发核开始,将支化单元反应连接到核上,分离得到第一代树枝状分子;将第一代分子分支末端的官能团转化为可继续进行反应的官能团,然后重复与分支单元反应物进行反应得到第二代树枝状分子;重复上述合成步骤可以得到高代数树枝状大分子。其特点是官能团的数目随着代数的增加而增加,缺点是高代数树枝状分子由于空间位阻效应,下一步反应很难进行,得到的树枝状分子结构不完美。

PAMAM 树状大分子是第一个利用发散法合成、表征和商业化的完整树状大分子家族。该方法包括两步迭代反应:以乙二胺为初始核,与丙烯酸甲酯进行迈克尔加成反应,生成树枝状 β—丙氨酸单元,然后再与过量的乙二胺发生酰胺化反应,得到树枝状的 1 代 PAMAM 分子。交替重复以上两个反应步骤,可以得到代数依次增加的 PAMAM 树枝状分子(见图 5.1)。而且,这种 PAMAM 核壳结构的直径随代数的增大而增大。

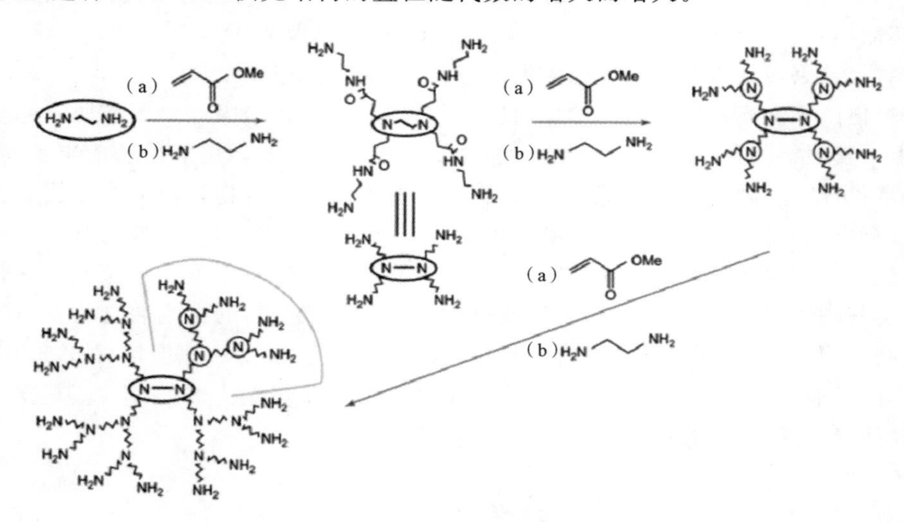

图 5.1 发散法合成树枝状 PAMAM

收敛法是由树枝状聚合物由外向内合成的方法,反应是由生成树枝形聚合物最外层结构的部分开始,与分支单元反应物反应得到第一代分子,然后与分支单元反应物反应得到第二代分子,最后与核心连接得到树枝状大分子。收敛法每步反应只有少数几个官能团参加,分离提纯比较容易,用这种方法可以合成出结构比较完美的树枝状大分子,能够很好地控制表面端基官能团的结构。王冰冰等人利用收敛法合成出了由 2 个扇形分子(有 16 个端基的扇形聚酰胺胺树枝状大分子)组装成的具有 32 个端基的扇形聚酰胺-胺树枝状大分子,这种聚酰胺-胺树枝状大分子结构规整,分散度单一,不存在缺陷。

发散收敛结合法:先采用发散法制备出低代数的聚酰胺-胺树枝状分子作为活性中心,然后用收敛法制得一定代数的扇形分子,称为“支化单体”,最后将其接到活性中心上,合成出聚酰胺胺树枝状大分子。发散收敛结合法综合了发散法和收敛法的优点，一方面使分离纯化变得简单，减少分子结构缺陷，另一方面使合成聚酰胺胺树枝状大分子的产率提高，相对分子质量增长加快。

美国密苏里大学哥伦比亚分校的 Tucker 课题组利用三维荧光光谱和稳态/瞬态荧光光谱仪测量激发、发射光谱以及荧光寿命等参数研究了羧酸盐封端的 PAMAM(PAMAM－CT)的荧光性能，发现其最大激发和发射峰值分别是 380 nm 和 440 nm，荧光寿命为 1.3～7.1 ns，并且随着支化代数的增加而升高，这种微弱但可检测的荧光是由树枝状结构中所有氨基的 $n \rightarrow \pi^*$ 电子跃迁引起的。但令人遗憾的是，这项研究在当时并没有引起其他科研人员的广泛关注。直到 2004 年 6 月，美国得克萨斯大学奥斯汀分校的 Bard 课题组受 PAMAM-OH/Au 纳米复合材料可发射蓝色荧光这一研究的启发，率先报道在没有金纳米点存在的条件下，含端羟基的 PAMAM(PAMAM-OH)树枝状大分子经过硫酸铵(APS)氧化后发出了明亮的荧光(见图 5.2)。但是，将 PAMAM-OH 末端羟基变成氨基(PAMAM-NH_2)后，在相同的 APS 氧化条件下仅能发射微弱的蓝色荧光，且强度不及 PAMAM-OH 的 0.01 %。由此，研究者认为 PAMAM 树枝状大分子骨架不是荧光形成的主要因素，而末端羟基的氧化才是其产生荧光的根源。

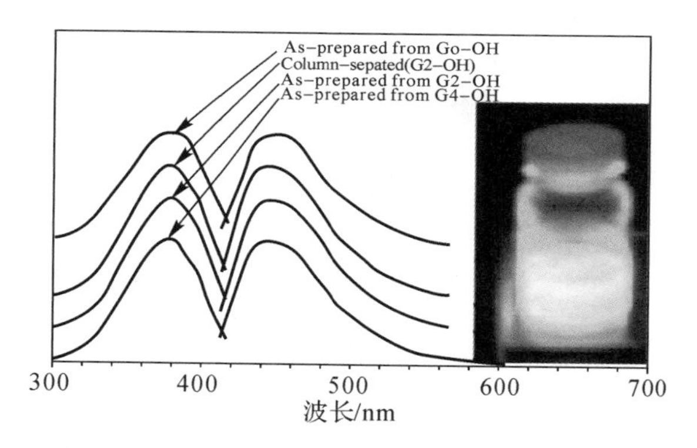

图 5.2　经 APS 氧化处理后的不同代数 PAMAM-OH 的荧光光谱

插图：**APS** 氧化处理后的 **G2-OH** 在 **366 nm** 下的照片

然而，同年 9 月，日本名古屋大学的 Imae 课题组发现，PAMAM 的代数对荧光强度具有显著的影响(见图 5.3)，且 G2 和 G4 PAMAM 树状聚合物在荧光强度上均表现出 pH 依赖性。以－OH 和－COOH 为端基的 PAMAM 树状聚合物以及以 NH_2 为端基的聚(丙烯亚胺)树状聚合物(PPI)也能观察到强荧光。如图 5.3 所示，G4 在 250 nm 和 390 nm 处有两个激发带，在 450 nm 处有一个发射带。与 G4 相比，G2 在发射光谱中表现出非常弱的蓝移荧光带，表明树状大分子结构或官能团的微环境对荧光性质有显著影响。

在 pH 从 1 到 11 的范围内 G2 和 G4 以 NH_2 为端基的 PAMAM 树状大分子均表现出显著的 pH 依赖性(见图 5.4)。对于 G4，当 pH 从 11 降低到 5 时，其发射强度变化不大，但随着 pH 的进一步降低，荧光强度快速增强，并在 pH 为 2 时达到最大，在此过程中，发射带的位置几乎没有变化。对于 G2，随着 pH 从 11 降低到 4 时，其荧光强度达到最大。随着 pH 的降低其荧光强度增大，这可能归因于以下三个原因：①pH＝6 时与 PAMAM 树状聚合物中叔胺的 pKa 值相近，推测可能是叔胺的质子化作用使整个树枝状分子内部充满了阳离子，这种强的排斥作用使 PAMAM 树枝状分子的结构变得更加刚性，进而使分子链段运动受限，发光更强；②在酸性条件下，树枝状分子中的氢键强度增强，分子运动受限，增加了分子的刚性；③在酸性条件下，官能团沿着树枝状分子的分支发生化学反应，可能形成新的荧光化学物质。另外，还发现氮气气氛下的树枝状聚合物溶液比暴露在空气中的树枝状聚合物溶液的荧光强度弱很多，推测空气中的氧是荧光产生的关键原因。

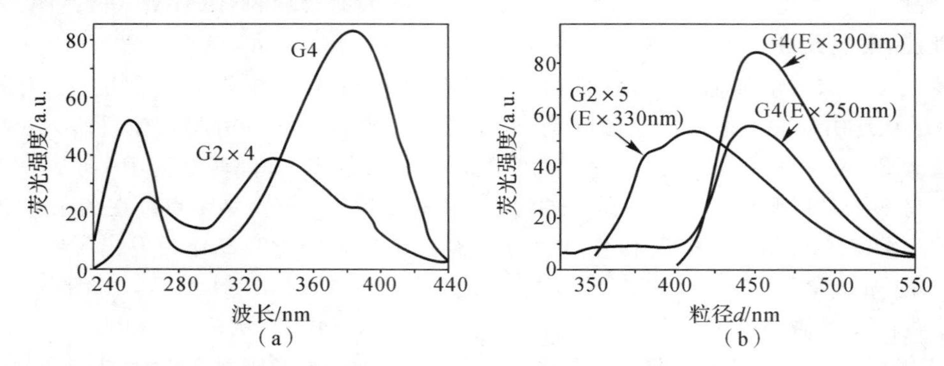

图 5.3 G2 和 G4 PAMAM-NH_2 树状大分子的激发和发射荧光光谱

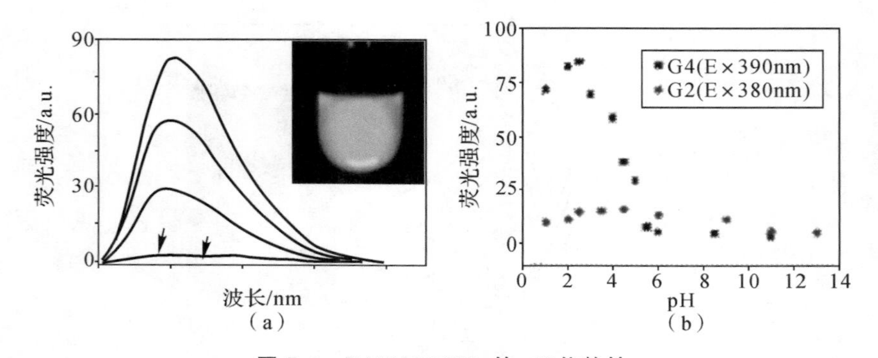

图 5.4 PAMAM-NH_2 的 pH 依赖性

(a) G4 PAMAM-NH_2 在不同 pH 值下的荧光发射光谱(激发波长为 390 nm)，插图：pH 值为 2 的 0.7 mM G4 水溶液的照片；(b) pH 范围为 1～11 的 G2 和 G4 端氨基 PAMAM-NH_2 的荧光强度随 pH 的变化情况（G2 和 G4 的发射峰分别位于 410 nm 和 450 nm）

2007 年，复旦大学的杨武利课题组以二乙烯三胺和丙烯酸甲酯为原料，采用迈克尔加成和氨解反应，通过“一锅法”合成了一系列超支化 PAMAM(见图 5.5)。这种有结构缺陷的超支化 PAMAM 与结构规整的树枝状 PAMAM 有相似的物理化学性质，其发光行为受 pH 值、溶剂、聚合物溶液浓度、端位官能团以及分子刚性等因素的影响。

超支化 PAMAM 表现出显著的 pH 依赖性荧光特性[见图 5.6 (a)]。当 pH>9 时，荧光发射强度变化不大。但当 pH 从 9 降低到 3 时，荧光发射强度迅速增加，并在 pH=3 时达到最大值。超支化 PAMAM 的荧光性质表现出浓度依赖特性[见图 5.6 (b)]，当浓度从 0.1 mg/mL 增大到 10 mg/mL 时，其荧光强度逐渐增强。这可能归因于荧光团数量的增加，荧光发射强度会随着荧光团的增多而增加。超支化 PAMAM 的荧光性质也受溶剂的影响[见图 5.6 (c)]，相同浓度的 PAMAM (5 mg/mL)在水或乙醇中的荧光强度大于在二甲基甲酰胺或氯仿中的荧光强度。与二甲基甲酰胺或氯仿相比，水和乙醇具有更强的极性，更容易形成氢键，从而有利于其结构刚性增强，导致更强的荧光性能。以羧基、叔胺和伯胺为端基的 PAM-

AM,在相同浓度和酸条件下的荧光光谱其发射峰的位置相近但强度不同[见图 5.6 (d)]。以伯胺为端基的 PAMAM 荧光强度最强,以羧基和叔胺为端基的 PAMAM 荧光强度最弱。虽然 PAMAM 的发射强度取决于末端基团,但发射峰位置相近。这说明 PAMAM 的主链是荧光中心,对其荧光性质起着重要作用。

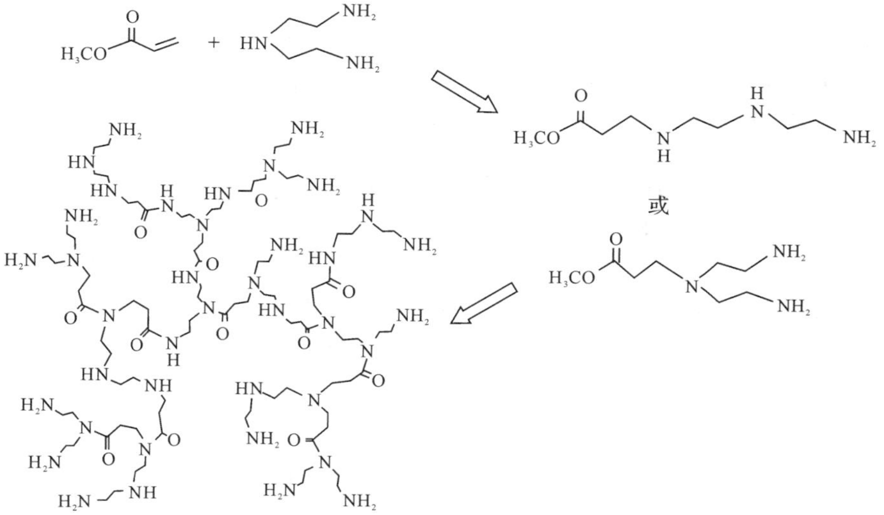

图 5.5　超支化 PAMAM 的合成路线图

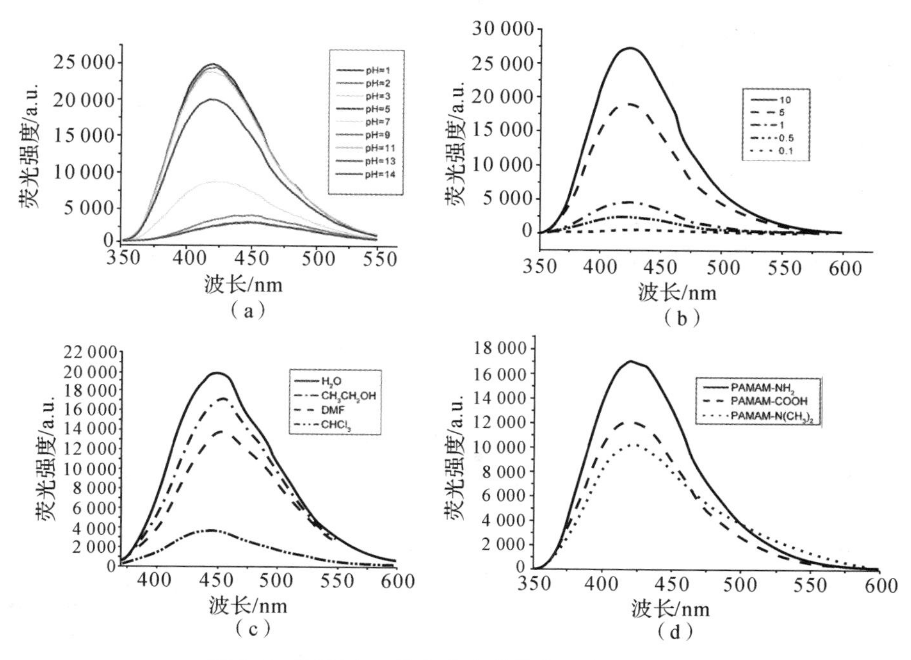

图 5.6　PAMAM 的荧光光谱的多重刺激响应性

(a) 不同 pH 值下 PAMAM 的荧光光谱(激发波长 336 nm);(b) 不同浓度 PAMAM 的荧光强度(激发波长 336 nm,发射波长 421 nm);(c) 不同溶剂下 PAMAM 的荧光光谱(激发波长 347 nm,发射波长 447 nm);(d) 不同端基 PAMAM 的荧光发射光谱

5.1.2 外界条件对超支化聚酰胺-胺发光性能的影响

除了超支化聚酰胺-胺本身结构以外，外界条件对PAMAM发光性能也有影响，例如pH、温度、浓度和氧化程度等。2007年9月日本名古屋大学材料科学研究中心的Imae等人深入研究了pH、温度、浓度和氧化程度等对NH_2封端的PAMAM树枝状大分子的荧光性能的影响。NH_2封端基的PAMAM树枝状聚合物水溶液在450 nm处有一个发射峰，在250 nm和390 nm处有两个激发峰。在研究过程中分别测定了250 nm和390 nm下的荧光寿命，并分别命名为第一组分荧光寿命和第二组分荧光寿命。

(1)pH

对于超支化聚酰胺-胺来说，其荧光强度随着pH的降低而增大。图5.7 (a)为不同pH条件下的PAMAM树状聚合物的荧光强度变化。从图中可以看出其荧光强度具有pH依赖性。在pH13～8范围内，其发射强度较低且变化不大。但随着pH的进一步降低，荧光强度迅速增加，当pH<6时，其荧光强度基本不变。pH的改变也会影响其荧光强度的恒定时间。从图5.7 (b)可以看出不同pH(pH=4.5及以下)荧光发射随时间变化的显著差异：pH较低的溶液荧光强度增加较快，即pH越低，荧光强度恒定的时间越短。当pH=2时，其荧光强度在75 min时达到稳定，这表明pH越低其荧光基团形成得越快。

(2)氧化程度

部分学者认为氧气是影响聚酰胺-胺荧光性能的主要因素，一般氧气的存在会提高PAMAM树枝状大分子的荧光性能，在Image的研究过程中也发现了同样的规律。通过将相同浓度(0.7 mM)的NH_2封端的PAMAM树状分子分别在两种不同气氛(一个在氮气气氛下，另一个暴露在空气中)下进行合成，研究了氧化程度对PAMAM发光性能的影响。为了加速反应，保持溶液的pH=7并在制备成功后，将两个样品均放在50 ℃的烘箱中静置。25天后，两个样品的荧光强度有了很大的差异[见图5.7 (c)]：充氮溶液的荧光强度较弱，变化不大，未充氮溶液的荧光强度明显增大。当将充氮溶液置于空气气氛下并在50 ℃保持15天时，它的发射强度与后者(空气气氛)溶液相同[见图5.7 (c)]，结果表明PAMAM上官能团的氧化是其发光的关键。

(3)溶剂极性和浓度

溶剂的极性也会对超支化聚酰胺-胺的荧光性能产生一定影响。例如复旦大学的杨武利课题组发现溶剂极性的增大，有利于其结构刚性增强，导致更强的荧光性能如图5.6所示，特别是当以水作为溶剂时，PAMAM中存在能与水形成氢键的$-OH$和$-NH_2$，在氢键的驱动下促进了PAMAM的聚集，从而极大地提高了其荧光强度。一般来说，随着浓度的增加PAMAM荧光强度增大。如图5.7 (d)所示，其荧光发射强度随浓度的增加几乎呈线性增加。

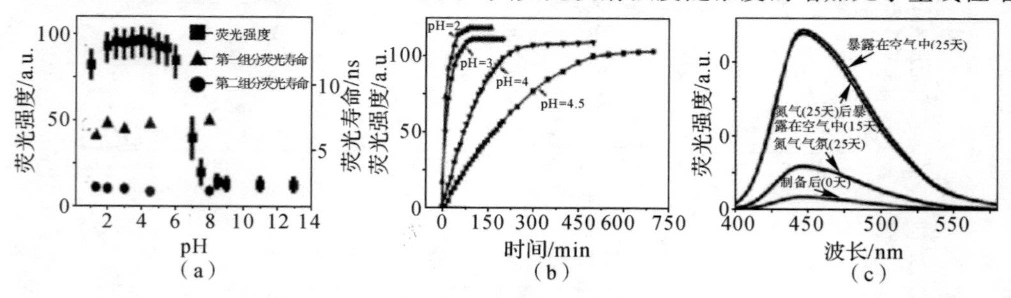

图5.7 外界条件对PAMAM发光性能的影响

(a)荧光强度与荧光寿命随pH的变化；(b)氧化时间对不同pH条件下NH_2封端的PAMAM的荧光强度的影响；

(c) NH_2封端PAMAM树枝状大分子在pH=7时气氛对荧光强度的影响；

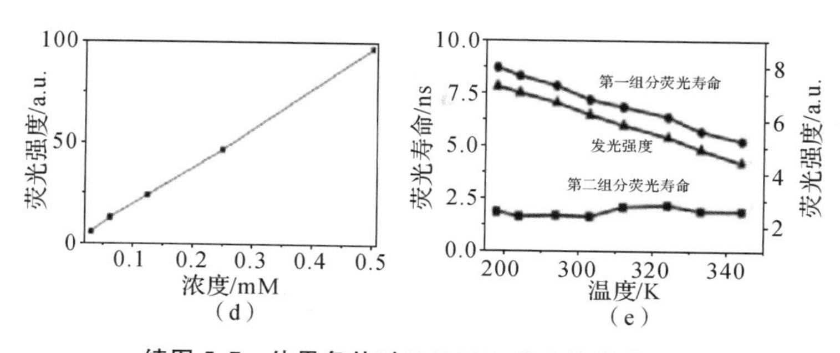

续图 5.7　外界条件对 PAMAM 发光性能的影响

(d) pH＝6 时的荧光强度随 PAMAM 浓度的变化；(e) NH_2 封端 PAMAM 树状大分子在 pH＝4 时的荧光寿命和发射强度随温度的变化

(4)温度

一般来说，随着温度的升高，其荧光寿命和荧光强度降低。如图 5.7 (e)所示，pH＝4 的 NH_2 封端 PAMAM 溶液在 5～70 ℃下，其荧光强度随着温度的升高而降低。从图中可以看出当 pH＝4 时，其荧光强度随着温度的升高而降低。同时发现当第二组分寿命维持在 1.7～2.2 ns 时，第一组分寿命随着温度的升高从 8.7 ns 下降到 5.3 ns。

5.1.3　超支化聚酰胺-胺的发光机理研究

探究超支化聚酰胺-胺的发光机理对设计新的发光聚合物至关重要。

日本化学家 Image 课题组选用三乙胺分子作为模型对比分子，以过硫酸铵作为氧化剂，研究 PAMAM 的发光机理(见图 5.8)。结果发现，用过硫酸铵进行氧化处理后的三乙胺小分子和 PAMAM 树枝状大分子在 365 nm 激发下都可发射出蓝色荧光，发射波长在 440～460 nm 范围内，而且 PAMAM 分子的荧光强于三乙胺的荧光。将其归因于以下两点原因：①PAMAM 分子可以有效地封装氧或者与氧之间存在主-客体相互作用；②PAMAM 分子的空腔中的小分子链段，抑制了 PAMAM 分子的自由运动，从而增强了荧光。因此，提出 PAMAM 分子内的叔胺基团是荧光发射的根源这一猜想。为了验证，将苯酚蓝作为探针加入过硫酸铵处理后的 PAMAM 的溶液中，发现 PAMAM 的发射波长几乎不变。这说明一旦 PAMAM 分子支化点的叔胺与氧达到饱和后，不会再与苯酚蓝形成络合物。三乙胺和其他 N-支化聚合物的分支点的叔胺与氧形成过氧自由基或者激基缔合物，而导致发射出蓝色的荧光。换言之，PAMAM 的荧光特性源自内部叔胺基团支化位点，同时对于发光而言，O_2 或含氧分子也是必不可少的。

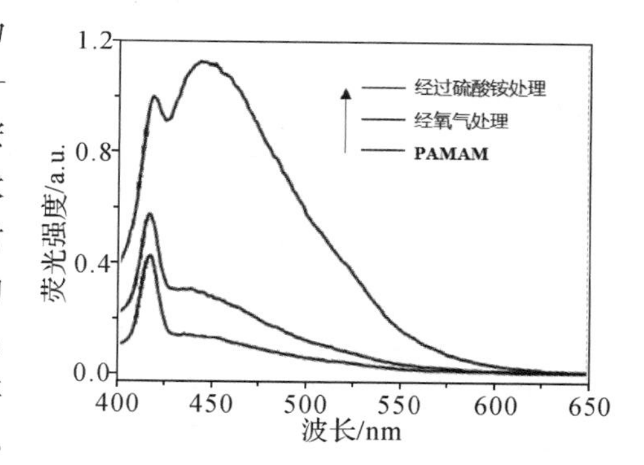

图 5.8　PAMAM 的发光机理

2010 年，浙江理工大学江国华课题组使用 1-(2-氨乙基)哌嗪(AEPZ)和丙烯酸甲酯(MA)为原料，通过迈克尔加成反应制备了超支化聚酰胺-胺，然后用环氧丙烷在乙醇中对残留的仲胺基团进行烷基化，合成出了具有高密度叔胺的超支化聚酰胺-胺(HPAMAM-OH)(见图 5.9)。通过调节超支化聚酰胺-胺与环氧丙烷的反应比例，得到不同叔胺含量的羟

HPAMAM-OH。

图 5.9　HPAMAM-OH 的合成路线图

一般来说，浓度、端位官能团以及金属离子等对其发光性能均有影响，因此从以上几方面入手，探究 HPAMAM-OH 的发光机理。HPAMAMs 和 HPAMAMs-OH 样品在 240 nm、243 nm 和 246 nm 处具有最大激发带，发射带分别位于 420 nm、424 nm 和 430 nm。随着聚合物中叔氮含量的增加，最大激发带或发射带红移[见图 5.10 (a)]。这表明超支化聚合物结构或官能团的微环境显著影响荧光性能。制备了一系列浓度为 0.5 %、1.0 %、2.0 %、3.5 % 和 5.0 %的 HPAMAMs 和 HPAMAMs-OH 溶液，并检测到荧光光谱如图 5.10 (b)所示。发现 HPAMAMs 和 HPAMAMs-OH 所有的荧光发射强度随浓度的增加而增加。然而，三种样品的荧光发射强度的增长速率不同。高叔胺含量的超支化聚合物是一种更有效的荧光聚合物。当 HAMAMs 溶液浓度低于 5.0 %时，没有观察到明显的蓝色荧光。而对于 HPAMAMs-OH 水溶液，各浓度下均可观察到较强的蓝色荧光，如图 5.10 (c)所示，分子结构内带有孤对电子的叔胺在光致发光中起着重要作用。从图 5.10 (d)可以看出，纳米金使 HPAMAMs-OH 的荧光强度增强了 1.5 倍以上，而发射峰从纯 HPAMAMs-OH 的 425 nm 红移到 430 nm。荧光强度的增加和荧光光谱的变化可能是由于 Au 粒子与 HPAMAMs - OH 主链的相互作用，促进了 HPAMAMs-OH 的构象排列。

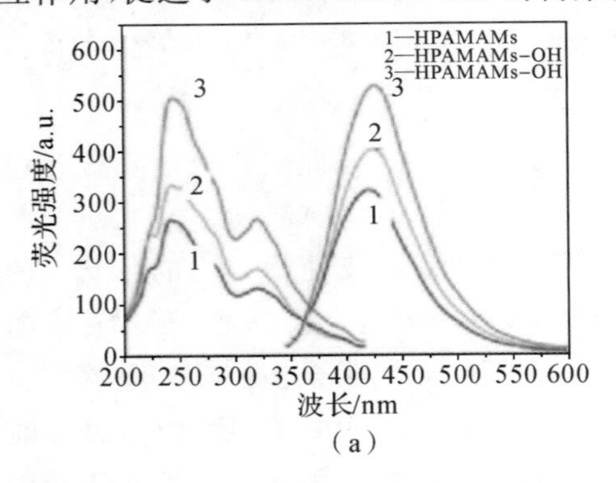

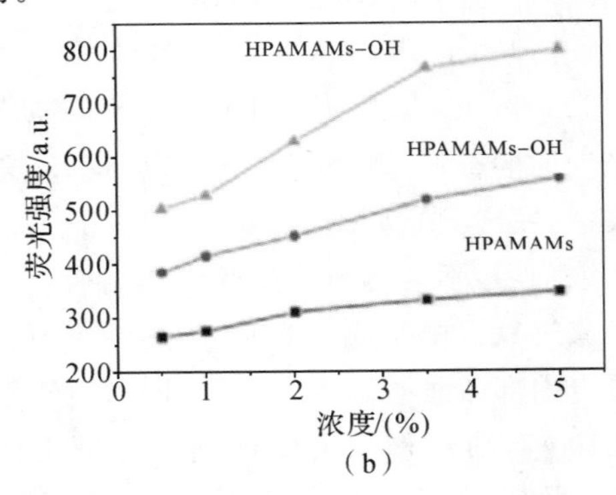

图 5.10　HPAMAMs-OH 的荧光性能研究

(a) 0.5 mM HPAMAMs 和 HPAMAMs-OH 水溶液在 pH=7 浓度为 0.5%时的荧光发射和激发光谱；

(b) HPAMAMs 和 HPAMAMs-OH 在不同浓度下荧光发射强度的对比；

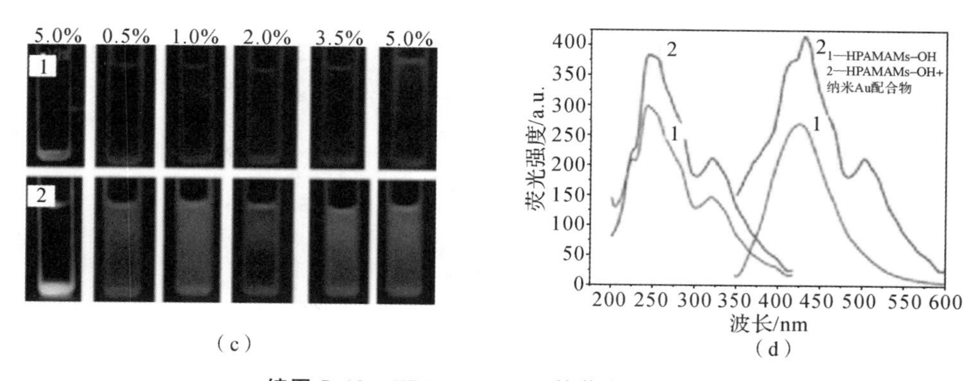

(c)　　　　　　　　　　　　(d)

续图 5.10　HPAMAMs-OH 的荧光性能研究

(c) HAMAMs 和 HPAMAMs-OH 水溶液在 365 nm 下的荧光照片；(d) 纯 HPAMAMs-OH 和纳米 Au 配合物 HPAMAMs-OH 的荧光发射光谱，样品的 pH 约为 7

综上，与 HPAMAM 相比，HPAMAM－OH 的荧光强度显著增加，且其最大的激发波长和发射波长均出现了红移。江国华课题组认为 HPAMAM 的发光性能与其结构和微环境有关，特别是含孤对电子的叔胺对荧光的发射起到重要的作用，如图 5.11 所示。

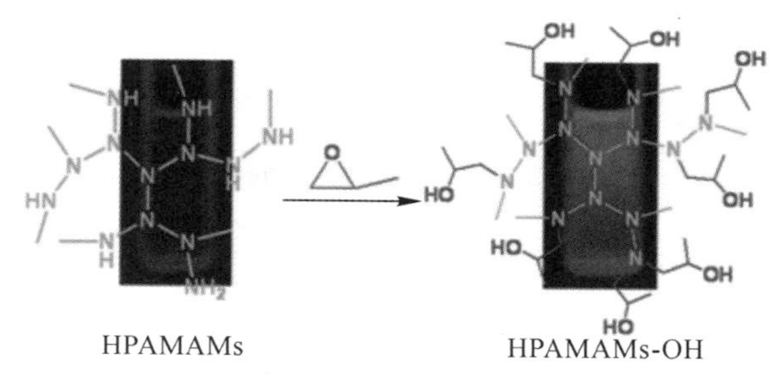

图 5.11　HPAMAM-OH 的发光机理

中国科学技术大学的潘才元课题组利用 N,N－胱胺双丙烯酰胺(CBA)，1－(2－氨乙基)哌嗪和 N－半乳糖胺盐酸盐(或 N－葡萄糖胺盐酸盐)通过迈克尔加成反应成功制备了具有多种功能(如生物降解性、自发荧光和特异性亲和力)的超支化聚酰胺-胺纳米颗粒(见图 5.12)。该纳米颗粒表现出强的光致发光特性、高的光稳定性以及宽的吸收和发射(430～620 nm)光谱。该研究者也将超支化聚酰胺-胺纳米颗粒能够发射荧光这一现象归因于分子中的叔胺发色团的存在。

2011 年，Lin 等人以二代的 PAMAM-OH 为模型化合物来研究 PAMAM 分子的氧化与光致发光之间的关系，发现用 H_2O_2 氧化后的 PAMAM-OH 具有强的荧光发射。他们采用 NMR 和 MALDI-TOF 质谱对氧化产物进行了分析以探究其原因。结果表明，PAMAM-OH 发生了 Cope 消除反应(见图 5.13)。H_2O_2 氧化后的 PAMAM-OH 首先产生了一种胺氧化合物的中间体，然后继续发生 Cope 消除反应产生了一种含乙烯基化合物的不饱和羟胺化合物。当 H_2O_2 的浓度大于 250 mM 时，羟胺化合物再次被氧化形成一种 NO 自由基。这一研究表明 PAMAM 的荧光发射的起源并不是本征的 PAMAM，而是在 H_2O_2 的氧化作用下，PAMAM 大分子的结构进行了一系列的 Cope 消除反应，而分解后产生的羟胺化合物才是产生光致发光的真正原因。

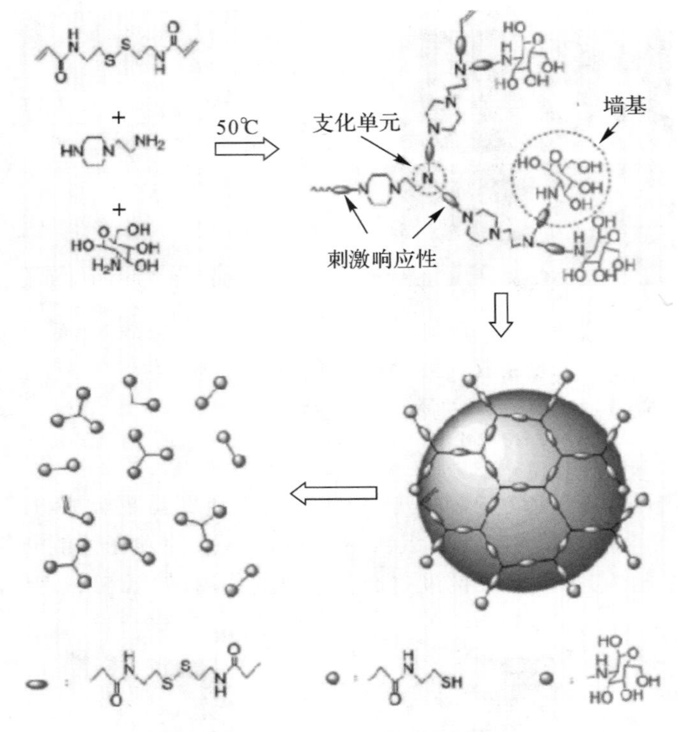

图 5.12　HPAMAM NPs 的加成反应

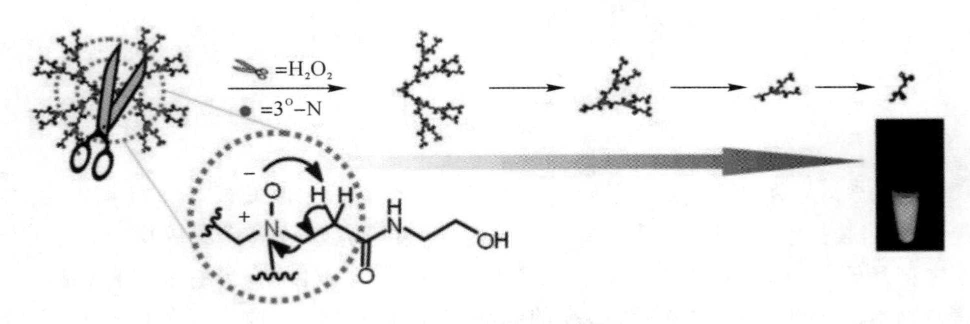

图 5.13　PAMAM-OH 氧化示意图

对于经典的 PAMAM 体系，多数研究者都认同叔胺的作用是引起这类物质发光的关键因素，但有一部分人提出了不同的发光机理，如叔胺氧化、新的不饱和羟胺的形成。同时，研究发现，末端基团（$-OH$、$-NH_2$、$-COOH$）、相对分子质量、聚合物结构（线形、超支化、树状）、外界条件均对 PAMAM 的发光有影响。

5.1.4　超支化聚酰胺-胺的改性

近年来，通过对 PAMAM 进行修饰及改性，赋予其独特的功能以拓展其应用成为研究的热点。2010 年，潘才元课题组调整了 N,N′-双（丙烯酰）胱胺和 1-(2-胺乙基)哌嗪的原料比例，制备出末端为双键的 HPAMAM。然后通过迈克尔加成反应将甘露糖胺接到了 HPAMAM 的表面，合成了 D-甘露糖功能化的 M-HPAMAM（见图 5.14）。结果表明，修饰后相对分子质量为 17 200 的 M-HPAMAM 荧光强度比未修饰时提高了约 340 倍。甘露糖是一种具有环状结构且有四个羟基的光活性化合物，它的引入有效地限制了聚合物末端的链运动，并抑制了分子碰撞松弛过程和自淬灭过程，从而诱导其荧光显著增强。此外，M-HPAMAM 具有很宽的发射光谱。当激发波长从 340 nm 变化到 520 nm 时，其发射出了多色的荧光。这可能是由于其具有三维支化结构以及较宽的分子量分布，且随着分子量的增加，外围结构更加紧凑而使其构象刚性增强。

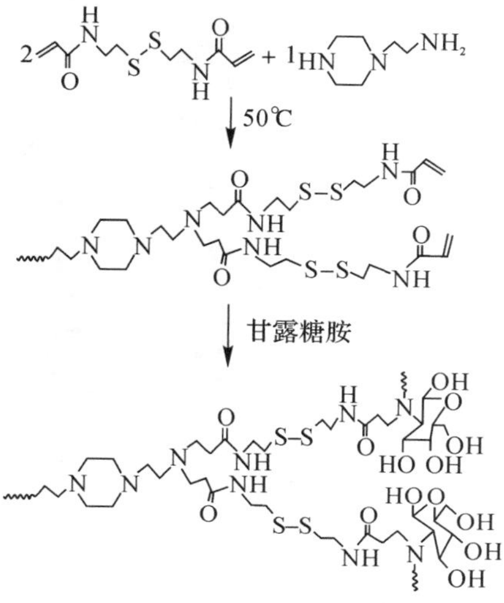

图 5.14 M-HPAMAM 的合成路线

此外，由于 M-HPAMAM 表面有大量的甘露糖基，每个大分子都可以与大肠杆菌(E. Coli)相互作用，所以其功能类似于簇的交联剂，许多大肠杆菌被 M-HPAMAM 大分子结合形成聚集体，从而形成明亮的荧光菌簇(见图 5.15)，这表明 M-HPAMAM 与大肠杆菌具有很强的亲和力，可用于检测大肠杆菌，其检出限为 10^{-2} cfu/mL。

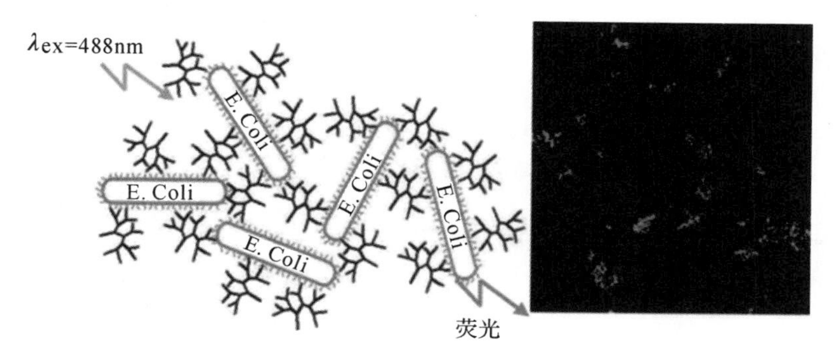

图 5.15 M-HPAMAMs/E. coli 形成荧光菌簇的示意图

2011 年，上海交通大学的朱新远课题组以 N,N′-亚甲基双丙烯酰胺、1-(2-胺乙基)哌嗪和单-6-脱氧-6-乙二胺基-β-环糊精(β-CD)为原料，通过“一锅法”的迈克尔加成共聚反应，合成了不同 β-CD 含量修饰的超支化聚酰胺-胺(HPAMAM-CD)(见图 5.16)。发现与未经 β-CD 修饰的 HPAMAM 相比，HPAMAM-CD 的荧光强度显著增强，而且其细胞毒性较低。基于 HPAMAM-CD 拥有大量的胺基基团以及强烈的光致发光的特性，HPAMAM-CD

可用作非病毒基因递送载体。由于 HPAMAM-CD 自身的荧光特性，在无需荧光标记的情况下，采用流式细胞仪和共聚焦激光扫描显微镜可以有效地跟踪细胞吞噬和基因转染过程。HPAMAM-CD/p-DAN 复合物的细胞摄取非常快。在基因转运过程中，HPAMAM-CD 主要分布在细胞的细胞质中。另外，通过主-客体相互作用，HPAMAM-CD 中 β-CD 的内腔可以用于载药。因此，HPAMAM - CD 在基因治疗与化疗方面具有潜在的应用价值。

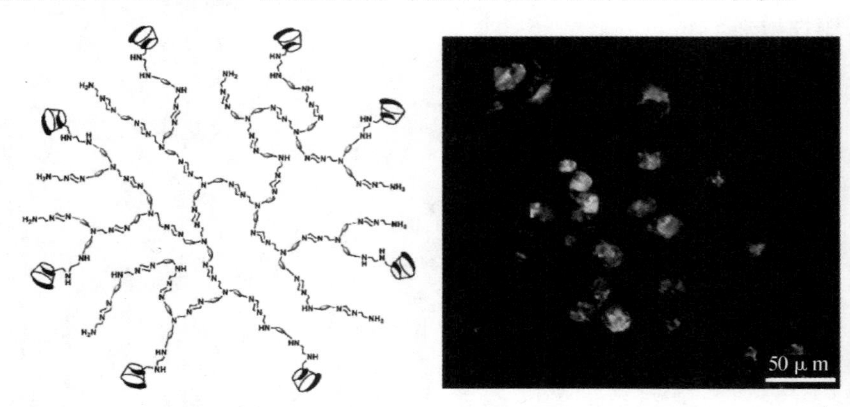

图 5.16 β-CD 修饰的超支化 PAMAM 的结构与荧光性能

中国科技大学的尤业字课题组通过迈克尔加成反应将分子链较短的聚乙二醇(PEG)接到超支化聚酰胺-胺(HPAMAM)的表面，制备了 PEG 功能化的超支化聚酰胺-胺(HPAMAM-PEG)(见图 5.17)。在不同的激发波长的激发下，HPAMAM - PEG 分别发射出了深蓝色、浅蓝色和绿色的荧光[见图 5.17 (b)]。PEG 的引入降低了 HPAMAM 的表面电荷，有助于 HPAMAM 大分子相互接近，从而增强了其固有的荧光发射。

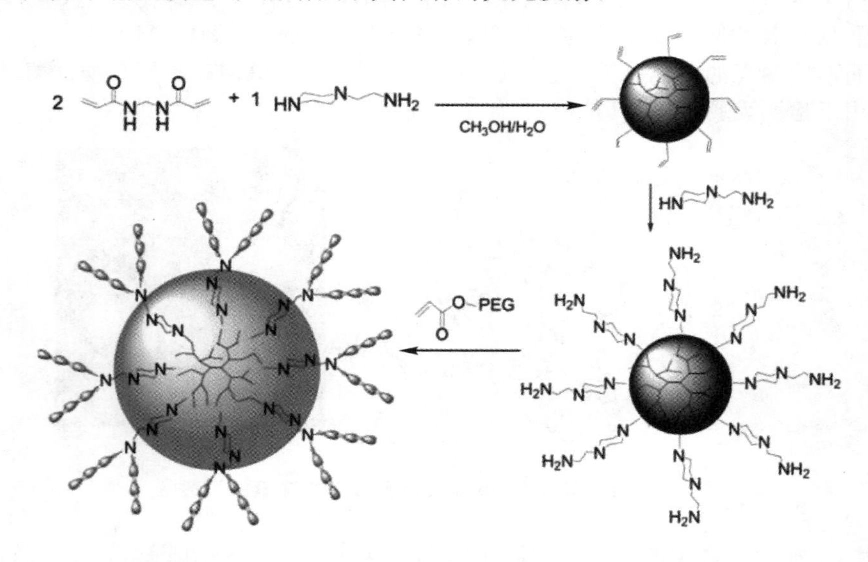

图 5.17 PEG 功能化的超支化聚酰胺-胺(HPAMAM-PEG)

(a) HPAA-PEG 的合成路线示意图；(b)HPAA-PEG 水溶液在毛细管中的光学荧光显微镜图像

[从左到右，第一个没有使用过滤器，其他的使用的滤光片分别为 BFP(380 nm)、CFP(435 nm)和 GFP(489 nm)]

2015 年山东大学冯圣玉课题组利用 Aza -迈克尔加成反应合成了一种含硅的树枝状聚酰胺胺(Si-PAMAM)，在未经任何氧化、酸化等处理条件下，Si-PAMAM 在紫外灯下可以发射肉眼可见的蓝色荧光。其发光机理如图 5.18 所示。

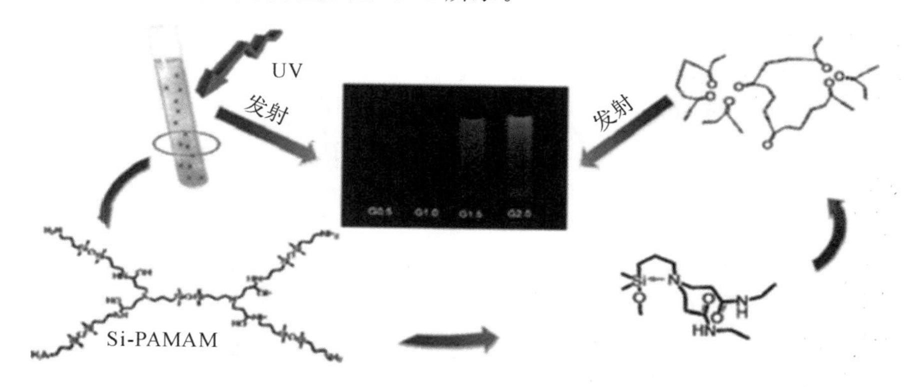

图 5.18　Si-PAMAM 的发光机理

他们推测，Si-PAMAM 结构中羰基的聚集是荧光产生的原因。与不含硅的 PAMAM(C-PAMAM)相比，Si-PAMAM 结构中的 Si—O—Si 结构更具柔性，并且存在 N→Si 配位键，使得 Si-PAMAM 更容易聚集，而 C-PAMAM 分子刚性较大很难聚集，这是 Si-PAMAM 可以聚集发光而 C-PAMAM 不可以发光的原因。而且 Si-PAMAM 水溶液的荧光强度随着不良溶剂的增加而快速增强，表现出独特的聚集增强荧光(Aggregation-Enhanced Emission，AEE)的特性。

2017 年，天津大学陈宇课题组报道了以三(2 -氨基乙基)胺、N，N -胱胺双丙烯酰胺和 N，N -六亚甲基双丙烯酰胺为原料，在室温下通过迈克尔加成共聚法合成了超支化聚酰胺-胺，然后用异丁酸酐对 HPAs 的末端伯胺基团进行了修饰，合成了异丁酰胺封端的 HPAMAM(HPAMAM-C4)(见图 5.19)。HPAMAM-C4 可发射出明亮的蓝色荧光，发射波长为 455 nm。降低溶液的 pH 以及在空气中进行氧化后，HPAMAM-C4 的荧光明显增强。因此，他们认为叔胺的氧化物是其发光物种。此外，HPAMAM-C4 在水中具有热响应性。

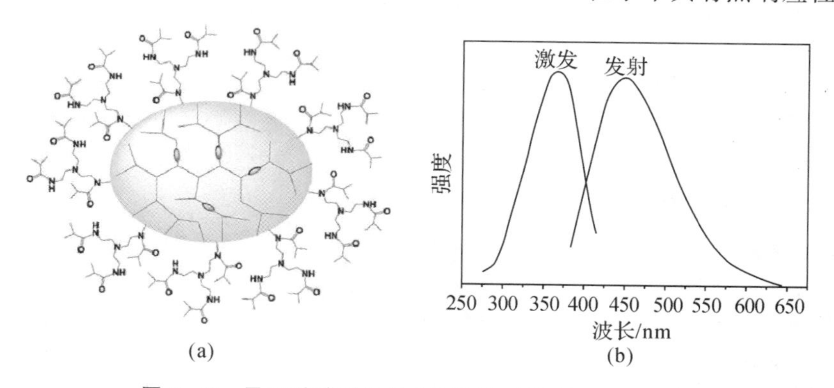

图 5.19　异丁酰胺封端的 HPAMAM(HPAMAM-C4)

(a) HPAMAM-C4；(b) HPAMAM-C4 在水中的荧光激发和发射光谱

南昌大学张小勇课题组通过迈克尔加成反应将四苯乙烯衍生物(TPE-E)与 PAMAM 树枝状大分子结合，制备出一种新型发光聚合物纳米粒子 TPE-E-PAMAM(见图 5.20)。这种纳米粒子在水中可自组装成单分子胶束，其中亲水的氨基为壳，疏水的 TPE－E 为核，通过表面大量氨基的强相互作用二次组装成致密的球体，受紫外光激发后可发出较强的蓝色荧光。其激发波长宽、发射波长窄，具有量子点的优点。通过 MTS 测定 TPE-E-PAMAM 对 Hela 的细胞的毒性作用，发现细胞在 24 h 后没有明显的活性差异，说明材料具有良好的细胞相容性。研究者利用传统芳香族 AIE 材料和非芳香族材料两者性能上的差异，将二者结合，为设计新型 AIE 材料提供了新的思路。

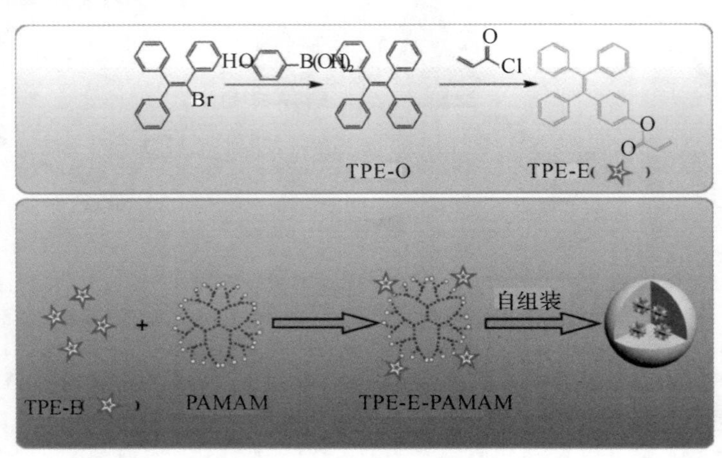

图 5.20　聚合物纳米粒子 TPE-E-PAMAM 的合成与自组装过程

5.1.5　超支化聚酰胺-胺的应用研究

由于 PAMAM 具有高度的几何对称性、大量的端基，分子内存在空腔等结构特点，通过对氨端基或酯端基官能团的改性，可以得到具有不同用途的树形聚合物，在离子检测、生物成像、药物缓释等领域具有广阔的应用前景。

2015 年，加拿大滑铁卢大学纳米技术研究所的 Tam 等人将 6 代的胺基 PAMAM 接枝到了纤维素表面，制备了一种可以发光的纳米晶体(CNC-PAMAM)。这种纳米晶体对 pH 比较敏感，当 pH≥10 或者 pH≤4 时，由于静电排斥，可以得到均匀、稳定的水溶性分散液，同时其荧光强度随着聚集程度的增加而增强，且在酸性条件下的荧光强度比碱性条件下高。然而，在 pH 为 5～9 时，由于静电的吸引会形成较大的团聚体而分相(见图 5.21)。这种纳米晶体可以用于 pH 纳米传感、光学标记、无机离子的纳米反应器等。

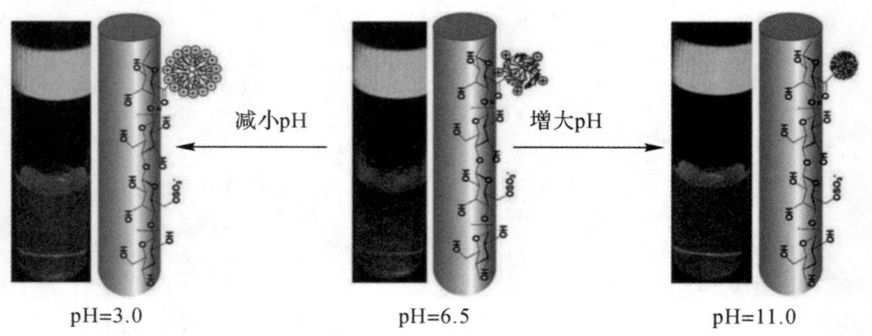

图 5.21　CNC-PAMAM 在不同 pH 下的 pH 响应和荧光行为示意图

2016 年，兰州大学的柳明珠课题组用聚醚(Pluronic F127)修饰 PAMAM 树枝状大分子的外围，得到了具有 CO_2 响应性的荧光树枝状聚合物 PAMAM/F12(见图 5.22)。利用动态光散射(DLS)和透射电子显微镜(TEM)研究了 PAMAM/F127 树枝状聚合物的形态和尺寸，发现 PAMAM/F127 树枝状聚合物在低浓度下呈现单分子胶束形态，而在较高浓度下变为多分子胶束。另外，将荧光光谱和共聚焦激光扫描显微镜图像结合分析后，发现 PAMAM/F127 树枝状聚合物对 CO_2 表现出非常灵敏的荧光增强响应性。选择姜黄素作为疏水性药物来研究 PAMAM/F127 凝胶在模拟体液下的释放特性，发现 PAMAM/F127 树枝状聚合物可以有效地改善姜黄素的溶解度，并且药物在 CO_2 存在下释放得更快。这种 CO_2 响应性荧光树枝状聚合物在细胞成像或药物控制释放方面具有潜在的应用价值。

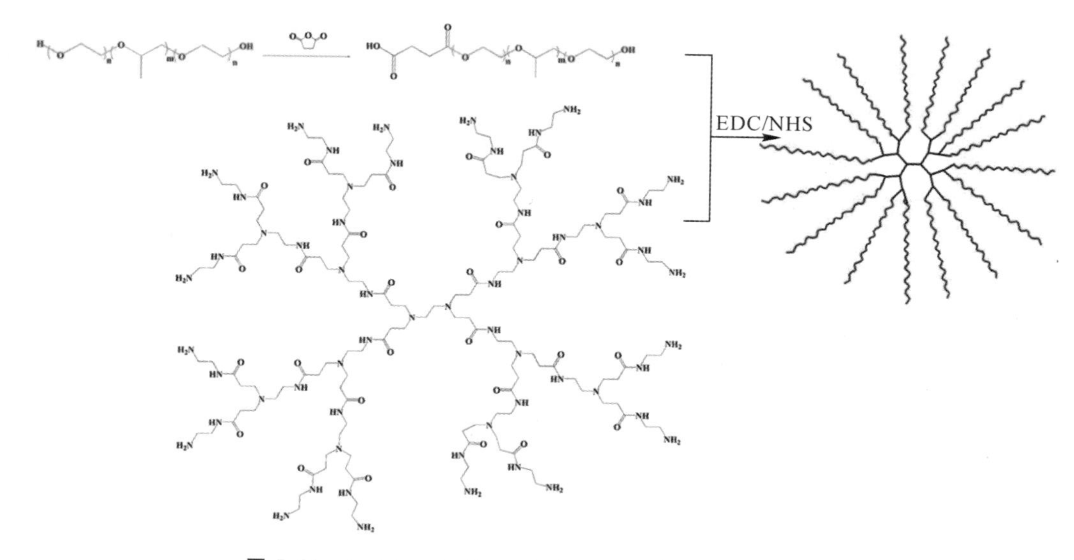

图 5.22　PAMAM/F127 树枝状聚合物的制备方法示意图

日本冈山大学的 Takaguchi 课题组首次用 4.5 代的 PAMAM-CT 作为荧光传感器检测 F^-。与其他的卤素离子相比，加入 F^- 时，4.5 代的 PAMAM-CT 树形分子的荧光几乎增强了 4 倍(见图 5.23)。他们提出由于 F^- 和酰胺基团之间形成的氢键导致了荧光增强，从而可以有效地检测溶液中的 F^-。

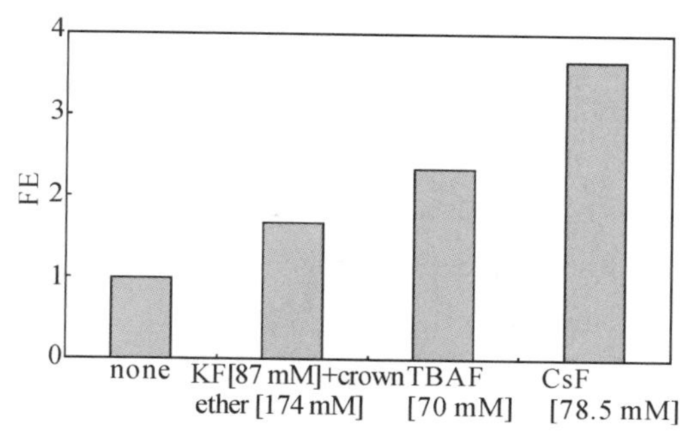

图 5.23　G4.5 COONa 封端的 PAMAM 在不同氟离子下的荧光增强变化，$FE = I/I_0$，由最大荧光强度 I 和最小荧光强度 I_0 确定

none：空白；crown ether：冠醚；TBAF：四丁基氟化铵；CsF：氟化铯

2018 年合肥工业大学的郝文涛课题组利用迈克尔加成法合成了两种超支化聚酰胺-胺(HPAMAM－1、HPAMAM－2)，并研究了其机械响应性(见图 5.24)，发现厚度为 0.8 mm 的两种薄膜的发射峰皆集中在 450 nm 附近。而且，其荧光强度对拉伸形变比较敏感，与形变率呈线性关系，其形变达到 250%时，荧光强度可增加 1 倍。这种机械响应荧光与其叔胺结构密切相关，对薄膜进行拉伸后，叔胺的相互碰撞被抑制，且大分子链被赋予了比较大的张力，其荧光随之增强。恢复薄膜的形变，其荧光也会回到增强前，并且多轮循环形变后薄膜仍然保持机械响应。因此，这种聚酰胺胺薄膜是一种机械响应荧光聚合物。

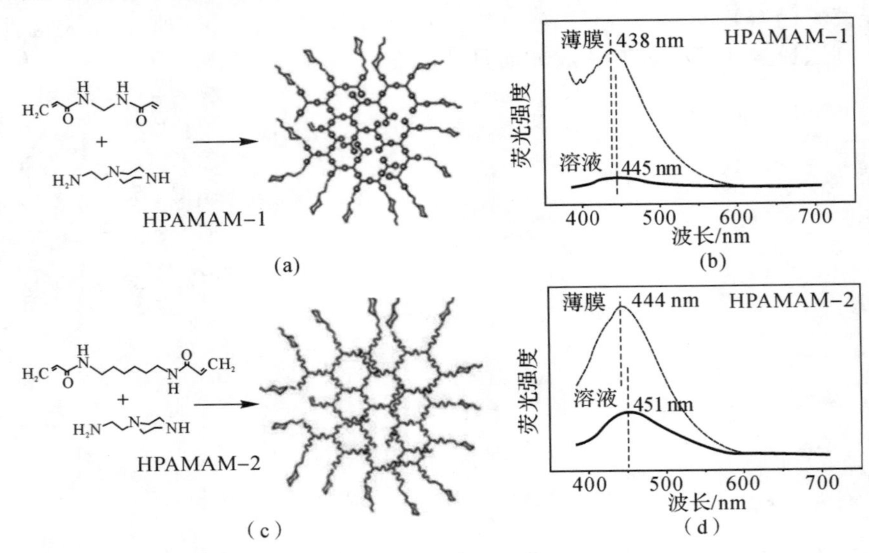

图 5.24　HPAMAMs 的合成路线及机械响应性

(a) HPAMAM－1 的合成；(b) HPAMAM－1 的荧光性能；

(c) HPAMAM－2 的合成；(d) HPAMAM－2 的荧光性能

2019 年河南大学的刘秀华课题组利用乙醛和 PEG 共同修饰 5 代胺基封端的 PAMAM，合成了一种末端为 C=N 键和 PEG 的 PAMAM(F－G5－PEG)(见图 5.25)。F－G5－PEG 在紫外光激发下可发射出明亮的绿色荧光，这是由 C=N 键的 n－π^* 跃迁引起的。通过比较 F－G5－PEG 在不同 pH(7.4、6.0、5.0)下的荧光性能，发现 F－G5－PEG 的荧光强度不随 pH 的变化而变化，非常适合应用于生物系统，并且 F－G5－PEG 具有极好的抗光漂白特性。此外，他们对比了 F－G5 和 F－G5－PEG 的荧光强度，结果显示两者的强度几乎相同，因此 PEG 的接枝不会影响 C=N 键的结构。

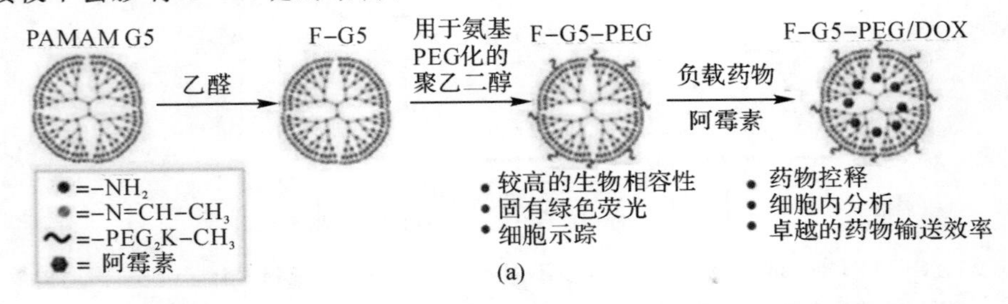

图 5.25　PAMAM(F-G5-PEG)的合成、荧光性能及药物控释研究

(a) 无标记荧光聚(氨基胺)树状分子(F-G5-PEG)的制备及其药物输送；

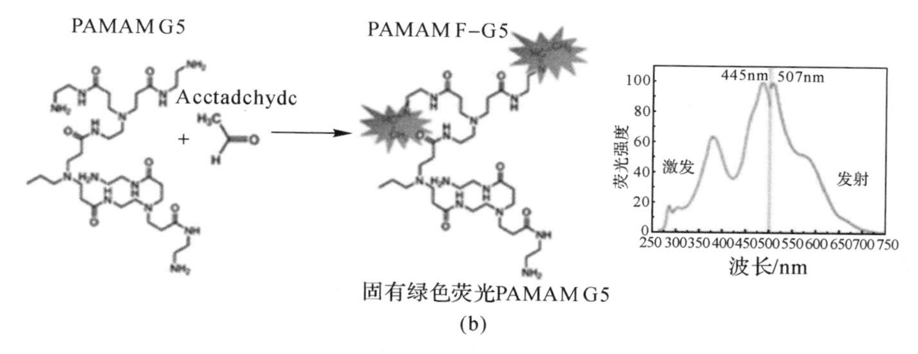

续图 5.25　PAMAM(F-G5-PEG)的合成、荧光性能及药物控释研究

(b) PAMAM-G5 的制备路线及荧光光谱

MTT 分析表明,F－G5－PEG 和 F－G5 具有优异的生物相容性,可以安全地应用于生物领域。经过 24 h 细胞共培养,F－G5－PEG 成功进入细胞,并在细胞质中聚集,在荧光倒置显微镜中观察到发射绿色荧光的细胞。F－G5－PEG 同样可以应用于药物运输方面,其具有较高的 DOX 负载率时,并且体外释放表明 F－G5－PEG 具有较长的释放时间,缓释的效果显著(见图 5.26)。而且 F－G5－PEG 负载的 DOX 更容易在细胞核聚集,有望成为新型的药物运输体系。

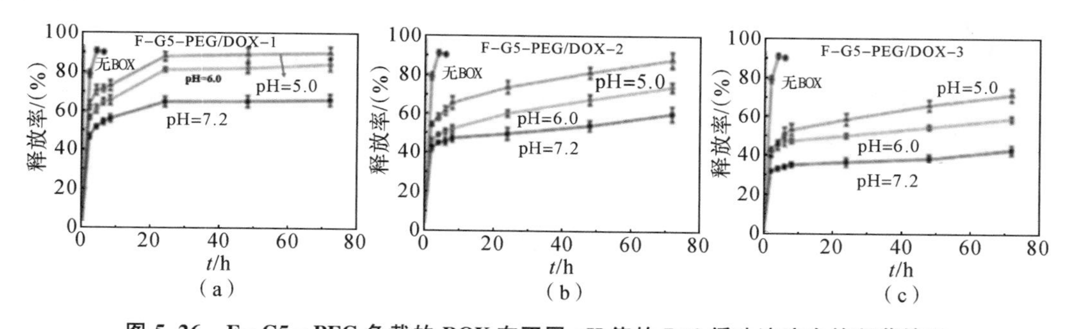

图 5.26　F－G5－PEG 负载的 DOX 在不同 pH 值的 PBS 缓冲溶液中的释药情况

(a) F－G5－PEG/DOX－1; (b) F－G5－PEG/DOX－2; (c) F－G5－PEG/DOX－3 在不同 pH 下的 PBS 缓冲溶液中的释药情况

综上所述,经过近几十年的发展和探索,研究者们在超支化聚酰胺-胺的合成、改性以及发光机理等方面取得了重要进展,特别是超支化聚酰胺-胺的合成方法已经趋于成熟,这为开发多功能的超支化聚酰胺-胺打下了坚实的基础。但是,有关超支化聚酰胺-胺的机理研究众说纷纭,仍待进一步深入研究。另外,进一步拓展超支化聚酰胺-胺的应用范围。

5.2　超支化聚氨基酯

超支化聚氨基酯(PAE)是另一类研究较多的非传统荧光聚合物,其结构中含有与烷基相连的胺基(仲胺、叔胺)和酯基。自 2005 年新加坡国立大学材料与工程研究所刘业等人报道超支化 PAE 的荧光性能以来,对其荧光性能及发光机理的研究也在不断深入,其研究广度和深度仅次于超支化聚酰胺-胺。

5.2.1 发蓝色荧光的超支化聚氨基酯

2005年刘业等人利用聚[1,4-丁二醇二丙烯酸酯2-1-(2-氨基乙基)哌嗪1]-乙烯基[poly(BDA2-AEPZ1)-vinyl]通过迈克尔加成反应分别合成了单羟基[poly(BDA2-AEPZ1)-OH]、伯氨基[poly(BDA2-AEPZ1)-NH_2]、二醇[poly(BDA2-AEPZ1)-$(OH)_2$]封端的超支化聚氨基酯(见图5.27)。研究发现,超支化聚氨基酯的荧光强度和其端位官能团的种类密切相关,单羟基封端的聚氨基酯的荧光最强,其量子产率为3.8%。此外,还发现过硫酸铵和空气氧化后的三种聚氨基酯具有更强的荧光。但在绝对无氧的条件合成的乙烯基封端的超支化聚氨基酯也会发射荧光。另外,结构类似的线性聚氨基酯几乎不能发射荧光。因此,作者认为聚氨基酯的荧光是分子中叔胺/羰基和紧凑树状结构的相互作用引起的,并且荧光是其本身的特性,与氧化与否无关。需要说明的是,超支化聚氨基酯与超支化聚酰胺-胺一样,具有类似的pH敏感性,这同样是因为pH能够影响聚氨基酯分子链段的刚性。

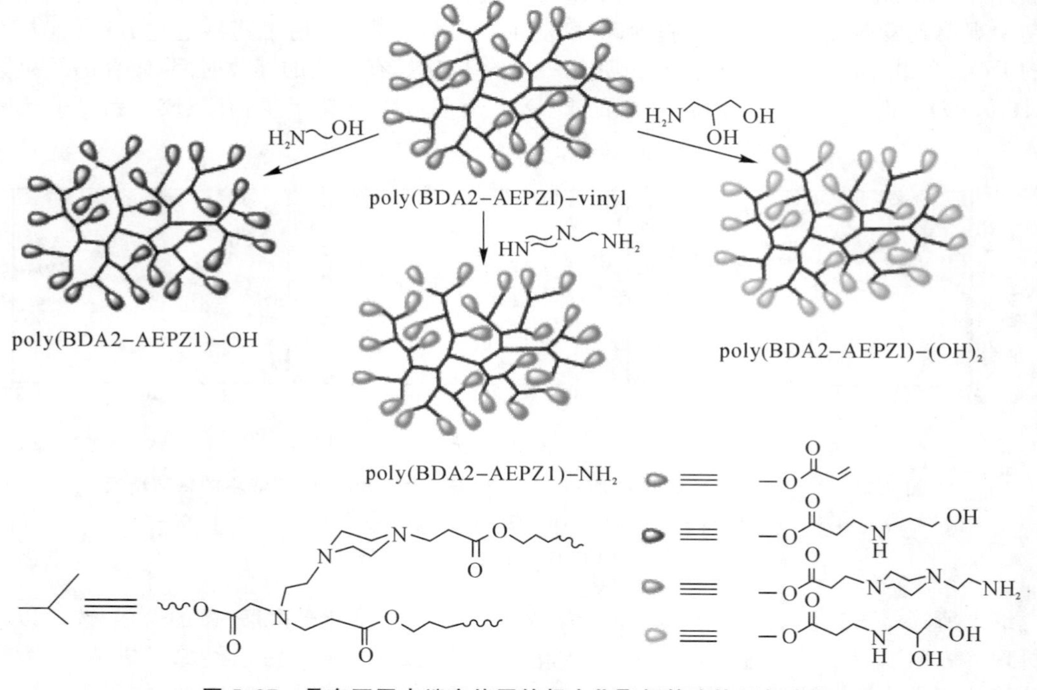

图5.27 具有不同末端官能团的超支化聚氨基酯的制备路线

2012年中国科学技术大学潘才元课题组通过迈克尔加成反应合成了一系列的超支化聚氨基酯(见图5.28),根据合成反应时间的不同分别命名为HypET11、HypET15、HypET20和HypET24。这种聚氨基酯的荧光强度和量子产率(11%~43%)均随相对分子质量的增大而提高,这主要是由于随着相对分子质量的增加分子内运动受限,而且聚合物中含有更高含量的叔胺。与超支化结构相比,线性聚氨基酯的荧光非常弱,这与碰撞弛豫有关,线性的聚氨基酯分子内运动剧烈导致碰撞弛豫增强,荧光强度降低。此外,氧化后的聚氨基酯具有更强的荧光,这种氧化增强荧光的性质归因于N→O配位键的形成。此外,聚氨基酯具有较好的生物相容性,可以用于细胞成像。

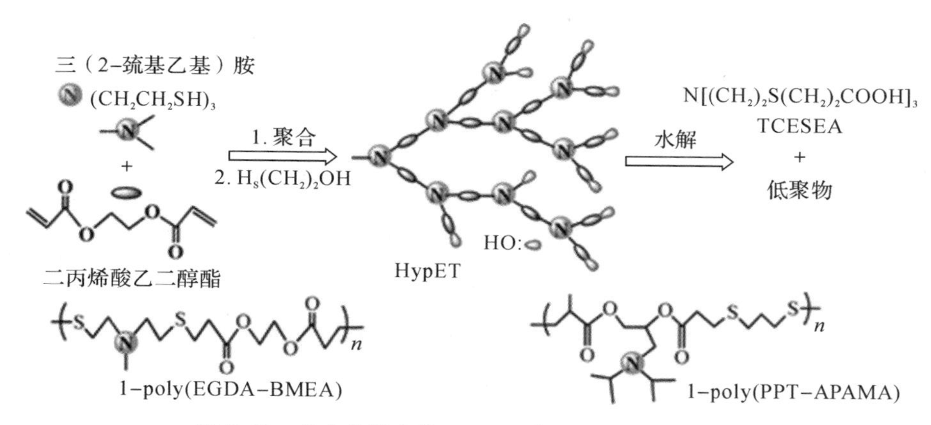

图 5.28　超支化聚合物 HypET 的制备和水解示意图

2016 年西北工业大学颜红侠课题组通过迈克尔加成反应利用三羟甲基丙烷三丙烯酸酯分别和己二胺和乙二胺合成了两种超支化聚氨基酯 P1 和 P2，如图 5.29 所示。

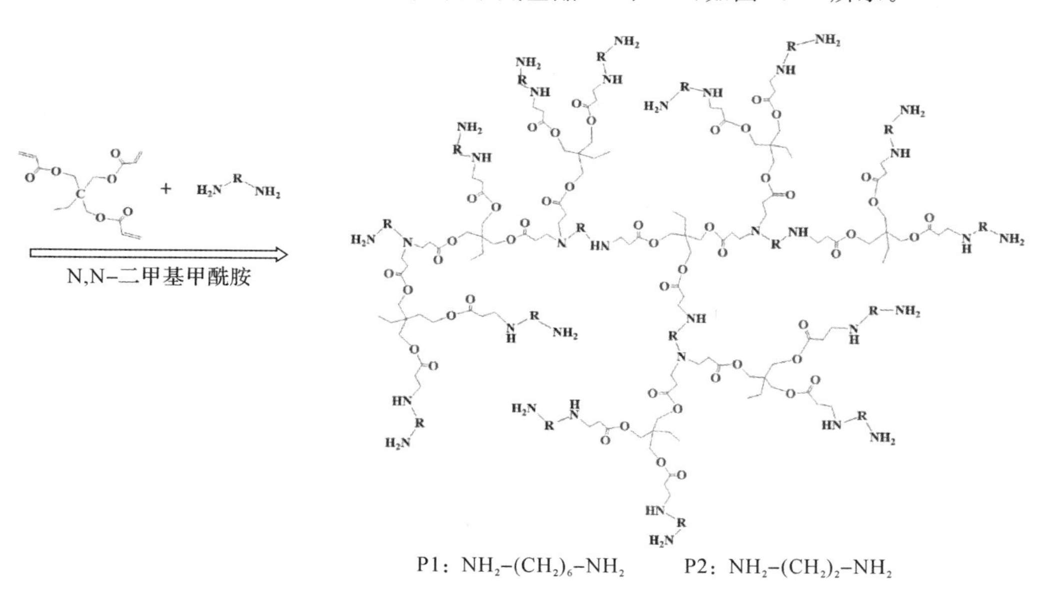

图 5.29　超支化聚氨基酯的合成

P1 和 P2 的紫外吸收光谱(见图 5.30)均显示出了三个明显的吸收带。其中，位于 232 nm 处的吸收峰是由羰基基团的 $\pi\rightarrow\pi^*$ 跃迁而引起的，而 285 nm 处的吸收峰则归因于羰基基团的 $n\rightarrow\pi^*$ 跃迁，位于 339 nm 处出现的肩峰是由叔胺基团的 $n\rightarrow\pi$ 跃迁而引起的。另外，P1 的荧光强度较之 P2 略强(见图 5.30)，这是由其聚集特性引起的。从原料上来看，己二胺较乙二胺，碳链更长，在聚集时位阻更小，有利于聚集，聚集行为可以限制链段运动从而使发光增强。有文献认为超支化聚氨基酯的固有荧光与酯基基团和位于支化点的叔胺基团以及支化的结构有关。但在 P1 和 P2 的结构中，除了酯基基团和叔胺基团之外，还有大量的仲胺和末端的伯胺基团，这也对其发光有一定的贡献。因此，这种超支化聚氨基酯的荧光机制可归纳为富含电子的 N 原子和酯基基团的相互作用以及紧凑的支化结构的协同作用。

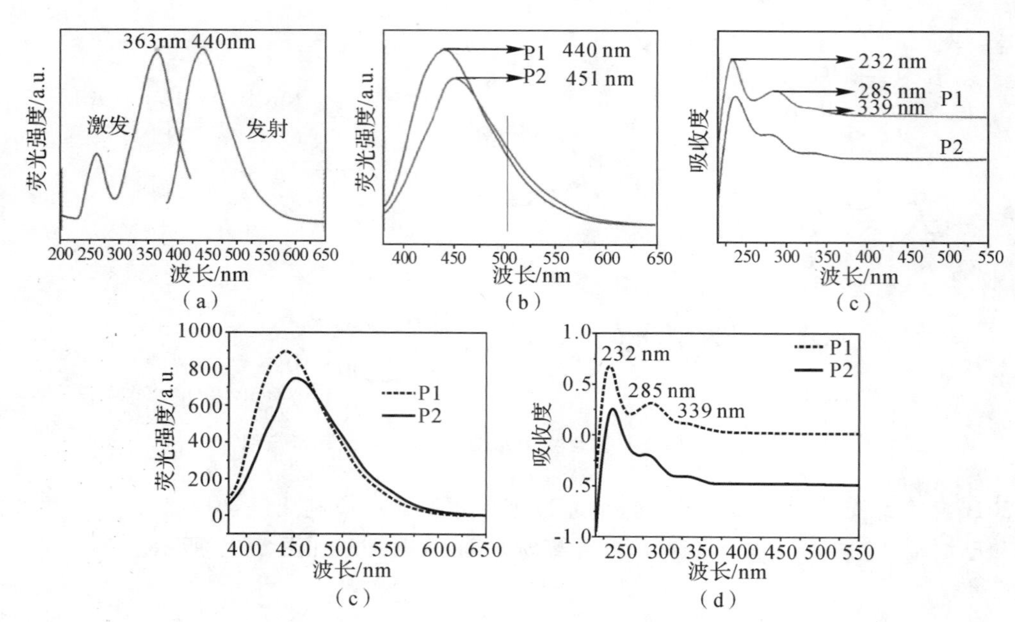

图 5.30 P1 和 P2 的荧光照片、激发和发射光谱、荧光光谱与紫外吸收光谱

(a)P1 的激发和发射光谱；(b) P1 和 P2 的荧光光谱(激发光谱＝363 nm)；

(c)P1 和 P2 的紫外吸收光谱(10 mg/mL)

另外,该聚合物具有 pH 响应性,当 pH 由 10 逐步降到 4 时,荧光强度逐渐提高,当 pH 进一步降低时,荧光强度降低(见图 5.31)。该团队又探究了不同浓度的 Hg^{2+} 和 Fe^{3+} 对聚合物荧光强度的影响,研究发现,随着 Hg^{2+} 和 Fe^{3+} 的加入,聚氨基酯溶液的荧光强度明显降低(见图 5.32)。由此可以看出,该聚合物对 Fe^{3+} 和 Hg^{2+} 极为敏感。因此,可以利用这一特性来检测 Fe^{3+} 和 Hg^{2+}。

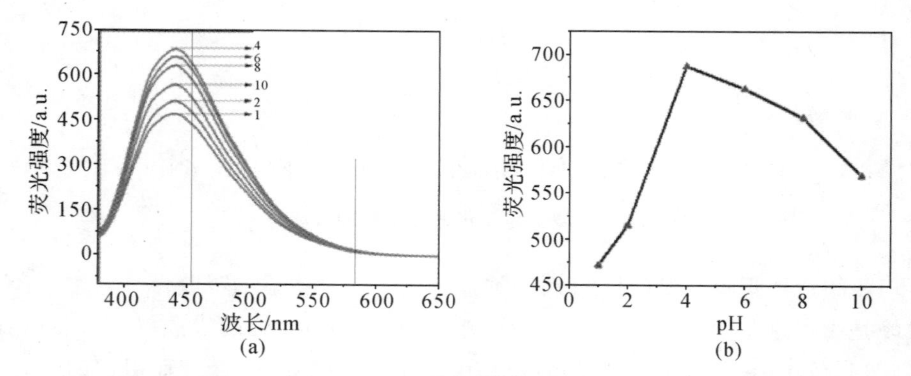

图 5.31 溶液在不同 pH 下的荧光光谱和荧光强度与 pH 之间的关系

(a) P1 溶液在不同 pH 下的荧光光谱；(b) P1 溶液的荧光强度与 pH 之间的关系

(4 mg/mL,激发波长＝ 363 nm)

2018 年深圳大学陈少军课题组利用衣康酸酐和三乙醇胺通过熔融缩聚反应合成了一种末端为双羟基的高量子产率(29 %)聚氨基酯(见图 5.33)。实验结果表明叔胺的氧化和衣康酸酐的引入是产生发色团的主要原因,二者的协同作用增强了其荧光。其中,羰基的聚集成簇和氨基的氧化在发光过程中起到了重要作用。在聚氨基酯分子中，分子内的环结构锁住了氧化的叔胺和羰基，促使它们相互靠近，使得空间电子相互交流，导致电子云相互堆叠，扩大了电子离域体系的同时僵化分子的构象，促进了荧光的产生。他们之后研究了浓度对聚合物荧光的影响，发现当溶液的浓度从 0.01 mg/mL 增加到 5 mg/mL 时其荧光强度呈指数级增加，这是因为浓度的提高促进了氧化叔胺和羰基的聚集成簇的效率。但是当浓度超过 5 mg/mL 时其荧光强度快速降低，这可能是聚集诱导猝灭效应引起的。此外，Fe^{3+} 可以有效猝灭聚氨基酯的荧光，而 L-半胱氨酸可以增强聚氨基酯的荧光，因此聚氨基酯有望成为新型的化学传感器。

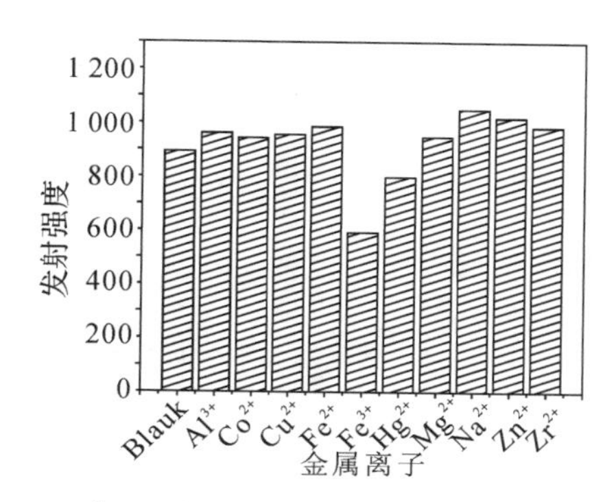

图 5.32　金属离子(1×10^{-4} M)对 10 mg/mLP1 水溶液的荧光性能与荧光强度的影响

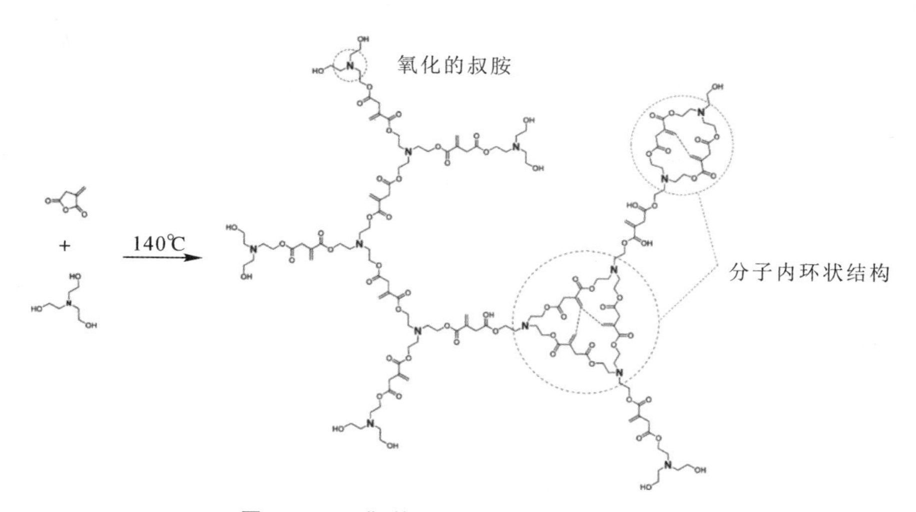

图 5.33　双羟基封端聚氨基酯的制备路线

2020，西北工业大学颜红侠课题组以三乙醇胺与苹果酸为原料，以对甲苯磺酸为催化剂，在无溶剂的条件下进行酯化缩聚反应，一步合成了超支化聚氨基酯(HPAE)(见图 5.34)，其量子产率为 6.8 %。透射电镜和 DFT 理论计算表明分子内/分子间氢键和两亲性效应促进了 HPAE 分子在水中的自组装，超分子自组装体的形成既有利于电子离域体系的形成，同时僵化了 HPAE 分子的构象，抑制了非辐射通道，导致荧光增强。此外，溶剂极性、pH、温度和 Fe^{3+} 都会影响 HPAE 分子间的氢键，进而影响其荧光强度。

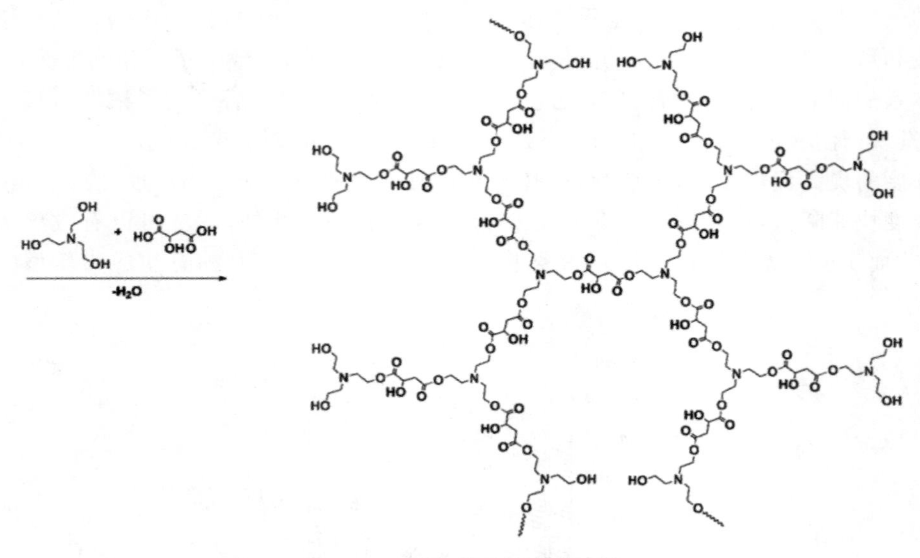

图 5.34 聚氨基酯的合成路线

5.2.2 发多色荧光的超支化聚氨基酯

非传统的 AIE 聚合物一般只能发射单一的蓝色荧光。为了拓宽其发光波长，西北工业大学颜红侠课题组于 2018 年利用柠檬酸(CA)和 N-甲基二乙醇胺(NMDEA)通过一步缩聚反应合成了一种具有多色发光特性的水溶性超支化聚氨基酯(PAE)(见图 5.35)。PAE 的荧光强度随着浓度的增大而提高，表现出典型的 AIE 特性，并且其荧光光谱随着浓度的增加显示出显著的红移。特别是通过改变激发光的波长可以调控 PAE 的发光颜色从蓝色、青色和绿色甚至到红色。研究发现，这种奇特的多色发光性质是由 PAE 自组装体的不均匀引起的。在 PAE 自组装体中叔胺和酯基相互聚集成簇，它们的电子云相互堆叠形成电子离域体系并充当发色团。自组装体尺寸的不均一导致最终生成的电子离域体系不均一，进而产生多色荧光。PAE 的荧光同样表现出 Fe^{3+} 敏感性，因此 PAE 有望成为新型的 Fe^{3+} 探针。

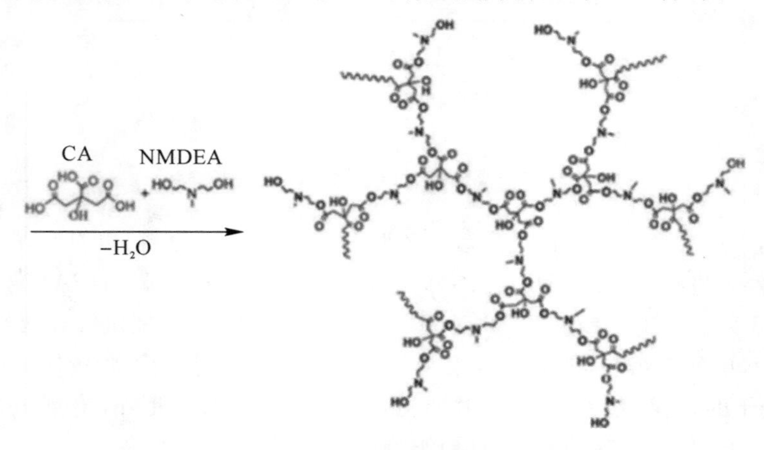

图 5.35 超支化聚氨基酯(PAE)的合成路线

为了深入探究其发射多色荧光的内禀机制，采用密度泛函理论（DFT）方法对其基态结构进行优化。计算结果表明，在其优化的基态结构中，在相邻的两个聚氨基酯分子间存在许多强的分子间氢键，包括 O－H…O(1.900 Å、1.940 Å、1.942 Å)，C－H…O(2.510 Å、2.698Å、2.528 Å、2.754 Å、2.372 Å、2.710 Å、2.938 Å)以及 O－H…N(1.924Å)。聚氨基酯分子间氢键的作用促进了分子自组装形成聚集体，从而生成分子内和分子间氧的团簇(见图 5.36)，包括分子间 O…O(2.872 Å，2.873 Å，2.863 Å)和分子内 O…O(2.254 Å，2.633 Å)。因此，在分子间多重氢键作用下，超支化聚氨基酯进行聚集，形成了羰基和酯基的团簇，使得羰基的 π 电子和杂原子 N、O 的孤对电子形成了空间共轭，导致电子离域；同时，聚集使得聚合物分子的链段运动受限，非辐射通道受阻，能量以荧光的形式释放出来。另外，由于聚氨基酯结构的复杂性和异质性，形成的聚集体结构不均匀。大的聚氨基酯聚集体能形成更大的空间共轭，使荧光的能量带隙降低，从而使聚合物发射长波长的荧光。

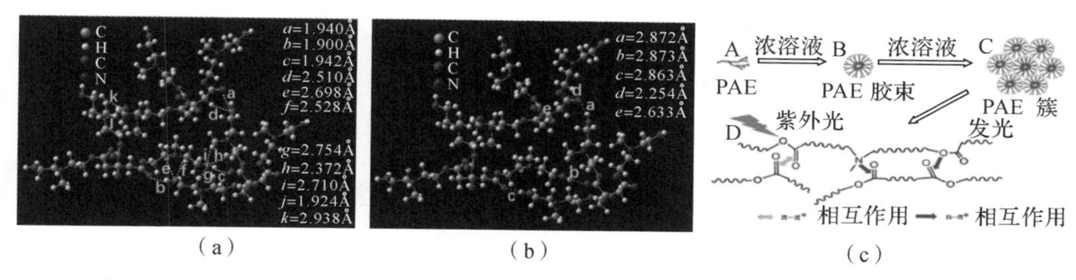

图 5.36　分子数为 3 的超支化聚氨基酯分子间的多重氢键、分子间和分子内的 O…O 相互作用以及聚集体形成示意图

(a) 分子数为 3 的超支化聚氨基酯分子间的多重氢键；(b) 分子数为 3 的超支化聚氨基酯分子间和分子内的 O…O 相互作用；(c) 聚集体形成示意图

为了验证此类超支化聚氨基酯的多色发光机制，并揭示其结构与发光性能的关系，该课题组于 2020 年以柠檬酸三乙酯和二乙醇胺为原料，通过简单的酯交换缩聚法合成了羟基封端的超支化聚氨基酯(HPAE—OH，见图 5.37)。研究发现，合成的 HPAE—OH 在日光下呈暗棕色黏性态，而当用 365 nm 紫外灯照射时，观察到了深黄色的荧光。纯 HPAE—OH 的最大激发波长和发射波长分别在 530 nm 和 594 nm 附近。在不同的激发波长下，显示出了激发依赖性的发射，可以发射多色的荧光，即明亮的蓝色、绿色和红色荧光，几乎覆盖了整个可见光区域。同样地，经 DFT 理论计算发现，在多个氢键 N－H…O－和 O－H…O－的作用下，－NH－、－OH 和－OC＝O 基团彼此高度接近，并且 C＝O…N－H 和 C＝O…O－C 之间的偶极-偶极作用以及 O…O 之间的相互作用，更容易形成密集的簇，致使电子云重叠，促进电子离域体系的形成。同时，氢键作用会使其形成超分子，有效地抑制了非辐射弛豫而更易产生荧光。

值得说明的是，虽然以柠檬酸三乙酯、二乙醇胺为原料合成的超支化聚氨基酯与以柠檬酸、N-甲基二乙醇胺为原料合成的超支化聚氨基酯均可发多色的荧光，但是两种超支化聚氨基酯发射光谱的半峰宽明显不同。以酯交换缩聚法合成超支化聚氨基酯在 388 nm 激发波长下的发射光谱的半峰宽约为 87 nm，而以酯化缩聚法合成超支化聚氨基酯在 390 nm 激发波长下的发光光谱的半峰宽约为 110 nm(见图 5.38)。进而说明了在相近的激发波长下，以酯交换缩聚法合成超支化聚氨基酯可发射纯度较高的荧光。这是由于二者的反应原理不同。酯化缩聚反应脱去的是水，酯交换缩聚反应脱去的是乙醇。由于水的沸点远高于乙醇的沸点，并且由于原料二乙醇胺在反应时比 N-甲基二乙醇胺的位阻小，因此，此酯交换缩聚法合成超支化聚氨基酯，使得反应更加容易向右进行。制备过程中无需减压蒸馏，不仅简化了制备工艺，而且聚合物的分子结构更容易控制。酯化缩聚法合成超支化聚氨基酯，其相对分子质量较小，只有 4 000 多，而以酯交换缩聚法合成超支化聚氨基酯，其数均分子量高达102 700。这对提升聚合物的发光性能非常有利。聚合物相对分子质量越大，其链段越紧密，其构象也更加刚硬化，有利于抑制非辐射跃迁，从而使辐射跃迁增大而增强荧光性能。

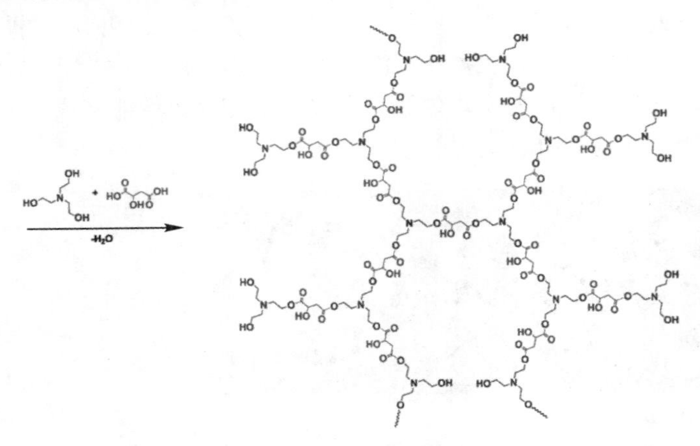

图 5.37 HPAE-OH 的结构式

另外，这种多色的超支化聚氨基酯的荧光同样对 Fe^{3+} 表现敏感的猝灭性，可作为 Fe^{3+} 探针。

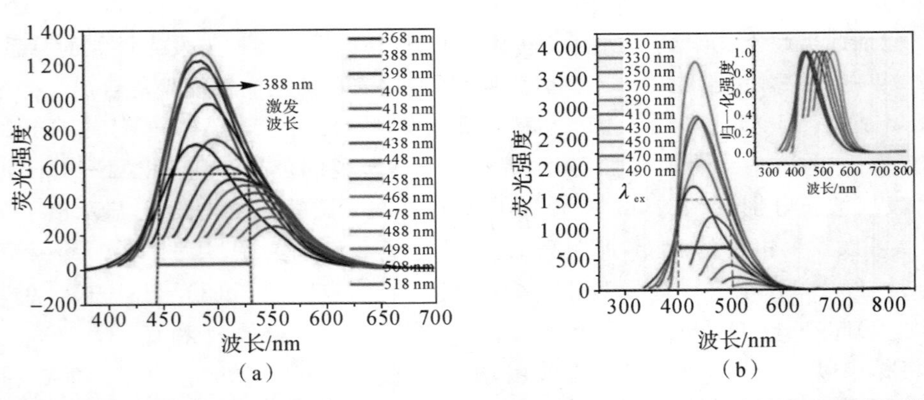

图 5.38 酯交换缩聚法和酯化缩聚法合成的超支化聚氨基酯在不同激发波长的荧光光谱和对应的半峰宽图

(a) 酯交换缩聚法合成的超支化聚氨基酯在不同激发波长的荧光光谱和对应的半峰宽图；

(b) 酯化缩聚法合成的超支化聚氨基酯在不同激发波长的荧光光谱和对应的半峰宽图

5.2.3 超支化聚氨基酯的应用

在 5.2.1 节中，潘才元课题组通过迈克尔加成法合成了一系列的超支化聚氨基酯（见图 5.28）并将其应用于细胞成像领域。首先，用 MTT 法检测 HypET-AlpGP 的细胞毒性，因为毒性对生物应用非常重要。以相对分子质量为 25 000 的支链 PEI（PEI25k）为对照。PEI25k

对 HepG2 细胞表现出很高的细胞毒性，在 15 μg/mL 浓度下，细胞存活率达到 50%。相比之下，HypET-AlpGP 在 500 μg/mL 的剂量下，细胞活力仅轻微下降(小于 10%)。在激光共聚焦扫描显微镜下观察所得细胞发现，当在 375 nm 激发时，可以清晰地观察到蓝色的 HepG2 细胞，这表明 HypET-AlpGP 在细胞成像方面具有潜在的应用价值。

在 5.2.1 节中，陈少军课题组利用衣康酸酐和三乙醇胺通过熔融缩聚反应合成了一种末端为双羟基的聚氨基酯(见图 5.33)。所制备的荧光聚氨基酯的主链上含有许多羰基，羰基可以螯合金属离子。他们研究了金属离子对聚氨基酯荧光的影响，在 0.5 mg/mL 浓度下，测定了 Na^{+}、Mg^{2+}、Al^{3+}、K^{+}、Ca^{2+}、Mn^{2+}、Fe^{3+}、Co^{2+}、Ni^{2+}、Cu^{2+}、Zn^{2+}、Pb^{2+} 等金属离子以 0.5 mM 存在时聚合物水溶液的荧光光谱。从图 5.39 中可以看出，只有 Fe^{3+} 显著降低了聚氨基酯的荧光强度。因此，聚氨基酯通过荧光开关行为选择性检测 Fe^{3+} 离子是可行的。

在 5.2.1 节中，颜红侠课题组利用三羟甲基丙烷三丙烯酸酯分别和己二胺(P1)和乙二胺(P2)通过迈克尔加成反应合成了两种荧光超支化聚氨基酯(见图 5.29)，同样发现 Fe^{3+} 对其具有猝灭效果(见图 5.39)，有望成为 Fe^{3+} 荧光探针。

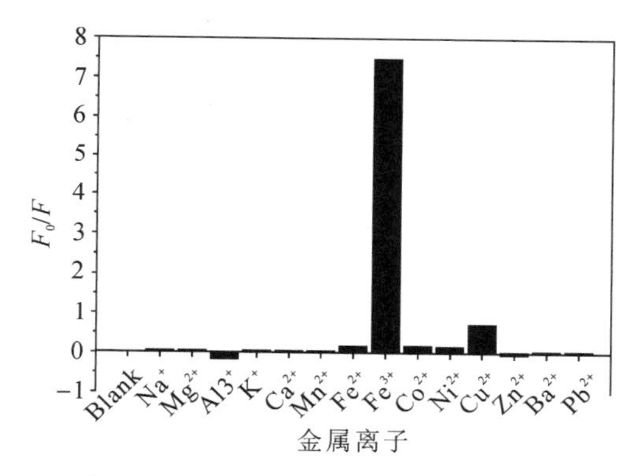

图 5.39　聚氨基酯水溶液(0.5 mg/mL)在不同金属离子(0.5 mM)存在和不存在时的荧光强度(F_0/F)之比

F_0 和 F 分别为离子不存在和存在时 370nm 处的荧光强度

5.3　含羰基超支化聚合物

5.3.1　超支化聚酯

2017 年，西北工业大学颜红侠课题组通过“一锅 A_2+B_3 酯化反应”，以生物基的丙三醇分别与琥珀酸、丁二酸、己二酸反应，通过改变酸和醇的比例合成了一系列相对分子质量及化学结构不同的生物基超支化聚酯(见图 5.40)。研究发现，在 365nm 紫外光照射下，合成的超支化聚酯发出了明亮的蓝色荧光，其荧光强度随着浓度的增大而升高，体现出明显的 AIE 特征。另外，随着相对分子质量的增加，其荧光强度也在增强。而且，相同浓度下，以丙三醇与己二酸合成的超支化聚酯(AG)的荧光强度，比以丙三醇与琥珀酸合成的超支化聚酯(SG)的荧光强度高，且其荧光量子产率可达 16.75%，与其他类型的聚合物相比，量子产率较高。此外，该聚酯的发光强度对溶剂、金属离子均具有刺激响应性，特别是对 Fe^{3+} 非常敏感。

其发光机制归因于酯基基团(O—C=O)和羟基基团簇的形成。在超支化聚酯中，存在羟基、酯基以及少量的羧基基团。在稀溶液中，酯基和羟基孤立地分散在溶液中，难以聚集，当被激发时，活跃的分子内运动有效地消耗了激子能量，导致了非常弱的荧光或者没有荧光。然而，在浓缩的溶液中，聚合物链很容易彼此靠近且相互缠结，因而形成了超分子聚集体，其结构中的 O—C＝O 和—OH 基团彼此接近，产生 O—C＝O 和—OH 基团的簇。在团簇中，孤对电子和 π 电子相互作用和重叠，形成了空间电子离域而发光。

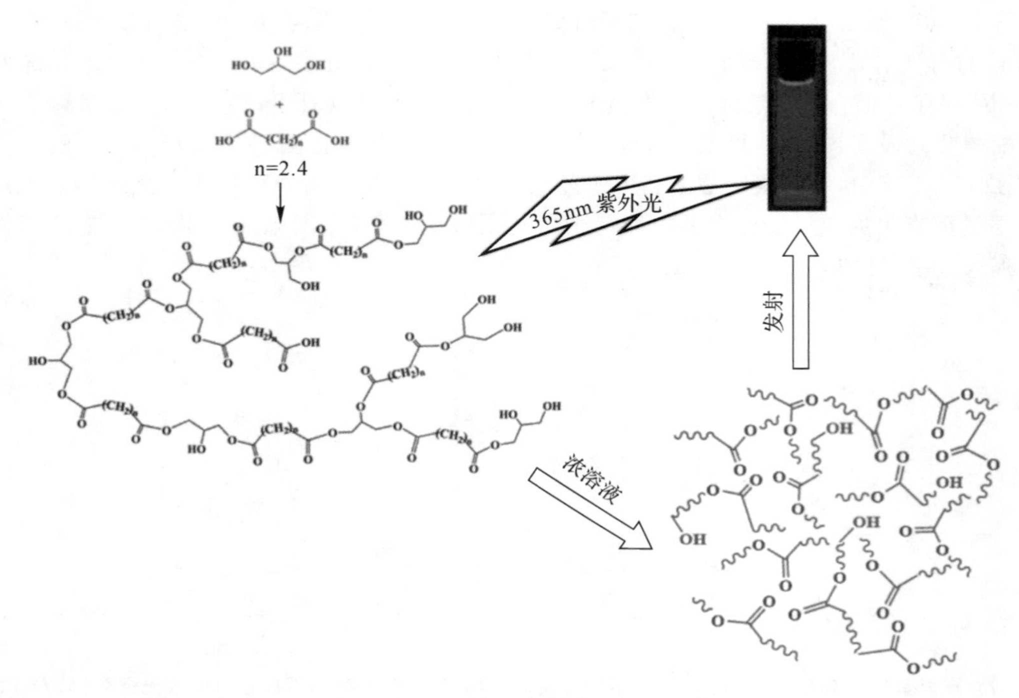

图 5.40　超支化聚酯的合成及其发光机理

5.3.2　超支化聚碳酸酯

西北工业大学颜红侠课题组以碳酸二乙酯及三羟甲基丙烷为原料，通过酯交换缩聚反应(见图 5.41)合成了在 365 nm 紫外光下能发出明亮蓝色荧光的超支化聚碳酸酯(T－HBPC)。这种以碳酸酯基封端的超支化聚碳酸酯在乙醇溶液中的荧光光谱中表现出激发和浓度依赖性。将 T－HBPC 溶于乙醇和水(乙醇是良溶剂，水是不良溶剂)的混合溶剂，发现，随着不良溶剂比例升高，其荧光增强，表现出典型的聚集诱导发光效应。T－HBPC 在溶液中羰基官能团的聚集而形成团簇是其产生荧光的关键因素。虽然 T－HBPC 不溶于水，且其荧光寿命和量子产率分别只有 2.07 s 和 7.42 %，但是，此合成方法不以美国专利[Preparing polycarbonate oligomers by reacting phosgene with an aqueous solution containing a salt of a dihydric phenol in an organic solvent which comprises previously cooling the aqueous solution and carrying out the reaction at a low temperature (专利号为 US 4255557)]中用光气与苯酚或者醇类进行反应，避免了光气的剧毒及副产物氯化氢对环境的污染，具有绿色环保、毒性小、荧光强度高的特点。

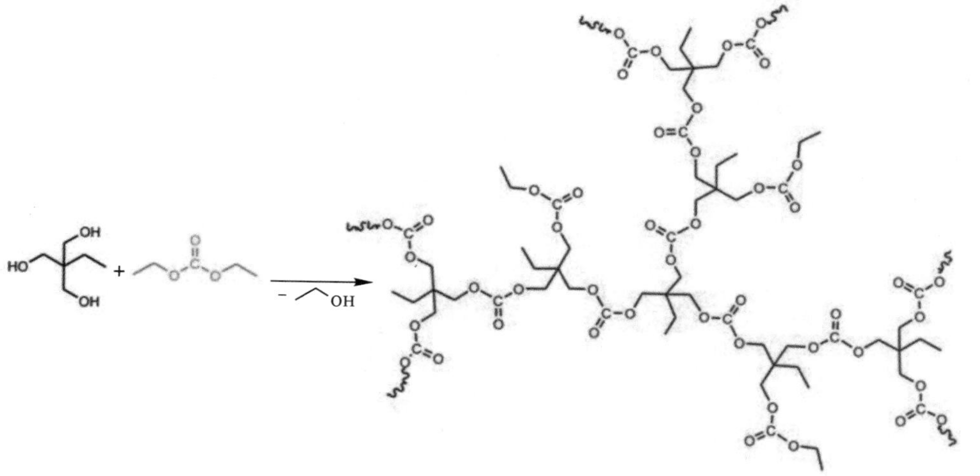

图 5.41　HBPC 的合成路线

大部分非共轭荧光聚合物由于其良好的水溶性，在细胞成像以及离子传感器等领域具有重要的应用。而以三羟甲基丙烷制备的超支化聚碳酸酯不溶于水，只能溶于乙醇及其他有机溶剂中，限制了其在生物领域的应用。以丙三醇(Glycerol)替代三羟甲基丙烷与碳酸二乙酯(DEC)反应，可合成水溶性的超支化聚碳酸酯(G－HBPC)(见图 5.42)。研究发现，G－HBPC 的荧光强度随着溶液浓度的增大而提高，其在 334 nm 的最佳激发波长下的荧光寿命和绝对量子产率分别为 4.21 ns 和 8.4%。TEM 分析发现，随着 G－HBPC 浓度的不同，其在水中可以自组装为不同形貌的球状胶束(见图 5.43)。此外，G－HBPC 的溶液可以对 Fe^{3+} 进行特异性识别，发生荧光猝灭现象，这是 Fe^{3+} 与 G－HBPC 中碳酸酯基的配位作用所致。

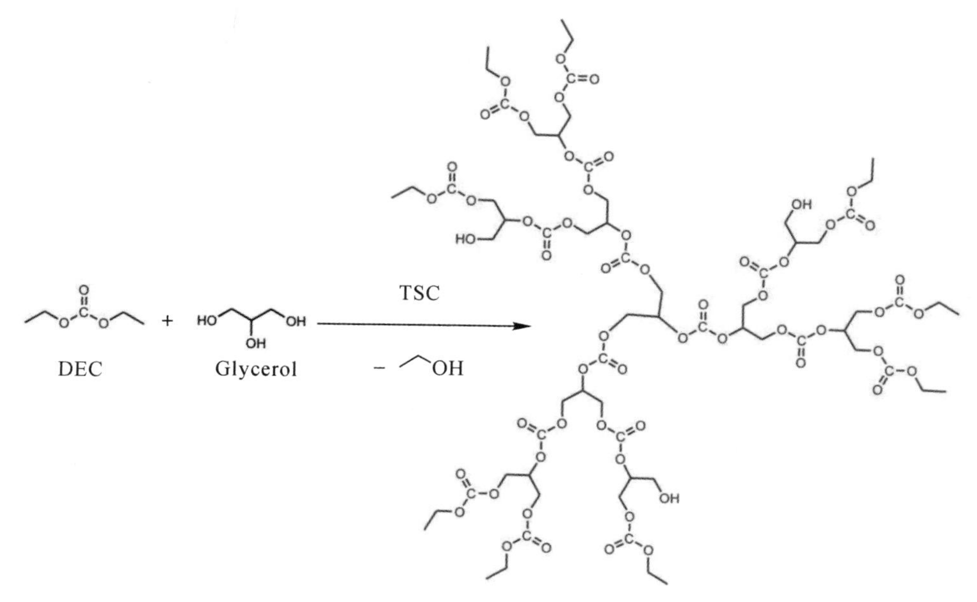

图 5.42　G-HBPC 的合成路线

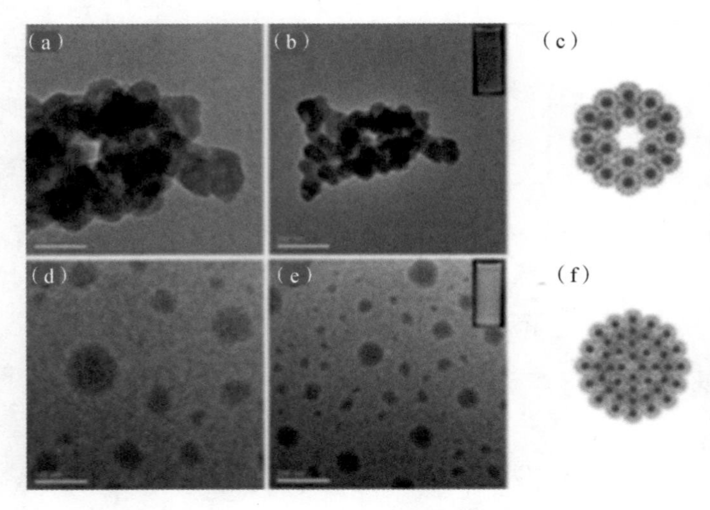

图 5.43 G-HBPC 在水溶液中的透射电镜及其组装原理示意图

5.3.3 超支化聚酰胺酸

2013 年,台湾嘉义大学的 Shu-Fan Shiau 等人以 N,N -二环己基碳二亚胺(DCC)作为缩合剂,通过 N -(3 -氨丙基)二乙醇琥珀酸胺(AB_2 单体)的自聚制备出了可溶于水、DMF 和 THF 的荧光超支化聚酰氨酸(HPAAAs)(见图 5.44)。TEM 图像表明 HBPAAs 由于其两亲性,可以在水中自组装形成直径范围为 30～50 nm 的球形胶束。同时,其荧光性能具有 pH 依赖性,当溶液的 pH 在 5～9 之间时表现出较强的荧光发射现象,其荧光量子产率最高可达 23%。这种两亲性 HBPAAs 具有水溶性好、空隙丰富、可修饰性强和荧光性能强的优点,在示踪纳米载体和分子级容器领域具有潜在应用。

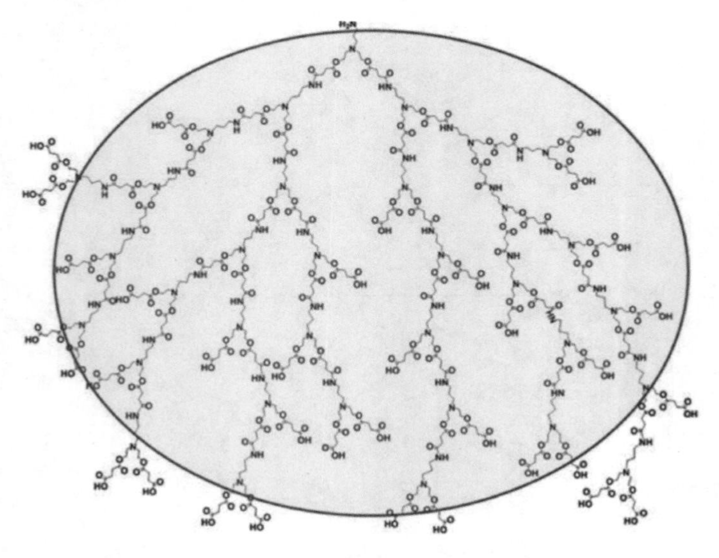

图 5.44 超支化聚酰胺酸的化学结构

5.3.4　超支化聚脲

2012 年，葡萄牙里斯本大学化学系的 Bonifácio 课题组在超临界以及双（三甲基硅）乙酰胺存在的条件下，先将三（2-氨乙基）胺与 CO_2 进行反应，合成了一种氨基甲酸酯中间体，经高压釜减压后加入过量的三（2-氨乙基）胺和双（三甲基硅）乙酰胺，加热到 120 ℃反应一段时间，制备了第一代树枝状聚脲（PU - G1）（见图 5.45）。通过重复活化和生长反应过程，可以定量地得到高代数的水溶性黄色黏性油状的 PU - Gn（n=2、3、4）。

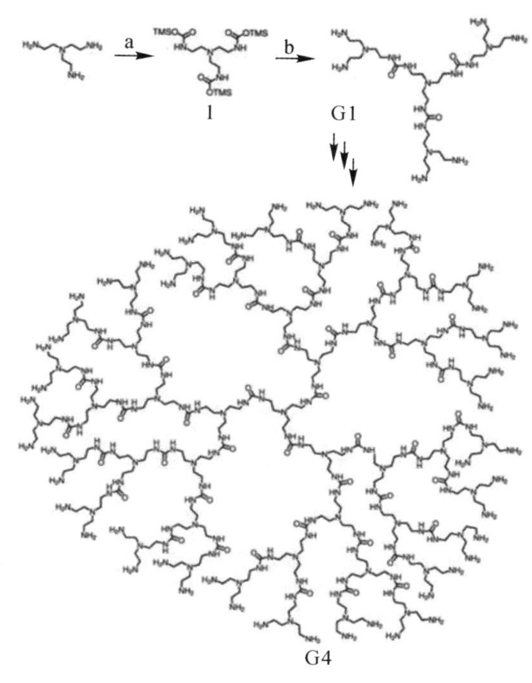

图 5.45　聚脲树枝状大分子的合成路线图

PU 树枝状大分子的水溶液在 365 nm 的紫外灯照射下能发射出明亮的蓝色荧光。而且 PU 的荧光显示出了明显的 pH 依赖性，调节溶液的 pH 从碱性到强酸性时，PU - G2、PU - G3 和 PU - G4 的荧光逐渐增强。且荧光并没有随着代数增大而增强，因此荧光增强并没有树枝化效应。此外，PU 树枝状大分子内部含有脲基且外围具有大量氨基基团，具有很好的生物相容性以及生物降解等优点，对人类成纤维细胞没有明显细胞毒性，可在不破坏细胞膜的情况下观察到内吞摄取（包括细胞核）的现象，在生物医学领域显示出潜在的应用前景。

5.4　含醚键超支化聚合物

5.4.1　超支化聚醚

2016 年，北京化工大学的李效玉教授课题组以 1,1,1 -三羟甲基丙烷三缩水甘油醚

(TMPGE)和 1,4-丁二醇为原料、以四丁基溴化铵(TBAB)为催化剂,通过质子转移聚合反应,经一步法首次合成了不含任何传统生色团的脂肪族超支化聚醚环氧(EHBPE)(见图 5.46)。该聚合物未经任何处理就可以发射出肉眼可见的蓝色荧光,且荧光强度随其浓度的增大而提高。由密度泛函理论可知,其分子中仲羟基上的氧与距其最近的醚之间的距离为 2.28 Å,这种很短的距离表明醚和羟基氧之间存在着某种相互作用,高密度的含氧团簇能增强这种相互作用并提高聚合物的荧光强度。此外,EHBPE 对 Fe^{3+} 表现出高度选择性猝灭,有望成为生物体内 Fe^{3+} 的探针。

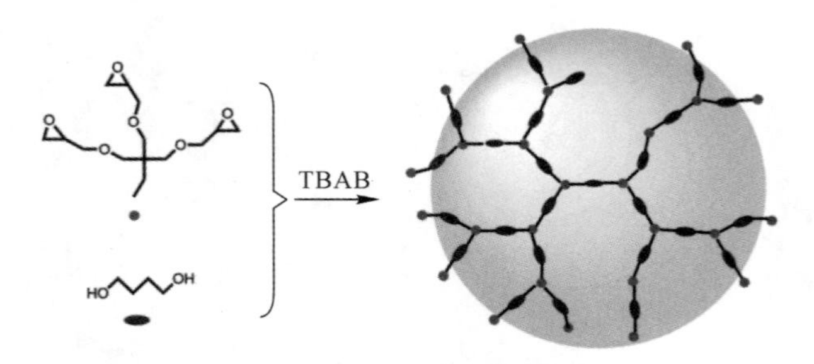

图 5.46 超支化聚醚环氧的合成

2021 年,唐本忠院士和深圳大学王东团队采用季戊四醇作为对称核心单元和 1-硫代甘油作为 AB_2 型构筑基元,通过迭代发散法合成含富电子杂原子 O 和 S 的纯 n 电子树状大分子(见图 5.47),研究代数、浓度、激发和聚集这四种因素对发射的影响。研究发现,树状分子在 200～250 nm 及 250～300 nm 区间的紫外吸收来源于 C—O、C—S、O—H 和某些发光簇的形成。随着浓度的增加,分子荧光发射逐渐增强。随着代数的增加,树状大分子能够形成更大的发光簇,发射强度和发射波长均随代数增加而增大。通过使用密度泛函理论对低代数树状大分子的理论计算发现,分子中 O…O、O…S 以及 S…S 均具有明显的跨空间作用,且随着支化单元和代数增加,这些杂原子间的作用距离变短、电子之间的作用强度增大,验证了有效空间共轭作为簇发光机制的合理性。

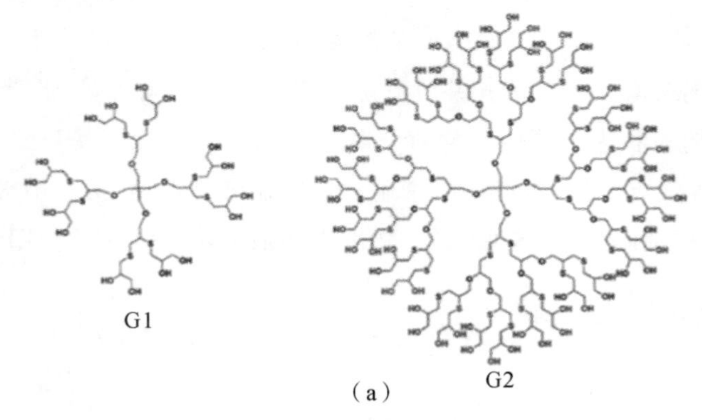

图 5.47 分子结构和紫外吸收

(a) 分子结构;

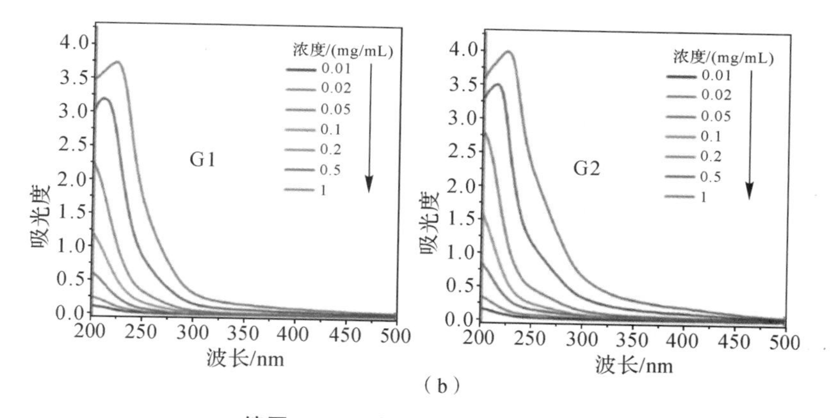

（b）

续图 5.47　分子结构和紫外吸收

（b）紫外吸收

因上述聚合物良好的水溶性、激发依赖特性、优异的生物相容性以及光稳定性，其可用于细胞的多通道成像[见图 5.48(a)]。同时，树状分子的内部空腔结构可以作为分子尺子，识别尺寸大小匹配的分子，其中 NaBr 分子能够使 G3 树状大分子的荧光发射显著增强[见图 5.48(b)(d)]。此外，浓度的增加引发荧光强度拐点的出现可用于预测分子的临界团簇浓度[见图 5.48(c)]。

5.4.2　超支化聚醚亚胺

2007 年，印度科学研究院的 N. Jayaraman 课题组报道了羟基封端的聚丙醚亚胺树枝状大分子(PETIM)可发射出固有的蓝色荧光，其荧光具有浓度依赖性，随着浓度的增大而提高，其在溶液中的最佳激发和发射波长分别为 330 nm 和 390 nm(见图 5.49)。另外，随聚合物代数的增长，其荧光强度和量子产率也随之增强。而且其荧光可被高氯酸盐、高碘酸盐、亚硝酸盐和甲基碘化吡啶等阴离子猝灭，具有阴离子传感器的应用潜力。PETIM 的荧光可能也是由叔胺和氧原子之间的相互作用引起的。

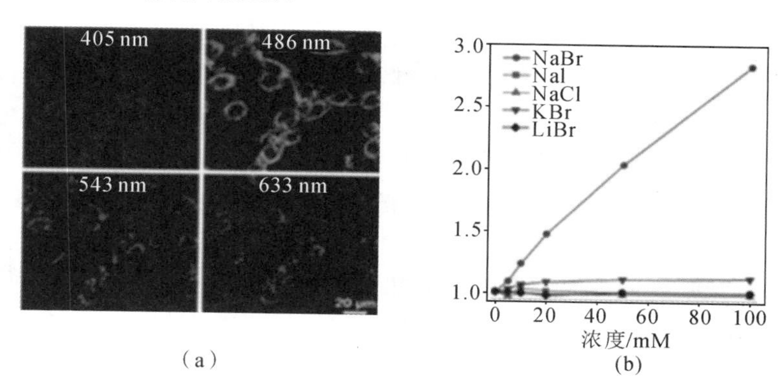

（a）　　　　（b）

图 5.48　超支化聚醚亚胺在细胞成像、分子检测以及临界簇浓度的预测等方面的应用

（a）分别用 405 nm、488 nm、543 nm 和 633 nm 激光激发 G3 孵育 6 h 后 4T1 细胞的 CLSM 图像。

（b）添加各种无机盐后，G3 在水溶液中随浓度增加的相对排放强度(I/I_0)，I_0 和 I 分别为添加无机盐前、后 G3 的荧光强度，条件：激发波长为 380nm；发射波长为 470nm；

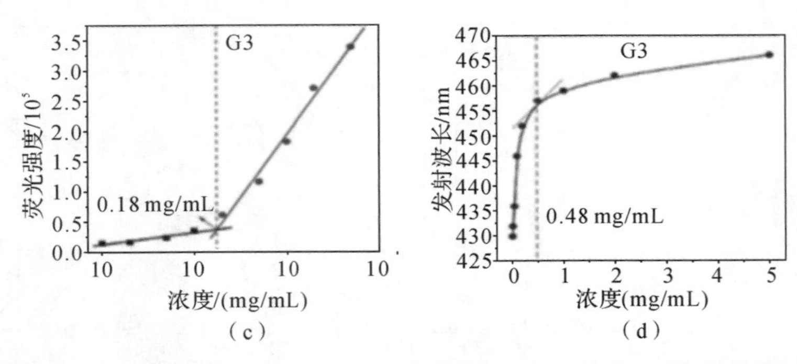

续图 5.48　超支化聚醚亚胺在细胞成像、分子检测以及临界簇浓度的预测等方面的应用

(c)分子尺子 G3 的荧光强度随浓度的变化曲线；(d)分子尺子 G3 的发射波长随浓度的变化曲线

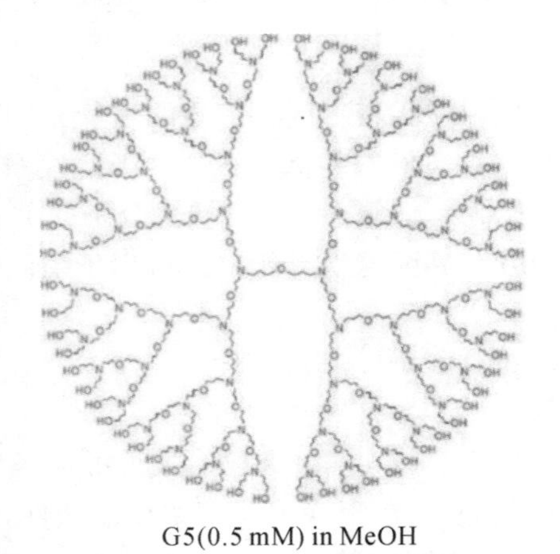

图 5.49　含端羟基的树枝状聚醚胺的结构式

5.4.3　超支化聚醚酰胺

2009 年，中国科学院长春应用化学研究所的李悦生等人采用丙烯酰氯(AD)、甲基丙烯酰氯和不同的多羟基脂肪伯胺(CBn)为原料，通过一锅法的迈克尔加成聚合反应，制备了外围含有羟基的超支化聚醚酰胺(HPEA)(见图 5.50)。HPEA 可以发射出明亮的蓝色荧光，而对应的线性 PEA 却没有荧光。在 388 nm 的激发波长激发下，HPEA 发射波长在 423 nm 处。随着 HPEA 相对分子质量的增大，其荧光强度逐渐上升，而荧光发射波长则不变。HPEA 的荧光特性与其独特的三维结构有着密切的关系。由于其独特的拓扑结构，酰胺氢与相邻分支的羰基氧原子之间很容易形成氢键。因此，树枝状聚合物分子由于其受限的几何自由度和相对刚性的结构，非辐射跃迁受到限制，表现出本体荧光特性，而柔性的线性聚合物容易发生振动弛豫，抑制其荧光发射。另外，用 N-异丙基丙烯酰胺(NIPAAm)对 HPEA 的外围羟基基团进行修饰，可获得具有温敏性的聚异丙基丙烯酰胺修饰的 HPEA(NIPAAm-HPEA)。改性后 HPEA 依然能够发射出强烈的蓝色荧光。而且，随着接枝度的增大，NIPAAm-HPEA 的发射波长发生红移。这是由于 NIPAAm 基团的接枝会影响到 HPEA 的亲水性/疏水性比，改变超支化聚合物的拓扑结构，使得 NIPAAm-HPEA 在水中分子构象发生变化。这种智能型的生物发光材料可用于生物技术和药物递送过程。

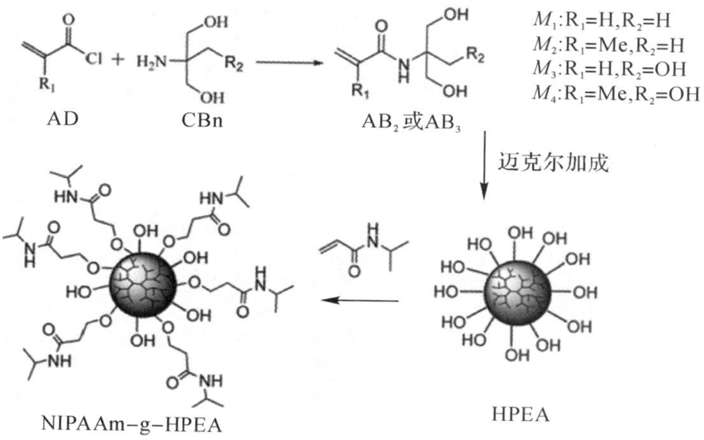

AD　CBn　AB_2 或 AB_3

M_1:R_1=H,R_2=H
M_2:R_1=Me,R_2=H
M_3:R_1=H,R_2=OH
M_4:R_1=Me,R_2=OH

迈克尔加成

NIPAAm-g-HPEA　HPEA

图 5.50　HPEA 的合成和功能化示意图

5.5　仅含氮的超支化聚合物

聚乙烯亚胺(PEI)是一类结构中含有大量伯胺、仲胺及叔胺基团的高分子聚合物，其常见的形态结构有线性、网状、树枝状及超支化等。PEI 分子的化学结构对其宏观性质具有显著的影响，例如在室温下，线性 PEI 呈固态，而树枝状 PEI 则为黏稠液体。超支化聚乙烯亚胺为 PEI 结构形态中重要的一类，人们在探究其各种理化性质的同时，致力于优化其发光特性和拓展其应用。

2007 年，西班牙巴伦西亚大学的 Stiriba 课题组系统地研究了超支化聚乙烯亚胺(h-PEI)和线性 PEI(l-PEI)的发光行为，发现两者均可发射固有的蓝色荧光，且后者具有更强的荧光(见图 5.51)。他们提出紧密的立体结构(包括树枝状和超支化)不是荧光产生的必要条件，而富含胺的纳米团簇和电子-空穴复合过程才是 PEI 产生蓝色荧光的主要原因。另外，将 h-PEI 和 l-PEI 分子中的伯胺和仲胺甲基化后，发现其荧光增强，且伯胺的存在会造成聚合物荧光寿命缩短。同时，这些 PEI 聚合物与之前报道的 PAMAM 大分子也有着相似的荧光性质，例如氧化或酸化后，聚合物荧光强度明显增加。

2008 年，日本名古屋大学 Toyoko Imae 教授课题组以乙二胺(EDA)为核，通过发散合成法制备了 1～3 代的以氨基封端的树枝状聚乙烯亚胺(见图 5.52)。该树枝状 PEI 的荧光强度与溶液 pH 紧密相关，在酸性条件下具有更强的荧光，且随着分子代数的增长，其荧光强度也在不断增强。此外，他们利用鼓泡实验来探究氧化作用对 PEI 荧光性能的影响，并将乙二胺作为对比，发现乙二胺具有与 PEI 相似的荧光变化规律，故认为 PEI 的发光机理可能与结构中的氨基和氧的相互作用有关。

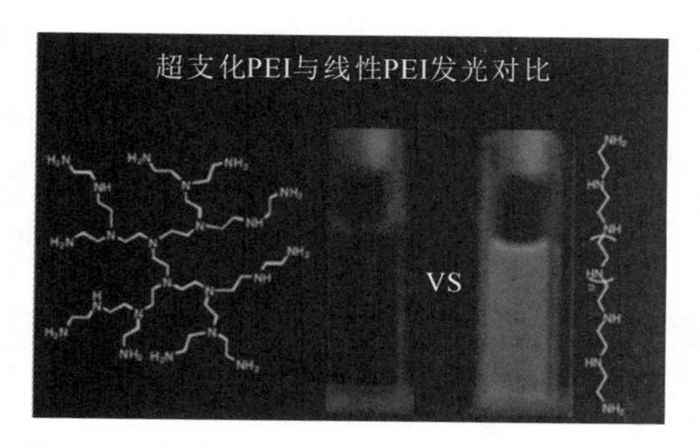

图 5.51　超支化聚乙烯亚胺及其线性聚合物的化学结构和发光对比照片

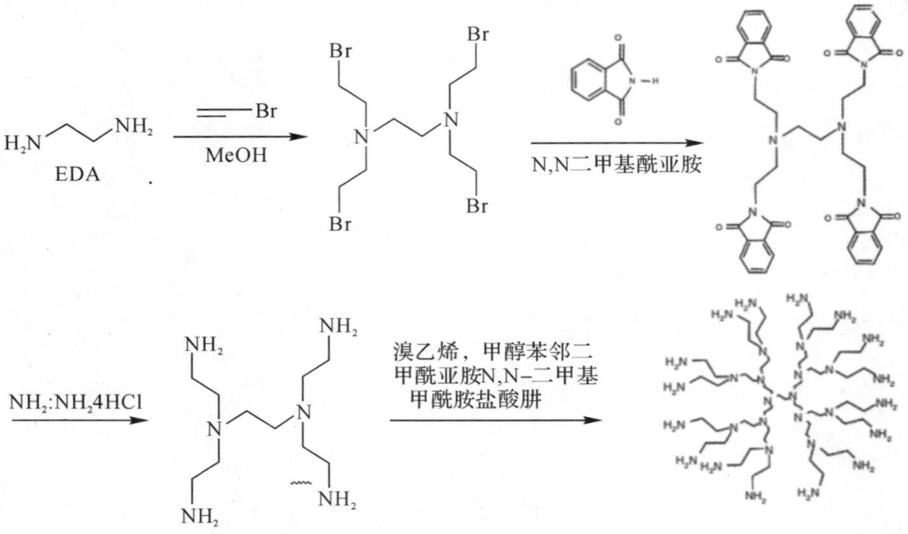

H$_2$N
NH$_2$
EDA
Br
MeOH
Br
Br
N
N
Br
Br
N,N二甲基酰亚胺
NH$_2$:NH$_4$4HCl
NH$_2$
NH$_2$
N
N
NH$_2$
NH$_2$
溴乙烯，甲醇苯邻二
甲酰亚胺N,N–二甲基
甲酰胺盐酸肼

图 5.52　以乙二胺为核制备 1～3 代的树枝状聚乙烯亚胺

2021 年，广东工业大学张震课题组利用 N -磺酰基氮杂环丙烷（TsAz）的开环聚合反应对超支化聚乙烯亚胺进行修饰（见图 5.53），该反应过程简单高效，无需溶剂和催化剂。接枝了磺酰胺的超支化聚乙烯亚胺[PEI-g-P（TsMAz）]具有更强的荧光发射性能，且 PEI 的拓扑结构在发光过程中具有重要的作用。此外，两亲性的聚乙烯亚胺-磺酰胺[P-（EI-SA）]对水溶液中的 Cu^{2+} 和 Fe^{3+} 具有很高的吸附效率，且经过解吸附后可以多次使用，扩大了 PEI 及其衍生物的应用领域。

TsMAz
or
TsAz
200℃
R = Me or H
P(EI-SA)
PEI
过量
200℃
PEI-g-P(TsMAz)

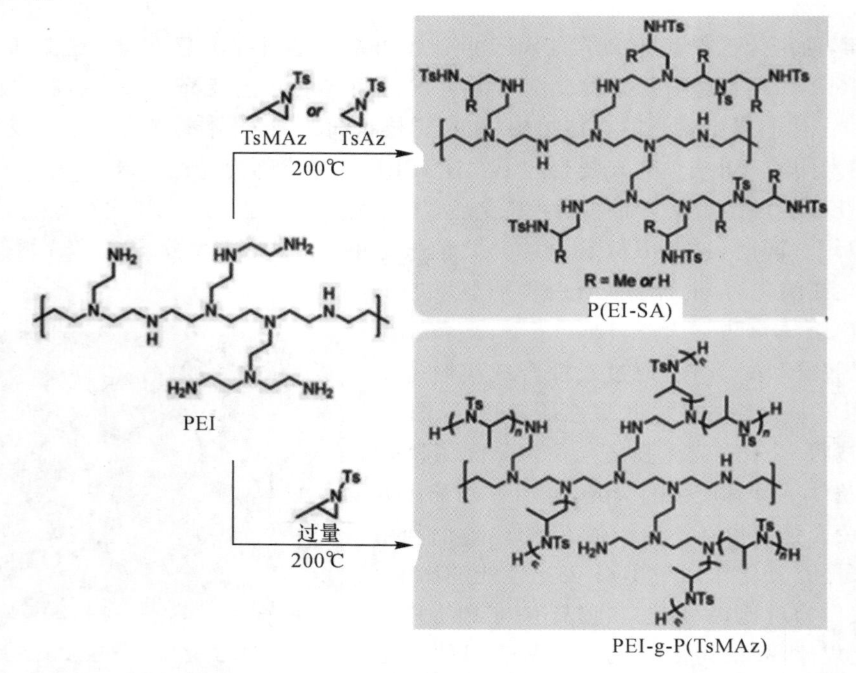

图 5.53　通过 N-磺酰基氮杂环丙烷的开环聚合反应对超支化聚乙烯亚胺的化学改性过程

5.6　总结与展望

近年来，研究人员在非典型超支化 AIE 聚合物的种类开发、机理研究、应用探索方面都获得了一定的进展。从开创性的发现树枝状聚酰胺-胺的荧光以来，聚氨基酯、分别含羰基、醚键的超支化聚合物、以及仅含氮的超支化聚合物等多品类的非典型超支化 AIE 聚合物被开发出来。非典型超支化 AIE 聚合物的结构中通常含有 N、O、S 等杂原子，C≡N、C＝O、C＝C 等不饱和单元，及相应的组合功能团(如羟基、胺基、酯基、酐、酰胺、脲基、肟基、砜基等)，其通常具有结构可调性好、合成便捷、水溶性好、生物毒性小等优点，在绿色发光材料和生物等方面具有突出的应用前景。

尽管非典型超支化 AIE 聚合物领域正在不断取得进步，但由于分子结构中非典型生色团的多样性和发光行为的复杂性，人们对其发光机理的阐述众说纷纭，如氧化、羰基聚集、氢键的形成与电子离域、拓扑结构与端基的影响等，但彼此之间缺乏相互关联。例如，对于经典的 PAMAM 体系，研究者们提出了不同的发光机理，如叔胺、叔胺氧化、新的不饱和羟胺的形成、C＝O 基团的聚集、簇发光以及电子云的重叠。同时，发现末端基团(如—OH、—NH_2、—COOH)、相对分子质量、聚合物结构、pH 均对 PAMAM 的发光有影响。在其他体系中，研究者提出了另外的猜想。对于含有 N 原子的聚乙烯亚胺(PEI)，富含胺的纳米簇的形成和电子-空穴复合过程是引起发光的原因。团簇诱导发光(CTE)机理，即聚合物在高浓度或固态下，这些非传统生色团的聚集以及电子云的有序重叠，形成了空间共轭使体系离域扩展，有利于能隙 E_g 变窄和分子链刚性增强，抑制了激发态能量的非辐射衰减，因而产生了明亮的荧光。研究发现，CTE 机理不仅能很好地解释不同研究者的观测结果，对于阐明其他体系的发光机理也同样适用。

纵观这一领域的研究，在分子设计、机理探索方面有了一定的进展，但不可否认的是还有很多亟待解决的难题，主要在于荧光量子产率低且颜色集中在蓝光区、应用单一、发光机理尚未统一。因此，非典型超支化聚合物的研究方向主要包括以下几个方面：①开发高荧光量子产率的非典型超支化聚合物；②揭示各类非典型超支化聚合物的发光机理，为开发高量子产率、荧光强度的发光聚合物奠定理论基础；③开发新的合成方法，有效控制非典型超支化 AIE 聚合物的分子结构；④拓展非典型超支化 AIE 聚合物的应用领域。

思　考　题

1. 影响超支化聚酰胺-胺发光性能的因素有哪些？
2. 你在超支化聚氨基酯既可以发蓝光也可以发多色荧光的发现中，有何感悟？
3. 含羰基、醚键和仅含 N 的超支化聚合物均可以发射荧光，其发光特点有何不同？
4. 论述每种类型的非典型超支化 AIE 聚合物可能的发光机理。

参考文献

[1] TOMALIA D A H, BAKER H, DEWALD J R, et al. A new class of polymers starburst dendritic macromolecules. Polym J, 1985, 17: 117 - 132.

[2] TURRO N J, BARTON J K, TOMALIA D A. Molecular recognition and chemistry in restricted reaction spaces, photophysics and photoinduced electron transfer on the surfaces of micelles, dendrimers, and DNA. Cheminform, 1991, 24: 332 - 340.

[3] VARNAVSKI O, ISPASOIU R G, Balogh L, et al. Ultrafast time-resolved photoluminescence from novel metal - dendrimer nanocomposites. J Chem Phys, 2001, 114: 1962 - 1965.

[4] 原璐瑶，颜红侠，白利华，等. 非共轭型荧光聚合物的研究进展. 高分子通报，2018，3：24 - 30.

[5] MEKURIA S L, DEBELE T A, TSAI H C. Pamam dendrimer based targeted nano-carrier for bio-imaging and therapeutic agents. RSC Advances, 2016, 6: 63761 - 63772.

[6] ESFAND R, TOMALIA D A. Poly(amidoamine) (pamam) dendrimers: from biomimicry to drug delivery and biomedical applications. Drug Discov Today, 2001, 6: 427 - 436.

[7] 王晓杰，唐善法，田磊，等. 聚酰胺胺树枝状大分子合成方法与应用现状. 精细石油化工进展，2013，5：41 - 44.

[8] 王冰冰，罗宇飞，贾欣茹，等. 扇形 PAMAM 树枝状高分子的合成与表征. 高分子学报，2004，2(2)：304 - 308.

[9] LARSON C L , TUCKER S A. Intrinsic fluorescence of carboxylate-terminated polyamido amine dendrimers. Appl Spectrosc, 2001, 55: 679 - 683.

[10] LEE W I, BAE Y J, BARD A J. Strong blue photoluminescence and ECL from OH-terminated pamam dendrimers in the absence of gold nanoparticles. J Am Chem Soc, 2004, 126: 8358 - 8359.

[11] ZHENG J, PETTY J T, DICKSON R M. High quantum yield blue emission from water-soluble Au_8 nanodots. JACS, 2003, 125: 7780 - 7781.

[12] WANG D, IMAE T. Fluorescence emission from dendrimers and its pH dependence. J Am Chem Soc, 2004, 126: 13204 - 13205.

[13] CAO L, YANG W, WANG C, et al. Synthesis and striking fluorescence properties of hyperbranched poly(amido amine). J Macromol Sci A, 2007, 44: 417 - 424.

[14] WANG D, IMAE T, MIKI M. Fluorescence emission from PAMAM and PPI dendrimers. J Colloid Interface Sci, 2007, 306: 222 - 227.

[15] CHU C C, IMAE T. Fluorescence investigations of oxygen-doped simple amine com-

pared with fluorescent pamam dendrimer. Macromol Rapid Commun, 2009, 30: 89 - 93.

[16] JIANG G, SUN X, WANG Y, et al. Synthesis and fluorescence properties of hyperbranched poly (amidoamine) s with high density tertiary nitrogen. Polym Chem, 2010, 1: 1644 - 1649.

[17] YANG W, PAN C Y, LIU X Q, et al. Multiple functional hyperbranched poly(amido amine) nanoparticles: synthesis and application in cell imaging. Biomacromolecules, 2011, 12(5): 1523 - 1531.

[18] LIN S Y, WU T H, JAO Y C, et al. Unraveling the photoluminescence puzzle of pamam dendrimers. Chemistry, 2011, 17: 7158 - 7161.

[19] YANG W, PAN C Y, LUO M D, et al. Fluorescent mannose-functionalized hyperbranched poly(amido amine)s synthesis and interaction with E. Coli Biomacromolecules, 2010, 11: 1840 - 1846.

[20] CHEN Y, ZHOU L, PANG Y, et al. Photoluminescent hyperbranched poly(amido amine) containing beta-cyclodextrin as a nonviral gene delivery vector. Bioconjug Chem, 2011, 22: 1162 - 1170.

[21] WANG D, YU Z Q, HONG C Y, et al. Strong fluorescence emission from pegylated hyperbranched poly(amido amine). Eur Polym J, 2013, 49: 4189 - 4194.

[22] LU H, JIE Z, FENG S. Controllable photophysical properties and self-assembly of siloxane-poly(amidoamine) dendrimers. PCCP, 2015, 17(17): 26783 - 26789.

[23] ZHAN C, FU X B, YAO Y, et al. Stimuli-responsive hyperbranched poly(amidoamine)s integrated with thermal and pH sensitivity, reducible degradability and intrinsic photoluminescence. RSC Adv, 2017, 7: 5863 - 5871.

[24] CHEN L, CAO W, GRISHKEWICH N, et al. Synthesis and characterization of pH-responsive and fluorescent poly (amidoamine) dendrimer-grafted cellulose nanocrystals. J Colloid Interface Sci, 2015, 450: 101 - 108.

[25] GAO C, LU S, LIU M, et al. CO_2-switchable fluorescence of a dendritic polymer and its applications. Nanoscale, 2016, 8: 1140 - 1146.

[26] YAMAJI D, TAKAGUCHI Y. A novel fluorescent fluoride chemosensor based on unmodified poly(amidoamine) dendrimer. Polym J, 2009, 41: 293 - 296.

[27] YANG W, WANG S, LI R, et al. Mechano-responsive fluorescent hyperbranched poly(amido amine)s. React Funct Polym, 2018, 133: 57 - 65.

[28] WANG G, FU L, WALKER A, et al. Label-free fluorescent poly(amidoamine) dendrimer for traceable and controlled drug delivery. Biomacromolecules, 2019, 20: 2148 - 2158.

[29] WU D C, LIU Y, HE C B, et al. Blue photoluminescence from hyperbranched poly

(aminoester)s. Macromolecules, 2005, 38: 9906 - 9909.

[30] SUN M, HONG C Y, Pan C Y. A unique aliphatic tertiary amine chromophore: fluorescence, polymer structure, and application in cell imaging. J Am Chem Soc, 2012, 134: 20581 - 20485.

[31] DU Y, YAN H, NIU S, et al. Facile one-pot synthesis of novel water - soluble fluorescent hyperbranched poly(amino esters). RSC Advances, 2016, 6: 88030 - 88037.

[32] JIANG K, SUN S, ZHANG L, et al. Bright-yellow-emissive N-doped carbon dots: preparation, cellular imaging, and bifunctional sensing. ACS Appl Mater Interfaces, 2015, 7: 23231 - 23238.

[33] JIA D, CAO L, WANG D, et al. Uncovering a broad class of fluorescent amine-containing compounds by heat treatment. Chem Commun, 2014, 50 (78): 11488 - 11491.

[34] CHEN H, DAI W, HUANG J, et al. Construction of unconventional fluorescent poly(aminoester) polyols as sensing platform for label-free detection of Fe^{3+} ions and l-cysteine. J Mater Sci, 2018, 53: 15717 - 15725.

[35] BAI L, YAN H, WANG L, et al. Supramolecular hyperbranched poly(amino ester)s with homogeneous electron delocalization for multi - stimuli - responsive fluorescence. Macromol Mater Eng, 2020, 305: 2000126 - 2000135.

[36] YUAN L, YAN H, BAI L, et al. Unprecedented multicolor photoluminescence from hyperbranched poly(amino ester)s. Macromol Rapid Commun, 2019, 40: 1800658 - 180664.

[37] DU Y, YAN H, HUANG W, et al. Unanticipated strong blue photoluminescence from fully biobased aliphatic hyperbranched polyesters. ACS Sustain Chem Eng, 2017, 5: 6139-6147.

[38] DU Y, FENG Y, YAN H, et al. Fluorescence emission from hyperbranched polycarbonate without conventional chromohpores. J Photoch Photobiolo A, 2018, 364: 415 - 423.

[39] HUANG W, YAN H, NIU S, et al. Unprecedented strong blue photoluminescence from hyperbranched polycarbonate: from its fluorescence mechanism to applications. J Polym Sci Pol Chem, 2017, 55: 3690 - 3696.

[40] SHIAU S F, JUANG T Y, CHOU H W, et al. Synthesis and properties of new water-soluble aliphatic hyperbranched poly(amido acids) with high ph-dependent photoluminescence. Polymer, 2013, 54: 623 - 630.

[41] RESTANI R B, MORGADO P I, RIBEIRO M P, et al. Biocompatible polyurea dendrimers with pH-dependent fluorescence. Angew Chem Int Ed Engl, 2012, 51: 5162-5167.

[42] MIAO X, LIU T, ZHANG C, et al. Fluorescent aliphatic hyperbranched polyether:

Chromophore-free and without anyn and patoms. Phys Chem Chem Phys, 2016, 18: 4295 - 4304.

[43] ZHANG Z, ZHANG H, KANG M, et al. Oxygen and sulfur-based pure n-electron dendrimeric systems: generation-dependent clusteroluminescence towards multicolor cell imaging and molecular ruler. Sci China Chem, 2021, 64: 1990 - 1998.

[44] JAYAMURUGAN G, UMESH C P, JAYARAMAN N. Inherent photoluminescence properties of poly(propyl ether imine) dendrimers. Org Lett, 2007, 10: 9 - 12.

[45] YING L, JIAN W G, HE W L, et al. Synthesis and characterization of hyperbranched poly(ether amide)s with thermoresponsive property and unexpected strong blue photoluminescence. Macromolecules, 2009, 42: 3237 - 3246.

[46] PASTOR P L, CHEN Y, SHEN Z, et al. Unprecedented blue intrinsic photoluminescence from hyperbranched and linear polyethylenimines: polymer architectures and pH-effects. Macromol Rapid Commun, 2007, 28: 1404 - 1409.

[47] YEMUL O, IMAE T. Synthesis and characterization of poly(ethyleneimine) dendrimers. Colloid Polym Sci, 2008, 286(6/7): 747 - 752.

[48] LI Z, CHEN R, WANG Y, et al. Solvent and catalyst-free modification of hyperbranched polyethyleneimines by ring-opening-addition or ring-opening-polymerization of n-sulfonyl aziridines. Polym Chem, 2021, 12: 1787 - 1796.

[49] BIN X, LUO W, YUAN W Z, et al. Clustering-triggered emission of poly(N-hydroxysuccinimide Methacrylate). Acta Chimica Sinica, 2016, 74(11): 935 - 941.

第 6 章　金属有机发光材料及其应用

6.1　有机-过渡金属配合物发光材料

将过渡金属离子与有机物结合起来，构筑有机-金属配合物发光材料，是增强纯有机化合物的发光性能的有效途径之一。金属离子和有机配体之间的配位作用使金属-有机发光材料具有不同于游离金属离子和纯有机配体的优势。由于金属到配体的电荷转移跃迁常处于较低能级，具有高发射强度，并且可以通过金属离子、氧化态、配位环境灵活地调节，具有次级非线性光学性质的金属有机化合物作为分子建筑模块材料，在光学通信、光学数据处理与存储、电子光学器件等方面吸引了越来越多的关注。金属有机配合物的发光能力与金属离子及有机配体的结构特性有很大的关系。金属离子和有机配体无论是在种类、结构上，还是在相互作用上都具有多样性，这样便可通过改变金属离子、配体、合成条件等方法对其进行结构和功能的调控，制备具有特定功能的新材料。

6.1.1　发光原理

对于过渡金属有机配合物发光材料，其发光机理(见图 6.1)通常可以分为两种。首先是配体受金属离子微扰的发光配合物(见图 6.1)。以第Ⅰ主族和第Ⅲ主族的金属离子为中心离子的金属配合物多属于配体受金属离子微扰发光的配合物，在第Ⅱ主族的金属中应用最广的是配位数为 4 的 Be^{2+} 和 Zn^{2+}；而在第Ⅲ主族金属中最重要的是配位数为 6 的 Al^{3+}。与金属配位前后，配体的发光性质往往有所不同，许多配体分子在与金属离子配位之前发光很弱或完全不发光，但配位之后变成强的发光物质。比如，弱荧光的 8-羟基喹啉和席夫碱类配体与金属离子配位以后，中心金属离子在配体分子之间起连接作用，使配体内环与环之间的相互作用增强，平面共轭体系增大，$\pi\rightarrow\pi^*$ 跃迁更容易发生，配体分子的刚性增强，因分子振动而损耗的能量减少，显著增大了辐射跃迁的概率，因此，与自由配体相比其荧光增强。

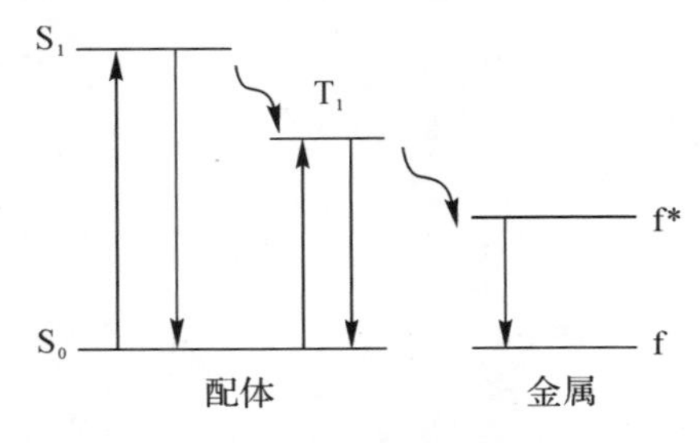

图 6.1　金属离子受配体微扰的发光能量传递示意图

6.1.2　结构特征

过渡金属配合物发光材料的研究多数集中在 d^{10}(Zn^{2+}、Cd^{2+}、Cu^{+}、Ag^{+}、Au^{+})、d^{8}(Ni^{2+}、Pt^{2+} 等)及 Ru^{2+}、Os^{2+}、Rh^{3+} 等金属离子的配合物方面，而其中铱和铂以其优异且易于调控的发光性能受到最广泛的关注。单晶衍射结果表明，铂配合物通常呈现方形平面的配位构型，而铱配合物则呈八面体构型。构建金属配合物时，最常用到的是 2-苯基吡啶配体，简写为 ppy，最常见的有机过渡金属配合物如图 6.2 所示，其发光主要来自配合物的电荷转移跃迁。在金属有机配合物的研究中，所用的有机配体是多种多样的，主要是不饱和配体，如 N-杂环配体，如吡啶、联吡啶、三联吡啶、多联吡啶、邻菲哆琳、苯并咪唑、吡唑、咪唑、羟基喹啉、N-杂环四唑基团和羧酸类、β 二酮类、苯基磷类、炔烃类、卟啉类、席夫碱类等。

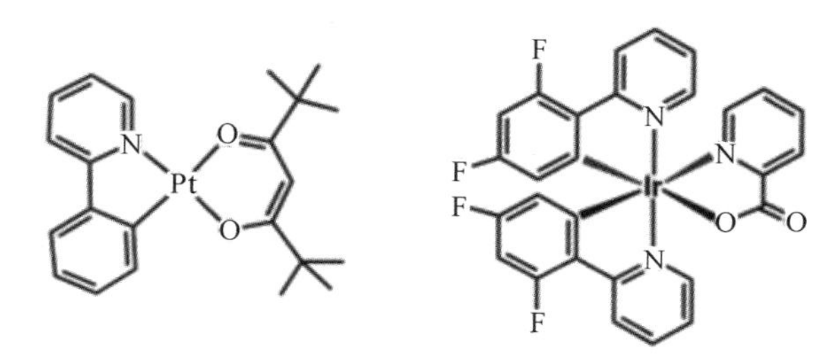

图 6.2　常见的有机过渡金属配合物结构示意

为了获取多色的磷光材料，如何通过修饰分子改变发射波长成为过去几十年里的研究热点。目前常用的方法主要有四种——改变共轭程度，引入取代基，更换辅助配体，改变与金属的配位原子。研究证实，增大共轭可以降低发射能，使发射波长红移，这是一种最简单的方法。此外，利用取代基的电子效应来影响最高占据轨道 HOMO 和最低未占据轨道 LUMO 的能级也是一种有效的调节发射能的方法。在常见的 2-苯基吡啶配体的苯环上引入吸电子的取代基，可以降低 HOMO 的能级。相反，在吡啶环上引入给电子的取代基，可以增大 LUMO 的能级。引入取代基的性质和引入的位置主要由 HOMO 和 LUMO 的分布所决定。此外，对于很多的配合物而言，其磷光的性质不仅由主配体决定，辅助配体也同时能对其磷光发射波长发生影响。目前，基于过渡金属小分子配合物的研究可以分为红光至近红外光材料、蓝光材料绿光材料以及白光材料。

6.1.3　过渡金属小分子配合物蓝光或绿光发光材料

通过对配体的选择以及与不同种类过渡金属的配位，过渡金属配合物的发光波段可以调控至绿光甚至蓝光波段，如单核铱配合物 $Ir(dfbppy)_2(acac)$，其发射光波长为 520 nm，荧光量子效率为 0.7，如图 6.3 所示。

与绿光材料相比，目前小分子过渡金属配合物的蓝光材料仍然面对诸多挑战，如荧光效率较弱以及蓝光材料能隙较宽等。要使金属配合物的发光光谱蓝移，在分子设计时要尽可能扩大分子前沿轨道能级间距，即增大最高占据分子轨道(HOMO)与最低空置分子轨道(LUMO)的轨道能级差，所以，在分子设计时要么是降低 HOMO 能级，要么是提高 LUMO 能级来实现光谱蓝移。蓝光材料的分子结构设计理念是：①通过引入吸电子基(如氰基、羧基、氟原子等)来降低 HOMO 能级；②通过引入给电子基(如烷基、烷氧基等)来升高 LUMO 能级。

此外，选择合适的辅助配体，也可影响铱配合物的发光波长，如辅助配体上的吸电子基或者给电子基也会影响过渡金属原子上的电子云密度。图 6.4 中列出了目前已经报道的部分基于铱的蓝光金属配合物，其发射波长均位于 400～500 nm 之间。

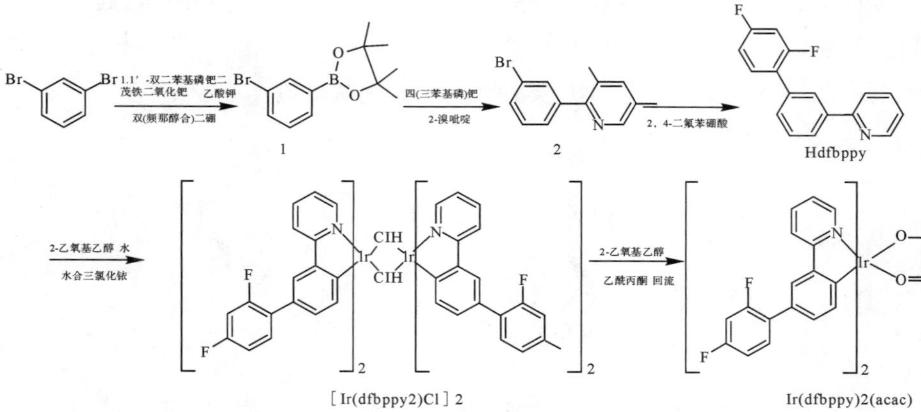

图 6.3　单核铱配合物 Ir(dfbppy)$_2$(acac)的合成示意图

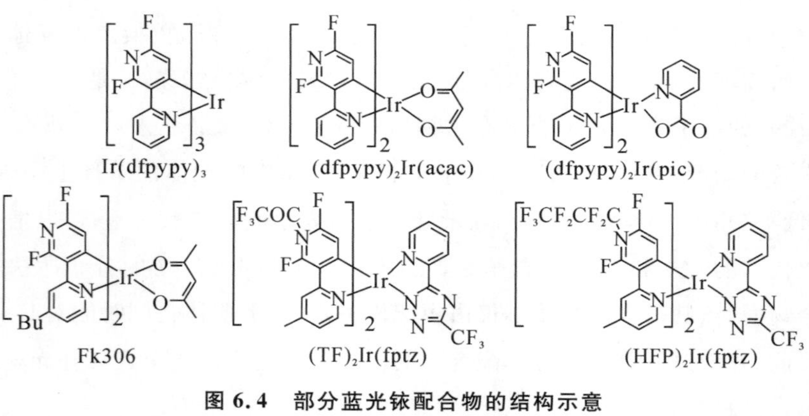

图 6.4　部分蓝光铱配合物的结构示意

6.1.4　过渡金属小分子配合物红光至近红外发光材料

一般来说，对于红色至近红外发光材料，配体中含有 S、N 元素和大芳基或杂环体系时，配合物的磷光光谱会发生红移。近年来红光材料的报道也有很多，图 6.5 中为一系列发射波长为 600～660 nm 的铱金属配合物。

除了铱配合物之外，铂配合物同样具有良好的红光至近红外发光性能，如基于 2-吡嗪基吡唑衍生物配体的近红外铂配合物(见图 6.6)，这三个化合物的荧光量子产率均在 0.8 以上，发射波长分别为 1 (740 nm),2 (703 nm),3 (673 nm)。

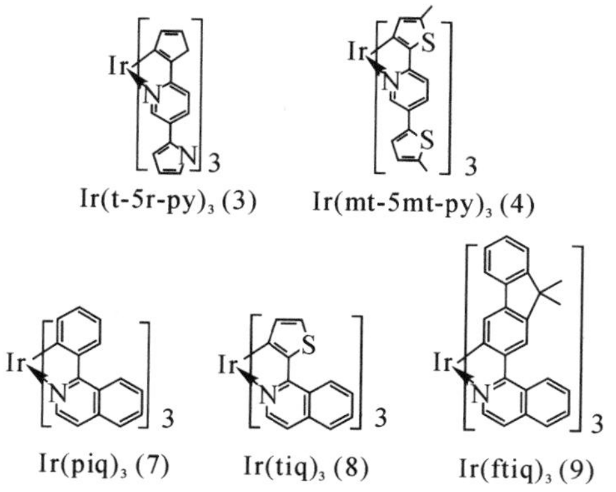

$Ir(t\text{-}5r\text{-}py)_3$ (3)　$Ir(mt\text{-}5mt\text{-}py)_3$ (4)

$Ir(piq)_3$ (7)　$Ir(tiq)_3$ (8)　$Ir(ftiq)_3$ (9)

图 6.5　配合物 3 (613 nm)、4 (627 nm)、7(620 nm)、8(644 nm)和 9(652 nm)的结构示意

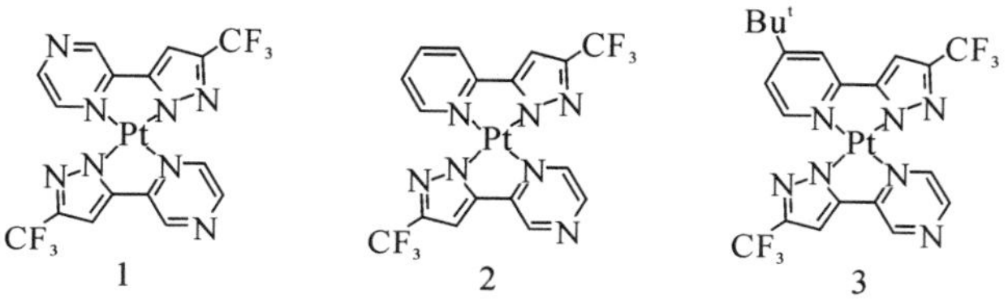

图 6.6　几种铂配合物的结构示意

6.1.5　含过渡金属高分子聚合物发光材料

与纯有机发光材料相似,过渡金属-有机配合物发光材料同样可通过制备其高分子材料来提高其物理性能。其结构通常为将金属配合物通过共价键连接在聚合物主链中或悬挂在聚合物的侧链上,这样可以有效避免相分离和掺杂剂的聚集,可以有效地将金属配合物的强荧光发光特性与高分子聚合物良好的物理性能相结合。目前已得到的金属聚合物发光颜色为从红光到蓝光,覆盖了整个可见光区域。

通过将含有红光铱配合物小分子与聚芴相结合,得到一系列的具有红光发光性能的金属聚合物发光材料(见图 6.7)。其发光波长均为 600～700 nm,与小分子金属铱配合物相比,其热稳定性及成膜性均得到提高。

此外,将绿光铱配合物小分子与高分子聚合物相结合也可得到绿光金属聚合物发光材料。图 6.8 列出了一些常见的含有铱的金属聚合物绿光材料结构,其中铱配合物可以与聚芴、聚苯乙烯以及聚烯烃咔唑相结合,均可得到性能良好的绿光材料,发光波长均位于 545 nm 附近。

以共轭结构为主链的含铱金属聚合物可以提高聚合物的电荷传输能力,但这极大地降低了它们的三线态能级,增大了从铱配合物向聚合物主体能量反向传递的概率,因此不适合作为蓝色磷光的主体材料。相反地,非共轭聚合物通常具有相对较高的三线态能量,这将使它们更适于用作蓝色磷光配合物的主体材料。图 6.9 列出了一些常见的基于金属铱的聚合物蓝光材料,发射波长为 400～500 nm。

白光通常可以由两种方法获得:一种是将红、绿、蓝三种基色光单元引入同一发光体中得到白光发射;另一种是将互补的两种发光单元(例如蓝色光与橘色光)同时引入单一发光物质中。因此，过渡金属聚合物在白光材料中同样具有广泛的应用潜质。如铱配合物通常作为红光发色团，聚合物主链通常作为蓝光和绿光发色团，基于此，芴链段作为主体材料和蓝色发光物质，铱配合物被用作红光和橙光发光基团。不完全的能量转移是设计白色发光聚合物的必要条件，通过降低铱配合物的掺杂量，可以实现主体材料和铱配合物同时发光，从而得到白光发射[24]。图 6.10 列出了部分基于铱金属的聚合物白光材料。

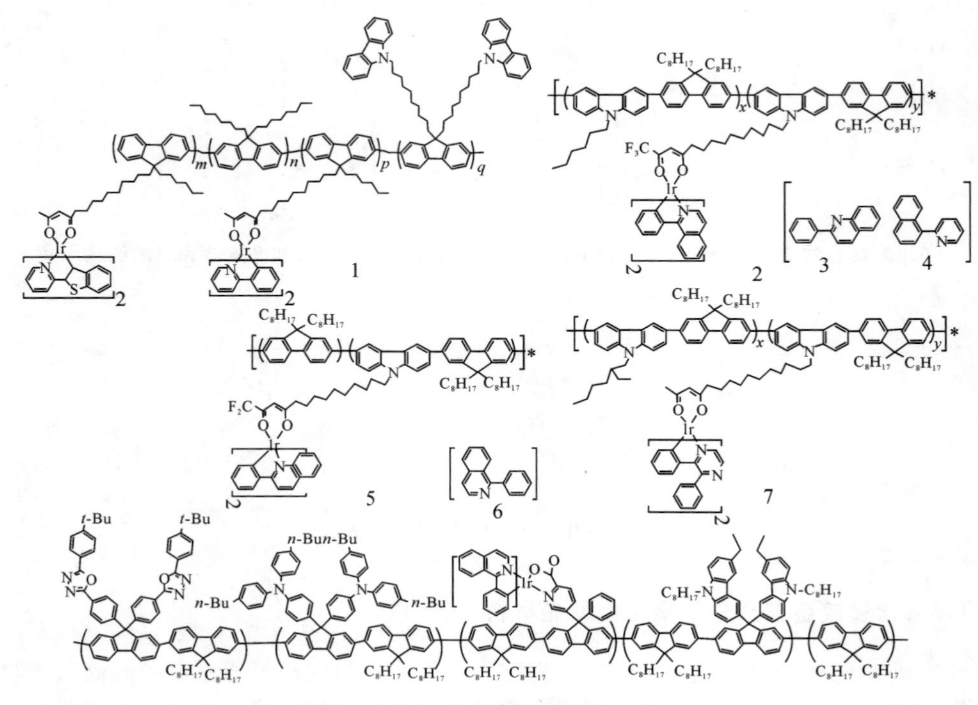

图 6.7　含有铱的金属聚合物红光材料

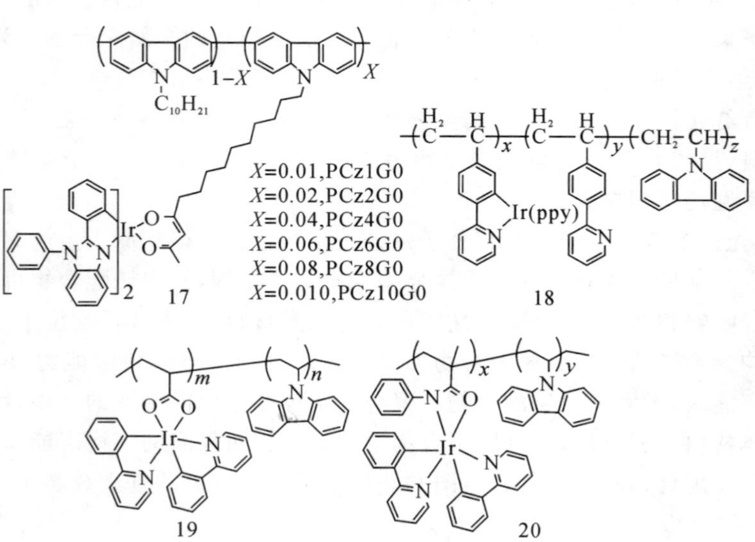

X=0.01,PCz1G0
X=0.02,PCz2G0
X=0.04,PCz4G0
X=0.06,PCz6G0
X=0.08,PCz8G0
X=0.010,PCz10G0

17　　18　　19　　20

图 6.8　含有铱的金属聚合物绿光材料

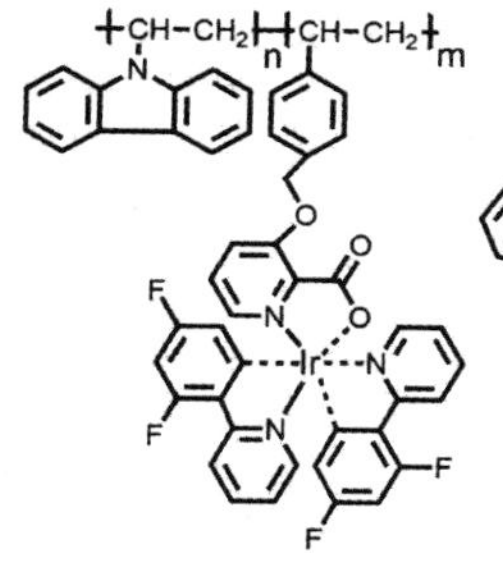

28 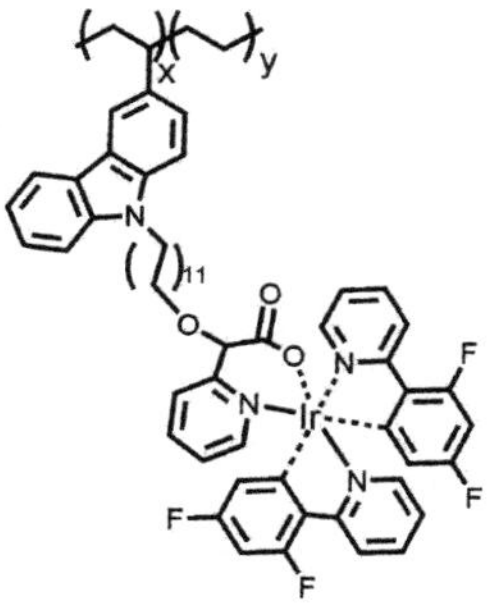　　29 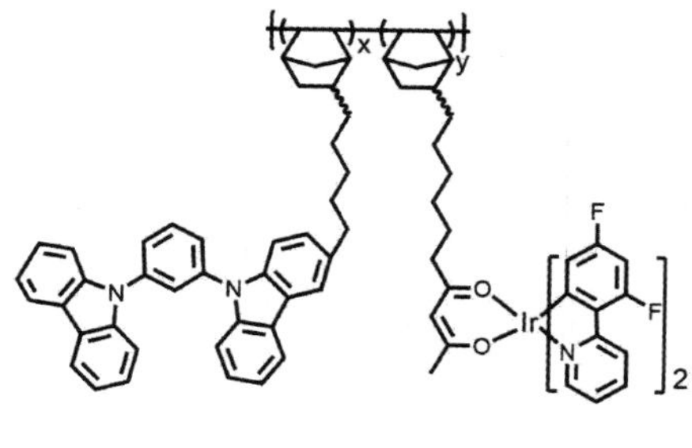　　30

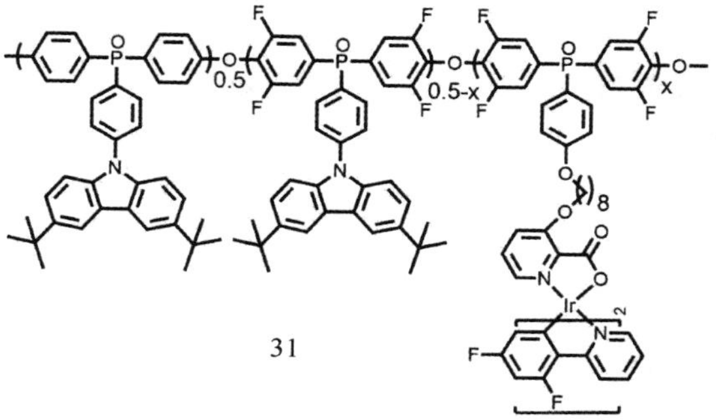

31

图 6.9　含有铱的金属聚合物的蓝光材料

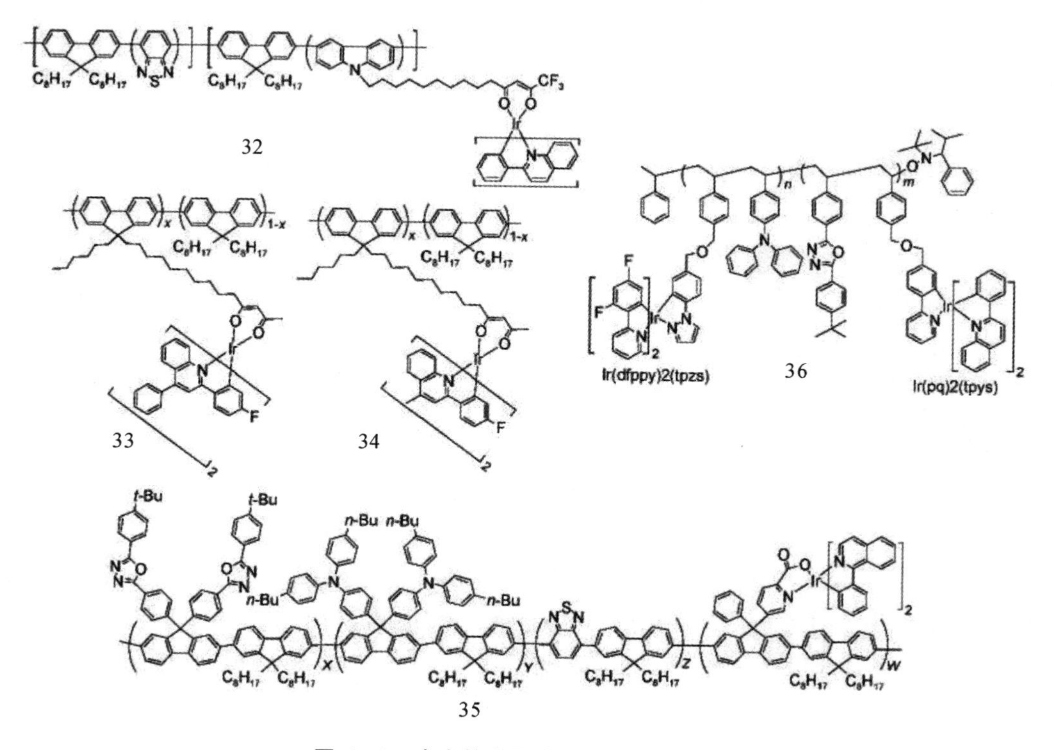

图 6.10　含有铱金属的聚合物白光材料

6.2 稀土基发光材料

稀土(镧系金属)配合物因具有大的 Stokes 位移、微秒至毫秒级的长荧光寿命及半峰宽窄的特征线状光谱等优势而备受关注。通常镧系元素的稳定价态为正三价,且其核外电子构型为([X_e]$4f^n$, $n=1\sim14$)。其具有特殊的电子层构型,使得它具有某些特殊的性质,镧系金属离子吸收能量,其核外电子能级由基态跃迁到激发态,当再回到基态时,能量会以光的形式释放出来。根据核外电子构型的不同,镧系金属离子发光的分布范围有:紫外光区有 Gd^{3+};可见光区有 Tm^{3+},Tb^{3+},Sm^{3+} 以及 Eu^{3+},发光颜色依次为蓝光,绿光,橙光以及红光;在近红外光区有 Pr^{3+},Nd^{3+},Er^{3+} 以及 Yb^{3+}。

6.2.1 镧系金属发光机理

由于镧系金属离子的 4f-4f 轨道跃迁是宇称禁阻的,即一般情况下,其摩尔吸光系数很低,小于 10 $M^{-1}\cdot cm^{-1}$。由此可知,要利用镧系金属离子的特殊性质,直接激发其发光显然是不可行的。根据 Weissman 的发现,通过将镧系金属离子与一些能够吸收能量的有机官能团进行配位,可以有效地敏化镧系金属离子的发光,即“天线效应”(Antenna Effect)。镧系金属离子敏化发光时的能量传递过程一般为敏化基团的能量吸收、敏化基团将能量传递给镧系金属离子以及镧系金属离子敏化发光等三个阶段。故为了实现高效率的敏化发光,须从以下三个方面着手:首先,要加强能量的吸收效率,即要求能量给体的吸收波段范围与能量受体的激发波段实现最大限度的交叠;其次,要强化能量传递效率,即强化敏化基团单重态到稀土离子激发态的能量传递,尤其须敏化基团单重态到三重态,再到稀土离子激发态的能量传递(见图 6.11);最后,要尽量降低镧系金属离子敏化发光时的非辐射跃迁。由此,将镧系金属与有机配体结合而成的镧系金属配合物成为解决镧系金属发光的有效手段。

镧系金属离子配合物发光为金属离子受配体微扰的发光配合物,这种配合物发光是由中心金属离子本身的电子跃迁形成的激发态而产生的,稀土离子中除了具有惰性结构的 La^{3+}、Lu^{3+} 和 Y^{3+} 外都可获得其自身的发光。由于稀土离子的次外层电子 f 轨道未充满,f^* 位于配体 T_1 能级下方,因此这些离子会发射特征的线性荧光。稀土离子配合物发光材料又分为两类。

一类是如 Tb^{3+}、Eu^{3+} 等具有 $f^*\rightarrow f$ 电子跃迁的三价稀土离子(Ln^{3+})配合物,其电子跃迁过程可用图 6.12 表示,配体通过 $\pi\rightarrow\pi^*$ 跃迁而被激发,从基态 S_0 跃迁到激发单重态 S_1,能量通过隙间窜跃(Intersystem Crossing, ISC)传递给激发三重态 T_1,再从配体 T_1 传递给 Ln^{3+} 的激发态 f^*,最后 Ln^{3+} 从激发态跃迁到基态而辐射发光。要使配体和金属离子间有效的能量传递能够顺利发生,就必须使配体的三重态激发具有与中心离子的 $f^*\rightarrow f$ 跃迁所需的能量相匹配。配体的激发三重态能量与稀土离子的激发态能量相比,无论是较高或是过低,两者之间有效的能量传递都不能进行,配合物不发光。配位化学认为稀土离子配位数较大,为了使其配位饱和,通常要有辅助配体,通过辅助配体的协同作用促进配体与稀土离子之间能量的有效传递,使发光亮度得到提高。

除此之外,为了改善纯有机配体敏化稀土金属离子发光时多为紫外光激发波段及单重态敏化等缺点,近年来,d 区过渡金属配合物作为敏化基团,用以敏化稀土金属离子的发光逐渐受到重视。通过过渡金属配合物吸收能量，再将能量传递给稀土金属离子来敏化其发光的优势在于：由于有机配体与过渡金属离子配位之后，其光吸收效率大大增强，并且过渡金属的配合物类别繁多，可以通过对有机配体进行修饰，如在共轭效应、电子效应以及重原子效应等方面着手对吸收光的波长范围以及吸收强度进行调节；对金属离子类型的选择，可以使能量经过包括^{3}LC在内的^{3}LMCT或^{3}MLCT等多种三重激发态传递，其荧光寿命也大大增强；通过对发色团荧光猝灭以及镧系金属离子发光特征的分析检测，还可以获得d-f之间能量传递速率与效率的信息。

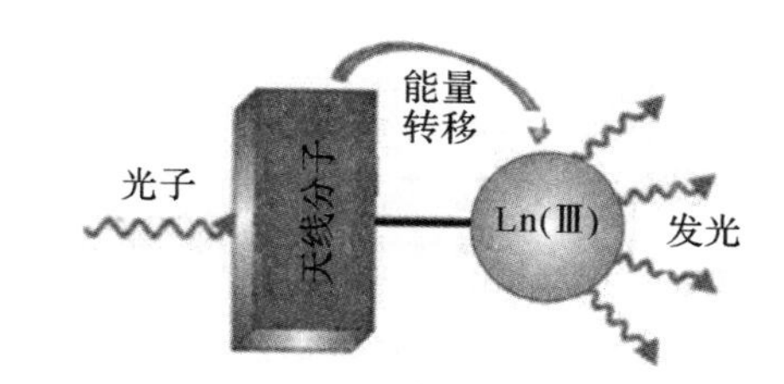

图6.11 镧系金属离子敏化发光的能量传递示意图

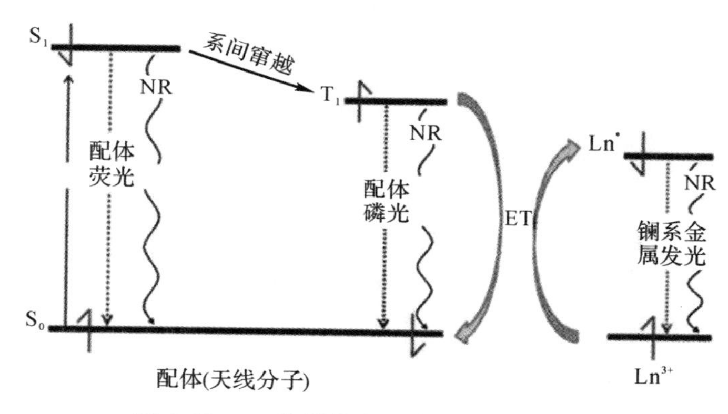

图6.12 Ln^{3+}敏化发光的能量传递示意图

镧系离子发光的能量转移方式主要有两种，即Förster能量转移和Dexter能量转移。能量转移的过程就是将主体材料形成的单重态激子的能量和三重态激子的能量分别通过Förster能量转移和Dexter能量转移两种转移方式传递给镧系金属离子，最终传递给镧系金属离子的三重态，高效地发光。主体材料可以是有机小分子，也可以是共轭、非共轭的聚合物，客体为镧系金属离子。其能量转移发光过程如图6.13所示。

Förster能量转移，也称为共振能量转移，基于分子诱导偶极，是偶极与偶极之间的库仑作用。通过库仑引力作用而形成的共轭力矩转移能量，给体与受体之间的距离为1～10 nm，是远距离非接触型的能量转移。在稀土配合物中，有机配体为主体分子，镧系金属为客体分子。在主体与客体间，主体分子通过Förster能量转移将能量传递给客体分子，由于这种能量转移是非辐射性的，主体分子和客体分子从基态到激发态都遵守自旋守恒，所以，只能把主体的单重态能量转移到客体的单重态，而不能引起自旋翻转的能量转移。这就要求主体材料的发射光谱要与客体材料的吸收光谱有很好的重叠，同时主体材料必须是发光的，由于客体材料要有较大的吸收才有利于Förster能量转移，而三重态的摩尔消光系数通常都很小，所以以Förster方式将能量传递到三重态的作用是可以忽略的。

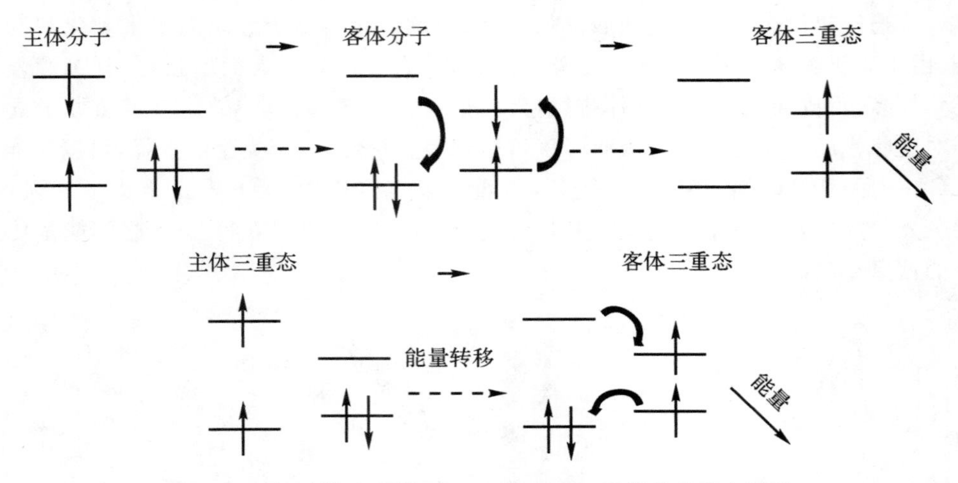

图 6.13 主-客体之间的 Förster 和 Dexter 能量转移发光过程

Dexter 能量转移是激发态分子与相邻分子之间的双电子交换过程，由于激发态分子与基态分子之间的 LUMO-LUMO、HOMO-HOMO 轨道的相互作用，激发态分子中的 LUMO 电子转移到基态分子的 LUMO 中，同时，基态分子中的一个 HOMO 电子转移到激发态分子的 HOMO 的轨道上，结果激发态的分子变成了基态分子，基态分子变成了激发态分子。Dexter 能量转移是共振能量转移的一个扩展，其适用于电偶极子方式跃迁禁阻的情形。这种能量转移需要满足：①主体-客体两个相关轨道的电子云相互重叠，以保证较大的耦合作用以及较短的距离；②主体材料的发射光谱与客体材料的归一化吸收光谱的重叠；③主体-客体作为一个整体的自旋守恒。为了防止客体材料的三重态能量向主体材料的三重态的逆向转移，也就是客体材料的三重态激子向主体材料的三重态扩散，需要保证主体三重态向客体三重态能级的能量转移是放热的，以便提高发光效率和减小效率的滑落，还要求主体的三重态能级高于客体材料的三重态能级。

6.2.2 基于纯有机配体敏化的镧系金属发光材料

为了激发稀土离子的有效发光，人们设计并合成了一系列的有机配体。目前研究最多且应用最广泛的有机配体有 β-二酮（见图 6.14）、有机染料类以及 8-羟基喹啉类等。

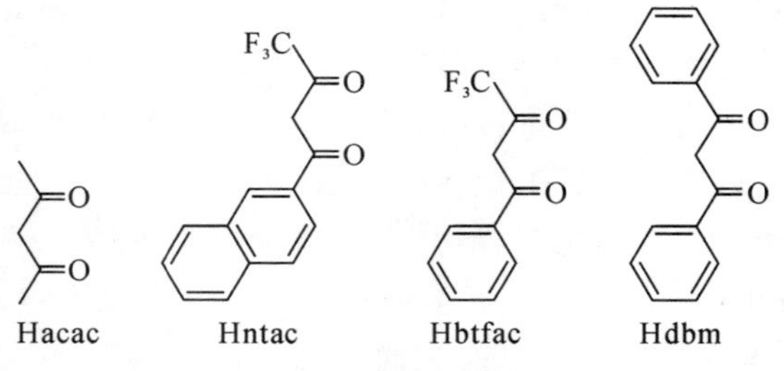

Hacac　Hntac　Hbtfac　Hdbm

图 6.14 常见的二酮类配体

Salen 类席夫碱配体近年来被广泛研究并且已取得了不错的进展。席夫碱配体显著的特点是含有 N 元素，与此同时，S、O 等高负电的元素也经常包含于其中。其种类繁多，按照分子结构分为中、双、大环、对称、不对称席夫碱等；按照带有的功能基团分为酮、醛、氨基酸、大环类席夫碱等；按照可配位齿数可将其分为单齿席夫碱和多齿席夫碱，其中，较为常见的多齿席夫碱配合物主要运用四齿或者六齿配体，图 6.15 为目前报道中常用的多齿席夫碱配体的分子结构。

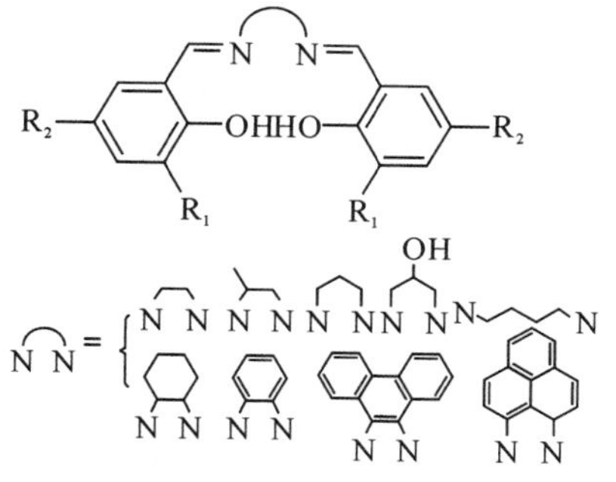

R_1=H 或 MeO

R_2=H 或 Br

图 6.15　不同类型的多齿席夫碱结构示意

(1)小分子稀土纯有机配合物的红光及绿光材料

如图 6.16 所示，利用柔性席夫碱与稀土离子铕或铽进行反应，通过改变阴离子类别，可以分别得到六核铽以及九核铕的稀土配合物，并且稀土离子均可被配体成功敏化，分别在 613 nm 处得到铕离子的特征红光以及在 545 nm 处得到铽离子的特征绿光。

同时，通过对席夫碱中间连接基团的刚柔性及长短进行调控，可以有效调整稀土配合物的核数以及稀土离子在配合物中的配位构型。如图 6.17 所示，利用乙二胺与水杨醛合成的双边席夫碱可以与铽反应得到二核铽离子配合物，其中铽被成功敏化发光。

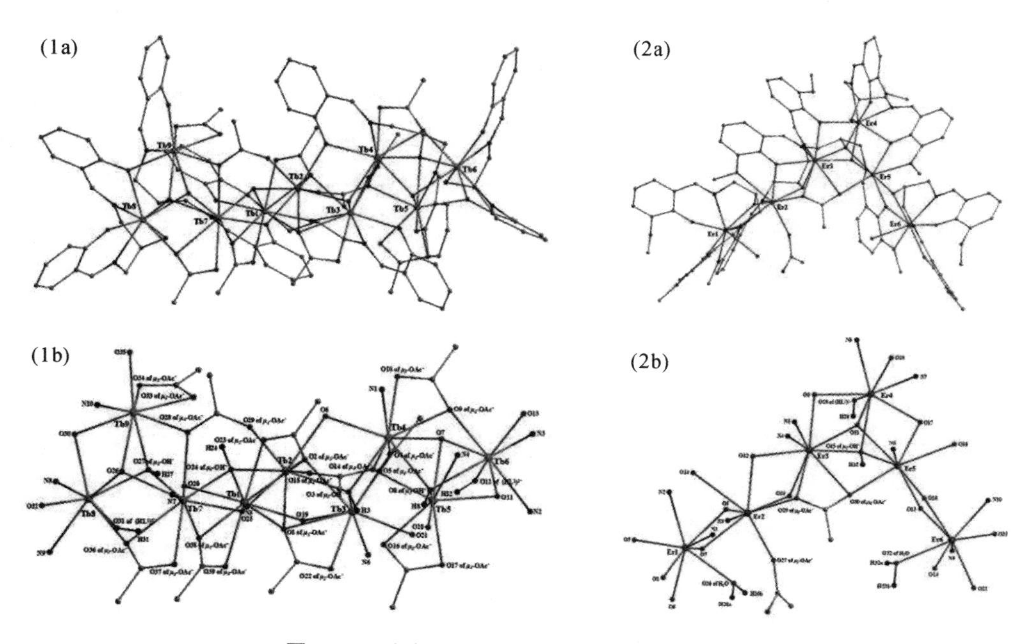

图 6.16　多核稀土配合物的晶体结构示意图

(2)小分子稀土配合物的蓝光材料

利用三脚架配体以及 Ce^{3+} 进行配位自组装，得到一系列的基于 Ce^{3+} 的单核稀土配合物，通过配体上官能团的变换可以有效调节配合物的发射波长，得到有蓝光发射且波长为 370～440 nm 的几种蓝光材料，如图 6.18 所示。

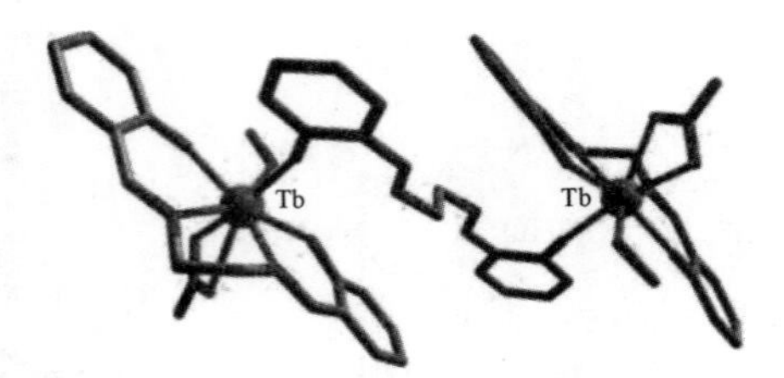

图6.17　二核铽配合物的晶体结构示意图

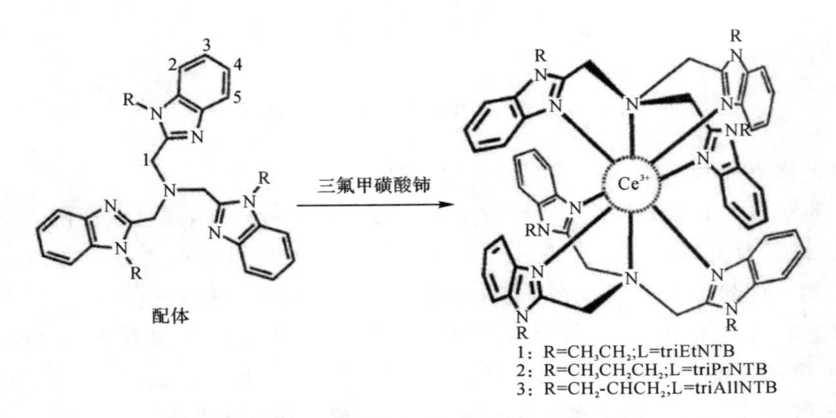

图 6.18　基于三脚架配体的单核 Ce^{3+} 配合物合成示意图

(3)小分子稀土配合物的近红外发光材料

稀土离子 Yb、Nd、Er 在近红外波段(800～1 600 nm)都有其固定的特征发射，通过有机配体可以分别成功对其敏化。如利用环己烷二胺与临香草醛反应得到的席夫碱配体与含有氯离子、醋酸根离子以及硝酸根离子的不同阴离子的稀土盐反应，可以分别得到三组不同结构的稀土多核配合物，可检测到 Nd 离子在 1 080 nm 处、Yb 离子在 997 nm 处以及 Er 离子在 1550 nm 处的最大特征发射光，如图 6.19 和图 6.20 所示。

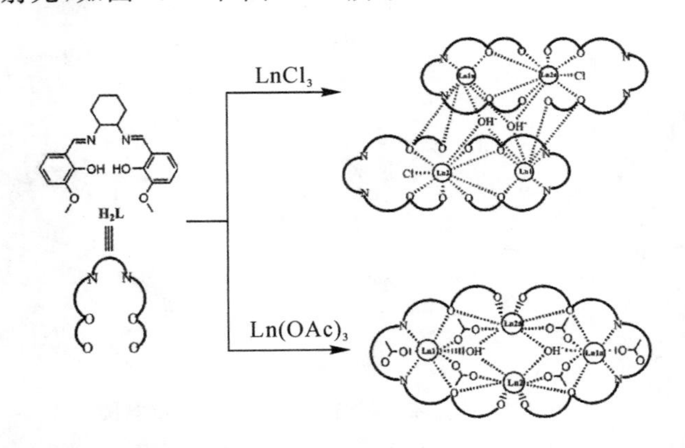

图 6.19　氯离子及醋酸根离子调控的稀土多核配合物合成示意图

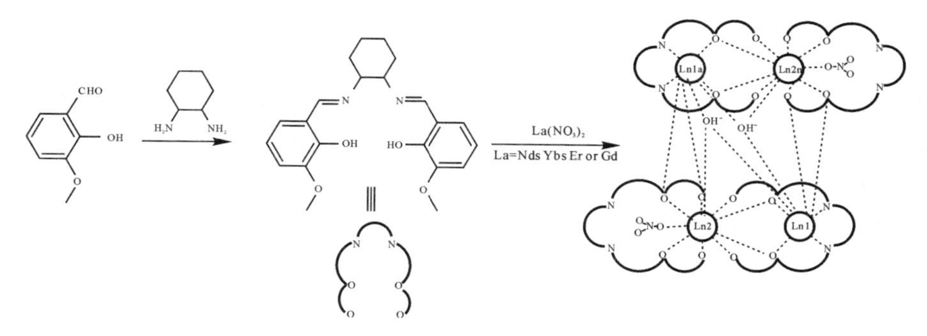

图 6.20　硝酸根离子调控的稀土多核配合物合成示意图

6.2.3　基于过渡金属配合物敏化的镧系金属发光材料

d-f 配合物作为近年来的一个研究热点被人们广泛研究。根据文献报道情况来看，人们对于过渡金属离子的选择多集中在 Ru^{II}，Os^{II}，(Fe^{II})，Pt^{II}，(Au^{I})，Pd^{II}，Re^{I}，Cr^{III}，Co^{III}，Zn^{II}，和 Ir^{III} 等金属离子方面，同时由于过渡金属离子可以与 O 原子 N 原子以及 C 原子进行配位，所以在有机配体的选择上也灵活多变。

2002 年，Wong 等人首次提出利用席夫碱配体与 Zn^{2+} 的配合物来敏化稀土金属离子的发光，并取得了良好的效果(见图 6.21)，随后，他们通过调节配体侧链的电子效应以及阴离子的种类，得到了不同结构的 Zn-Ln 配合物，且稀土金属离子均被成功激发。此外，Jones 等人在反应过程中调节了反应比例以及变换阴离子或加入辅助配体，在异二核配合物的基础上又得到了异多核配合物，且发现随着配合物金属离子核数的增加，配合物发光效率也有显著加强。

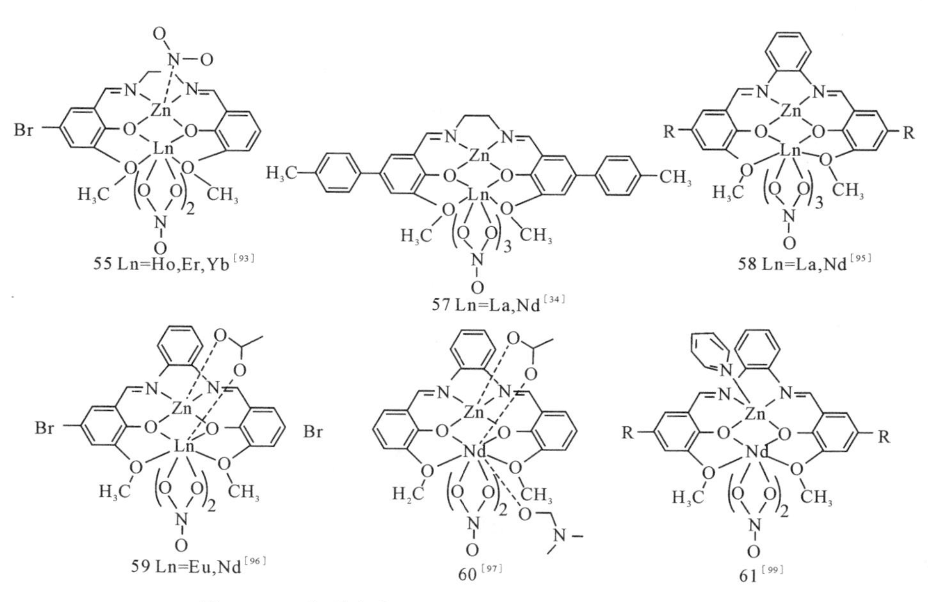

图 6.21　典型席夫碱 Zn－Ln 配合物的结构示意图

对于 Salen 类席夫碱配合物的合成，以 Zn－Ln 异二核配合物为例。通过 Salen 类席夫碱的 N_2O_2 与 O_2O_2 配位空腔同时对 Zn^{2+} 以及 Ln^{3+} 稀土离子进行配位，可以成功得到一系列的有镧系离子特征发光的有机发光材料，并且通过配体上官能团及阴离子的变换，可以对稀土配合物的结构进行有效调控，从而对激发光位置及发射强度进行调控。如图 6.22 所示，通过对 Salen 类席夫碱与 Zn^{2+} 和 Ln^{3+} 自组装反应过程中的溶剂以及阴离子进行变换，可得到不同种类的异二核以及异三核稀土配合物。

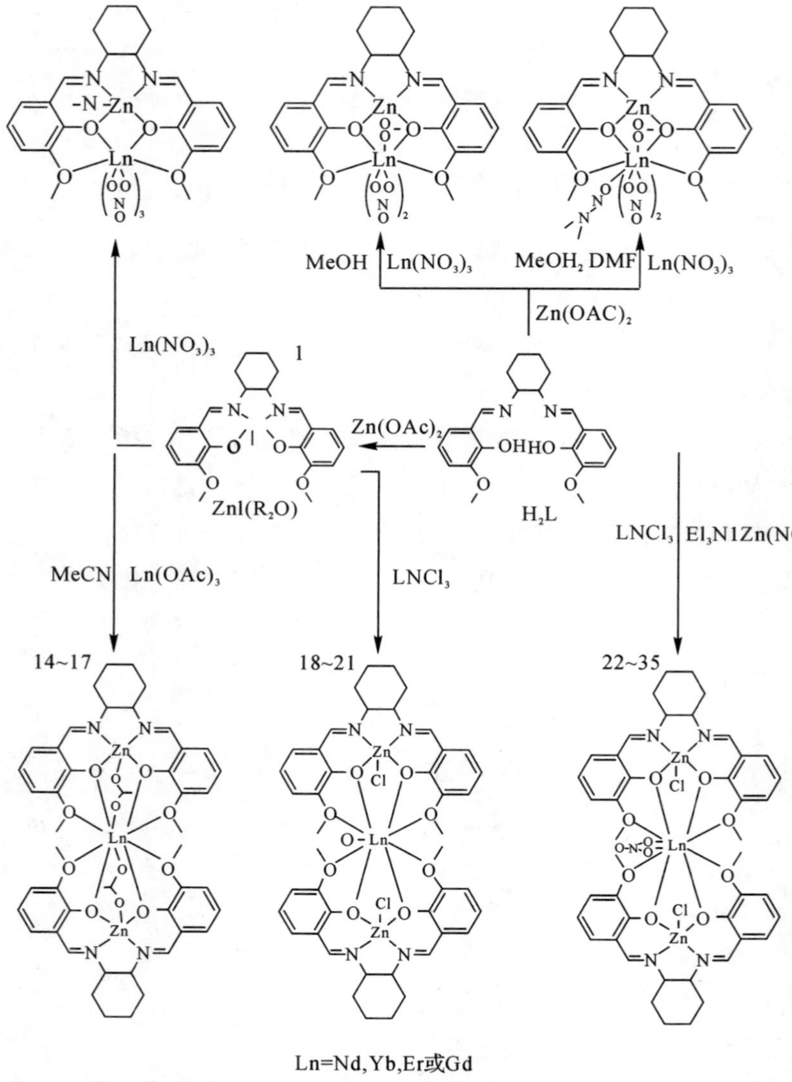

Ln=Nd,Yb,Er或Gd

图 6.22　几种过渡金属与镧系金属配合物结构示意

在诸多 d 区元素中，除了锌离子之外，铱配合物的三重态能级可以通过配体的修饰容易地进行调节，作为天线分子在敏化稀土发光中同样具有独特的优势。基于 Ir^{III} 配合物敏化的稀土离子的种类也较为广泛。如图 6.23 所示，铱通过桥联配体嘧啶羧酸与 Nd、Yb 或 Er 分别进行自组装反应，以 β-二酮作为辅助配体，得到三种不同的异二核 Ir－Ln 配合物。其中稀土离子均可被成功敏化，得到相应的近红外特征发光，含有 Yb 离子的异二核配合物具有最高的量子效率，相对于锌离子而言，基于铱离子的配合物激发波长较长，达到 520 nm。

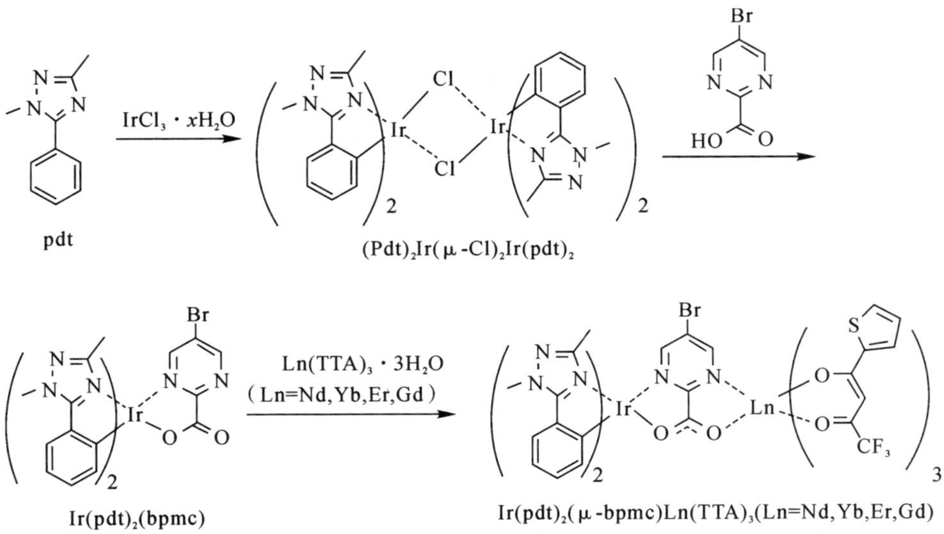

pdt
$IrCl_3 \cdot xH_2O$
$(Pdt)_2Ir(\mu\text{-}Cl)_2Ir(pdt)_2$
$Ir(pdt)_2(bpmc)$
$Ln(TTA)_3 \cdot 3H_2O$
(Ln=Nd,Yb,Er,Gd)
$Ir(pdt)_2(\mu\text{-}bpmc)Ln(TTA)_3$(Ln=Nd,Yb,Er,Gd)

图 6.23　异二核 Ir－Ln 配合物合成示意

6.2.4　含镧系金属高分子发光材料

将近红外特征发光的小分子稀土配合物通过共价键键合到有机高分子而得到的高分子基薄膜材料，作为一类新型高分子薄膜材料，近年来同样受到人们的高度重视。从制备方法上可以分为先聚合、后配位以及先配位、后聚合两种。除此之外，还有先通过配位得到烯烃功能化的小分子配合物，再与烯烃单体（甲基丙烯酸甲酯、苯乙烯及烯烃咔唑等）后聚合得到的有小分子稀土配合物，共价键合于有机大分子的高分子基薄膜材料的。理论意义上，按照稀土金属离子在长程有机大分子骨架的位置分布，可分为 Wolf Type Ⅰ（稀土金属离子通过绝缘的有机官能团连接于有机聚合物链）、Wolf Type Ⅱ（稀土金属离子耦合于有机聚合物链）及 Wolf Type Ⅲ（稀土金属离子键合于有机聚合物）三种类型，如图 6.24 所示。

Type Ⅰ
Type Ⅱ
Type Ⅲ
= 聚合物骨架
= 金属中心

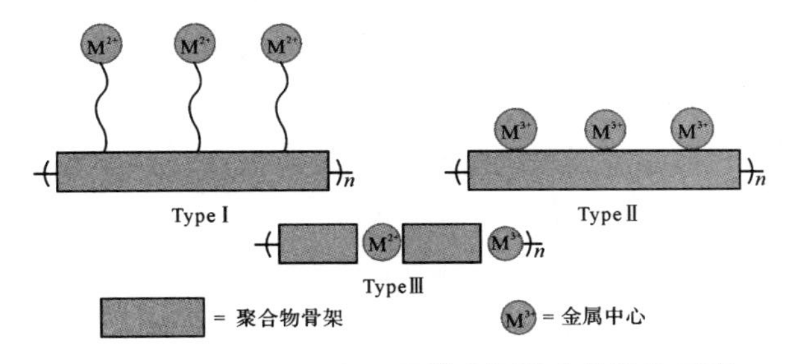

图 6.24　Wolf type Ⅰ～Ⅲ类金属聚合物结构示意

(1) Wolf Type Ⅰ类金属聚合物材料

Wolf Type Ⅰ类金属聚合物材料的结构特征为金属离子通过非导电绝缘性的有机基团与聚合物主链相连接，因此，金属离子在聚合物中的光学性质与其在小分子配合物中的光学性质基本相似，同时，通过对聚合物主链进行功能性修饰，其可以与不同种类的稀土离子进行配位，得到不用波段的稀土发射光，如图 6.25 所示。

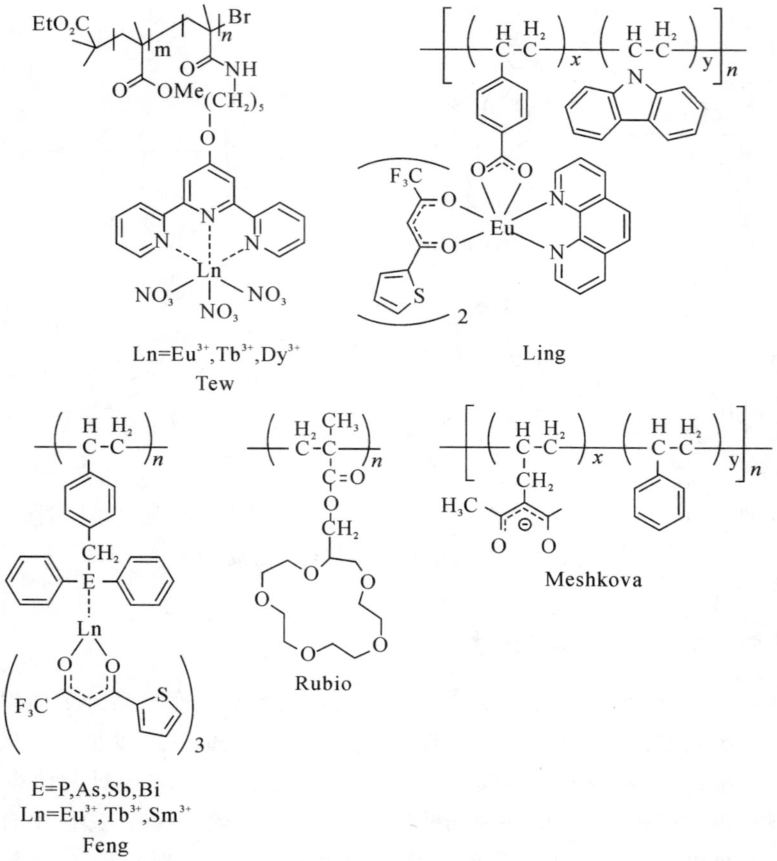

图 6.25　几种典型的 Wolf Type Ⅰ类稀土金属聚合物材料结构

(2)Wolf Type Ⅱ类金属聚合物材料

Wolf TypeⅡ类稀土金属聚合物的结构特征为，稀土金属离子通过配位键直接与聚合物主链相连接，使得金属离子与聚合物主链之间有直接的电子作用。通常对于 Wolf Type Ⅱ类材料而言，根据其结构特征又可分为导电性金属聚合物材料与非导电性金属聚合物材料。其中，导电性聚合物材料的聚合物主链多为共轭性强的聚芴类或聚噻吩类物质，其结构如图6.26所示。而对于非导电性 Wolf-Type Ⅱ类金属聚合物材料结构，其聚合物主链多为柔性的碳链以及共轭性较弱的丙烯酸衍生类物质，其结构如图 6.27 所示。

(3)Wolf Type Ⅲ类金属聚合物材料

对于 Wolf Type Ⅲ类金属聚合物，其结构特征为稀土离子通过共价键直接镶嵌于聚合物主链当中，并且为聚合物主链的形成提供结构支持，因此稀土离子与聚合物主链同样具有电子作用，但是对其报道相对于Ⅰ、Ⅱ类材料少，主要原因是稀土离子的高配位数及多变的配位构型导致其合成相对困难。图 6.28 列出了部分已经报道的 Wolf Type Ⅲ类金属聚合物结构。

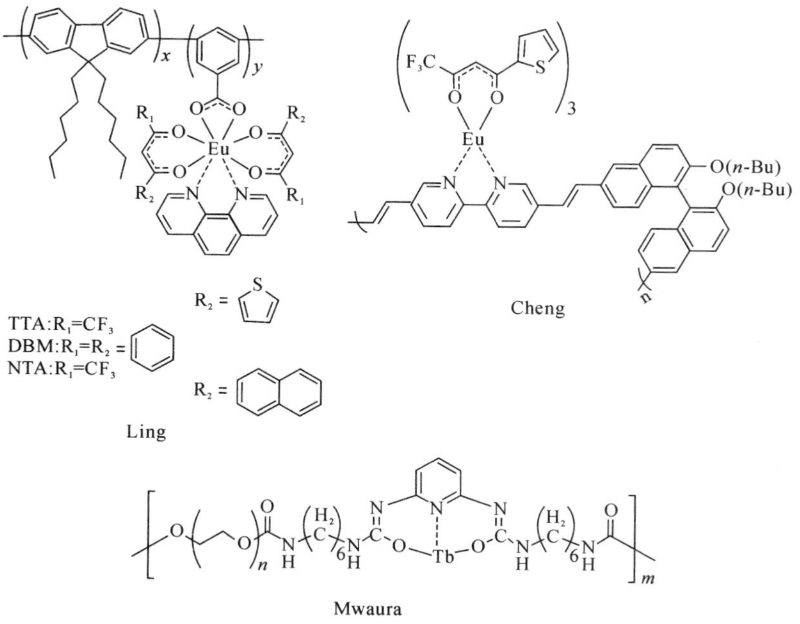

x　y　O　O　R_1　R_2　O　Eu　O　O　O　O　R_2　N　N　R_1

R_2 = S

TTA:R_1=CF_3

DBM:R_1=R_2 =

NTA:R_1=CF_3

R_2 =

Ling

F_3C　S　O　O　3　Eu　N　N　O(n-Bu)　O(n-Bu)　n

Cheng

O　O　n　O　N H　$(H_2 C)_6$　N H　N　C　O　N　N　Tb　N　O　C　N H　$(H_2 C)_6$　N H　O　m

Mwaura

图 6.26　导电性 Wolf Type Ⅱ类金属聚合物材料

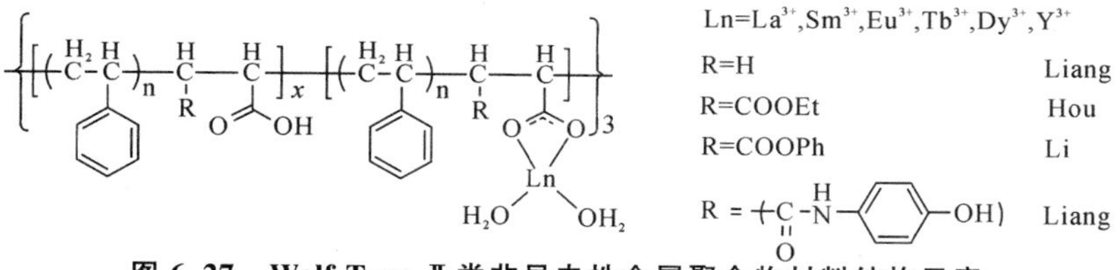

H_2 H　C　C　n　H C R　H C　O OH　x　H_2 H　C　C　n　H C R　H C　O O　3　Ln　H_2O　OH_2

Ln=La^{3+},Sm^{3+},Eu^{3+},Tb^{3+},Dy^{3+},Y^{3+}

R=H	Liang
R=COOEt	Hou
R=COOPh	Li
R = (C(=O)-NH-C₆H₄-OH)	Liang

图 6.27　Wolf Type Ⅱ类非导电性金属聚合物材料结构示意

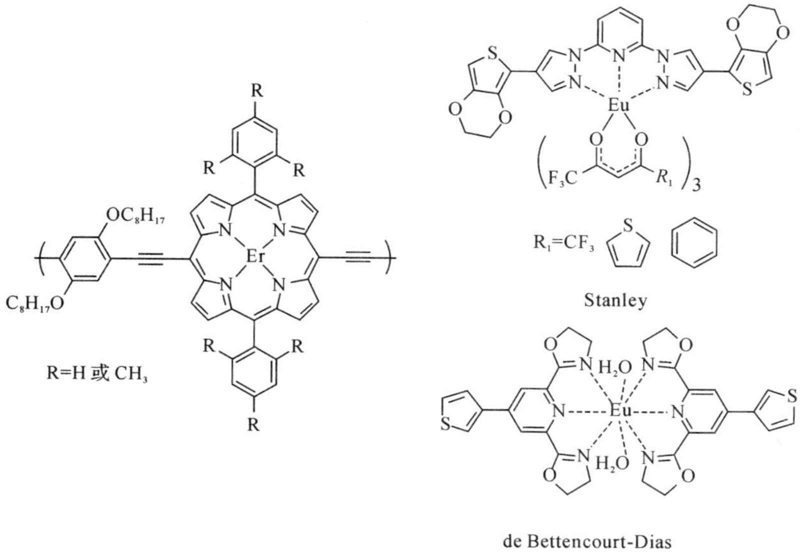

R　R　R　OC_8H_{17}　N　N　Er　N　N　$C_8H_{17}O$　R　R　R

R=H 或 CH_3

O　O　S　N N　N　N N　Eu　N N　O　O　S　O O　F_3C　R_1　3

R_1=CF_3　S

Stanley

O　N　H_2O　N　O　S　N　Eu　N　S　O　N　H_2O　N　O

de Bettencourt-Dias

图 6.28　Wolf Type Ⅲ类聚合物结构示意

6.3 金属有机发光材料的应用

6.3.1 OLED

金属有机发光材料因其强磷光发光特性在 OLED 中具有重要应用价值，OLED 发光层材料是近年的研究热点之一，在高性能 OLED 反光器件制备中已取得不错的进展，如相关科研团队设计并制备了一系列发光的环金属化铑(Ⅲ)配合物(见图 6.29)。通过选择具有低位内配体(Internal Ligand，IL)状态的强 σ-供体环金属化配体来实现改善的发光性质，其将提高 d－d 激发态并引入低位发射 IL 激发态。这些配合物表现出高的热稳定性和发光量子产率，量子产率在薄膜中高达 0.65，使其本身成为 OLED 中非常有前景的发光材料。其已实现可观的外部量子效率(高达 12.2%)，并且在 100 cd m^{-2} 下的操作半衰期超过 3 000 h，如图 6.29 所示。

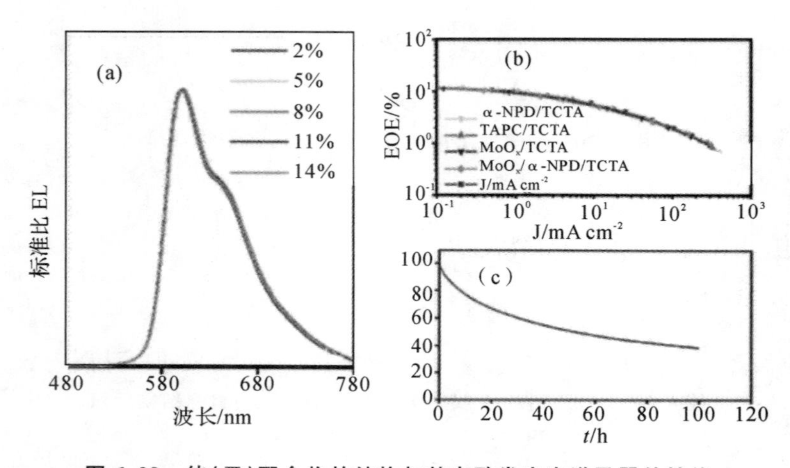

图 6.29 铑(Ⅲ)配合物的结构与其电致发光光谱及器件性能

6.3.2 刺激响应性探针材料

金属配合物发光材料不仅在 OLED 显示领域中应用广泛，在防伪、信息存储领域的应用同样备受关注。目前，存储在具有固定信号输出荧光材料中的信息和图案在紫外光或日光下是可见的，易于破译。因此，刺激响应性荧光材料成为潜在的替代品，如果可以使其荧光信号保持静默，在需要的时候通过外加刺激使其可见，则可有效改善其防伪性能。而且，荧光 ON-OFF 可逆刺激响应性材料可以实现信息的多次往复加密和解密，应用前景更为广阔。与其他刺激源相比，光刺激具有非侵入的特征，不仅操作方便，同时清洁高效。由于其独特的发光性能，稀土离子被认为是一种理想的发光中心。由于稀土离子及有机配体的种类均可调，因此稀土-有机框架(Ln-MOFs)的激发及发射波长具有可调性，提供了丰富的光学资源。将光刺激响应性基元分子引入 Ln-MOFs 中可实现光控可逆材料的制备。然而，直接将光刺激响应性基元分子修饰到有机配体骨架上不但合成步骤冗长，提纯困难，而且 MOFs 高度有序的晶体结构也会影响光响应性分子的异构效率。

相关研究人员将光刺激响应性二芳基乙烯衍生物(Diarylethene, DAE)通过主客体的方式负载到大孔Ln-MOFs中(见图6.30)。在此基础上,通过紫外光和可见光交替刺激实现该主客体材料荧光ON-OFF可逆光开关行为:在DAE开环状态下,其在>400 nm的长波长范围内无吸收,通过激发有机配体可实现对稀土Eu^{3+}离子的敏化;通过300 nm紫外光照诱导DAE异构为关环状态,则在600 nm处出将出现较宽的吸收带,该吸收带与Eu^{3+}的特征发射有效重合,可实现Eu^{3+}到DAE的荧光共振能量转移(Fluorescence Resonance Energy Transfer, FRET)过程,引起稀土荧光的猝灭。可见光刺激又可以使DAE分子异构回开环状态,切断FRET并使Eu^{3+}的荧光得以恢复,再次实现荧光ON的过程。由于Ln-MOFs的激发、发射波长可以通过更换稀土离子及有机配体调节,可以实现与不同响应波长的光致异构分子波长匹配,该主客体材料在防伪方面有着潜在应用价值。

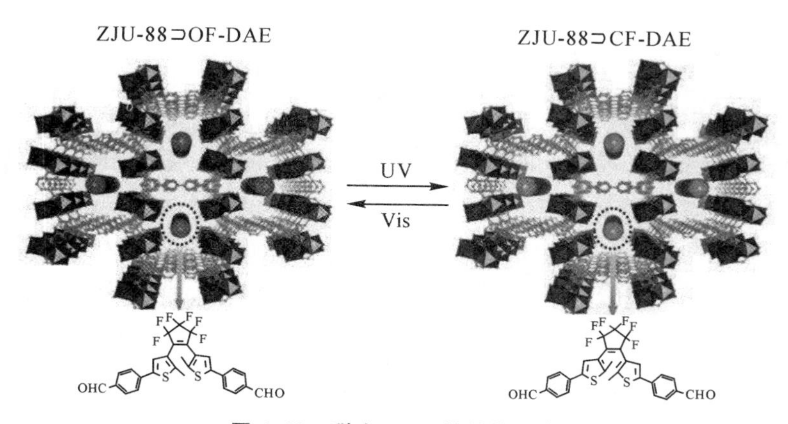

图6.30　稀土MOF的结构示意

6.3.3　生物领域

具有原子精确结构的金属配合物由于其优美的化学结构和独特的光物理性能,在信号传感、合成催化、生物成像等领域展现出广阔的应用前景。其中,具有聚集诱导发光(Aggregation-Induced Emission, AIE)特性的金属配合物由于其良好的发光性能和多样的刺激响应性能,成为近年来研究者关注的热点。然而,该领域的研究尚处于起步阶段,尤其是对AIE金属团簇发光机理、刺激响应性能、构效关系的研究还亟待完善。郑州大学臧双全教授团队利用手性配体(R/S)-2,2′-二(二-对甲苯基膦)-1,1′-联萘与一价铜结合,得到了一对手性AIE铜簇分子。该铜配合物分子表现出独特的光响应性能和圆偏振发光性能,并被成功应用于光动力治疗,如图6.31所示。

该铜配合物分子具有优美的螺旋桨状结构,在其配体上,具有以碳磷单键连接的多个苯环。在分散状态下,这些苯环可以发生自由旋转,从而使铜簇分子的激发态能量以非辐射跃迁的形式被释放,铜配合物分子不发光;在聚集态、高黏度环境中或低温环境中,这些苯环的自由旋转被限制,铜簇分子的非辐射跃迁通道关闭,激发态能量以发光的形式被释放。有趣的是,不同的旋转受限程度使该铜配合物分子表现出不同的发光特性。在聚集态常温下,苯环的旋转部分受限,铜配合物分子通过簇中心发光,表现出红色的荧光;在高黏度溶剂或低温环境中,苯环的旋转严格受限，使得铜配合物分子通过配体和金属中心的电荷转移过程(^{3}MLCT)发射出黄色的荧光。这些结果表明，限制分子内旋转(Restriction of Intramolecular Rotation, RIR)机理不仅适用于有机AIE小分子，也同样适用于AIE金属配合物，而且会使其具有多样的发光性能和刺激响应性能。

除了对不同环境表现出刺激响应性能外，该铜配合物还表现出有趣的光响应性能。溶解在二甲基亚砜溶液中时，在紫外光照条件下，该铜配合物分子中的磷配体被二甲基亚砜逐步氧化，铜配合物分子从无荧光变为有明亮的红色荧光；随着氧化的逐步完全，配体中的部分联萘基团被氧化成苝，表现出强烈的绿色荧光。

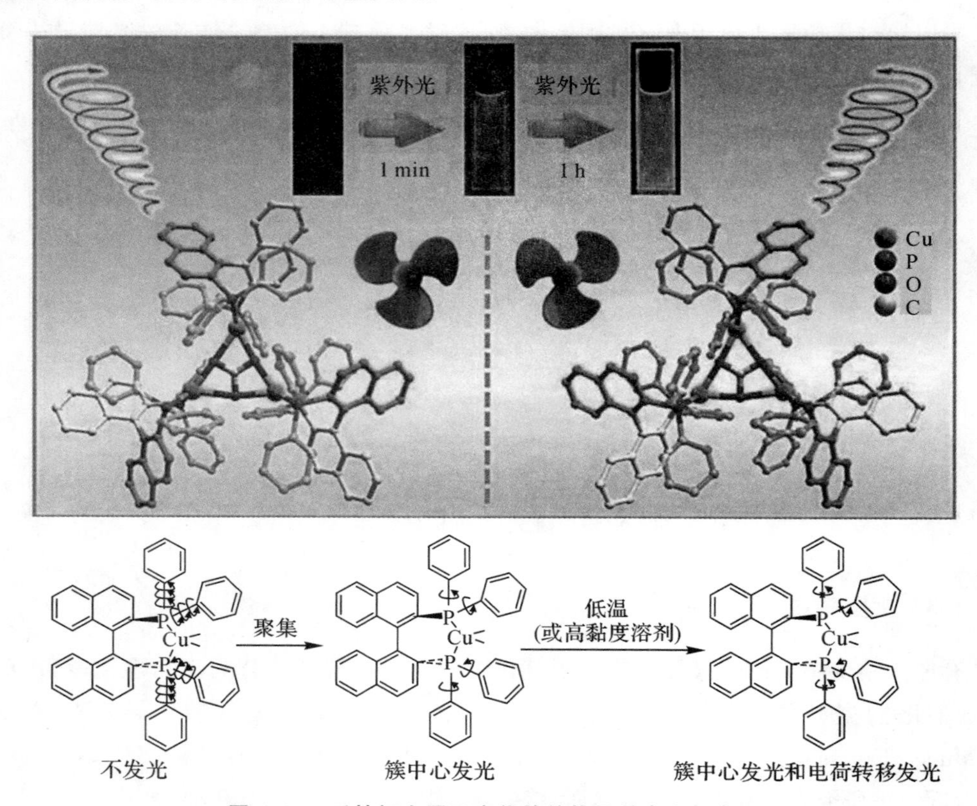

图6.31　手性铜金属配合物的结构及其发光示意图

6.3.4　长余辉材料

长余辉(Long Persistent Luminescence, LPL)材料由于其在关闭激发光源后仍延续一段时间的三线态磷光发射特性，在成像、防伪、照明、显示和磷光激光等领域展现了巨大的应用前景。在过去的几十年，无机氧化物、碳量子点、钙钛矿、高分子聚合物、有机小分子以及金属-有机配合物等不同类型的长余辉材料已被设计、合成和推广。但是这些材料基本上都表现为单一颜色的长余辉发光。换言之，它们的辐射跃迁主要来自于同一来源的分子激发三线态 T_1。而来自于不同分子激发态，并能够随激发波长、时间、温度等参量产生多模调色特性的长余辉发光材料仍有待开发。

中山大学潘梅教授团队设计合成了一系列含不同卤素 $[Cd(TzPhTpy)X \times H_2O]_n$ (X= Cl, Br, I)配位聚合物(LIFM-WZ-7～9),并研究了其多色可调长余辉特性(见图 6.32)。室温固态下,三种配位聚合物在紫外光激发下均同时发射短波荧光和长波室温磷光,但具有不同的相对强度和总体发光颜色(蓝光、青光和白光)。进一步研究表明,三种配位聚合物都存在双室温磷光,分别来源于单分子状态和分子堆积状态的三线态能级。更重要的是,紫外激发光关闭后,三种配位聚合物均表现出室温长余辉发光,且其长余辉发光的颜色可随温度、时间和激发波长进行调节,从而实现从黄色、绿色到红色的多色长余辉动态调控。

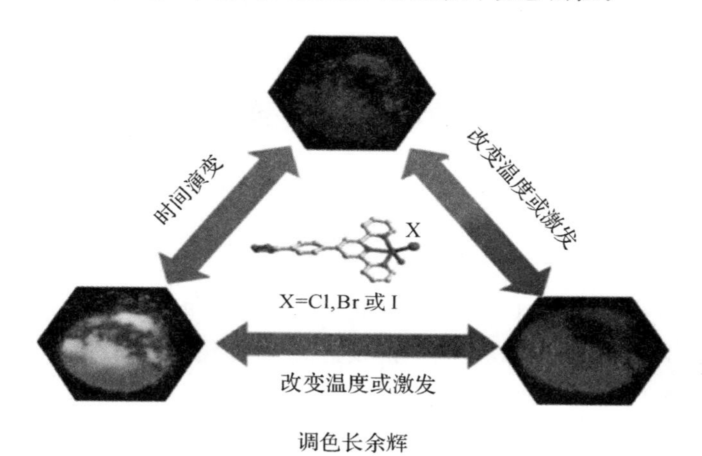

图 6.32　多模调色长余辉配位聚合物 LIFM－WZ－7～9

如图 6.33 所示,单晶 X 射线衍射分析和理论计算表明,引起上述三种不同配位聚合物多色可调长余辉的主要原因在于,卤素影响下的单分子状态和分子堆积状态的三线态能级发光共存。同时,卤素重原子效应对促进系间窜越和缩短磷光寿命产生相互抗衡的两种作用,对长余辉的效率和寿命带来影响并随外界参量产生调变。上述结果对于金属-有机长余辉材料的发光机制及其在显示、防伪、成像等领域的应用都具有重要意义。

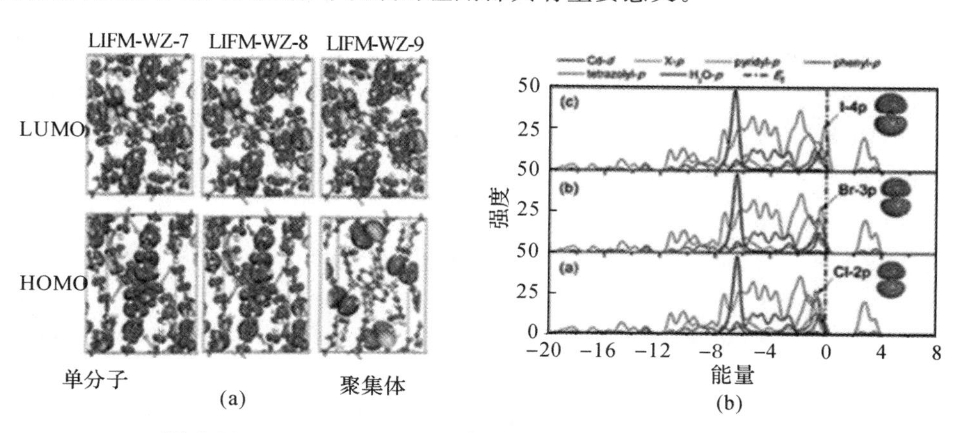

图 6.33　LIFM－WZ－7～9 的多模调色长余辉机制及其应用

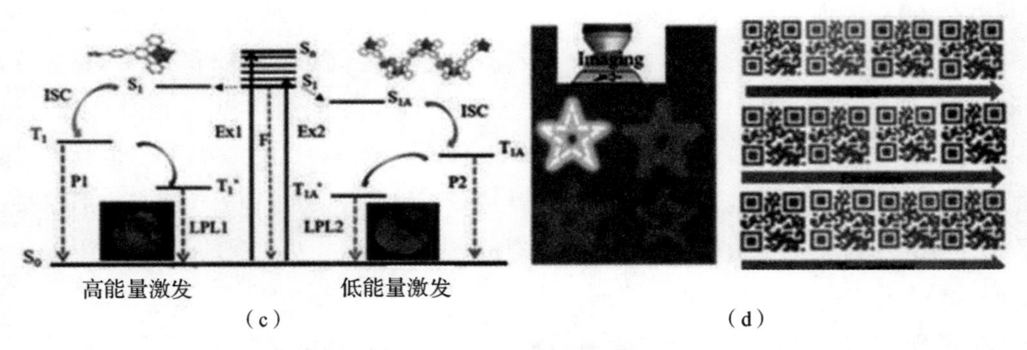

(c) (d)

续图 6.33 LIFM-WZ-7～9 的多模调色长余辉机制及其应用

思 考 题

1. 稀土发光材料与过渡金属发光材料相比有何特点？
2. 什么是天线效应？
3. 如何获得高效率的稀土敏化发光？
4. 含金属的小分子发光材料主要分为哪几种？与纯有机材料相比具有哪些优势？
5. 如何改变过渡金属配合物发光材料的发射波长？
6. 含金属离子的白光材料通常如何构成？

参 考 文 献

[1] WOLF M O. Transition-metal-polythiophene hybrid materials. Adv Mater, 2001, 13: 545.

[2] WOLF M O. Recent advances in conjugated transition metal-containing polymers and materials. J Inorg Organomet Polym, 2006, 16:189.

[3] HOLLIDAY B J, SWAGER T M. Conducting metallopolymers: the roles of molecular architecture and redox matching. Chem Commun, 2005:23-36

[4] MANNERS I. Synthetic metal-containing polymers. Wiley-VCH: Weinheim, 2004.

[5] MANNERS I. Putting metals into polymers. Science, 2001, 294:1664.

[6] WHITTELL G R, MANNERS I. Metallopolymers: new multifunctional materials. Adv Mater, 2007, 19:3439.

[7] ELOI J, CHABANNE L, WHITTELL G, et al. Metallopolymers with emerging applications. Mater Today, 2008, 11:28.

[8] FORREST S R. The path to ubiquitous and low-cost organic electronic appliances on plastic. Nature, 2004, 428:911.

[9] WHITTELL G R, HAGER M D, SCHUBERT U S, et al. Functional soft materials from metallopolymers and metallosupramolecular polymers. Nat Mater, 2011,

10:176.

[10] MOORLAG C, CLOT O, ZHU Y, et al. Metal-containing conjugated oligo- and polythiophenes. Macromol Symp, 2004, 209:133.

[11] MEJÍA M L, AGAPIOU K, YANG X, et al. Seeded growth of cds nanoparticles within a conducting metallopolymer matrix. J Am Chem Soc, 2009, 131:18196.

[12] MEJÍA M L, REESKE G, HOLLIDAY B J. Gallium-containing conducting metallopolymers which display chemically tunable reactivity for the growth of Ga_2S_3 semiconducting nanoparticles. Chem Commun, 2010, 46:5355.

[13] ZHU X J, HOLLIDAY B J. Electropolymerization of a ruthenium(ii) bis(pyrazolyl) pyridine complex to form a novel ru-containing conducting metallopolymer. Macromol. Rapid Commun, 2010, 31:904.

[14] HOLLIDAY B J, STANFORD T B, SWAGER T M. Chemoresistive gas-phase nitric oxide sensing with cobalt-containing conducting metallopolymers. Chem Mater, 2006, 18:5649.

[15] CLOT O, WOLF M O, PATRICK B O. Electropolymerization of a cyclometalated terthiophene:a hybrid material with a palladium-carbon bond to the backbone. J Am Chem Soc, 2000, 122:10456.

[16] ROGERS C W, WOLF M O. Luminescent molecular sensors based on analyte coordination to transition-metal complexes. Coord Chem Rev, 2002, 233: 341.

[17] ANGELL S E, ROGERS C W, ZHANG Y, et al. Hemilabile coordination complexes for sensing applications. Coord Chem Rev, 2006, 250:1829.

[18] ZHU S S, CARROLL P J, SWAGER T M. Conducting polymetallorotaxanes:a supramolecular approach to transition metal ion sensors. J Am Chem Soc, 1996, 118:8713.

[19] SKOTHEIM T A, ELSENBAUMER R L, REYNOLDS J R. Handbook of conducting polymers, fourth edition. New York: marcel dekker, 2019.

[20] SHUNMUGAM R, TEW G N. Polymers that contain ligated metals in their side chain: building a foundation for functional materials in opto-electronic applications with an emphasis on lanthanide ions. Macromol Rapid Commun, 2008, 29:1355.

[21] BINNEMANS K. Lanthanide-based luminescent hybrid materials. Chem Rev, 2009, 109: 4283.

[22] JEANC G, BÜNZLI J C G, SVETLANA V. EliseevaacLanthanide NIR luminescence for telecommunications, bioanalyses and solar energy conversion. J Rare Earth, 2010, 28:824.

[23] JEANC G, BÜNZLI J C G. Lanthanide luminescence for biomedical analyses and imaging. Chem Rev, 2010, 110: 2729.

[24] JEANC G, BÜNZLI J C G, CHAUVIN A S, et al. Lanthanide bimetallic helicates forin vitroimaging and sensing. Ann N Y Acad Sci, 2008, 1130:97 - 105.

[25] JEANC G, BÜNZLI J C G. Lanthanide luminescent bioprobes (llbs). Chem Lett,

2009, 38: 104 - 109.

[26] LUÍS D, CARLOS, RUTE A S, et al. Lanthanide-containing light-emitting organic - inorganic hybrids: a bet on the future. Adv. Mater. 2009, 21:509 - 534.

[27] BETTENCOURT-DIAS A D. Lanthanide-based emitting materials in light-emitting diodes. Dalton Trans, 2007, 2229.

[28] CLOT O, WOLF M O, PATRICK B O. Electropolymerization of pd(ii) complexes containing phosphinoterthiophene ligands. J Am Chem Soc, 2001, 123:9963.

[29] WOLF M O, ZHU Y. Electropolymerization of oligothienylferrocene complexes. Adv Mater, 2000, 12:599.

[30] ZHU Y, WOLF M O. Electropolymerization of oligothienylferrocene complexes: spectroscopic and electrochemical characterization. Chem Mater, 1999, 11:2295.

[31] ZHU Y, WOLF M O. Charge transfer and delocalization in conjugated (ferrocenylethynyl)oligothiophene complexes. J Am Chem Soc, 2000, 122: 10121.

[32] HESTERBERG T W, YANG X, HOLLIDAY B J. Polymerizable cationic iridium (III) complexes exhibiting color tunable light emission and their corresponding conducting metallopolymers. Polyhedron, 2010, 29:110.

[33] LYTWAK L A, STANLEY J M, MEJÍA M L, et al. Synthesis, characterization, and photophysical properties of a thiophene-functionalized bis(pyrazolyl) pyridine (BPP) tricarbonyl rhenium(i) complex. Dalton Trans, 2010, 39:7692.

[34] MILUM K M, KIM Y N, HOLLIDAY B J. Pt-[NCN] pincer conducting metallopolymers that display redox-attenuated metal-ligand interactions. Chem Mater, 2010, 22:2414.

[35] NGUYEN P, GÓMEZ-ELIPE P, MANNERS I. Organometallic polymers with transition metals in the main Chain. Chem Rev, 1999, 99:1515.

[36] ELISEEVA S V, BÜNZLI J C G. Lanthanide luminescence for functional materials and bio-sciences. Chem Soc Rev, 2010, 39:189.

[37] BÜNZLI J C G, PIGUET C. Taking advantage of luminescent lanthanide ions. Chem Soc Rev, 2005, 34:1048.

[38] WEISSMANN S I. Intramolecular energy transfer the fluorescence of complexes of europium. J Chem Phys, 1942, 10: 214.

[39] KIDO J, OKAMOTO Y. Organo lanthanide metal complexes for electroluminescent materials. Chem Rev, 2002, 102: 2357.

[40] SHUNMUGAM R, TEW G N. Unique emission from polymer based lanthanide alloys. J Am Chem Soc, 2005, 127: 13567.

[41] SHUNMUGAM R, TEW G N. Efficient route to well-characterized homo, block, and statistical polymers containing terpyridine in the side chain. J Polym Sci A: Polym Chem, 2005, 43:5831.

[42] SHUNMUGAM R, TEW G N. Dialing in color with rare earth metals: facile photoluminescent production of true white light. Polym Adv Technol, 2007, 18:940.

[43] SHUNMUGAM R, TEW G N. White-light emission from mixing blue and red-emitting metal complexes. Polym Adv Technol, 2008, 19:596.
[44] LING Q, SONG Y, DING S J, et al. Non-volatile polymer memory device based on a novel copolymer of n-vinylcarbazole and eu-complexed vinylbenzoate. Adv Mater, 2005, 17: 455 - 459.
[45] LING Q D, CAI Q J, KANG E T, et al. Monochromatic light-emitting copolymers of N-vinylcarbazole and Eu-complexed 4 - vinylbenzoate and their single layer high luminance PLEDs. J Mater Chem, 2004, 14:2741.
[46] FENG H Y, JIAN S H, WANG Y P, et al. Fluorescence properties of ternary complexes of polymer-bond triphenylphosphine, triphenylarsine, triphenylstibine, and triphenylbismuthine, rare earth metal ions, and thenoyltrifluoroacetone. J Appl Polym Sci, 1998, 68:1605 - 1611.
[47] MESHKOVA S B. The Dependence of the luminescence intensity of lanthanide complexes with β-diketones on the ligand form. J Fluoresc, 2000, 10:333.
[48] QIAO X F, YAN B. Binary and ternary lanthanide centered hybrid polymeric materials: coordination bonding construction, characterization, microstructure and photoluminescence. Dalton Trans, 2009, 8509.
[49] MCQUADE D T, PULLEN A E, SWAGER T M. Conjugated polymer-based chemical sensors. Chem Rev, 2000, 1000: 2537.
[50] PEI J, LIU X L, YU W L, et al. Efficient energy transfer to achieve narrow bandwidth red emission from eu^{3+}-grafting conjugated polymers. Macromolecules, 2002, 35:7274.
[51] BALAMURUGAN A, REDDY M L P, JAYAKANNAN M. Single polymer photosensitizer for tb^{3+} and eu^{3+} ions: an approach for white light emission based on carboxylic-functionalized poly (m-phenylenevinylene) s. J Phys Chem B, 2009, 113:14128.
[52] MEYERS A, KIMYONOK A, WECK M. Infrared-emitting poly(norbornene)s and poly(cyclooctene)s. Macromolecules, 2005, 38:8671.
[53] MCKENZIE B M, WOJTECKI R J, BURKE K A, et al. Metallo-responsive liquid crystalline monomers and polymers. Chem Mater, 2011, 23:3525.
[54] LIANG X, YANG Y, JIA X Q, et al. Study on macromolecular lanthanide complexes (v): synthesis, characterization, and fluorescence properties of lanthanide complexes with the copolymers of styrene and acrylic acid. J Appl Polym Sci, 2009, 114:1064.
[55] HOU L P, SU Y B, YANG Y, et al. Synthesis, characterization, and fluorescence properties of lanthanide complexes with the copolymers of 2 - butenedioic acid (z)-mono-ethyl ester and styrene. J Appl Polym Sci, 2012, 123:472.
[56] LI T, SU Y B, HUANG Y, et al. Glass fiber/wood flour modified high density polyethylene composites. J Appl Polym Sci, 2012, 123:2084.
[57] LIANG X, JIA X, YANG Y, et al. Synthesis, characterization and spectroscopic

studies of copolymer of styrene with 4 - oxe-4(P-hydroxyl phenylamino) but - 2 - enoic acid and corresponding fluorescent macromolecular lanthanide(III) complexes. Eur Polym J, 2010, 46:1100.

[58] WANG L H, WANG W, ZHANG W G, et al. Synthesis and luminescence properties of novel eu-containing copolymers consisting of eu(iii)-acrylate-β-diketonate complex monomers and methyl methacrylate. Chem Mater, 2000, 12:2212.

[59] CHOI S H, LEE K P, SOHN S H. Graft copolymer-lanthanide complexes obtained by radiation grafting on polyethylene film. J Appl Polym Sci, 2003, 87:328.

[60] WANG D, ZHANG J, LIN Q, et al. Lanthanide complex/polymer composite optical resin with intense narrow band emission, high transparency and good mechanical performance. J Mater Chem, 2003, 13, 2279.

[61] WU X G, ZHU M B, BRUCE D C W, et al. An overview of phosphorescent metallomesogens based on platinum and iridium. J Mater Chem C, 2018, 6:9848 - 9860

[62] WEI F F, LAI S L, ZHAO S N, et al. Ligand mediated luminescence enhancement in cyclometalated rhodium(iii) complexes and their applications in efficient organic light-emitting devices. J Am Chem Soc, 2019, 141, 32:12863 - 12871.

[63] LI Z Q, WANG G N, YE Y X, et al. Loading photochromic molecules into a luminescent metal - organic framework for information anticounterfeiting. Angew Chem Int Ed, 2019, 58: 18025 - 18031.

[64] WANG Z, ZHU C Y, MO J T, et al. Multi-mode color-tunable long persistent luminescence in single-component coordination polymers. Angew Chem Int Ed, 2021, 60:2526 - 2533

[65] KONG Y J, YAN Z P, LI S, et al. Photoresponsive propeller-like chiral aie copper(i) clusters. Angew Chem Int Ed, 2020, 59: 5336 - 5340.

第7章 碳点发光材料

碳点是一类尺寸小于10 nm的具有荧光性质的零维碳纳米材料。自2004年美国南卡罗莱纳大学的Xu等人首次发现以来,碳点由于其简便的制备方法、优异的光学性能、良好的生物相容性和低毒性而受到研究者们的广泛关注,在光学器件、生物医学、传感及防伪等多个领域展现出巨大的应用前景。本章将从碳点的制备方法、发光性能、发光机理及其应用展开阐述。

7.1 碳点的制备方法

2004年Xu等人首次制备的碳点是通过物理方式从电弧放电产生的烟灰中纯化得到的。2006年,Sun等人以石墨靶为碳源通过激光烧蚀法制备出荧光碳纳米颗粒,并首次将其命名为碳点。之后,研究者们又发展出多种制备碳点的方法,如水/溶剂热法、微波辅助法、化学刻蚀、电化学氧化及热解法等。上述方法根据其制备过程及原理,可以分为"自上而下法"和"自下而上法",如图7.1所示。

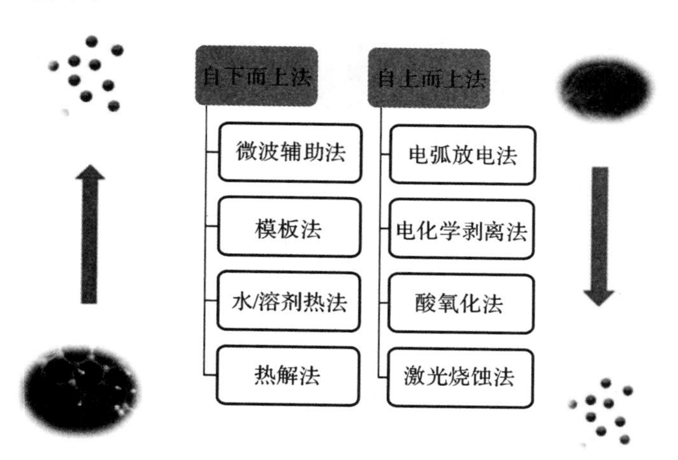

图7.1 碳点制备方法的分类

7.1.1 自上而下法

自上而下法主要是通过氧化与剥离的方式切割具有大块sp2碳结构的石墨基材料,例如石墨粉、碳纳米管、碳纤维、炭黑等,具体又可分为电弧放电法、激光烧蚀法、电化学剥离法、酸氧化法等。

7.1.1.1 电弧放电法

电弧放电法是制备碳点最早的方法。2004 年美国南卡罗莱纳大学的 Xu 等人原本通过该方法制备单壁碳纳米管，但在纯化产物的过程中发现除了短的管状碳外，还有一类能够发射荧光的碳纳米颗粒，他们通过进一步的提纯与分离得到了在 365 nm 紫外灯下发射明亮的蓝色与黄色的碳点。2006 年，Massimo Bottini 等人在通过电弧放电法制备的原始和氧化的单壁碳纳米管中分离纯化出荧光碳纳米颗粒，并对其结构和荧光性能进行了详细的表征。研究发现碳点的最佳发射波长随其尺寸的增大而红移。Arora 和 Sharma 在 2014 年曾总结，电弧放电是一种在密封反应器中产生的气体等离子体驱动下，在阳极电极中对大块碳前体分解出的碳原子进行重组的方法。在电流作用下，反应堆内的温度可高达 4 000 K，以产生高能等离子体。在阴极，碳蒸气组装形成 CQDs。由上述内容可知，电弧放电法制备碳点的过程中会产生上千摄氏度的高温，存在一定的实验安全问题，并且电弧放电生成的产物中成分复杂，分离提纯过程困难烦琐，产率较低。因此，该方法在碳点之后的制备过程中使用较少。电弧放电装置示意图如图 7.2 所示。

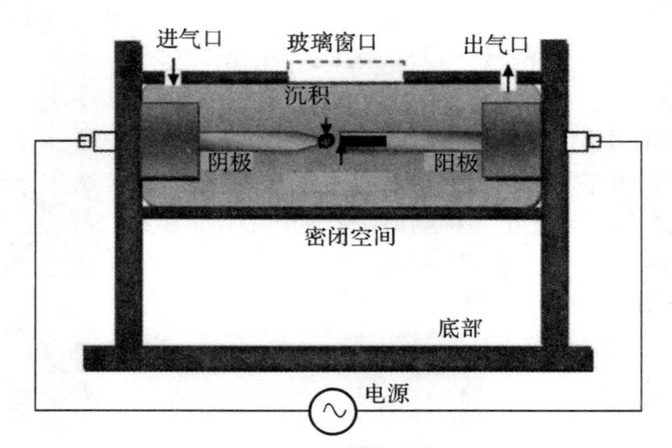

图 7.2 电弧放电装置示意图

7.1.1.2 激光烧蚀法

2006 年，Sun 等人通过 Nd:YAG 型激光器在 900 ℃、75 kPa 及水蒸气存在的条件下烧蚀碳靶制备得到碳纳米颗粒，将该产物分散于水溶液中并未观察到荧光现象。随后将样品在浓度高达 2.6 M 的硝酸水溶液中回流反应 12 h，仍未观察到荧光。之后，他们将多种简单的有机物附着在酸处理的碳纳米颗粒表面使其钝化，在紫外灯下照射便可观察到明亮的荧光。他们首次将该荧光碳纳米颗粒命名为“碳点”。2007 年，Sun 课题组又发现采用上述方法制备的碳点具有多光子生物成像的特征，拓展了其在生物领域的应用。2011 年，Li 等人利用激光器对有机溶剂中的碳纳米颗粒进行快速的钝化处理，得到了发光波长可见、可调且稳定的荧光碳点。2018 年，Carlos Doñate-Buendia 等人开发了一种基于连续流照射的激光烧蚀系统并利用聚乙二醇-200 作为碳源制备荧光碳点，研究发现，利用该系统制备碳点具有更高的生产效率及较小的碳点尺寸。因此，激光烧蚀是制备粒径分布窄、水溶性好、具有荧光特性的量子点的有效方法。但其操作复杂、成本高，限制了其进一步的发展及应用。简化后的激光烧蚀法制备碳点示意图如图 7.3 所示。

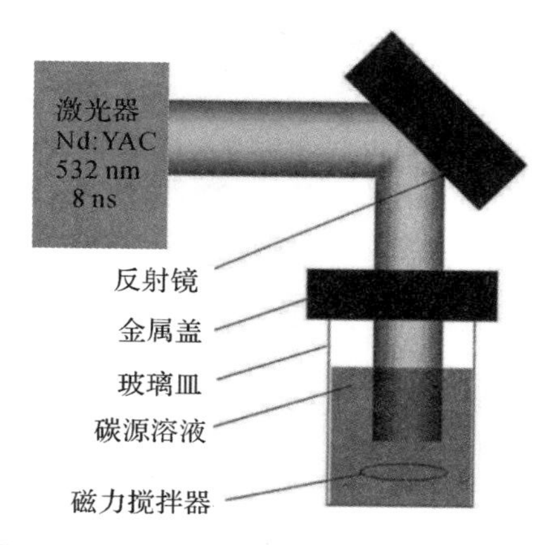

图 7.3　简化后的激光烧蚀法制备碳点示意图

7.1.1.3　电化学剥离法

电化学剥离法是指在电解液中，通过电化学反应剥离碳纳米管、石墨等碳材料制备碳点的方法。2007 年，Zhou 等人首次利用该方法制备碳点，他们采用 0.1 M 高氯酸四丁基铵-乙腈溶液作为支撑电解质，以多壁碳纳米管、铂丝和 $Ag/AgClO_4$ 分别作为工作电极、对电极和参比电极，通过伏安循环法制备得到了碳点。用高分辨透射电镜可以观察到，所制备的碳点呈均匀的球形，尺寸分布窄，直径为(2.8±0.5) nm。2011 年，在 Bao 等人利用电化学法制备碳点的过程中发现，可以通过改变电压的高低来调节碳点的大小：电压越高，得到的碳点尺寸就越小，且碳点表面的氧化程度也与电压相关。此外，他们还发现碳点发光的红移与尺寸无关，这为研究碳纳米点的发光机理提供了新的思路。2018 年，Yan 等人采用可控离子液体辅助电化学方法制备得到了尺寸及发光波长可调控的碳点，该方法可实现碳点的绿色、大规模制备。综上可以了解到，用电化学方法制备碳点，具有尺寸、波长可控，条件温和，费用低廉，后处理简单等特点。电化学剥离法制备碳点示意图如图 7.4 所示。

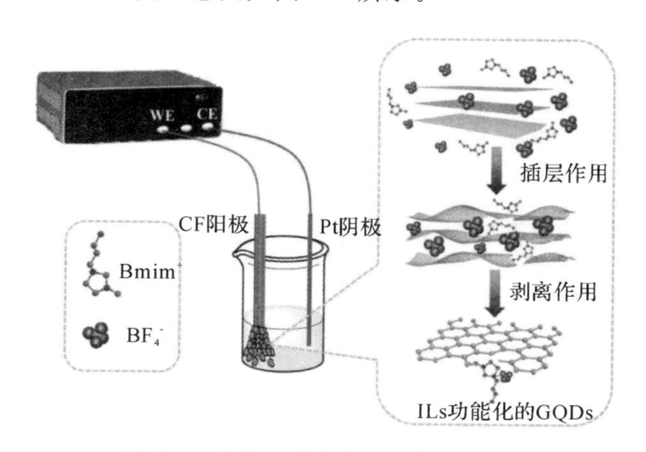

图 7.4　电化学剥离法制备碳点示意图

7.1.1.4　酸氧化法

酸氧化法即利用具有强氧化的酸处理碳材料，使其剥离或分解为纳米碳颗粒，同时可在其表面引入亲水性基团(如羟基、羧基),得到具有优异荧光性能的碳点。2006 年,Sun 等人用 2.6 M 的硝酸水溶液处理激光烧蚀后的碳纳米颗粒,但未得到具有荧光性能的碳点。2007 年,Liu 等人用 5 M 的硝酸处理蜡烛燃烧后的烟灰,后又经过提纯分离制备得到了荧光碳点。他们研究发现,用氧化性的酸处理烟灰可以使其分解为更小尺寸的碳颗粒,并且在其表面引入羟基和羧基基团可提高其水溶性。他们最后点出了碳点所面临的问题:其确切的化学特性及发光机理究竟是什么。2009 年,Tian 等人利用硝酸处理天然气烟灰得到了尺寸为(4.8±0.6) nm 且晶格结构与石墨碳一致的荧光碳点,核磁共振和红外光谱表征证实其 sp2 碳以芳基和羧基/羰基形式存在,表明其光致发光可能来自粒子的表面态结构。2013 年,Sun 等人利用浓硫酸处理毛发纤维得到了 S、N 掺杂且波长可调谐的荧光碳点,并探究了其在细胞成像方面的应用。酸氧化法工艺简单,实验设备要求较低,但是制备碳点的产率普遍偏低,且分离较为困难。

7.1.2 自下而上法

自下而上法是将有机前驱体通过热解或碳化途径制备荧光碳点的方法,该类方法的原料来源广泛,具有较强的扩展性,且可根据需求控制碳点的尺寸。自下而上法通过包括水/溶剂热法、热解法、微波辅助法和模板法等,下面进行简要讨论。

7.1.2.1 *水/溶剂热法*

水/溶剂热法是将有机小分子或聚合物溶解在水/溶剂里并转移到反应釜中,在高温高压的条件下制备得到荧光碳点的方法。2010 年,Pan 等人以纯化的氧化石墨烯为碳源,以水为溶剂,在 200 ℃的反应釜中加热 10 h 制备得到了粒径为 5~13 nm 的蓝色荧光碳点。同年,Zhang 等人以 L-抗坏血酸为碳源,将其溶解于水和乙醇的混合溶剂中,在 180 ℃的反应釜中加热 4 h,制备得到了尺寸为 2 nm、荧光量子产率为 6.79%的碳点。此后,研究者们发现许多小分子的有机物(如葡萄糖与氨基酸、柠檬酸钠等)及自然界中的生物质材料(如西瓜皮、柚子皮、辣椒、包菜、萝卜、橙汁、柳枝、红豆杉等)均可作为碳源再经水/溶剂热法反应制备荧光碳点(见图 7.5),且不同的碳源也赋予了碳点不同的荧光特性,极大地拓展了碳点的种类及其应用范围,推动了碳点研究的热潮。综上可知,水热法制备碳点不需要使用昂贵的设备,操作方法简单,且所用的碳源来源广泛、种类繁多。但是由于反应釜容量有限,其制备效率较低,不利于大规模生产。

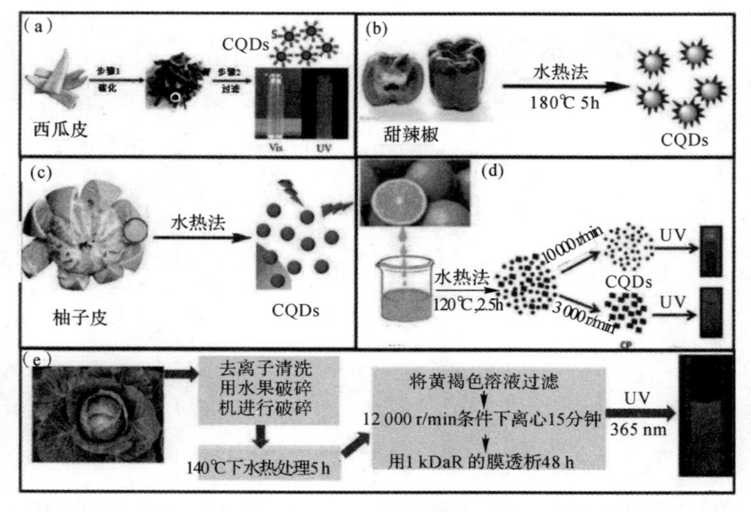

图 7.5 以不同的生物质原料利用水热法制备碳点示意图

7.1.2.2　热解法

热解法是利用有机物作为碳源，通过高温热解制备得到碳点的方法(见图 7.6)。2008 年，Athanasios B. Bourlinos 等人通过不同的柠檬酸铵盐或 4 -氨基安替比林的热分解制备得到了表面功能化的碳点，其粒径小于 10 nm，在水中或有机溶剂中均具有良好的分散性。随后，他们又报道了柠檬酸和乙醇胺在不同温度下热解生成碳点的机理，并证明了热解温度对碳点荧光性能的巨大影响。2011 年，以无水柠檬酸作为碳源，以硅烷偶联剂作为配位溶剂，通过热解法制备了硅烷偶联剂功能化的碳点，该碳点具有良好的生物相容性，且其荧光量子产率高达 47%，因此 Wang 等人研究了该碳点在细胞成像领域的应用并发现其展现了良好的成像效果。热解法也具有来源广泛的碳源，如乙二醇、己烷、柠檬酸/乙二胺、马来酸酐/四乙烯五胺等，且其制备过程简单，但同时有由于其热解过程迅速，而难以调控制备碳点的尺寸等特征。

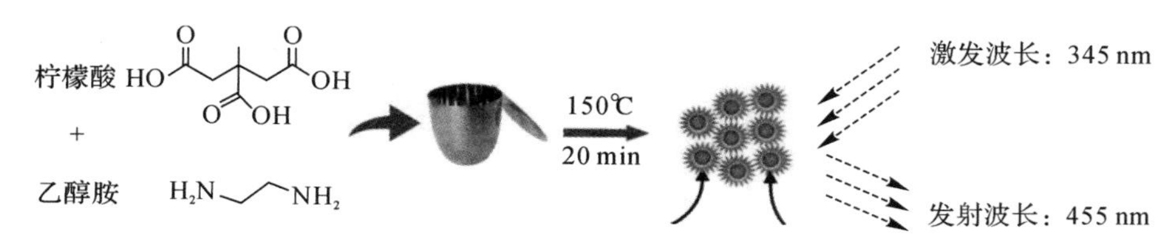

图 7.6　热解法制备碳点示意图

7.1.2.3　微波辅助法

微波是一种波长在 1.0 mm～1.0 m 之间的电磁波，其可以提供强大、密集的能量。2009 年，Zhu 等人首次报道了用微波法合成碳点。他们将聚乙二醇(PEG－200)和糖类(葡萄糖、果糖等)溶于去离子水中以形成透明混合物，之后利用微波炉以 500 W 的功率加热 2～10 min。在反应过程中，溶液由无色逐渐变为浅黄色，最后变为深棕色。反应时间对碳点的粒径大小具有直接的影响，如加热 5 min 时为(2.57±0.45) nm，加热 10 min 时为(3.65±0.6) nm。这种新颖的方法开辟了一条制备碳点的新途径，随后 Sourov Chandra、Zhai 及 Qu 等人利用该方法分别制备了具有优异荧光性能的碳点，并探究了其在细胞成像及荧光墨水等方面的应用。2016 年，Sun 等人利用微波辅助法制备了具有高效率的红光发射碳点，提高用于细胞成像时的安全性。因此，微波辅助法制备碳点具有耗时少、成本低及原料易得等优点，但也存在反应过程不稳定且难以控制等缺点。微波辅助法制备碳点示意图如图 7.7 所示。

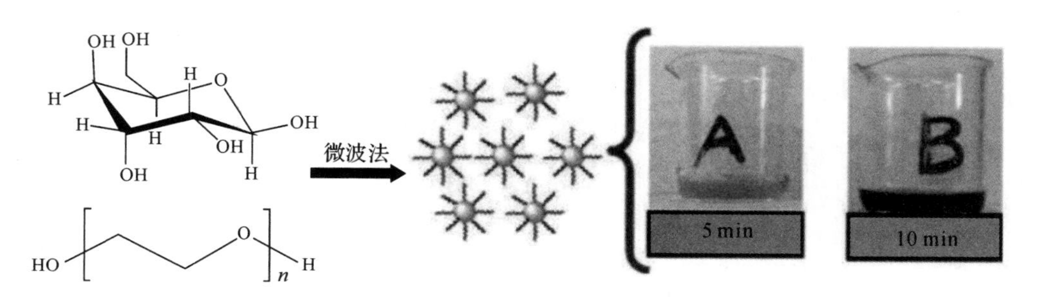

图 7.7　微波辅助法制备碳点示意图

7.1.2.4 模板法

为了获得尺寸较小且均匀的碳点,研究者们利用模板法来进行制备。2009 年,Liu 等人首次提出该方法,他们将二氧化硅微球作为载体,将酚醛树脂作为碳源,经过高温处理后将二氧化硅微球去除,制备得到了粒径为 1.5～2.5 nm 的碳点,并研究了其荧光及细胞成像性能。2017 年,Gu 等人利用金属-有机框架作为模板来合成碳点(见图 7.8),其原因在于金属-有机框架具有丰富的等孔结构,且其孔径为 1～10 nm 不等,这为制备尺寸和形貌可控的碳点提供了条件。

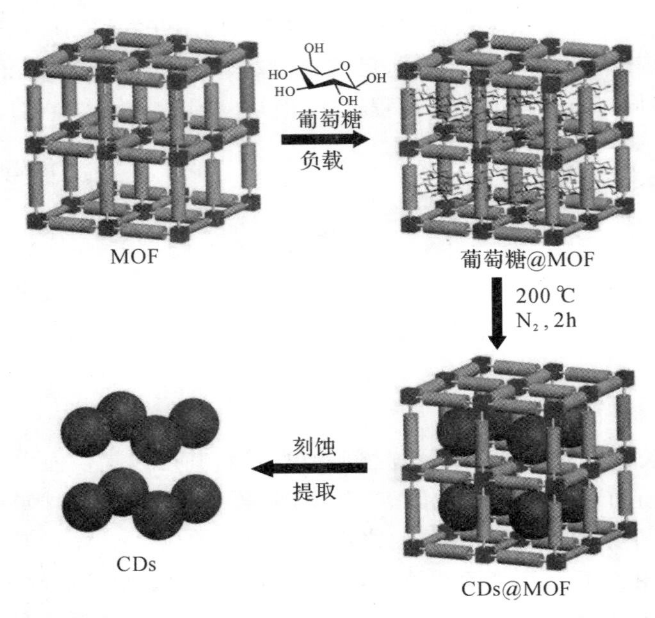

图 7.8 模板法(MOF)制备碳点——以 MOF 孔为模板制备的碳点示意图

首先采用溶剂热法合成 MOF 粉末,将其浸入葡萄糖和乙醇/水(9∶1)的混合溶液中,使葡萄糖(碳源)负载到 MOF 孔内。之后将负载葡萄糖的 MOF 加热到 200℃,此时 MOF 模板仍然稳定,而葡萄糖则开始分解生成碳点。之后研究者利用 KOH 水溶液将 MOF 模板溶解得到碳点,纯化后的碳点粒径分布较窄,平均直径为 1.5 nm,与 MOF 的孔径相近。作为对比,研究者用同样的方法在没有 MOF 模板的情况下制备了碳点,所得碳点的平均直径为 4.5 nm,且尺寸分布不规则。因此,利用模板法制备的碳点可以调控其尺寸和形态,但模板的步骤较为烦琐,且部分模板与碳点难以分离,限制了其更广泛的应用。

7.1.2.5 其他方法

随着研究者们对碳点深入系统的探索,其制备方法也逐渐增多,除了上述较为常用的方法外,还开发了许多新的方法。如在 2014 年,Liu 等人开发了一种光子辅助生物降解的方法来制备含氮碳点,与其他方法相比,该方法不需要有机溶剂和氧化剂,具有绿色、可控、安全、生物相容性好等优点。所得的含氮碳点具有良好的生物相容性和低细胞毒性,在没有任何表面修饰时即具有很强的可见光发射能力,可直接用于生物成像。2018 年,利用弱可见光照射三噻吩两亲体 TTC4L 的自组装,制备得到了绝对荧光量子产率(Quahtum Yield,QY)高达 87%的碳点。Huang 等人研究发现可见光照射 TTC4L 时可引发水中产生超氧自由基,并将紧密排列的三噻吩基团氧化成碳点，这表明分子自组装也可作为制备碳点的重要前驱体，为高质量的碳点制备提供了一条新的途径。

7.2　碳点的光学性能

碳点在被发现之初，便由于其荧光性能被研究者们广泛关注。与传统的有机荧光染料相比，碳点易于合成，且具有荧光强度高、耐光漂白、发射波长和激发波长可调控、水溶性和生物相容性好等优点。

7.2.1　紫外吸收

碳点主要在紫外区域(230～320 nm)吸收，尾部延伸到可见光范围内。由于前驱体和制备方法的不同，所制备的碳点的紫外-可见吸收也会表现出差异。Xue 等人以花生壳为碳源通过裂解法制备得到的碳点在紫外-可见范围内无明显的特征吸收。Zhu 等人以糖类和 PEG 为原料通过微波法制备得到碳点在 280 nm 有强的紫外吸收。此外，表面官能团对 CDs 的吸收波长也有一定的影响，如 CDs 的吸收带在与氨基作用后出现红移。

7.2.2　荧光稳定、耐光漂白

光漂白现象是传统有机染料使用过程中最常见的缺陷之一，严重限制了其在生物标记等领域的应用。碳点作为一种新型的荧光材料，其荧光强度及稳定性对其发展和应用具有重要的意义。早在 2006 年 Sun 等人就发现了碳点荧光性能稳定、极耐光漂白等特点，如即使被激发光源连续照射数个小时，其荧光强度也几乎保持不变。

7.2.3　发光波长范围宽

碳点的发光波长是其最基本的荧光特征之一，其与多种因素(如碳点的制备方法、制备碳点的前驱体、碳点的后处理工艺等)相关。随着对碳点系统且深入的研究，目前已经制备出了最佳发射从蓝光区到红光区甚至是近红外光区的各式荧光碳点，并且碳点的发射波长具有激发依赖性，当激发波长增大时，其发射波长也随之增大。相比于发射光谱较窄的传统有机荧光试剂，碳点可实现多色显示及检测，这极大地拓展了其应用范围。

早在 2004 年，Xu 等人首次发现碳点的研究中，就已经制备出了具有不同荧光发射波长的碳点(蓝光和黄绿光)。在 2006 年 Sun 等人的研究中，他们发现所制备的碳点在 400 nm 波长的激发下可以发射青光、绿光和红光，并且当激发波长不同时，碳点的发射波长也随之变化，可以实现多色显示及检测。2007 年，Liu 等人从蜡烛的烟灰中分离提纯出荧光碳点，并发现尺寸不同的碳点具有不同的最佳发射波长和颜色。

7.2.4　良好的生物成像能力

传统的有机荧光试剂通常含有大的芳香共轭结构而具有较高的细胞毒性，在生物成像领域的应用受到一定的限制。而碳点作为一种纯碳基的荧光材料，在发现之初就展现了优异的生物相容性和低细胞毒性，在生物领域具有巨大的应用空间。2007 年，Sun 课题组就研究了碳点的多光子生物成像，拉开了碳点在生物领域研究的序幕。

7.2.5 其他光学性能

(1)上转换荧光发射

上转换荧光发射，也称为反斯托克斯位移，指同时吸收两个或多个光子导致发射波长短于激发波长的光学现象。上转换荧光发射在生物成像中具有重要的应用价值，这是因为长激发波长具有更高的组织穿透能力和更小的细胞损伤，并且具有高空间分辨率和低背景干涉。Lee等人通过超声法制备得到石墨烯量子点，研究发现，该石墨烯量子点同时具有上转换和下转换荧光且荧光发射光谱与激发波长无关。当激发波长从240 nm变为340 nm，或从500 nm变为700 nm时，均可在407 nm观察到强的荧光发射。

Jiang等人合成了在单一紫外光激发下，分别发出明亮和稳定的红色、绿色和蓝色的碳量子点，且在800 nm飞秒脉冲激光激发下也发射出明亮的上转换荧光。研究发现，激光功率与光致发光强度呈二次相关关系，这表明目前的上转换荧光是一个双光子激发过程。

(2)磷光

磷光是一种缓慢发光的光致冷发光现象。Deng等人通过水溶性的CQDs制备纯度较高的有机室温磷光材料。将CQDs分散到聚乙烯醇基质中，其在室温下被紫外线激发时可以观察到明显的磷光。磷光集中在约500 nm处，具有长寿命(约380 ms)。初步研究表明，磷光可能源于CQDs表面芳族羰基的三重激发态，而聚乙烯醇分子通过氢键使这些基团刚性化，从而有效地确保了其能量免受旋转或振动损失。

7.3 碳点的发光机理

清晰明确的碳点发光机理对合成可调控的碳点具有十分重要的指导意义，因此，碳点的发光机理研究一直是碳点发光领域研究的重点。其合成方法和碳源多样，结构复杂，缺乏能够捕捉到其精确结构的精密仪器，因此碳点的发光机理众说纷纭，关于其研究处于“摸着石头过河”的状态。综合目前研究进展来看，碳点的发光机理主要可以分为内部因素主导发射、外部因素主导发射以及交联增强发射三大类。

7.3.1 内部因素主导发射

7.3.1.1 量子限域效应

量子限域效应是一种研究比较多的碳点发光机理。因为其涉及CDs尺寸的大小，因此也被称作尺寸效应。如图7.9所示，量子限域效应认为：当纳米材料几何尺寸逐渐减小到小于或等于其激子波尔半径时，材料的电子能级会由准连续态变为离散分布形式。这表明当CDs尺寸越小，其光生电子和空穴受量子限域效应影响越大，最低未占据分子轨道(Lowest Unoccupied Molecular Orbital，LUMO)与最高占据分子轨道(Highest Occupied Molecular Orbital，HOMO)间带隙越宽，导致荧光发射光谱峰位逐渐蓝移。相反地，CDs内核尺寸越大，带隙宽度越窄，荧光发射峰位置越红移。这也是不同尺寸的CDs发出不同颜色光的原因所在。

Zhao等人在2008年最先提出尺寸大小影响发光的机理，他们采用简单的电化学氧化法制备出了不同尺寸的碳点，发现荧光发射峰会随着碳点直径的增加而逐渐红移。因此他们指出，与量子点相似，碳点的荧光发射是由尺寸决定的。

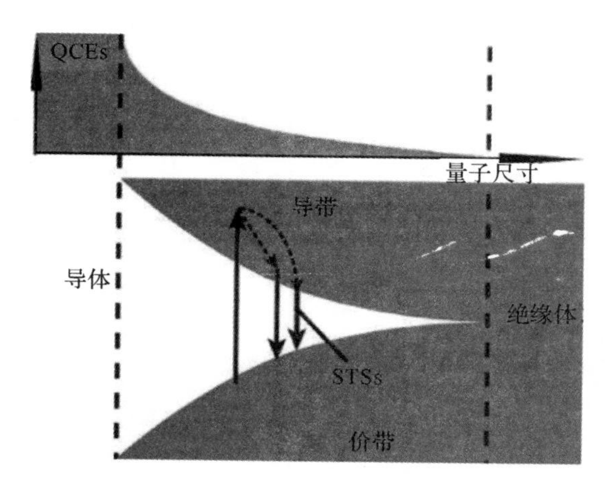

图 7.9　电子能级分裂图

2010 年，Lee 等人也报道了 CDs 这种尺寸依赖发光的特点。他们利用电化学方法在碱性条件下对乙醇水溶液进行电解，得到了四种不同粒径的 CDs，后续的研究证实了尺寸效应的存在：粒径为 1.2 nm 的小尺寸 CDs 发出的光为紫外光，粒径为 1.5～3 nm 的中尺寸 CDs 发出的光位于可见光区，而粒径为 3.8 nm 的大尺寸 CDs 能够发出近红外的光。

2017 年，Yuan 等人通过改变前驱体和碳化时间得到了尺寸不一的 CDs，他们发现，随着 CDs 的尺寸从 1.95 nm 增加到 6.68 nm，其荧光最大发射波长从 430 nm 红移到了 604 nm。一年后，Yuan 等人又通过乙醇或浓硫酸回流热处理间苯三酚得到了一种三角形的 CDs（T-CDs），T-CDs 的发射峰随着尺寸从 1.9 nm 增加到 2.4 nm、3.0 nm、3.9 nm，显现出了从蓝光区域到绿光、黄光和红光区域的红移，这直接表明了量子限域效应与荧光发射波长的关系（见图 7.10）。同年，Ding 等人以不同溶剂对赖氨酸和邻苯二胺进行水热合成得到了不同颜色的 CDs，在对尺寸和性能进行具体研究后，他们指出制备的荧光发射峰从蓝色扩展到近红外区域变化的主要原因是 CDs 尺寸不同。

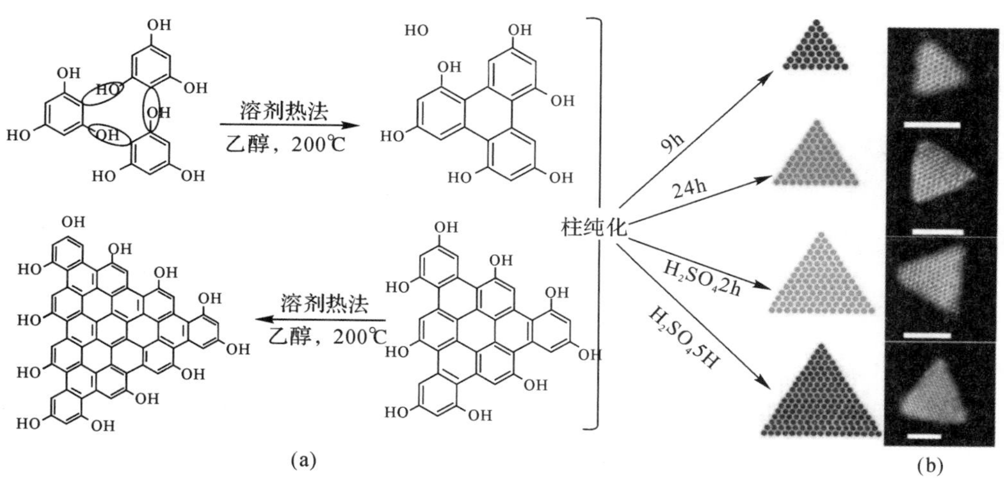

图 7.10　T-Cds 的合成路线及荧光扫描电镜图

(a) T-CDs 的合成图及其对应的颜色；(b) 不同尺寸的荧光碳点的扫描电镜图

理论计算也证实了量子限域效应。Chen 等人使用高斯和含时密度泛函理论(TD-DFT)计算出了不同直径的原始锯齿形 CDs 的发射波长。锯齿形原始 CDs 的发射直径在 0.89～1.80 nm 之间,可以覆盖整个可见光光谱发射波长,随颗粒尺寸增加的红移可以解释为由于 π 电子离域而引起的带隙减小,即量子限域效应。

但是量子限域效应仅能解释一部分 CDs 的发光行为,在很多情况下 CDs 的发光行为并不具有尺寸依赖性。2012 年,Tang 等人采用微波辅助水热法制备了平均直径为 1.65 nm(约 5 层)的葡萄糖源水溶性石墨烯量子点,发现其发射波长与尺寸无关,而与其表面存在钝化层有关。2016 年,Ding 等人通过水热法制得了 4 个平均粒径为 2.6 nm 的样品,尽管它们的粒径基本相同,但它们却可发出蓝色、绿色、黄色和红色四种不同颜色的荧光。2018 年,Miao 等人以柠檬酸和尿素作为反应原料,通过调控配比和反应温度等得到了一系列全色发光 CDs,研究发现,碳点发射波长的变化与碳点石墨化程度和表面官能团的含量有关,发射波长的红移是石墨化程度的增加或有效共轭长度的增大所致,而不是由于尺寸的增大。

总之,尽管量子限域效应能够解释部分 CDs 的发光机理,但是,这种机理并没有普适性,它适用于解释具有晶格结构或高度石墨化程度的 CDs 的荧光现象。另外,CDs 的荧光可能会受到多种因素的影响,量子限域效应只占其中的一小部分。为了更全面地了解 CDs 的荧光特性,还需更多的机理来共同说明。

7.3.1.2 表面态

表面态是不同于量子限域效应的另一种 CDs 的发光机理。在碳点的共轭 π 结构尺寸合适且比较完整的时候,量子限域效应可以解释大多数发光现象。但是,由于合成方法的不同,CDs 的边角位点和表面具有诸多的活性官能团(如—COOH、—C=O、—NH_2、—SH、—OH 等)。这些官能团会在共轭结构上引入缺陷,从而就会产生另一种荧光机理——表面态发射机理。本质上,表面态模型解释了与电子能级的变化相对应的发光部位的变化。表面态荧光发射的作用机制是:表面官能团引入表面缺陷,并在带隙中引入新能级;缺陷位点能级捕获光生电子或空穴,接着激子在缺陷位点发生复合,产生荧光。表面态发光机理主要考虑两种表面状态——表面构型和掺杂原子。表面构型可以理解为表面结构类型,例如聚合物、官能团(不同程度的氧化)、缺陷和边缘状态等;掺杂原子一般是氮、氟、硫、磷或硒。

最早提出表面态发光机理的是 Sun。他在 2006 年命名碳点的同时提出,他通过激光烧蚀法得到了在可见光波段到近红外光有可调谐发射的荧光碳点,提出碳点的发光可能是因为表面能阱的存在,该表面能阱由于表面钝化,将发射能阱的量子限制在粒子表面而发射荧光,同时总结出这样的规律,即粒子中必须具有大的表面积与体积之比才能使表面钝化的粒子表现出强的光致发光。Hiroyuki Tetsuka 及其同事通过水热法制备氨基功能化的 GOD 时发现:控制反应条件可以改变 N/C 比,从而把 GOD 的颜色从紫罗兰色调节到黄色区域。光学带隙随伯胺数量的增加而减小,并且其变化量与分子大小无关。GQD 与边缘伯胺基之间的电荷转移会引起荧光光谱的红移,边缘氨基越多,红移程度越大。

Yu 等人在探索碳点的温度响应性时发现其有双发射现象,他们将双荧光带归因于碳核和表面状态发射。随后,Yu 等人提出,碳点的双发射带是由本征态和表面态所致,其中带Ⅰ起源于碳核内部受限的 sp^2 共轭产生的能隙,能隙由 sp^2 共轭结构的大小和形状决定,而带Ⅱ起源于表面态,表现出较宽的荧光发射范围。

Xiong 等人利用表面态的发光机理实现了全色碳点制备和应用。他们以尿素和对苯二胺为原料，通过水热法制备、硅胶柱层析分离获得 CDs。这些 CDs 尺寸大小一致，却能够发出从 440 ～625 nm 不同颜色的光。由于这些样品碳核中具有相似的粒径分布和石墨结构分布，但它们之间的表面状态逐渐变化，尤其是氧化程度不同，因此将荧光发射峰红移现象归因于表面基团和结构，特别是氧种类增加，而不是由粒径引起的带隙逐渐减小，如图 7.11 所示。

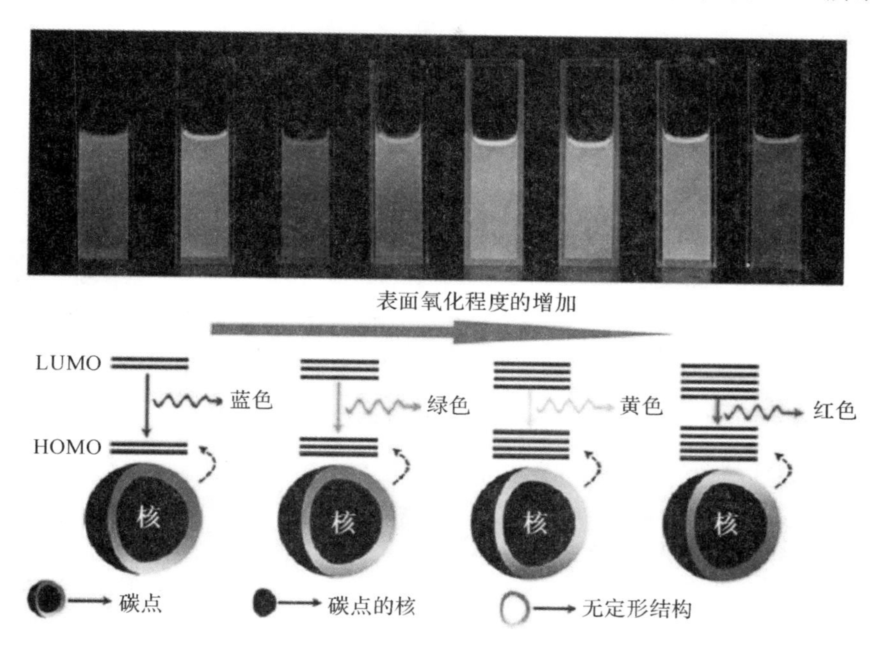

图 7.11　全色碳点及其机理图

此后，Yan 等人也发现 CDs 不同的表面态会导致其不同的荧光发射中心发生变化。Liu 等人研究烛灰作为碳源的 CDs 的 pH 响应性时发现：荧光的有无受酸碱性条件的影响，碱性条件下溶解 CDs 可发出荧光，而酸性条件下荧光会猝灭。这种现象的发生与 CDs 表面的羟基基团息息相关。酸性条件下，CDs 形成了氢键，组织了源自羟基的发射。而 CDs 的发光是辐射复合产生的，即当羟基或羧基嵌入 CDs 表面时，电子和空穴在激发光照射下辐射重组，从而导致荧光。吸电子基团(例如羧基)吸收部分辐射信号，从而削弱荧光，而供电子基团羟基则促进荧光。Zheng 等人使用硼氢化钠将表面羰基和环氧部分还原为羟基，通过实验验证了给电子表面基团可增强荧光。

理论计算是验证一个机理正确与否的重要手段。大量实验研究表明：表面功能化可以赋予 CDs 新的能级，使其表现出非常窄的光谱宽度的长波长荧光。Kundelev 等人用量子化学的密度泛函理论(Density Functional Theory，DFT)对氨基官能化 CDs 的吸收和荧光进行了全面研究，研究中把光学中心描述为分子状，氨基个数的不同会导致光学中心的特性不同。而且，氨基表面基团不仅可以引起红移，还可以保留固有的 CDs 的高荧光强度。Tetsuka 等人系统研究了不同的含氮官能团对 GQDs 的能级和能隙的影响，发现 GQD 的最高占据分子轨道(HOMO)和最低未占据分子轨道(LUMO)水平被不同的氮基团连续调节，这是由于不同的氮基团与石墨烯核发生了强烈的轨道共振。氨基和二甲胺修饰的 GOD 具有简并的 HOMO 能级和更高的能级，而其他含氮基团修饰的 GOD 则有较低的能级，如图 7.12 所示。

重原子掺杂是一种与电负性有关的掺杂，它主要表现在电子给体和受体的关系上，可以影

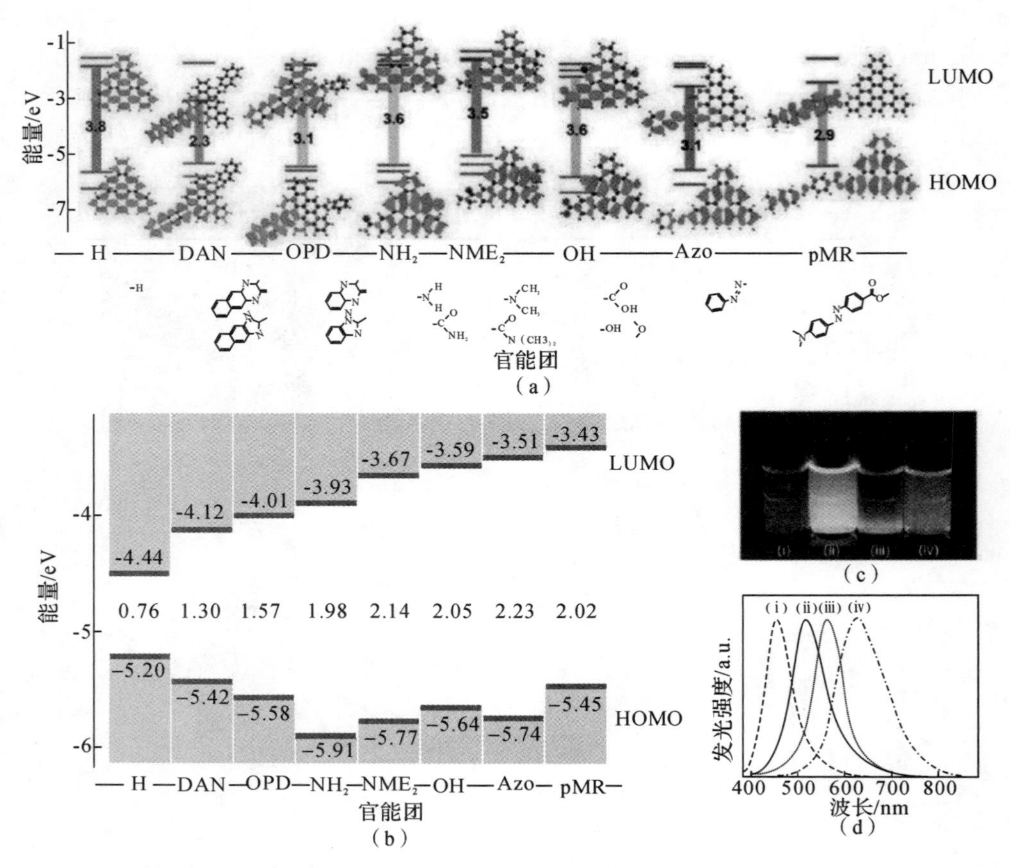

图 7.12 GOD 能级随表面基团变化规律

响 CDs 的量子产率和荧光光谱。根据 Yang 等人的研究，将 S 或 Se 掺杂到 CDs 中会使其荧光光谱发生红移，而 N 掺杂则具有相反的偏移，重元素掺杂 CDs 的量子产率取决于杂原子的电负性。究其原因，N 在 CDs 中相当于电子受体，能够增加电子转移的数目从而提高荧光量子产率，而 S 和 Se 作为电子供体会减少电子转移从而使量子产率降低。此外，O－CDs 中大量的含氧基团会导致局部电子-空穴对的非辐射偶联，从而抑制辐射跃迁，因此高电负性氧的掺杂导致量子产率非常低，如图 7.13 所示。

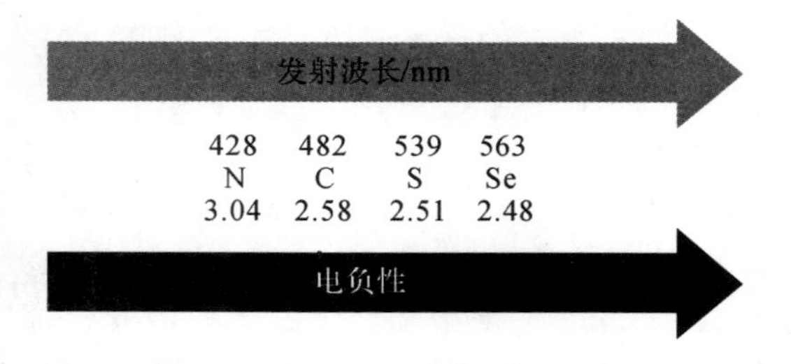

图 7.13 CDs 的发射波长和掺杂原子的电负性具有相似的变化趋势

总之，无论是表面构型或是掺杂原子，表面态机理作为一种成熟的 CDs 的发光机理，在微观上能够对 CDs 的电子结构和能级进行控制，被广泛应用于设计荧光可控 CDs 的研究中，具有一定的普适性。然而，表面状态主要还是依附于 CDs 存在，会受到内部碳核的控制。考虑这个因素，研究两者之间的协同作用对理解 CDs 的荧光发射具有十分重要的作用。

7.3.1.3　协同作用

协同作用一般对应比较复杂的发光行为。单一的机理只能解释 CDs 的部分发光，协同作用认为，碳点的发光是多种作用相互协同导致的。其中，最重要的就是碳核和表面态的协同作用，碳核的大小对应于尺寸效应中共轭长度的大小，是传统发光理论宏观的表现。而表面态则影响着电子结构和能级从而对发光产生影响，是荧光理论中微观的体现。CDs 的发光很多时候并不是单一的理论占据主导地位，多种机制从宏观和微观上共同影响、协同作用导致其发光。

Yu 等人报道了 CDs 的可变的发射和激发与其结构的关系。他们提出了其中的能带结构方案，CDs 的两个激发峰分别以 255 nm 和 275 nm 为中心：255 nm 的激发峰可能归因于碳核的最高占据分子轨道（HOMO）到最低空分子轨道（LUMO）的跃迁，对应碳核的 HOMO 和 LUMO 之间的带隙约为 5.0 eV；中心位于 275 nm 的激发峰可以归因于表面态（吡啶 N、氨基 N 和 C=O 相关的杂质能级）从 HOMO 到 LUMO 的跃迁，对应的 CDs 表面的 HOMO 和 LUMO 之间的带隙约为 4.5 eV。碳核和表面态间存在着能量转移，而能量转移是协同作用的结果。因此，CDs 有五个发射带，分别位于 305 nm、355 nm、410 nm、445 nm 和 500 nm，分别与本征 C(4.1 eV)、石墨 N(3.5 eV)、吡啶 N(3.0 eV)、氨基 N(2.8 eV)和 C=O(2.5 eV)相关能级的电子跃迁相关，如图 7.14 所示。

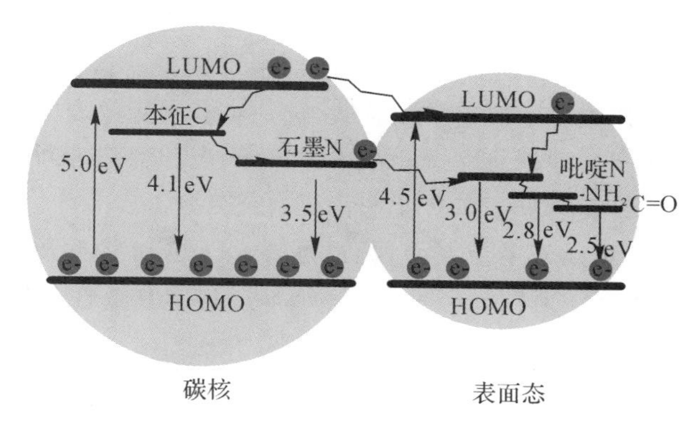

图 7.14　碳核和表面态协同效应

Liu 等人研究了经硝酸钠和硼氢化钠处理的 CD 的荧光性能，他们指出，CDs 的荧光是表面官能团和碳核本身的协同作用导致的，羰基决定了 CDs 的量子产率。协同作用综合考虑了各种作用对 CDs 发光的影响，比单一作用解释得更为全面，因此接受度更高，但是，具体的机制尚不明晰，此外，还有些现象无法用此解释。所以，还需要考虑别的因素对 CDs 的影响。

7.3.2　外部因素主导发射

7.3.2.1　分子态

分子态完全由有机荧光团形成荧光中心，其荧光团连接在碳骨架的表面或内部，可以直接实现荧光发射。它的出现与合成方法息息相关，主要通过自下而上的途径产生。在合成过程中，小分子自发反应形成荧光团，从而产生荧光发射。

柠檬酸是一种合成CDs的重要原材料，是许多非共轭体系CDs的关键单体。根据分子态的理论研究，在低温条件下，柠檬酸会脱水并且与其他小分子缩合形成荧光团；温度升高至碳核形成后，荧光团会附着在碳核表面形成CDs的主体，从而导致荧光发射。Song等人研究了以柠檬酸和乙二胺为原料合成的CDs的荧光来探究分子态的发光。他们通过有机合成构建了咪唑并[1,2-a]吡啶-7-羧酸，并对其进行了一系列表征，证明了CDs中含有此分子，并且CDs的发光与该分子的形成密不可分。140 ℃时，柠檬酸和乙二胺可以形成该分子态，继续升温，形成的碳核具有弱的激发依赖性发光，如图7.15所示。

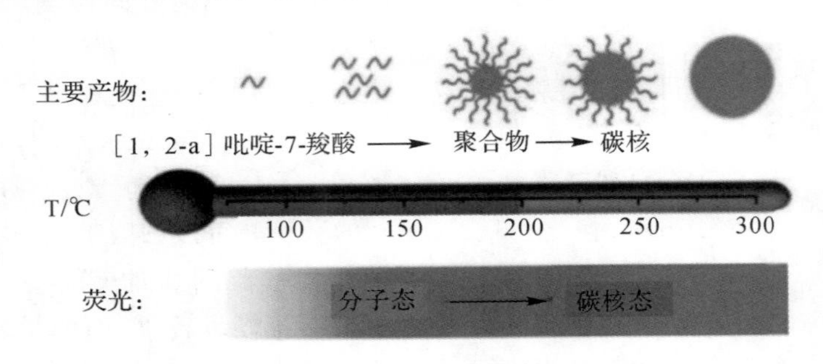

图7.15　不同温度下CDs形成的图形说明

不同于非共轭小分子，共轭小分子在CDs中不严格显示分子发光，而会显示出与CDs整体表现出的共轭效应，但是，还是有部分研究可以证明分子态在其中发生的作用。在Zhang等人的最新研究中，将对苯二胺溶于5种不同的溶剂中得到了从蓝色到红色的多色CDs。其中，不同于其他样本，红色样本显示出单指数衰减，进一步多次测量表明，红色发射来源于由含氮有机荧光团组成的分子态。理论研究进一步明确，分子态和溶剂之间的氢键效应是CDs光谱移动的主要机理。这些事实与分子态转变的特征吻合良好。

总之，分子态的研究其实涵盖多个方面，无论是对CDs荧光团精确结构的确定还是其形成方式的探索，都是对分子态的研究。但是，由于CDs结构的复杂性和精密表征仪器的缺乏，分子态的研究较为受限。

7.3.2.2　环境效应

环境效应多种多样，不仅影响着CDs的合成，也会对CDs的发光产生重要影响，常见的包括溶剂、温度和压力等。

溶剂对CDs的影响从合成就开始产生。不同溶剂合成的CDs结构不同，光学特性也各异。因此，理解溶剂和CDs间的相互作用至关重要。溶剂驰豫是一种被广泛认可的溶剂效应。Khan等人通过时间分辨的发射研究了反卡莎规则的CDs的荧光现象，研究指出，在吸收能量后，分别发生了振动和溶剂松弛两个非辐射跃迁，然后才是荧光过程。而其中溶剂松弛过程则是由溶剂决定的，如图7.16所示。

Arshad等人研究发现，提高溶剂的极性会使得发射峰红移，其原因在于极性更强的溶剂可以更好地稳定激发态，从而使得发射红移。此外，氢键和溶剂渗透也对CDs的荧光有影响。Zhang等人发现含氮荧光团中的氨基与溶剂分子可以形成氢键，这种相互作用促进了内部转化，使得光谱发生了偏移，并且降低了荧光寿命和量子产率。溶剂分子也有可能通过一定的作用进入 CDs 内部,对其荧光产生影响。

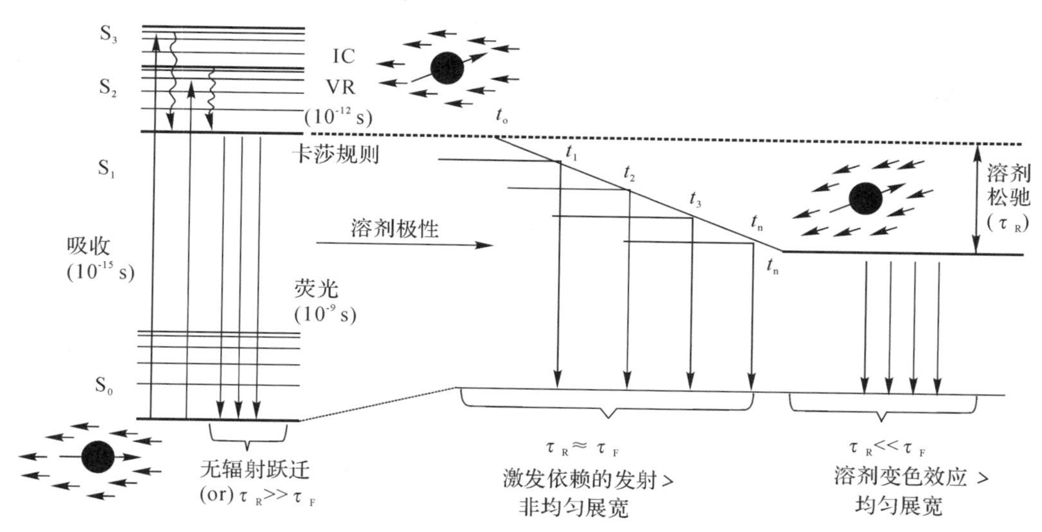

图 7.16　溶剂对荧光的影响动力学说明

温度对 CDs 的荧光影响主要是通过改变 CDs 的结构来进行的,Yu 等人研究了 P_2O_5 添加到冰醋酸和 H_2O 的混合物中所制得的 CDs 的荧光行为,这种 CDs 的荧光主要来自于碳核和表面态,而温度升高会使得荧光强度降低。Wang 等人具体研究了温度对 CDs 荧光的影响,他们提出温度升高时发生的聚集是荧光猝灭的主要原因。

压力是另一种可以影响 CDs 荧光的效应。当 CDs 受到外界压力时候,一方面,CDs 的结构可能会发生变化(例如 CDs 的 sp2 结构部分转化为 sp3 结构使 PL 光谱不可逆转地蓝移);另一方面,加压可能会改变 CDs 的辐射路径从而影响它的荧光性能。

总之,不同的环境因素对 CDs 的影响各不相同。事实上,环境因素大多是结合到 CDs 或者是改变 CDs 的结构从而使其电子结构或者能级发生改变的,其荧光大都还是源于内部主导发射,只是受到环境的影响后,发射源出现了一定的变化。

7.3.3　交联增强发射

交联增强发射(CEE)是随着聚合物碳点的发展而提出的一种理论:由热力学不稳定碳源通过一定的方法制备得到的聚合物 CDs 具有高度交联的化学结构,这种拓扑结构可以限制碳点内各基团的运动,抑制了非辐射跃迁,从而实现荧光增强。而其对于荧光的影响可以从两个方向解释——固定化和产生新的能级。固定化限制了 CDs 的非辐射跃迁,使得荧光增强。另外,在交联和聚集之后,官能团之间距离的变化导致新的重叠和耦合电子云的形成,能级的重新排列刺激了沿着辐射路径的选择,从而影响发光光谱。按照发生作用的分类,CEE 可分为共价键类和非共价键类。

7.3.3.1　共价键交联增强发射

共价键是一种强相互作用,共价键的 CEE 主要通过固定化来影响荧光。通过共价键作用,CDs 可以减少振动和旋转,从而增强荧光甚至改变辐射路径。Yang 等人以支化聚乙烯亚胺为非共轭聚合物模型,研究了一系列 CDs(PD1－4)的发光机理。聚乙烯亚胺基的量子点的潜在荧光基团是仲胺和叔胺;PD1 具有四氯化碳交联结构,受到紫外光照射后,其荧光寿命和量子产率均有下降。分析聚乙烯亚胺及 CDs 的电子能级图可知:聚乙烯亚胺的激发电子主要通过非辐射振动/旋转过程下降到基态；PD1 和 PD2 由于交联结构的存在，氨基荧光团的振动和旋转受到影响，辐射跃迁的百分比增加，荧光增强。紫外线会破坏交联结构，导致 CEE 减弱。对于 PD3 和 PD4，CEE 可以增强 PEI 链的固定和碳核的天线效应，使得荧光性能增强，如图 7.17 所示。

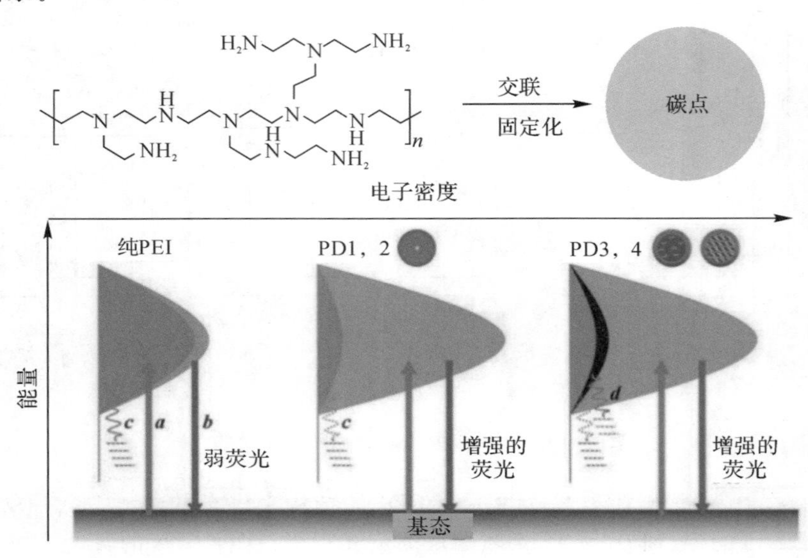

图 7.17 CEE 效应示意图

7.3.3.2 非共价键交联增强发射

非共价键相比于共价键适用范围更为广泛，最典型的代表就是氢键。Master 等人研究了三种 CDs 的荧光行为，CDs1 和 CDs3 结构类似，都含有羟基，所以其荧光量子产率更高，并且荧光强度在酸性条件下会减弱，这说明氢键可以有效影响 CDs 的发光。此外，计算结果表明，CDs 的最高占据(HOMO)和最低未占据(LUMO)分子轨道分别位于酰胺和羧基上，基团之间的光诱导电荷转移导致了强发光行为。对于氢键，分子内氢键对非辐射跃迁影响较小，而分子间氢键介导的链间超分子相互作用有利于形成刚性网络结构，可以极大地促进辐射跃迁并减小红移。Tao 等人则认为交联结构包裹着荧光团，限制其运动从而减小非辐射跃迁。CDs 溶解时，露出了很多的羧基链，这些链段的氢键作用保护了荧光中心并且使其荧光强度增加。

7.4 碳点的应用

碳点是近年来发展的新兴荧光材料，相比于传统的荧光材料，其发光性能优异、生物相容性好和合成方法简单，如今已经被广泛应用于发光器件、生物医学和传感加密等领域。

7.4.1 发光器件

CDs 由于其荧光性能好、稳定性强、环境兼容性好等优点在光电发光器件领域应用前景广泛，有望取代稀土基发光材料和金属有毒发光材料在这些方面的应用。目前，碳点在发光器件的应用主要集中在两个方面：一方面，碳点可与其他的发光材料混合，配合碳点本身发光和 LED 芯片的激发光制得具有较高显色指数的白光 LED；另一方面，碳点的发光可调性使其可以覆盖在 LED 芯片上做成多色 LED 材料。

Wang 等人通过操纵超分子交联度制备了一系列发光蓝移的 CDs/PVA 荧光复合粉，随后，通过涂覆 CDs/PVA 复合材料，实现了几乎全彩色和白色荧光粉 LED(见图 7.18)。从图 7.18 中可以看出，几乎全色(蓝色、黄绿色、黄色、橙红色)和白色荧光体 LED 性能良好，基于荧光粉的 LED 色坐标分别为(0.21，0.11)，(0.31，0.41)，(0.41，0.48)，(0.48，0.35)和(0.29，0.30)，白光 LED 的演色性指数也达到了 83。此外，值得一提的是，基于黄绿色、橙红色和白色的荧光粉 LEDs 的亮度分别达到近 5 000 cd・m^{-2}、10 000 cd・m^{-2}、5 000 cd・m^{-2}。此外，他们还在 2018 年合成了自猝灭抗性固体荧光聚合物碳点，通过该类碳点的特性实现了第一批具有相同化学结构的全彩色发光二极管，其做成的 LED 的 CIE 色坐标分别为(0.59，0.41)、(0.43，0.48)、(0.30，0.49)和(0.26，0.33)。而且制成的白光二极管其显色指数可以达到 93，应用前景广阔。Zhu 等人以 460 nm 的蓝光 LED 芯片作为激发源，将不同颜色梯度的 CDs 作为转光层涂覆在上面，实现了冷白色到暖白色的白光 LED 发射，CIE 坐标可从(0.285，0.286)到(0.453，0.412)，发光效率为 19～51 lm・W^{-1}，并且在连续操作的前 10 h 内，发光效率只下降了约 8.7%，然后在 10～40 h 内保持不变，显示出了良好的稳定性。

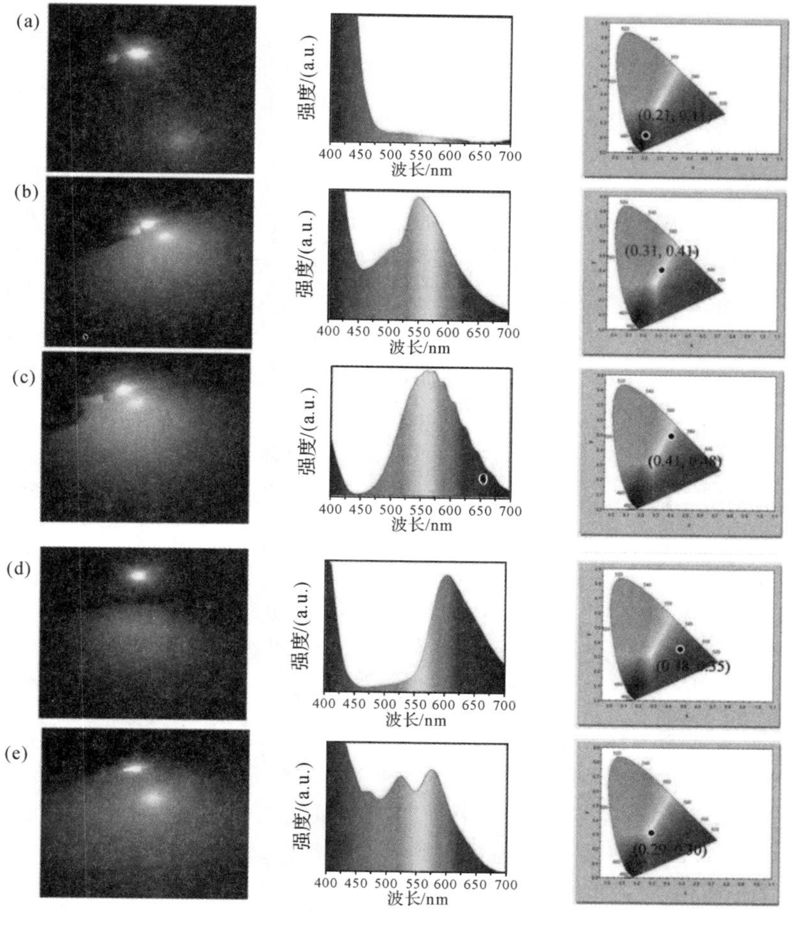

图 7.18　基于荧光粉的 LED 图

Meng 等人制备的碳点在固态时就具有良好的白光特性，将其涂覆于紫外 LED 芯片上可直接获得白光 LED，其色温为 3 023 K，为暖白色，CIE 色坐标为(0.42, 0.38)，显色指数为 91，已经达到了稀土基和金属基 LED 材料的临界值。此外，实用效果表明，碳点 LED 照射得到的照片更为真实，在提高电流时其稳定性也保持得更好。

电致发光二极管因为实用价值比光致发光二极管更大而受到了研究者们的青睐。目前，越来越多的研究者开始转向该领域的研究，电致发光二极管正逐渐取代液晶显示屏，其还可用作照明和背光源。而其需要解决的关键问题则是色纯度问题。

一般来说，对于色纯度，需要制备的 CDs 具有窄带发射，即窄的半峰宽。窄带 CDs 不仅可以提供鲜艳的色彩，而且可以提供更好的信噪比。Yuan 等人制备了半峰宽仅为 30 nm 的三角量子点，量子产率高达 54%～72%。基于此做成的多色 LED 具有高的色纯度，达到了 1 882～4 762 $cd \cdot m^{-2}$，电流效率为 1.22～5.11 $cd \cdot A^{-1}$，稳定性极好，足以与无机量子点相媲美。此外，第一性原理计算发现，刚性三角形结构、完美碳核结晶和较少羧基含量是 CDs 窄带发射的主要原因。而且，越来越多的报道表明减少羧基的含量、降低表面缺陷是制备窄带发射 CDs 的重要途径。

7.4.2 生物医学

相比于传统的荧光材料，由于具有低细胞毒性、强亲水性、良好的生物相容性、优异的光稳定性、可调的发光和易于修饰等独特的理化特性，CDs 在生物医学领域具有广泛的应用前景，主要表现在生物成像、药物负载和疾病诊疗三大领域。

1)生物成像是生物医学领域的重要分支，其对生命活动的监测和疾病检测有着十分重要的作用。Sun 等人是最先进行将碳点应用在生物成像领域研究的研究者。他们通过多种方式将 CDs 注入小鼠体内，发现其均可以保持明亮的荧光，让小鼠体内的生物状况保持清晰可见。Cao 等人将聚丙烯酰亚胺-乙烯亚胺共聚物钝化过的碳点应用到人类乳腺癌 MCF－7 细胞的成像中，研究发现，CDs 可以通过内吞作用内在化进入人类乳腺癌细胞，但是成像结果表明，荧光只发生在细胞的细胞质和细胞膜中，细胞核中并未能观察到荧光，因此可以推测，CDs 较难进入细胞核。

然而 Yin 等人的研究却解决了这一难题，他们通过多巴胺和乙二胺为氮源合成了氮掺杂的 CDs，将其应用于 PC12、A549、HepG 2 和 MD－MBA－231 等多种细胞成像时，发现其均可以进入细胞核，进一步研究后，他们指出碳点的小尺寸、正电荷性以及类多巴胺分子是该碳点能够进入细胞核的主要原因。

Zuo 等人通过水热法得到了 F 掺杂的 CDs，其最大发射波长为 600 nm 左右，水溶性好，pH 稳定性强，强度高，将其应用于各种正常细胞(HEK293，NIH3T3 和 A549 细胞)和癌细胞(B16F10、COS－7 和 HepG2 细胞)的成像中，均可获得清晰的细胞图，并且尽管是在 CDs 的浓度较高下，细胞存活率也达到了 90%以上，表现出了出色的生物相容性。

长波长发射的碳点可有效避免生物组织自吸收、生物分子自荧光、潜在光损伤以及较低组织渗透等缺点。Liu 等人合成了半峰宽仅为 20 nm 的近红外发射 CDs，其量子产率在二甲基亚砜溶液中纯化时在 413 nm 激发下高达 59%，在深红色荧光窗口中在 660 nm 激发下其量子产率为 31%。将其应用于生物成像研究中发现，首先，通过细胞试剂计数盒检测细胞毒性，C2C12 细胞(成肌细胞)和 ECA－109 细胞(癌细胞)的增殖无明显差异。此外，CDs 与癌细胞和成肌细胞孵育 24 h 后，即使在高浓度(300 $\mu g/mL$)条件下，细胞活性均超过 90%，证明其有良好的生物相容性。组织学分析表明，实验组和对照组在注射后 1、7 天切除脑、心、肺、肝、脾、肾、睾丸、膀胱，无显著性差异或组织学异常。因此，CDs 在生物成像应用中是安全的。对其在小鼠体内的成像性能进行评估：静脉注射 CDs 后，在不同的时间点收集活体荧光图像，前几小时均可以得到明亮清晰的图片，循环 24 h 后，荧光信号变弱，表明小鼠体内可迅速排出深红色发射性 CDs。在注射后不同时间点收集脑、心、肺、肝、脾、肾、睾丸、膀胱等器官的荧光显像，发现 CDs 主要在肝、肺、肾中积累，在脑、心、睾丸中的分布不明显，24 h 循环后肝脏中只有少量残存，可被迅速排出体外。

Jia 课题组引入氧化自由基合成了半峰宽仅为 27 nm 的红光碳点，其荧光发射为 615 nm，量子产率高达 84%，是目前研究领域的最高水平之一。将 CDs 做成荧光探针应用于生物成像方面，首先，在体外毒性试验中，以 Hela、MCF－7 和 NIH－3T3 三种细胞系为材料，建立了 0～100 μg/mL 的 MTT 法，测定 CDs 的毒性。即使在碳点浓度为 100 μg/mL 时，经过 24 h 的培养，三个不同细胞系的细胞活力仍保持在 80%以上，表明其细胞毒性相对较低。在显像方面，用它对 Hela、MCF－7 和 NIH－3T3 细胞进行最终浓度为 20 μg/mL 的 1 h 光点荧光染色，观察 3 种细胞系在共聚焦显微镜下的明亮点发光，发现其主要分布在溶酶体区域。采用最新的近红外双光子成像技术进行研究，在 1 100 nm 的激发下，以此碳点作为荧光探针对肿瘤球体的成像深度可超过 200 nm，显现出了其在高科技生物成像领域不俗的潜力。

2)药物负载运输是生物医学领域的热门领域，低害无毒且可以实时动态观测到药物分布和反应过程是现代医学对药物载体提出的新要求。荧光碳点的出现很好地满足了这一需求。碳点的生物相容性好，表面活性基团多，可赋予其携带药物和靶向剂的能力，与适当的分子和治疗药物链接能够产生热敏纳米医学效应。同时，良好的荧光性能也为药物控释可视化提供了保障。Zheng 等人利用溶剂热法从牛血清蛋白中制备出了空心 CDs(HCDs)，其直径为 6.8 nm，并且具有中空结构，孔径为 2 nm。将 HCDs 作为阿霉素的传递系统，其通过体内外 pH 的变化来进行药物的控释，发现 pH 为 5.0 时，阿霉素的释放量可达到 70%，并且可以迅速被细胞吸收。进一步用荧光显微镜对药物传输过程进行跟踪，培养 24 h 后，HCDs 在细胞质中出现，尤其是周围的细胞核。这一观察证实，HCDs 可以被 a549 细胞内化，主要定位在细胞质中，但不能进入细胞核。然而，在细胞核中观察到阿霉素的亮红色荧光，表明阿霉素几乎完全从 HCDs 释放并进入细胞核。而进一步研究表明，阿霉素通过内吞作用进入细胞并形成囊泡，内吞过程中细胞膜内陷形成的小泡进入细胞溶胶并与溶酶体融合。整个药物控释过程清晰可见，如图 7.19 所示。

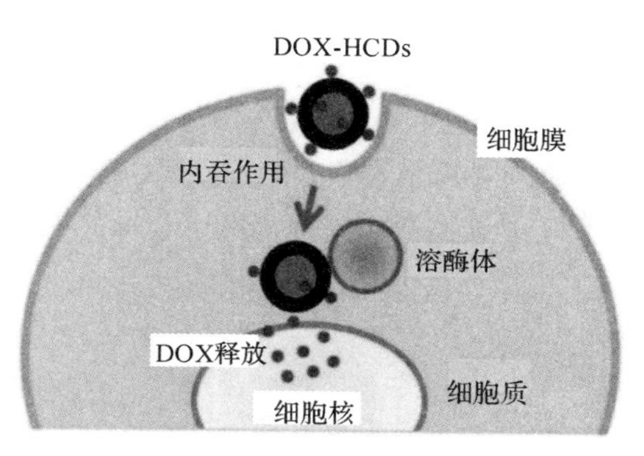

图 7.19　双给药系统示意图

Sun 等人先用柠檬酸和聚烯多胺热裂解制得了 CDs,CDs 的均匀尺寸为 2.28 nm,将其用于负载抗癌药物奥沙利铂。与其他的体系一样,该输送体系通过氧化还原条件来进行药物的控释,在细胞内还原条件下,奥沙利铂可从载体-铂(iv)接合物中释放出来。实验者采用经皮注射 CD-Oxa 治疗 km 小鼠肝癌 22 细胞株(H22)。将 H22 细胞注入小鼠前肢外侧,建立 H22 异种肝癌模型。将蓝光作为激发光,在初始注射时刻,CD-Oxa 主要集中在注射部位,形成一个亮点,然后荧光区扩散到注射部位周围,形成以肿瘤部位为中心的梯度强度分布。后来,这种梯度强度分布保持不变,但随着时间的推移强度逐渐降低,表明 CD - Oxa 颗粒在体内消化。24 h 后,荧光信号变得相对微弱。第二次注射后,荧光强度立即增加。荧光信号在 48 h 后逐渐消失,仍可观察到微弱的荧光信号,提示肿瘤部位仍有部分 CD - Oxa 残留。注射后 72 h,荧光信号几乎完全消失。对肿瘤部位进行分析发现,两次注射后 72 h,肿瘤组织大部分坏死,提示 CD - Oxa 颗粒已经进入肿瘤细胞。在荧光图像中可以清楚地看到异种移植模型的肿瘤不断变小,这为瘤内化疗和个体化医疗提供了无限的可能。

3)疾病诊疗也是荧光碳点的另一生物医学应用领域。由于血脑屏障的存在,输送药物到大脑是现代医学的一大挑战,碳点由于其尺寸的可设计性和静电电荷作用,有望穿透血脑屏障进行脑部疾病的诊疗。Lu 等人合成的含氮掺杂的碳点用于生物医疗时可以穿透血脑屏障,但是存在时间和浓度的依赖性。Qu 等人报道了一种新型的蛋白质-碳点纳米杂合物,它是通过共价键结合碳点与溶栓剂结合而成的。体外和离体荧光成像技术均显示了其对短暂性大脑中动脉闭塞小鼠脑组织的显著影响。研究表明,合成的该杂合物能够具有良好的溶栓能力,溶栓率高达 97.57%。通过荧光成像明显地观察到了尿激酶成功进入脑部,并且成功观察到了脑内的缺血和出血状况。其在有效地追踪血脑屏障早期损伤和进一步评估溶栓治疗后颅内出血的风险方面显示出良好的应用前景,也为观察血脑屏障早期缺血损伤与溶栓后脑内出血的相关性提供了一个新的工具。

光诊疗是一种极具应用前景的肿瘤诊疗手段,其主要包括光动力治疗和光热疗法两种。光动力疗法利用激发光敏剂,产生单线态的氧,这种氧对肿瘤细胞具有毒性,因此可以达到治疗癌症的目的。光热疗法通过光热剂受激发产生的热量来杀伤癌细胞从而治疗癌症。碳点在两种方式的光诊疗中都有着独特的应用。

Callan 等人合成了一种直径为 4.65 nm、量子产率为 13%的表面有胺官能团聚乙二醇链的亲水性碳点,将其与含羧酸官能团化的光敏剂原卟啉 IX 共轭相连,由于 CDs 的发射光谱和原卟啉 IX 的吸收光谱能够有效重叠,并且在 CDs-IX 受激发时可观察到来自 CDs 的 430 nm 的发射和来自原卟啉 IX 在 625 nm 的发射,随着原卟啉 IX 的增多,CDs 的发射减弱,原卟啉 IX 的发射增强,两者间存在荧光共振能量转移效应,通过此方式介导碳点在 800 nm 激发波长下发出上转换荧光,激发光敏剂,产生大量的单线态氧。小鼠活体实验表明,其可有效地杀死肿瘤细胞,减小肿瘤面积,对肿瘤的深度治疗具有重要的价值。

Jia 等人在此方面也开展了大量的研究。他们首先制备了酞菁锰(Mn-Pc)衍生的磁性荧光 Mn-Cd,然后与 DSPE-PEG 协同自组装以改善其水溶性和生物相容性,所得 Mn-Cd 组装体具有良好的生理稳定性、近红外发射、高弛豫度和高效的单线态氧产生率。此外,Mn-CD 组装可以高度催化 H_2O_2 产生氧气,成功改善了肿瘤缺氧情况,提高了光动力疗法的效率。体外和体内研究表明,这种磁荧光锰镉组装体可作为酸性 H_2O_2 驱动的双峰荧光(FL)/MR 成像的制氧机，并通过原位产氧有效提高光动力疗法对低氧实体肿瘤的疗效。

Zheng 等人通过“一锅法”合成了一种氮和硼双掺杂的石墨烯量子点(N-B-GQDs)。N-B-GQDs 具有超小的尺寸(约 5 nm)，在血清中高度稳定，在 1 000 nm 处有荧光发射峰，光稳定性高。此外，其除了具有 NIR-Ⅱ成像能力外，还能有效地吸收近红外光并将其转化为热，在体外杀伤肿瘤细胞并完全抑制小鼠模型中的异种胶质瘤，显示出光热治疗效果。研究表明，在近红外辐射下单次全身注射 N-B-GQDs 5 min 可完全抑制肿瘤生长。在成像引导的癌症治疗和治疗监测中应用前景广阔。

7.4.3　传感加密

CDs 在传感领域的应用，主要利用其荧光性能对 pH、离子等外在条件下的响应性，主要包括 pH 传感、离子检测、爆炸物等物质检测。Wang 等人通过柠檬酸和碱性品红的简单“一锅水”热处理，合成了在单波长激发下具有 475 nm 和 545 nm 处双发射带的碳点，碳点在 475 nm 和 545 nm 均表现出 pH 依赖的发射特征；碳点的荧光强度比($I_{475\ nm}/I_{545\ nm}$)与 pH 呈线性关系，且在缓冲溶液中与 pH(5.2～8.8)呈良好的线性关系。此外，它还表现出良好的荧光可逆性和光稳定性。将其应用于活细胞的 pH 值的测量中，也表现出了与在体外同样的线性关系。形成了 pH 变化和生物图像信号变化为一体的定量检测生理 pH 的有效方法，如图 7.31 所示。

Ma 等人将荧光异硫氰酸盐和 pH 不敏感罗丹明 B 异硫氰酸盐的不同摩尔比与碳点相结合，开发了一种可调谐比率的荧光 pH 纳米传感器，其可以成功地定量测定完整 Hela 细胞内的 pH 和与氧化应激相关的 pH 波动，氧化应激的干扰通常会降低而不是增大细胞内的 pH 值。这项工作清楚地表明 CDs 可以作为一个有前景的平台来构建实用的荧光纳米传感器，并且提出 DLCD 传感器可能在定量监测不同刺激下的细胞内 pH 波动方面有很大的潜力。

离子浓度通常与人类的生命活动和身体健康息息相关，检测离子对了解环境和生命健康状态有着十分重要的作用。Zhao 等人以葡萄糖为碳源、以氨水和磷酸为掺杂剂，采用水热法合成了多杂原子(氮和磷)共掺杂的碳纳米点(N,P-CDs)。与 CDs 相比，多杂原子掺杂 CDs 的电子特性和表面化学活性得到了显著改善。因此，N,P-CDs 表现出强烈的蓝色发光和对 Fe^{3+} 的敏感响应。采用 N,P-CDs 荧光传感器对 Fe^{3+} 进行检测，检出限为 1.8 nm。其主要原理是：Fe^{3+} 和 N,P-CDs 的氨基和磷酸基团会发生配位作用，然后 N,P－CDs 激发态 S_1 的电子转移到 Fe^{3+} 半填充的 3d 轨道上，由于无辐射电子/空穴复合湮灭导致荧光猝灭。更深层次的细胞实验表明其在生物体内检测性能好，生物毒性低，在临床诊断和其他生物学相关研究中具有潜在的应用价值。

Cui 等人在用柠檬酸和乙二胺合成碳点后，将其用于标记寡脱氧核糖核苷酸，将其与氧化石墨烯结合形成了荧光光谱分析系统，该体系可用于检测汞离子，在该体系中，标记 CDs 的富含 T 的 22 聚体寡核苷酸作为能量供体和分子识别探针，氧化石墨烯作为 FRET 受体。在没有汞离子存在的情况下，寡核苷酸被吸附在氧化石墨烯表面，碳点的荧光被猝灭。而在汞离子存在下，胸腺嘧啶选择性地与汞离子结合形成 T-Hg_2－T 复合物，使寡核苷酸自杂交形成双链体，避免了氧化石墨烯对寡核苷酸的吸附，从而恢复了碳点的荧光。实际检测中，汞的相对荧光强度与汞的浓度在波长为 5～200 nm 范围内呈良好的线性关系，检出限为 2.6 nm，低于美国食品和药物管理局和加拿大卫生部规定的汞最大允许水平(3 mg/kg),具有很好的实际应用价值,如图 7.20 所示。

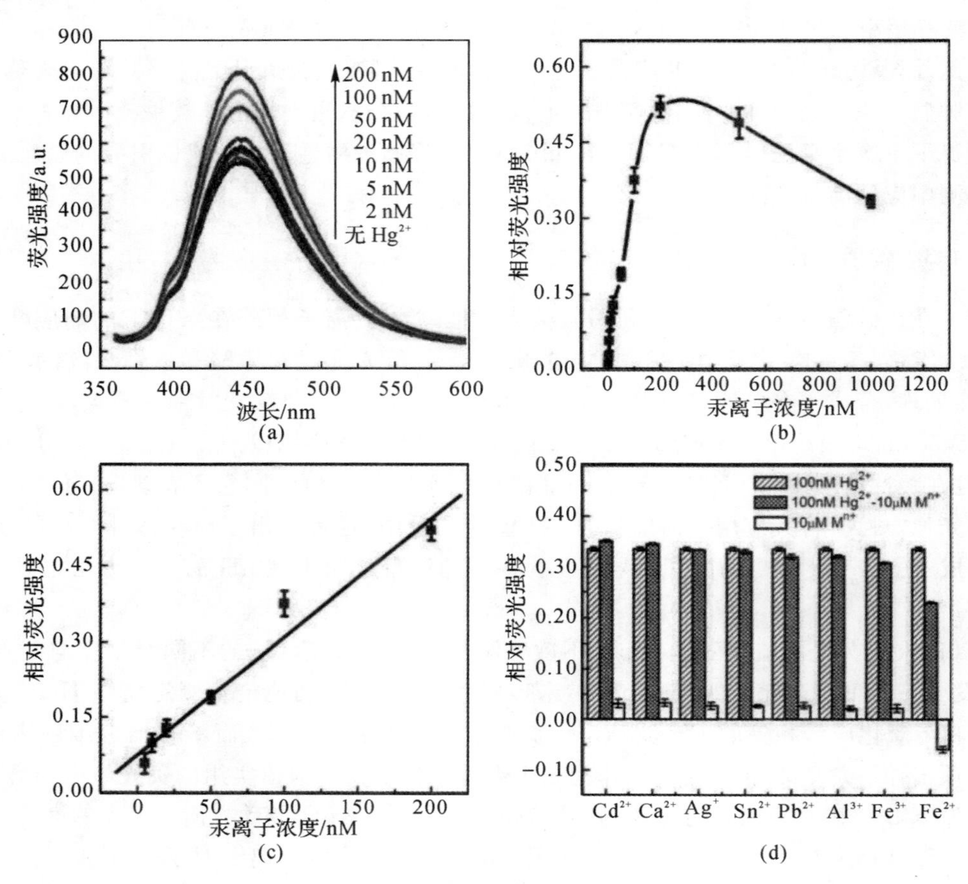

图 7.20 荧光与汞离子关系

Zhang 等人将对 Zn^{2+} 敏感的喹啉衍生物用于修饰碳点,成功得到了对 Zn^{2+} 具有高度特异性识别能力的荧光纳米传感器。该纳米传感器具有良好的水溶性、生物相容性和细胞膜通透性,对 Zn^{2+} 具有很高的选择性,检测下限低至 6.4 nm。此外,该纳米传感器对 Zn^{2+} 的响应在 1 min 内即可实现。单个纳米颗粒外表面的大量识别单元使得信号放大成为可能,从而使得对 Zn^{2+} 的即时和高灵敏检测成为可能。目前已经用其进行了水介质中 Zn^{2+} 的快速检测和 Zn^{2+} 的胞内成像,如图 7.21 所示。

亚硝酸盐的存在被认为与癌症的产生息息相关。Lin 等人以甘油和 PEG500 为原料,通过微波法制得了直径为 3～4 nm 的碳点,发现其可在酸化过氧化氢条件下对 NO_2^- 产生化学发光的响应,并且荧光强度为 1.0×10^{-7}～1.0×10^{-5} M 时,与亚硝酸根的浓度成线性关系,其检出限为 5.3×10^{-8} M。其发光本质在于空穴注入和电子注入碳点的电子转移湮没作用导致化学发射。原理具体如下:H_2O_2 和 $NaNO_2$ 混合会产生 ONOOH,碳点的存在促进了 ONOOH 的分解从而产生 NO_3^-,这时候转变的能量注入空穴从而导致发光,如图 7.22 所示。

目前，该项技术已经成功应用于检测池塘水、河水，以及牛奶中的亚硝酸盐，回收率达到 98%，重现性好。

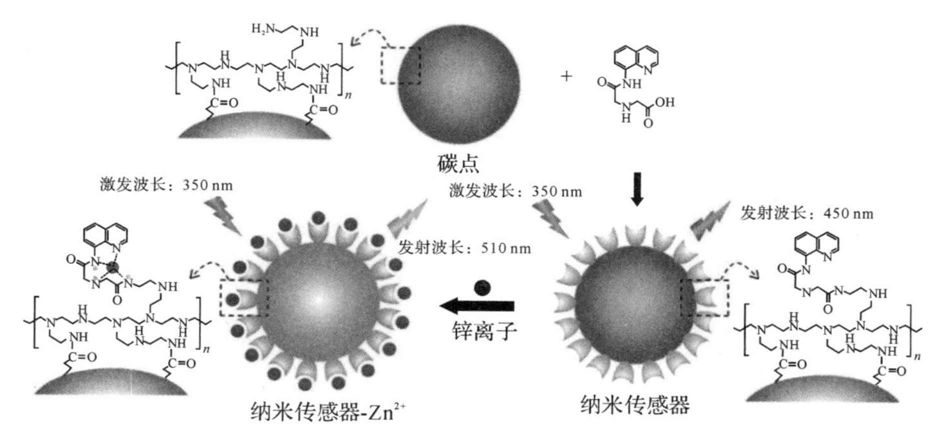

图 7.21　锌离子检验图

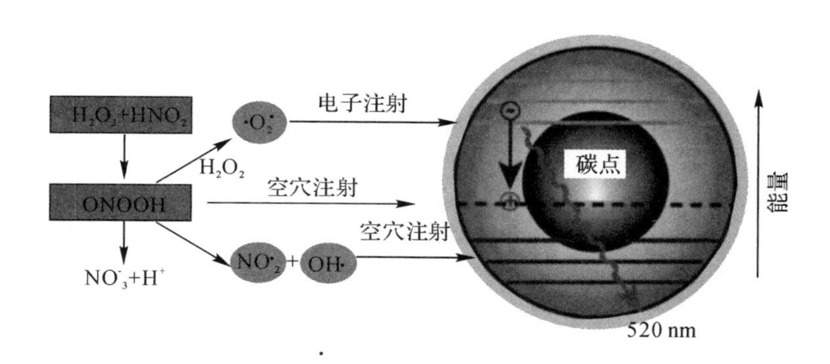

图 7.22　亚硝酸盐检验原理

碘离子是活生物体中最不可缺少的阴离子之一，尤其是合成甲状腺激素的重要物质。碘离子的定量检测在食品和生命科学领域具有重要意义。Tang 等人以酒石酸和尿素为前驱物，采用一步法制备了掺氮荧光碳点对实际复杂的生物和食品样品中的碘进行了多机理检测。NCDs 表面存在着大量的官能团，使其能够与各种目标反应，因此将其与 Hg^{2+} 结合，制得了一种碘离子检测器，碳点在加入 Hg^{2+} 后荧光会猝灭，而有碘离子存在时，碘离子与汞离子的结合力更强，生成 HgI_2，荧光就会恢复。其线性范围为 0.3～15 μM，检出限为 69.4 nM，目前已经成功定量测定了水样和尿液样品中的痕量 I^-。

爆炸物由于其巨大的破坏力严重威胁人们的生命和财产安全，爆炸物的检测已是当前国际安全中迫切关注的问题之一。碳点由于其独特的性能已被广泛应用于荧光检测爆炸物领域。Wu 等人研究开发了一种简单、低毒性的基于水溶性胺包封碳点的纳米传感器检测水中苦味酸(PA)的方法，该方法采用水溶性胺包封碳点作为传感纳米材料。由于碳点表面存在氨基基团，因此期望以胺包封的碳点作为纳米传感器，通过 PA 与碳点之间的静电相互作用，选择性、灵敏地检测水溶液中的 PA。在没有 PA 的情况下，在水溶液中，在 360 nm 激发波长下，在 460 nm 胺封顶碳点表现出强的准分子发射带。随着 PA 浓度的增加，胺封碳点的荧光强度显著降低，在 PA 浓度低至 0.5 mM 时，荧光强度完全猝灭，检出限为 1 mM。对其选择性进行研究，发现其他硝基芳香炸药和常见试剂的荧光猝灭作用很小。这是因为 PA^- 与碳点表面的—NH^{2+} 通过强静电相互作用形成阴阳离子对。

随着 21 世纪信息科技的发展，人们对个人隐私的重视程度加强，信息加密已成为一种十分重要的手段，它要求物质在不同的环境条件下表现出不同的特性，该特性变化应易于被观察，如形态变化、颜色变化、发光性质变化等，同时要兼具稳定性以保证信息在传递过程中不会丢失。碳点则很好地满足了这些要求。Yang 等人设计了由聚丙烯酸和乙二胺制备的无金属 RTP CDs，并将其成功应用于防伪。Hu 等人开发出了具有蓝色分散发光和红色聚集发光的疏水 CDs（H－CDs），当引入水时，疏水相互作用导致 H-CD 的聚集。H-CD 团簇的形成导致蓝色发射的熄灭，因为碳化的核受到 π－π 堆积相互作用的影响，而红色荧光的亮起则是由于表面围绕二硫键的分子内旋转的限制，这符合聚集诱导发光的现象。当 H-CD 粉末完全溶解时，H-CD 的这种开—关荧光是可逆的。而且分散在滤纸中的 H-CD 溶液几乎是无色的。最后，他们开发了可逆的两种开关模式发光油墨，用于高级防伪和双重加密。实际应用如图7.23所示，将制备好的 H-CD 溶液装入空记号笔，形成一种方便的防伪加密工具。制作了两枚校徽，分别用市面上出售的荧光笔和 H－CD 制备的溶液填充标记笔制成，在白光下，徽章就像滤纸一样白，而在 365 nm 紫外光和 254 nm 紫外光下显示蓝色荧光。但是在加入水后，HMP 涂层发光剂可以显示出 4 种不同的发光特性。HMP 在 365 nm 紫外光下为蓝色发光，在 254 nm 紫外光下不发光，HMP 和水在 365 nm 紫外光下为粉红色发光，在 254 nm 紫外光下为红色发光，显示出了与众不同的发光性能。其双重加密效果在以下例子中也得到了体现："SC""US"和"NU"都是用 HMP 书写的，其中，在油墨风干后，将"C""S"和"U"用蜡密封，在 365 nm 紫外激发下，无论是否加水，只有一系列无意义的伪码在蓝色荧光中显示出来，而在 254 nm 不加水时，只能显示出一片黑暗，只有在加水时并且在 254 nm 的紫外线照射下，真正的密码"SUN"才能显示出红色发光。

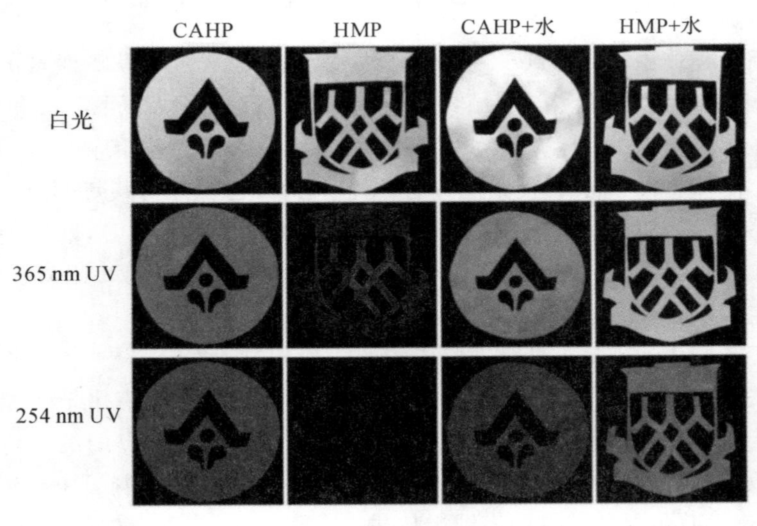

图 7.23　荧光加密实际应用(见彩插)

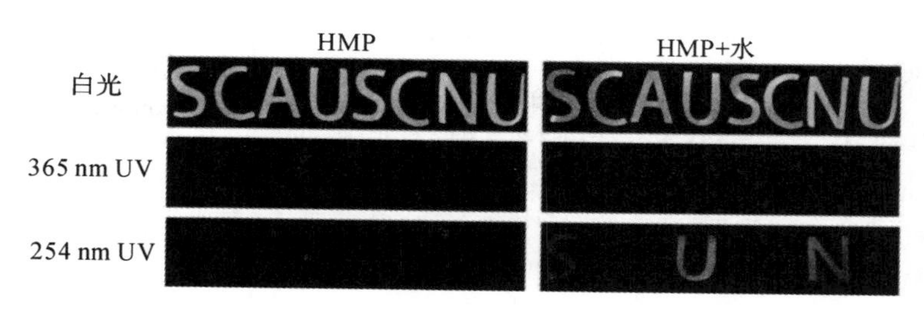

续图 7.23　荧光加密实际应用(见彩插)

7.5　总结与展望

碳点作为一个刚刚发展起来的新兴领域,自从 2004 年发现以来就广受研究者的青睐。近年来,随着科学技术的发展,关于碳点的认识也在不断地更新,无论是对其结构的探索、还是对其机理的研究,对其设计合成或应用的不断发展,都取得了令人瞩目的成就。然而目前来说,还有以下问题需要解决:①碳点的可控合成仍是一个重要的发展方向,研究得出普适性的机理并指导碳点的可控合成、了解其结构与发光的内在机制都是解决这个问题的办法;②碳点的结构表征仍是一大挑战,结构决定性质,这方面的研究思路得益于更精细化仪器设备的开发以及计算科学的发展;③与荧光相比,对磷光和上转换发光的研究较少,这对于扩大 CDs 在防伪和近红外(甚至是近红外Ⅱ区)成像中的应用尤为重要。“路漫漫其修远兮,吾将上下而求索”,碳点发光是自然带给人类的未解之谜,唯有不断的努力,才能解决关于碳点的难题,使其应用到生活的方方面面,推动人类社会的发展。

思　考　题

1. 碳点的定义是什么? 碳点可以分为哪些种类?
2. 碳点的合成方法主要有哪些? 结合实例加以分析。
3. 碳点的优势有哪里? 还存在什么问题?
4. 根据你对碳点发光机理的理解,论述如何制备红光碳点。
5. 设计一种碳点材料,论述其可能具有的性能并加以验证。

参 考 文 献

[1]　XU X, RAY R, GU Y, et al. Electrophoretic analysis and purification of fluorescent single-walled carbon nanotube fragments. J. Am. Chem. Soc, 2004, 126(40): 12736 - 12737.

[2]　SUN Y, ZHOU B, LIN Y, et al. Quantum-sized carbon dots for bright and colorful photoluminescence. J. am. chem. soc, 2006, 128(24): 7756 - 7757.

[3]　BOTTINI M, BALASUBRAMANIAN C, DAWSON M I, et al. Isolation and characterization of fluorescent nanoparticles from pristine and oxidized electric arc-produced

single-walled carbon nanotubes. J. Phys. Chem. B, 2006, 110(2): 831 - 836.

[4] ARORA N, SHARMA N N. Arc discharge synthesis of carbon nanotubes: comprehensive review. Diam. Relat. Mater, 2014, 50: 135 - 150.

[5] CAO L, WANG X, MEZIANI M J, et al. Carbon dots for multiphoton bioimaging. J. Am. Chem. Soc, 2007, 129(37): 11318 - 11319.

[6] LI X, WANG H, SHIMIZU Y, et al. Preparation of carbon quantum dots with tunable photoluminescence by rapid laser passivation in ordinary organic solvents. Chem. Commun, 2011, 47(3): 932 - 934.

[7] DOñATE-BUENDIA C, TORRES-MENDIETA R, PYATENKO A, et al. Fabrication by laser irradiation in a continuous flow jet of carbon quantum dots for fluorescence Imaging. ACS Omega, 2018, 3(3): 2735 - 2742.

[8] WANG X, FENG Y, DONG P, et al. A mini review on carbon quantum dots: preparation, properties, and electrocatalytic application. Front. Chem, 2019, 7:671.

[9] ZHOU J, BOOKER C, LI R, et al. An electrochemical avenue to blue luminescent nanocrystals from multiwalled carbon nanotubes (MWCNTs). J. Am. Chem. Soc, 2007, 129(4): 744 - 745.

[10] BAO L, ZHANG Z, TIAN Z, et al. Electrochemical tuning of luminescent carbon nanodots: from preparation to luminescence mechanism. Adv. Mater, 2011, 23(48): 5801 - 5806.

[11] YAN Y, LI H, WANG Q, et al. Controllable ionic liquid-assisted electrochemical exfoliation of carbon fibers for the green and large-scale preparation of functionalized graphene quantum dots endowed with multicolor emission and size. J. Mater. Chem. C, 2017, 5(24): 6092 - 6100.

[12] LIU H, YE T, MAO C. Fluorescent carbon nanoparticles derived from candle soot. Angew. Chem. Int. Ed, 2007, 46(34): 6473 - 6475.

[13] TIAN L, GHOSH D, CHEN W, et al. Nanosized carbon particles from natural gas soot. Chem. Mater, 2009, 21(13): 2803 - 2809.

[14] SUN D, BAN R, ZHANG P, et al. Hair fiber as a precursor for synthesizing of sulfur- and nitrogen-co-doped carbon dots with tunable luminescence properties. Carbon, 2013, 64: 424 - 434.

[15] PAN D, ZHANG J, Li Z, et al. Hydrothermal route for cutting graphene sheets into blue-luminescent graphene quantum dots. Adv. Mater, 2010, 22(6): 734 - 738.

[16] ZHANG B, LIU C, Liu Y. A novel one-step approach to synthesize fluorescent carbon nanoparticles. Eur. J. Inorg. Chem, 2010, 28: 4411 - 4414.

[17] YAN C, WANG C, HOU T, et al. Lasting tracking and rapid discrimination of live gram-positive bacteria by peptidoglycan-targeting carbon quantum dots. ACS Appl. Mater. Interfaces, 2021, 13(1): 1277 - 1287.

[18] SCHNEIDER J, RECKMEIER CJ, XIONG Y, et al. Molecular fluorescence in citric acid-based carbon dots. J. Phys. Chem. C, 2017, 121(3): 2014 - 2022.

[19] ZHOU J, SHENG Z, HAN H, et al. Facile synthesis of fluorescent carbon dots using watermelon peel as a carbon source. Mater. Lett, 2012, 66(1): 222 - 224.

[20] LU W, QIN X, LIU S, et al. Economical, green synthesis of fluorescent carbon nanoparticles and their use as probes for sensitive and selective detection of mercury (Ⅱ) ions. Anal. Chem, 2012, 84(12): 5351 - 5357.

[21] YIN B, DENG J, PENG X, et al. Green synthesis of carbon dots with down- and up-conversion fluorescent properties for sensitive detection of hypochlorite with a dual-readout assay. The Analyst, 2013, 138(21): 6551.

[22] ALAM A, PARK B, GHOURI ZK, et al. Synthesis of carbon quantum dots from cabbage with down- and up-conversion photoluminescence properties: excellent imaging agent for biomedical applications. Green Chem, 2015;17(7):3791 - 3797.

[23] LIU W, DIAO H, CHANG H, et al. Green synthesis of carbon dots from rose-heart radish and application for Fe^{3+} detection and cell imaging. Sensor. Actuat. B-Chem, 2017, 241: 190 - 198.

[24] SAHU S, BEHERA B, MAITI TK, et al. Simple one-step synthesis of highly luminescent carbon dots from orange juice: application as excellent bio-imaging agents. Chem. Commun, 2012, 48(70): 8835.

[25] QIN X, LU W, ASIRI AM, et al. Green, low-cost synthesis of photoluminescent carbon dots by hydrothermal treatment of willow bark and their application as an effective photocatalyst for fabricating Au nanoparticles-reduced graphene oxide nanocomposites for glucose detection. Catal. Sci. Technol, 2013, 3(4): 1027 - 1035.

[26] LIU J, GENG Y, LI D, et al. Deep red emissive carbonized polymer dots with unprecedented narrow full width at half maximum. Adv. Mater, 2020, 32(17): 1906641 - 1906649.

[27] GHOSH D, SARKAR K, DEVI P, et al. Current and future perspectives of carbon and graphene quantum dots: from synthesis to strategy for building optoelectronic and energy devices. Renewable and Sustainable Energy Reviews, 2021, 135: 110391.

[28] BOURLINOS AB, STASSINOPOULOS A, ANGLOS D, et al. Surface functionalized carbogenic quantum dots. Small, 2008, 4(4): 455 - 458.

[29] WANG F, XIE Z, ZHANG H, et al. Highly luminescent organosilane-functionalized carbon dots. Adv. Funct. Mater, 2011, 21(6): 1027 - 1031.

[30] LIU Y, LIU C, ZHANG Z. Synthesis of highly luminescent graphitized carbon dots and the application in the Hg^{2+} detection. Appl. Surf. Sci, 2012, 263: 481 - 485.

[31] CHERNYAK S, PODGORNOVA A, DOROFEEV S, et al. Synthesis and modification of pristine and nitrogen-doped carbon dots by combining template pyrolysis and oxidation. Appl. Surf. Sci, 2020, 507: 145027 - 145031.

[32] MA CA, YIN C, FAN Y, et al. Highly efficient synthesis of N-doped carbon dots with excellent stability through pyrolysis method. J. Mater. Sci, 2019, 54(13): 9372 - 9384.

[33] THONGSAI N, NAGAE Y, HIRAI T, et al. Multifunctional nitrogen-doped carbon dots from maleic anhydride and tetraethylenepentamine via pyrolysis for sensing, ad-

sorbance, and imaging applications. Sensor. Actuat. B-Chem, 2017, 253: 1026-1033.

[34] ZHU H, WANG X, LI Y, et al. Microwave synthesis of fluorescent carbon nanoparticles with electrochemiluminescence properties. Chem. Commun, 2009(34): 5118-5120.

[35] QU S, WANG X, LU Q, et al. A biocompatible fluorescent ink based on water-soluble luminescent carbon nanodots. Angew. Chem. Int. Ed, 2012, 51(49): 12215-12218.

[36] ZHAI X, ZHANG P, LIU C, et al. Highly luminescent carbon nanodots by microwave-assisted pyrolysis. Chem. Commun, 2012, 48(64): 7955-7957.

[37] CHANDRA S, DAS P, BAG S, et al. Synthesis, functionalization and bioimaging applications of highly fluorescent carbon nanoparticles. Nanoscale, 2011, 3(4): 1533-1540

[38] SUN S, ZHANG L, JIANG K, et al. Toward high-efficient red emissive carbon dots: facile preparation, unique properties, and applications as multifunctional theranostic agents. Chem. Mater, 2016, 28(23): 8659-8668.

[39] LIU R, WU D, LIU S, et al. An aqueous route to multicolor photoluminescent carbon dots using silica spheres as carriers. Angew. Chem. Int. Ed, 2009, 48(25): 4598-4601.

[40] GU Z, LI D, ZHENG C, et al. MOF-templated synthesis of ultrasmall photoluminescent carbon-nanodot arrays for optical applications. Angew. Chem. Int. Ed, 2017, 56(24): 6853-6858.

[41] LIU N, LIU J, KONG W, et al. One-step catalase controllable degradation of C_3N_4 for N-doped carbon dot green fabrication and their bioimaging applications. J. Mater Chem B 2014, 2(35): 5768-5774.

[42] HUANG T, WU T, ZHU Z, et al. Self-assembly facilitated and visible light-driven generation of carbon dots. Chem. Commun, 2018, 54(47): 5960-5963.

[43] 孟维雪，杨柏，卢思宇. 从碳点到碳化聚合物点:发展和挑战. 发光学报,2021;42(8): 1075-1094.

[44] DING H, WEI J, ZHANG P, et al. Solvent-controlled synthesis of highly luminescent carbon dots with a wide color gamut and narrowed emission peak widths. Small, 2018, 14(22): 1800612-1800621.

[45] ZHAO Q, ZHANG Z, HUANG B, et al. Facile preparation of low cytotoxicity fluorescent carbon nanocrystals by electrooxidation of graphite. Chem. Commun, 2008, 41: 5116-5118.

[46] LI H, HE X, KANG Z, et al. Water-soluble fluorescent carbon quantum dots and photocatalyst design. angew. Chem. Int. Ed, 2010, 49(26): 4430-4434.

[47] YUAN F, WANG Z, LI X, et al. Bright multicolor bandgap fluorescent carbon quantum dots for electroluminescent light-emitting diodes. Adv. Mater, 2017, 29(3): 1604436-1604441.

[48] YUAN F, YUAN T, SUI L, et al. Engineering triangular carbon quantum dots with unprecedented narrow bandwidth emission for multicolored LEDs. Nat Commun, 2018, 9(1):2249-2259.

[49] SK MA, ANANTHANARAYANAN A, HUANG L, et al. Revealing the tunable photoluminescence properties of graphene quantum dots. J. Mater. Chem. C, 2014, 2 (34): 6954 - 6960.

[50] TANG L, JI R, CAO X, et al. Deep ultraviolet photoluminescence of water-soluble self-passivated graphene quantum dots. Acs Nano, 2012, 6(6): 5102 - 5110.

[51] DING H, YU S, WEI J, et al. Full-color light-emitting carbon dots with a surface-state-controlled luminescence mechanism. ACS Nano, 2016, 10(1): 484 - 491.

[52] MIAO X, QU D, YANG D, et al. Synthesis of carbon dots with multiple color emission by controlled graphitization and surface functionalization. Adv. Mater, 2018, 30 (1): 1704740 - 1704747.

[53] TETSUKA H, ASAHI R, NAGOYA A, et al. Optically tunable amino-functionalized graphene quantum dots. Adv. Mater, 2012, 24(39): 5333 - 5338.

[54] YU P, WEN X, TOH Y, et al. Temperature-dependent fluorescence in carbon dots. J. Phys. Chem. C, 2012, 116(48): 25552 - 25557.

[55] LIU L, LI Y, ZHAN L, et al. One-step synthesis of fluorescent hydroxyls-coated carbon dots with hydrothermal reaction and its application to optical sensing of metal ions. Sci. China Chem, 2011, 54(8): 1342 - 1347.

[56] ZHENG H, WANG Q, LONG Y, et al. Enhancing the luminescence of carbon dots with a reduction pathway. Chem. Commun, 2011, 47(38): 10650 - 10652.

[57] KUNDELEV EV, TEPLIAKOV NV, LEONOV MY, et al. Amino functionalization of carbon dots leads to red emission enhancement. J. Phys. Chem. Lett, 2019, 10 (17): 5111 - 5116.

[58] TETSUKA H, NAGOYA A, FUKUSUMI T, et al. Molecularly designed, nitrogen-functionalized graphene quantum dots for optoelectronic devices. Adv. Mater, 2016, 28(23): 4632 - 4638.

[59] DONG Y, PANG H, YANG HB, et al. Carbon-based dots co-doped with nitrogen and sulfur for high quantum yield and excitation-independent emission. Angew. Chem. Int. Ed, 2013, 52(30): 7800 - 7804.

[60] SONG T, ZHAO Y, WANG T, et al. Carbon dots doped with n and s towards controlling emitting. J. Fluoresc, 2020, 30(1): 81 - 89.

[61] JIANG L, DING H, XU M, et al. UV-Vis-NIR full-range responsive carbon dots with large multiphoton absorption cross sections and deep-red fluorescence at nucleoli and in vivo. Small, 2020, 16(19): 2000680 - 2000688.

[62] YANG S, SUN J, LI X, et al. Large-scale fabrication of heavy doped carbon quantum dots with tunable-photoluminescence and sensitive fluorescence detection. J. Mater. Chem. A, 2014, 2(23): 8660 - 8667.

[63] YU J, LIU C, YUAN K, et al. Luminescence mechanism of carbon dots by tailoring functional groups for sensing Fe^{3+} ions. Nanomaterials, 2018, 8(4): 233 - 244.

[64] LIU C, BAO L, YANG M, et al. Surface sensitive photoluminescence of carbon nan-

odots: coupling between the carbonyl group and π-electron system. J. Phys. Chem. Lett, 2019, 10(13): 3621 - 3629.

[65] SONG Y, ZHU S, ZHANG S, et al. Investigation from chemical structure to photoluminescent mechanism: a type of carbon dots from the pyrolysis of citric acid and an amine. J. Mater. Chem. C, 2015, 3(23): 5976 - 5984.

[66] ZHANG T, ZHU J, ZHAI Y, et al. A novel mechanism for red emission carbon dots: hydrogen bond dominated molecular states emission. Nanoscale, 2017, 9(35): 13042 - 13051.

[67] KHAN S, GUPTA A, VERMA NC, et al. Time-resolved emission reveals ensemble of emissive states as the origin of multicolor fluorescence in carbon dots. Nano Lett, 2015, 15(12): 8300 - 8305.

[68] ARSHAD F, PAL A, RAHMAN MA, et al. Insights on the solvatochromic effects in N-doped yellow-orange emissive carbon dots. New J. Chem, 2018, 42(24): 19837 - 19843.

[69] WANG C, XU Z, CHENG H, et al. A hydrothermal route to water-stable luminescent carbon dots as nanosensors for pH and temperature. Carbon, 2015, 82: 87 - 95.

[70] ZHU S, WANG L, ZHOU N, et al. The crosslink enhanced emission (CEE) in non-conjugated polymer dots: from the photoluminescence mechanism to the cellular uptake mechanism and internalization. Chem. Commun, 2014, 50(89): 13845 - 13848.

[71] VALLAN L, URRIOLABEITIA E P, RUIPE REZ F, et al. Supramolecular-enhanced charge transfer within entangled polyamide chains as the origin of the universal blue fluorescence of polymer carbon dots. J. Am. Chem. Soc, 2018, 140(40): 12862 - 12869.

[72] TAO S Y, SONG Y B, ZHU S J, et al. A new type of polymer carbon dots with high quantum yield: from synthesis to investigation on fluorescence mechanism. Polymer, 2017, 116:472 - 478.

[73] FENG T, ZENG Q, LU S, et al. Color-tunable carbon dots possessing solid-state emission for full-color light-emitting diodes applications. ACS Photonics, 2018, 5(2): 502 - 510.

[74] SHAO J, ZHU S, LIU H, et al. Full-color emission polymer carbon dots with quench-resistant solid-state fluorescence. Adv. Sci, 2017, 4(12): 1700395 - 1700402.

[75] ZHU J, BAI X, CHEN X, et al. Spectrally tunable solid state fluorescence and room-temperature phosphorescence of carbon dots synthesized via seeded growth method. Adv. Opt. Mater, 2019, 7(9): 1801599 - 1801605.

[76] MENG T, YUAN T, LI X, et al. Ultrabroad-band, red sufficient, solid white emission from carbon quantum dot aggregation for single component warm white light emitting diodes with a 91 high color rendering index. Chem. Commun, 2019, 55(46): 6531 - 6534.

[77] YANG S, CAO L, LUO P G, et al. Carbon dots for optical imaging in vivo. J. Am. Chem. Soc, 2009, 131(32): 11308 - 11309.

[78] KANG Y, FANG Y, LI Y, et al. Nucleus-staining with biomolecule-mimicking nitrogen-doped carbon dots prepared by a fast neutralization heat strategy. Chem. Commun, 2015, 51(95): 16956 - 16959.
[79] ZUO G, XIE A, LI J, et al. Large emission red-shift of carbon dots by fluorine doping and their applications for red cell imaging and sensitive intracellular Ag^+ detection. J. Phys. Chem. C, 2017, 121(47): 26558 - 26565.
[80] LIU Y, GOU H, HUANG X, et al. Rational synthesis of highly efficient ultra-narrow red-emitting carbon quantum dots for NIR-Ⅱ two-photon bioimaging. Nanoscale, 2020, 12(3): 1589 - 1601.
[81] WANG Q, HUANG X, LONG Y, et al. Hollow luminescent carbon dots for drug delivery. Carbon, 2013, 59: 192 - 199.
[82] ZHENG M, LIU S, LI J, et al. Integrating oxaliplatin with highly luminescent carbon dots: an unprecedented theranostic agent for personalized medicine. Adv. Mater, 2014, 26(21): 3554 - 3560.
[83] XIE J, LEE S, CHEN X. Nanoparticle-based theranostic agents. Adv. Drug Deliver. Rev, 2010, 62(11): 1064 - 1079.
[84] NIU Y, TAN H, LI X, et al. Protein - carbon dot nanohybrid-based early blood - brain barrier damage theranostics. ACS Appl. Mater. Interfaces, 2020, 12(3): 3445 - 3452.
[85] FOWLEY C, NOMIKOU N, MCHALE A P, et al. Extending the tissue penetration capability of conventional photosensitisers: a carbon quantum dot - protoporphyrin IX conjugate for use in two-photon excited photodynamic therapy. Chem. Commun, 2013, 49(79): 8934 - 8936.
[86] JIA Q, GE J, LIU W, et al. A magnetofluorescent carbon dot assembly as an acidic H_2O_2-Driven oxygenerator to regulate tumor hypoxia for simultaneous bimodal imaging and enhanced photodynamic therapy. Adv. Mater, 2018, 30(13): 1706090 - 1706099.
[87] WANG H, MU Q, WANG K, et al. Nitrogen and boron dual-doped graphene quantum dots for near-infrared second window imaging and photothermal therapy. Appl. Mater. Today, 2019, 14: 108 - 117.
[88] SHANGGUAN J, HE D, HE X, et al. Label-free carbon-dots-based ratiometric fluorescence pH nanoprobes for intracellular pH sensing. Anal. Chem, 2016, 88(15): 7837 - 7843.
[89] SHI W, LI X, MA H. A tunable ratiometric pH sensor based on carbon nanodots for the quantitative measurement of the intracellular pH of whole cells. Angew. Chem. Int. Ed, 2012, 51(26): 6432 - 6435.
[90] SHI B, SU Y, ZHANG L, et al. Nitrogen and phosphorus co-doped carbon nanodots as a novel fluorescent probe for highly sensitive detection of Fe^{3+} in human serum and living cells. ACS Appl. Mater. Interfaces, 2016, 8(17): 10717 - 10725.
[91] CUI X, ZHU L, WU J, et al. A fluorescent biosensor based on carbon dots-labeled

oligodeoxyribonucleotide and graphene oxide for mercury (Ⅱ) detection. Biosens. Bioelectron, 2015, 63: 506 - 512.

[92] ZHANG Z, SHI Y, PAN Y, et al. Quinoline derivative-functionalized carbon dots as a fluorescent nanosensor for sensing and intracellular imaging of Zn^{2+}. J. Mater. Chem. B 2014, 2(31): 5020 - 5027.

[93] LIN Z, XUE W, CHEN H, et al. Peroxynitrous-acid-induced chemiluminescence of fluorescent carbon dots for nitrite sensing. Anal. Chem, 2011, 83(21): 8245-8251.

[94] TANG X, YU H, BUI B, et al. Nitrogen-doped fluorescence carbon dots as multi-mechanism detection for iodide and curcumin in biological and food samples. Bioact. Mater, 2021, 6(6): 1541 - 1554.

[95] NIU Q, GAO K, LIN Z, et al. Amine-capped carbon dots as a nanosensor for sensitive and selective detection of picric acid in aqueous solution via electrostatic interaction. Anal. Methods, 2013, 5(21):6228 - 6233.

[96] TAO S, LU S, GENG Y, et al. Design of metal-free polymer carbon dots: a new class of room-temperature phosphorescent materials. Angew. Chem. Int. Ed, 2018, 57(9): 2393 - 2398.

[97] YANG H, LIU Y, GUO Z, et al. Hydrophobic carbon dots with blue dispersed emission and red aggregation-induced emission. Nat. Commun, 2019, 10(1):1789 - 1799.